AF544519

EUL
VERLAG

Wissensorientierte Gestaltung der Produktentwicklung

Entwicklung eines Ansatzes für die militärische Luftfahrtindustrie in Deutschland

Roland Kallweit

Vollständiger Abdruck der von der Fakultät für Wirtschafts- und Organisationswissenschaften der Universität der Bundeswehr München zur Erlangung des akademischen Grades eines

Doktors der Wirtschafts- und Sozialwissenschaften (Dr. rer. pol.)

genehmigten Dissertation.

Gutachter:

1. Univ.-Prof. Dr.-Ing. habil. Dr. mont. Eva-Maria Kern, MBA
2. Univ.-Prof. Dr. oec. HSG Hans A. Wüthrich

Die Dissertation wurde am 4. Juli 2014 bei der Universität der Bundeswehr München eingereicht und durch die Fakultät für Wirtschafts- und Organisationswissenschaften am 15. Januar 2015 angenommen. Die mündliche Prüfung fand am 5. März 2015 statt.

Reihe: Wissens-, Qualitäts- und Prozessmanagement · Band 2
Herausgegeben von Univ.-Prof. Dr.-Ing. habil. Dr. mont. Eva-Maria Kern, MBA, München

Dr. Roland Kallweit

Wissensorientierte Gestaltung der Produktentwicklung

Entwicklung eines Ansatzes für die militärische Luftfahrtindustrie in Deutschland

Mit einem Geleitwort von Univ.-Prof. Dr.-Ing. habil. Dr. mont. Eva-Maria Kern, MBA, Universität der Bundeswehr München

Bibliographische Information der Deutschen Bibliothek

Die Deutsche Bibliothek verzeichnet diese Publikation in der Deutschen Nationalbibliothek; detaillierte bibliographische Daten sind im Internet über <http://dnb.ddb.de> abrufbar.

Dissertation, Universität der Bundeswehr München, 2015

ISBN 978-3-8441-0401-1
1. Auflage Mai 2015

JOSEF EUL VERLAG GmbH
Brandsberg 6
D-53797 Lohmar
Tel.: +49 (0) 22 05 / 90 10 6-6
Fax: +49 (0) 22 05 / 90 10 6-88
http://www.eul-verlag.de
info@eul-verlag.de

Bei der Herstellung unserer Bücher möchten wir die Umwelt schonen. Dieses Buch ist daher auf säurefreiem, 100% chlorfrei gebleichtem, alterungsbeständigem Papier nach DIN 6738 gedruckt.

Geleitwort

Die militärische Luftfahrtindustrie in Deutschland verursacht in den letzten Jahren immer wieder Schlagzeilen. Entwicklungsprojekte liefern aus Sicht des Kunden oftmals nicht die gewünschten Ergebnisse und laufen aus dem Zeit- und Kostenplan. Gründe hierfür sind unter anderen, dass ein gezielter Umgang mit der projektrelevanten Wissensbasis in praxi oftmals nur in Ansätzen stattfindet und relevante Wissensträger wie Kunden, Zulassungsbehörden oder Zulieferer nicht systematisch genug in die Produktentwicklung einbezogen werden.

Hier setzt nun die Dissertation von Roland Kallweit an. Basierend auf einer fundierten Analyse der branchenspezifischen Besonderheiten sowie einer in Fallstudien gewonnenen, umfassenden Datenbasis entwickelt er einen Ansatz zur wissensorientierten Gestaltung der Produktentwicklung in der militärischen Luftfahrtindustrie. Bemerkenswert ist, wie gekonnt der Verfasser theoretische und aus der Praxis gewonnene Erkenntnisse zusammenführt und seinen Ansatz dadurch für die militärische Luftfahrtindustrie maßschneidert. Im Zentrum steht ein Modell, das einen angepassten Produktentwicklungsprozess, eine mit Hilfe von Wissensfeldern und Wissensträgern strukturierte Wissensbasis sowie eine Darstellung der situativen Rahmenbedingungen beinhaltet. Wie die Wissensbasis konkret aufzustellen, zu nutzen, zu erweitern und zu sichern ist, wird durch die Darstellung von Methoden und Instrumenten illustriert. Die detaillierte Ausarbeitung eines Leitfadens sowie eines Vorgehens bei der Umsetzung ermöglicht die praktische Anwendung des Ansatzes.

Herrn Kallweit, der selbst beruflich mehrere Jahre in der militärischen Luftfahrtindustrie tätig war, ist es gelungen, einen theoretisch sehr gut fundierten Ansatz zu entwickeln und diesen im Detail dennoch so auszugestalten, dass dessen Anwendung in der Praxis auch realisierbar ist. Die vorliegende Dissertationsschrift trägt damit maßgeblich zu einem verbesserten Verständnis der Thematik „Wissensorientierte Gestaltung der Produktentwicklung“ bei und leistet sowohl aus Sicht der Wissenschaft als auch aus Sicht der Praxis einen wichtigen Beitrag. Ich freue mich daher, diese Arbeit meines ersten externen Doktoranden als zweiten Band in die vorliegende Schriftenreihe „Wissens-, Qualitäts- und Prozessmanagement“ aufnehmen zu können und wünsche dem vorliegenden Werk möglichst viele interessierte Leser aus Wissenschaft und Praxis!

Neubiberg, im April 2015 Univ.-Prof. Dr.-Ing. habil. Dr. mont. Eva-Maria Kern, MBA

Vorwort

Die vorliegende Arbeit entstand während meiner Tätigkeit als externer Doktorand an der Professur für Wissensmanagement und Geschäftsprozessgestaltung der Universität der Bundeswehr München und wurde im Januar 2015 von der Fakultät für Wirtschafts- und Organisationswissenschaften als Dissertation angenommen.

Bei der Entstehung dieser Arbeit haben mich viele Menschen unterstützt – ihnen allen gebührt herzlicher Dank. Ein ganz besonderer Dank gilt Prof. Dr.-Ing. habil Dr. mont. Eva-Maria Kern, die sich auf das Abenteuer der Betreuung eines externen Doktoranden eingelassen und alle Phasen der Entstehung dieser Arbeit mit wertvollen Anregungen und konstruktiver Kritik begleitet hat. Ich danke Prof. Dr. oec. HSG Hans A. Wüthrich für die Übernahme des Zweitgutachtens und Prof. Dr. jur. Stefan Koos für die Übernahme des Vorsitzes des Prüfungsausschusses.

An der Professur für Wissensmanagement und Geschäftsprozessgestaltung habe ich den freundschaftlichen Umgang miteinander und die gute Atmosphäre zu schätzen gelernt. Die regelmäßigen Doktorandenkolloquien haben es mir als externem Doktoranden ermöglicht, Kontakt zum Lehrstuhl zu halten und mich mit meinen Ideen immer wieder der kritischen Diskussion zu stellen. An dieser Stelle möchte ich mich bei den Teilnehmern der Doktorandenkolloquien für die konstruktive Atmosphäre, die wertvollen Impulse und die gegenseitige Motivation bedanken. An dieser Stelle seien insbesondere Dr.-Ing. Julia Boppert, Dr. rer. pol. Tomas Hartmann, Dr. rer. pol. Wendelin Schmid, Sebastian Ulrich und Tobias Röser genannt. Darüber hinaus bedanke ich mich bei den zahlreichen Interviewpartnern, ohne deren Beiträge und Unterstützung die Erstellung Arbeit nicht möglich geworden wäre. Roman Goltz und Markus Mann danke ich für die kritische Durchsicht des Manuskripts und so manchen hilfreichen Hinweis.

Eine besondere Stütze bei der Erstellung dieser Arbeit war mir meine Familie und mein Freundeskreis. Sie haben mir während dieser ganzen Zeit den nötigen Rückhalt geboten, mich auf vielfältige Weise unterstützt und mich in schwierigen Phasen immer wieder motiviert. Widmen möchte ich diese Arbeit meiner Frau Mareike, die mich auf dem gesamten Weg zur Promotion und ganz besonders in der Endphase uneingeschränkt unterstützt und immer wieder eigene Interessen hintenan gestellt hat.

Ingolstadt, im April 2015

Roland Kallweit

Inhaltsverzeichnis

Abbildungsverzeichnis

Tabellenverzeichnis

Abkürzungsverzeichnis

AQAP	Allied Quality Assurance Publications
Abs.	Absatz
Art.	Artikel
AWG	Außenwirtschaftsgesetz
AWV	Außenwirtschaftsverordnung
BAAINBw	Bundesamt für Ausrüstung, Informationstechnik und Nutzung der Bundeswehr
BAFA	Bundesamt für Wirtschaft und Ausfuhrkontrolle
BDI	Bundesverband der Deutschen Industrie
BMVg	Bundesministerium der Verteidigung
BMWi	Bundesministerium für Wirtschaft und Technologie
BPM	Business Process Management
bzw.	beziehungsweise
CAD	Computer Aided Design
COTS	Commercial-off-the-shelf
CPM	Customer Product Management
d. h.	das heißt
et al.	und andere
EASA	European Aviation Safety Agency
EP	Entscheidungspunkt
ERP	Enterprise Ressource Planning
f.	und die folgende
ff.	und die folgenden
F&E	Forschung und Entwicklung

GG	Grundgesetz
GPS	Global Positioning System
IPT	Integriertes Projektteam
ITAR	International Traffic in Arms Regulations
KOM-EG	Kommission der europäischen Gemeinschaften
KWKG	Kriegswaffenkontrollgesetz
LBA	Luftfahrt-Bundesamt
Lfk	Lenkflugkörper
Lfz	Luftfahrzeug
LuftVG	Luftverkehrsgesetz
NATO	North Atlantic Treaty Organization
PDM	Produktdatenmanagement
S.	Seite
u. a.	unter anderem
US	United States
usw.	und so weiter
VDI	Verein Deutscher Ingenieure
vgl.	vergleiche
z. B.	zum Beispiel

1 Einleitung

Die Produktentwicklung ist ein zentraler Faktor für die Wettbewerbsfähigkeit von Unternehmen. In dieser Phase werden die für den Markt relevanten Eigenschaften des Produktes ausgestaltet und somit die Weichen für die Konkurrenzfähigkeit und den Erfolg des Produktes am Markt gestellt. Kundenorientierung spielt dabei für den Prozess der Produktentwicklung eine ebenso wichtige Rolle wie eine qualitativ hochwertige und gleichzeitig kosten- und zeiteffiziente Leistungserbringung (vgl. *Lindemann 2009, S. 7*). Auch dem Umfeld, in dem Produkte entwickelt, produziert und vertrieben werden, kommt eine große Bedeutung zu, denn um anhaltend wettbewerbsfähig zu bleiben, müssen Unternehmen auf veränderte Rahmenbedingungen reagieren und ihre Produktentwicklung darauf abstimmen (vgl. *Zäpfel 2000, S. 7*).

1.1 Ausgangssituation und Problemstellung

In der militärischen Luftfahrtindustrie als Teilbereich der Verteidigungsindustrie sind es unter anderem politische, militärische, technologische und besondere wirtschaftliche Rahmenbedingungen, die das Umfeld der Produktentwicklung ausmachen. Produkte werden entwickelt, um Streitkräfte gemäß ihrem militärischen Bedarf auszustatten. Dabei ist der Endkunde grundsätzlich ein Staat, was Entwicklung, Produktion und Verkauf von Rüstungsgütern zu einem politischen Geschäft macht, in dem Exporte staatlich kontrolliert werden und wehrtechnische Fähigkeiten besonderen nationalen Protektionismen unterliegen (vgl. *Grams und Schütz 2006, S. 292 ff.*). Seit dem Ende der dauerhaften Bedrohungslage während des Ost-West-Konfliktes, die zu konstanten Verteidigungsbudgets und langfristigen Auftragslagen für die Unternehmen der militärischen Luftfahrtindustrie in Deutschland führte, hat sich das Umfeld dieser Branche und damit der Kontext der Produktentwicklung stark verändert.

Im Fokus der Sicherheitsvorsorge steht nicht mehr die Aufrechterhaltung einer dauerhaften Abschreckung, sondern die **Konfliktverhütung und Krisenbewältigung**, einschließlich des Kampfes gegen asymmetrische Bedrohungen fern vom eigenen Territorium (vgl. *Grams 2007, S. 135; BMVg 2011, S. 1 f.*). Waffensysteme müssen in diesen Szenarien nicht nur den klassischen militärischen Anforderungen nach hoher Durchsetzungskraft und Wirksamkeit genügen, sondern im Rahmen der **modernen Operationsführung** auch vernetzt und flexibel im Verbund einsetzbar sein (vgl. *Meßmer 2011, S. 10*). Dadurch erhöhen sich die technische Komplexität der Produkte und somit auch die Kosten für Forschung und Entwicklung. Dem gegenüber steht ein im Vergleich zur Zeit des Kalten Krieges deutlich **reduzierter Verteidigungshaushalt** verbunden mit einem kostenbewussteren Handeln des Staates (vgl. *Grams und Schütz 2006, S. 299*). Die Nachfrage auf dem nationalen Markt geht zurück, weshalb die militärische Luftfahrtindustrie in Deutschland zukünftig durch den „Hauptkunden Bundeswehr" nicht mehr ausgelastet sein wird (vgl. *Weise et al. 2010, S. 36*). Um dies kompensieren zu können, werden **Exportmärkte** zu einem wichtigen Aspekt für die militärische Luftfahrtindustrie. Zudem wird gerade bei der Entwicklung komplexer Waffensysteme versucht, die hohe Kostenbelastung abzumildern, indem Entwicklungsprogramme im Rahmen **multinationaler Kooperationen** durchgeführt werden (vgl. *Bertges 2009, S. 19*).

Des Weiteren stehen moderne Streitkräfte vor der Herausforderung, ihre Fähigkeiten kontinuierlich an sich verändernde sicherheitspolitische Rahmenbedingungen anzupassen, um schnell und effektiv auf unvorhergesehene Entwicklungen und Ereignisse reagieren zu können (vgl. *Borchert 2004, S. 7; Helmig und Schörnig 2008, S. 11*). Die Unternehmen der militärischen Luftfahrtindustrie und ihre Produkte spielen bei der **Gewährleistung dieser Anpassungsfähigkeit** eine entscheidende Rolle. Sie müssen in der Lage sein, sich rasch auf neuartige militärische Anforderungen, unvorhergesehene Problemstellungen bei den Streitkräften und neue sicherheitspolitische Szenarien einzustellen und solche Veränderungen in die Produktentwicklung einfließen zu lassen (vgl. *Thiele 2004, S. 35; Weise et al. 2010, S. 36*).

Während in der Vergangenheit insbesondere die Erreichung von vereinbarten **Leistungsmerkmalen** und die **Qualität** der Produkte im Vordergrund standen und die Effizienz der Leistungserbringung oftmals eine untergeordnete Rolle spielte, wächst unter den aktuellen Rahmenbedingungen die Bedeutung der **Einhaltung von Zeit- und Kostenzielen** bei Entwicklungsvorhaben. In der militärischen Luftfahrt sind jedoch Kostensteigerungen und Terminüberschreitungen bei der Entwicklung komplexer Systeme keine Seltenheit und erfordern auf Seiten des Kunden kostenintensive Umplanungen bei Personal und Material (vgl. *Dickow 2010, S. 2; Weise et al. 2010, S. 36; Rapreger 2012, S. 30*). Aktuelle Beispiele sind das Transportflugzeug A400M oder das Kampfflugzeug Eurofighter, welche vor allem aufgrund ihres finanziellen Volumens und ihrer struktur- und industriepolitischen Bedeutung im Fokus des medialen Interesses stehen.

Vor diesem Hintergrund sind Auftraggeber und Auftragnehmer gleichermaßen gefordert, die derzeitigen Verfahren auf den Prüfstand zu stellen und Veränderungen herbeizuführen. Auf Seiten des Auftraggebers sind es vor allem die Strukturen und Prozesse zur Ermittlung und Deckung des militärischen Bedarfs, die an die heute erforderliche Flexibilität und Reaktionsgeschwindigkeit angepasst werden müssen. Auf Seiten der Unternehmen, welche die Entwicklungsleistung erbringen, gilt es daran anschließend den **Prozess der Produktentwicklung** derart zu verbessern, dass Zeitverzögerungen und zusätzliche Kosten vermieden bzw. zumindest vermindert werden können (vgl. *Börjesson und Elmquist 2008, S. 7; Weise et al. 2010, S. 36*).

Der **Gestaltung des Umgangs mit Wissen** kommt dabei eine entscheidende Bedeutung zu. Um zeit- und kostenintensive Umwege sowie unnötige Iterationen innerhalb des Produktentwicklungsprozesses zu vermeiden, ist es erforderlich das für die Produktentwicklung relevante Wissen frühzeitig zu identifizieren und sicherzustellen, dass unternehmensinterne und -externe Wissensquellen reibungslos in den Entwicklungsprozess integriert werden können (vgl. *Nikodemus 2005, S. 156 f.; Ponn und Lindemann 2011, S. 10*).

Die **Auseinandersetzung mit der industriellen Praxis** zeigt, dass Unternehmen der militärischen Luftfahrtindustrie sich zwar der Bedeutung von Wissen für den Produktentwicklungsprozess bewusst, jedoch oftmals nicht in der Lage sind, geeignete wissensspezifische Akzente bei der Gestaltung der Produktentwicklung zu setzen. Es existieren zwar Ansätze zur Gestaltung des Umgangs mit Wissen in der Produktentwicklung (vgl. u. a. *Gissler 1999; Parikh 2001; Klabunde 2003; VDI 5610; Bertoni et al. 2011*), jedoch wird deren praktische Anwendung durch Besonderheiten der militärischen Luftfahrtindustrie, wie z. B. die lange Dauer von Entwicklungsprojekten, spezielle Auftragnehmer-Auftraggeber-Verhältnisse, Geheimschutzvorgaben oder besondere Formen der Entwicklungskooperation, erschwert. Zudem bleibt in diesen Beiträgen der Wissensbegriff oftmals zu abstrakt, so dass es für die Unternehmen schwierig wird, Gestaltungsmaßnahmen auf die Wissensgebiete auszurichten, die für das jeweilige Entwicklungsvorhaben von besonderer Bedeutung sind.

Vereinzelt existieren Ansätze, in denen die wissensorientierte Gestaltung der Produktentwicklung im Kontext der Luftfahrtindustrie betrachtet wird (vgl. u. a. *Wallace et al. 2005; Huet et al. 2007; Cloonan et al. 2008; Baudach et al. 2009; Johansson et al. 2011*). Doch zumeist steht dabei die zivile Luftfahrtindustrie im Fokus und die militärische Luftfahrt wird, wenn überhaupt, nur am Rande erwähnt. Zudem werden in diesen Beiträgen nur einzelne Facetten der Gestaltung des Umgangs mit Wissen beschrieben und nur in geringem Maße auf branchenspezifische Besonderheiten, welche sich zum Teil mit denen der militärischen Luftfahrtindustrie decken, eingegangen.

Es fehlt an Ansätzen für die industrielle Praxis, die Unternehmen der militärischen Luftfahrtindustrie dabei unterstützen, das für das jeweilige Entwicklungsvorhaben erforderliche Wissen, die relevanten Wissensträger sowie die besonderen Rahmenbedingungen der militärischen Luftfahrtindustrie frühzeitig zu identifizieren und in die Gestaltung der Produktentwicklung einzubeziehen.

1.2 Zielsetzung der Arbeit

Zielsetzung der vorliegenden Arbeit ist es, einen **Ansatz zur wissensorientierten Gestaltung der Produktentwicklung** in der militärischen Luftfahrtindustrie in Deutschland zu entwickeln. Dieser Ansatz soll die spezifischen Anforderungen und Rahmenbedingungen der Branche berücksichtigen und dabei unterstützen, das für die Produktentwicklung erforderliche Wissen frühzeitig zu identifizieren und den Umgang mit diesem Wissen auf geeignete Art und Weise zu gestalten.

Das Betrachtungsobjekt ist dabei der **Prozess der Produktentwicklung**, welcher in Unternehmen der militärischen Luftfahrtindustrie in Deutschland die Aktivitäten eines Entwicklungsprojektes strukturiert.

Zur Erreichung der Zielsetzung der vorliegenden Arbeit sollen die folgenden Fragestellungen untersucht und beantwortet werden:

- Welche Besonderheiten gilt es bei der Produktentwicklung in der militärischen Luftfahrtindustrie in Deutschland zu berücksichtigen?
- Welche Aspekte müssen bei der wissensorientierten Gestaltung der Produktentwicklung beachtet werden? Wo besteht Forschungsbedarf?
- Wie gehen Unternehmen der militärischen Luftfahrtindustrie bei der wissensorientierten Gestaltung der Produktentwicklung vor? Wo besteht Handlungsbedarf?
- Wie kann ein Ansatz für die wissensorientierte Gestaltung der Produktentwicklung in der militärischen Luftfahrtindustrie konzipiert werden?

1.3 Methodisches Vorgehen

Zielsetzung der vorliegenden Arbeit ist die Entwicklung eines wissensorientierten Gestaltungsansatzes für die Produktentwicklung in der militärischen Luftfahrtindustrie. Um dieses Ziel zu erreichen, folgt das methodische Vorgehen der vorliegenden Arbeit der von *Blessing* und *Chakrabarti* vorgeschlagenen **Design Research Methodology**, welche eigens für Forschungsvorhaben im Kontext der Produktentwicklung entwickelt wurde (vgl. *Blessing und Chakrabarti 2009*).

Design Research Methodology

Die Design Research Methodology gliedert ein Forschungsvorhaben zur Unterstützung der Produktentwicklung in vier Phasen (vgl. Abbildung 1.1). Auf die **Einordnung des Forschungsvorhabens**, in der die Ausgangssituation, die Problemstellung und die Forschungsziele beschrieben werden, folgt eine **erste deskriptive Studie**, die ein vertieftes Verständnis für die Problemstellung schafft, Einflussfaktoren auf den Betrachtungsgegenstand analysiert und einen konkreten Handlungsbedarf ableitet. Reicht die verfügbare Literatur hierzu nicht aus, werden in Ergänzung ausgewählte empirische Untersuchungen durchgeführt. In einer nachfolgenden **präskriptiven Studie** wird auf Basis der Erkenntnisse der ersten deskriptiven Studie ein eigener Ansatz zur Unterstützung der Produktentwicklung, z. B. in Form von Modellen, Methoden oder Werkzeugen, entwickelt, der abschließend in einer **zweiten deskriptiven Studie** evaluiert wird (vgl. *Blessing und Chakrabarti 2009, S. 15 f.*).

In der vorliegenden Arbeit werden im Zuge der Einordnung des Forschungsvorhabens zunächst die Ausgangssituation und Problemstellung dargestellt und die Zielsetzung für die Arbeit bestimmt. Daran anschließend wird ein vertieftes Verständnis für die Problemstellung geschaffen, indem zunächst der Untersuchungsgegenstand der Arbeit, also der Prozess der Produktentwicklung im

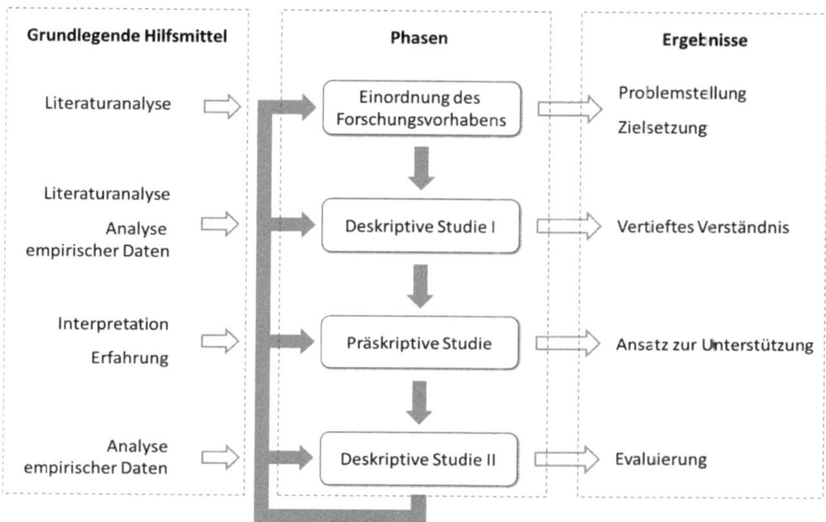

Abbildung 1.1: Design Research Methodology nach *Blessing und Chakrabarti (2009, S. 15)*

besonderen Umfeld der militärischen Luftfahrtindustrie in Deutschland, beschrieben und konkretisiert wird. Weitergehend wird Wissen als zentraler Faktor der Produktentwicklung beschrieben, bestehende Ansätze zur wissensorientierten Gestaltung der Produktentwicklung analysiert und im Rahmen von Fallstudien der Stand der Praxis untersucht. Auf dieser Grundlage wird ein Ansatz zur wissensorientierten Gestaltung der Produktentwicklung formuliert und abschließend evaluiert.

Dabei wird die Evaluierung des Gestaltungsansatzes als „initial evaluation" nach *Blessing und Chakrabarti (2009, S. 195)* durchgeführt. Diese zielt nicht nur auf Aussagen zur Anwendbarkeit des Ansatzes ab, sondern auch auf erste Einschätzungen zu Nutzen und Aufwand von Vertretern der Zielgruppe des Gestaltungsansatzes. Zudem erlauben die Ergebnisse dieser initialen Evaluierung Schlussfolgerungen für die Verbesserung und Weiterentwicklung des Ansatzes in zukünftigen Forschungsvorhaben.

Qualitative vs. quantitative Untersuchungsmethoden

Zur Durchführung der deskriptiven Studie im Rahmen der Design Research Methodology kommen sowohl quantitative als auch qualitative Untersuchungsmethoden in Betracht. **Quantitative Methoden** verfolgen das Ziel, durch die Überprüfung im Vorfeld aufgestellter Hypothesen Zusammenhänge zwischen beobachteten Phänomenen oder Variablen statistisch abgesichert zu erklären. Zur Informationsgewinnung werden großzahlige Stichproben mit standardisierten Methoden untersucht. Die zu analysierenden Informationen liegen in der Regel in numerischer Form vor, also

z. B. als Häufigkeiten, Mengenangaben, Zahlenreihen oder Indizes (vgl. *Bortz und Döring 2006, S. 298 ff.; Häder 2010, S. 69*).

Qualitative Methoden hingegen zielen darauf ab, Sachverhalte zu verstehen und Zusammenhänge zu entdecken. Zur Informationsgewinnung werden kleine Fallzahlen herangezogen und mit wenig standardisierten Methoden untersucht. Die Offenheit dieses Verfahrens ermöglicht es, auch bisher unbekannte Sachverhalte zu entdecken. Da die Möglichkeit zur flexiblen Nachfrage besteht, können Unklarheiten im direkten Dialog ausgeräumt werden, wodurch das Risiko der Aufnahme fehlerhafter Informationen sinkt. Die zu analysierenden Informationen liegen zumeist als Texte (z. B. Interviewprotokolle, Beobachtungsprotokolle, Dokumente) vor (vgl. *Kromrey 2006, S. 31 ff.; Bortz und Döring 2006, S. 298 ff.; Häder 2010, S. 69*).

Bei der Produktentwicklung in der militärischen Luftfahrtindustrie handelt es sich um einen komplexen Prozess, der in einem besonderen Umfeld durchgeführt wird und eine Vielzahl von Abhängigkeiten aufweist. Aus diesem Grund bieten sich grundsätzlich qualitative Untersuchungsmethoden an, mit denen auch komplexe Zusammenhänge nachvollzogen werden können (vgl. *Flick 2011, S. 27*). Durch das Prinzip der Offenheit und die Möglichkeit des direkten Dialogs ist zudem eine größere Reichhaltigkeit und Detaillierung der Ergebnisse zu erwarten, als dies bei der Anwendung von quantitativen Methoden, die zur Sicherstellung statistischer Signifikanz eine Vielzahl von Einschränkungen erfordern, möglich wäre (vgl. *Wrona 2005, S. 10*).

Zudem ist die Erhebung von entwicklungsrelevanten Informationen in Unternehmen der militärischen Luftfahrtindustrie eine sehr sensible Angelegenheit, da zum einen die Produktentwicklung für die Unternehmen ein bedeutender Wettbewerbsfaktor ist und zum anderen viele entwicklungsrelevanten Informationen auf staatliche Veranlassung hin vertraulich zu halten sind. Die Erhebung von Informationen, die für die Untersuchung von Bedeutung sind, erfordert daher den direkten und persönlichen Kontakt.

Aus diesen Gründen wird in der vorliegenden Arbeit auf qualitative Methoden zur Erhebung und Analyse von untersuchungsrelevanten Informationen zurückgegriffen. Um die Besonderheiten der militärischen Luftfahrtindustrie in Deutschland herausarbeiten zu können, werden offene Interviews mit Experten der militärischen Luftfahrtindustrie in Deutschland und der Bundeswehr als nationalem Auftraggeber geführt (siehe Kapitel 2.2.1). Zur Untersuchung des Standes der Praxis der wissensorientierten Gestaltung der Produktentwicklung werden schließlich Fallstudien durchgeführt (siehe Kapitel 4.2), in denen der Schwerpunkt der Erhebung auf leitfadengestützten Experteninterviews liegt. Die Auswertung der Interviewtexte und der für die Untersuchung relevanten Dokumente erfolgt schließlich mit Hilfe der qualitativen Inhaltsanalyse nach *Gläser und Laudel (2010, S. 197 ff.)*. Auch zur Evaluierung des wissensorientierten Gestaltungsansatzes werden offene Interviews mit Experten der militärischen Luftfahrtindustrie geführt (siehe Kapitel 6.2).

1.4 Aufbau der Arbeit

Der Aufbau der Arbeit orientiert sich an dem methodischen Vorgehen der Design Research Methodology, die in diesem Kapitel vorgestellt und erläutert wurde (vgl. Abbildung 1.2). Im **ersten Kapitel** der Arbeit werden zunächst die Ausgangssituation und die Problemstellung erläutert, um darauf aufbauend die Zielsetzung der Arbeit, das methodische Vorgehen und den Aufbau der Arbeit zu beschreiben.

Das **zweite Kapitel** dient der Beschreibung und Konkretisierung des Untersuchungsgegenstandes der Arbeit, also der Produktentwicklung in der militärischen Luftfahrtindustrie in Deutschland. Im Fokus stehen dabei die Charakterisierung der Produktentwicklung als Teil des Produktentstehungsprozesses und die Erarbeitung der Besonderheiten der militärischen Luftfahrtindustrie in Deutschland. Dieser Abschnitt schließt mit der Ableitung von prozessorientierten Herausforderungen für die Produktentwicklung in der militärischen Luftfahrindustrie.

Im **dritten Kapitel** der Arbeit werden die Grundlagen der wissensorientierten Gestaltung der Produktentwicklung herausgearbeitet. Hierzu wird zunächst Wissen als zentraler Faktor für die Produktentwicklung beschrieben. Um einen Überblick über bestehende Gestaltungsansätze zu erhalten und grundlegende Aspekte zu ermitteln, welche bei der Entwicklung eines Ansatzes zur wissensorientierten Gestaltung der Produktentwicklung zu berücksichtigen sind, wird anschließend eine Analyse der Literatur durchgeführt. Darauf aufbauend erfolgen die Formulierung des Forschungsbedarfs und die Ableitung von wissensorientierten Herausforderungen für die Produktentwicklung in der militärischen Luftfahrindustrie.

Im Zentrum des **vierten Kapitels** steht die Beantwortung der Frage, wie Unternehmen der militärischen Luftfahrtindustrie bei der wissensorientierten Gestaltung der Produktentwicklung vorgehen und an welchen Stellen Handlungsbedarf besteht. Hierzu werden unterschiedliche Entwicklungsprojekte in der militärischen Luftfahrtindustrie im Rahmen einer Mehrfachfallstudie untersucht. Bevor die Ergebnisse dieser Untersuchung analysiert werden, werden die gewählte Untersuchungsmethodik begründet, Maßnahmen zur Qualitätssicherung dargestellt und die Vorgehensweise der Untersuchung beschrieben. Abschließend wird der Handlungsbedarf für die wissensorientierte Gestaltung der Produktentwicklung abgeleitet.

Das **fünfte Kapitel** befasst sich mit der Entwicklung eines wissensorientierten Gestaltungsansatzes für die Produktentwicklung in der militärischen Luftfahrtindustrie. Hierzu werden zunächst Anforderungen an den Gestaltungsansatz formuliert und auf dieser Basis ein Modell zur Beschreibung der wissensorientierten Gestaltung der Produktentwicklung in der militärischen Luftfahrtindustrie erarbeitet. Dieses ist schließlich die Grundlage für die Ausgestaltung der Aufstellung, Nutzung, Erweiterung und Sicherung der Wissensbasis von Entwicklungsprojekten in der militärischen Luftfahrtindustrie sowie die Erarbeitung einer Vorgehensbeschreibung zur wissensorientierten Gestaltung der Produktentwicklung.

Im **sechsten Kapitel** erfolgt die Evaluierung des wissensorientierten Gestaltungsansatzes. Hierzu wird zunächst die Umsetzung der Anforderungen beschrieben, bevor mit Hilfe von Experten der militärischen Luftfahrtindustrie die Evaluierung der praktischen Anwendbarkeit des Gestaltungsansatzes durchgeführt wird.

Das letzte und **siebte Kapitel** der Arbeit besteht aus einer Zusammenfassung der erarbeiteten Ergebnisse, in der auf das Forschungsziel und die leitenden Forschungsfragen Bezug genommen wird. Außerdem beinhaltet dieser Abschnitt eine kritische Würdigung dieser Arbeit und einen Ausblick auf den zukünftigen Forschungsbedarf.

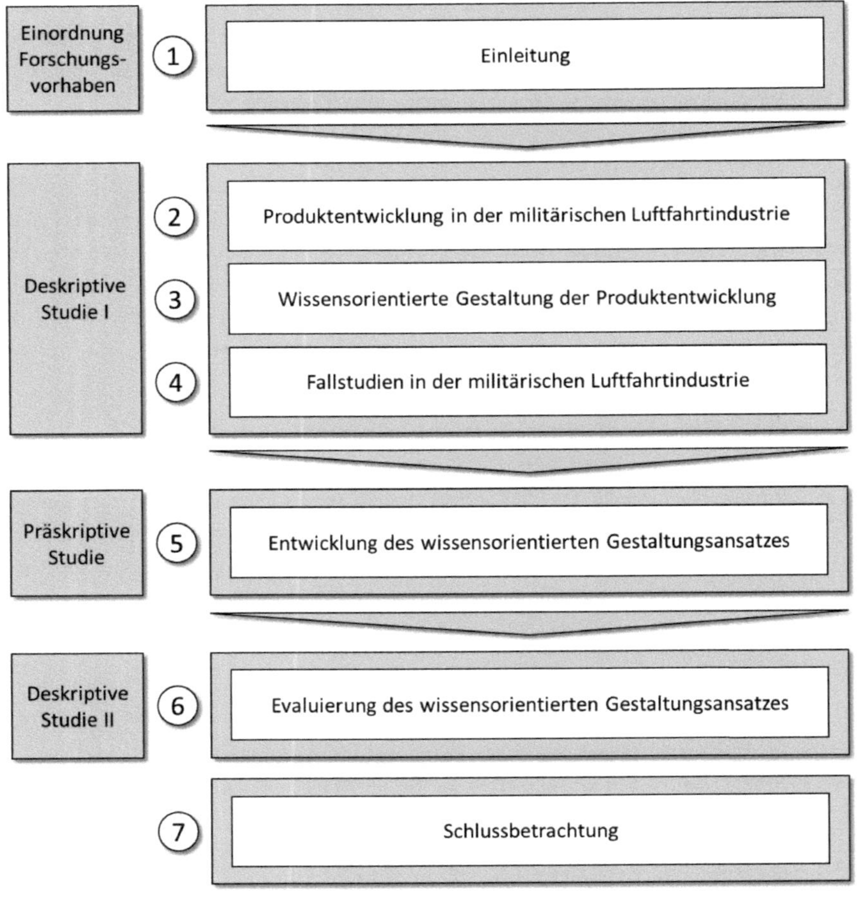

Abbildung 1.2: Aufbau der Arbeit

2 Produktentwicklung in der militärischen Luftfahrtindustrie

Das folgende Kapitel dient der Beantwortung der Frage, welche Besonderheiten es bei der Produktentwicklung in der militärischen Luftfahrtindustrie in Deutschland zu berücksichtigen gilt. Hierzu wird im ersten Teil des Kapitels ein grundlegendes Verständnis für die Produktentwicklung geschaffen, indem zunächst die Produktentwicklung als Teil des Produktentstehungsprozesses eingeführt wird. Anschließend erfolgt eine Charakterisierung des Produktentwicklungsprozesses bevor in der Literatur verbreitete Merkmale zur Unterscheidung von Entwicklungssituationen vorgestellt werden. Im zweiten Teil dieses Kapitels werden die Besonderheiten der militärischen Luftfahrtindustrie herausgearbeitet. Hierzu werden spezielle Charakteristika der Produkte der militärischen Luftfahrtindustrie beschrieben und das Umfeld, in dem diese Produkte entwickelt werden, dargestellt. Abschließend werden auf dieser Grundlage prozessorientierte Herausforderungen für die Gestaltung der Produktentwicklung in der militärischen Luftfahrtindustrie herausgearbeitet.

2.1 Grundlagen der Produktentwicklung

Der Begriff **Produktentwicklung** wird im betrieblichen Alltag von Unternehmen auf verschiedene Arten verwendet: als Bezeichnung einer Organisationseinheit, als Bezeichnung für einen Prozess im Unternehmen sowie als Bezeichnung für das Ergebnis dieses Prozesses. In dieser Arbeit bezeichnet der Begriff Produktentwicklung einen **Prozess**, in dem auf der Basis von Anforderungen die „geometrisch-stofflichen Merkmale eines technischen Produkts mit allen seinen lebenslaufbezogenen Eigenschaften bis zur Entsorgung“ festgelegt werden (*Ehrlenspiel und Meerkamm 2013, S. 254*). Welche Herausforderungen sich bei der Gestaltung dieses Prozesses ergeben, hängt in entscheidendem Maße von der konkreten **Entwicklungssituation** ab. Aus diesem Grund werden im Folgenden ein Verständnis für den der Produktentwicklung zugrunde liegenden Prozess und mögliche Situationen der Produktentwicklung geschaffen.

2.1.1 Produktentwicklung als Teil des Produktentstehungsprozesses

In der Literatur wird der **Produktentwicklungsprozess** unterschiedlich weit gefasst und definiert. Für *Spur* und *Krause* umfasst er beispielsweise die Teilphasen Produktplanung, Produktkonstruktion und Produkterprobung (vgl. *Spur und Krause 1997, S. 4 ff.*). Ein ähnlicher Ansatz findet sich bei *Engeln*, der jedoch die Konstruktionsphase in Produktkonzeption und Produktgestaltung unterteilt (vgl. *Engeln 2011, S. 23*). Andere Ansätze gliedern in Anlehnung an VDI-Richtlinie 2220 die Produktplanung als eigenständige Phase aus und betrachten nur die Teilphasen Konstruktion und Erprobung (vgl. *VDI 2220; Kern 2005, S. 9; Ehrlenspiel und Meerkamm 2013, S. 162 f.*). Im Rahmen einer zunehmenden Kunden- und Marktorientierung fassen verschiedene Autoren den Produktentwicklungsprozess noch weiter und verstehen darunter alle Aktivitäten von der ersten Produktidee bis zur Markteinführung (vgl. *Verworn 2005, S. 12 f.; Ernst 2007, S. 424; Ulrich und Eppinger 2012, S. 2*).

Im Rahmen der vorliegenden Arbeit stellt die Produktentwicklung einen **Teil des Produktentstehungsprozesses** dar. Sie folgt auf die Produktplanung und mündet in die Produktherstellung (vgl. Abbildung 2.1). In Anlehnung an *VDI 2221* wird der Produktentwicklungsprozess unterteilt in die Phasen Aufgabenplanung, Produktkonzeption und Produktgestaltung, welche sowohl den Produktentwurf als auch die detaillierte Ausarbeitung der Produktdokumentation beinhaltet. Eine solche Verschmelzung von Entwurf und Ausarbeitung bietet sich an, da infolge der verstärkten Nutzung von CAD-Technik die Grenze zwischen diesen beiden Phasen zunehmend verschwimmt (vgl. *Ehrlenspiel und Meerkamm 2013, S. 272 f.*). Zudem beinhaltet der Produktentwicklungsprozess die Produkterprobung, wodurch die Aktivitäten Musterbau und Versuch mit in die Betrachtung einbezogen werden.

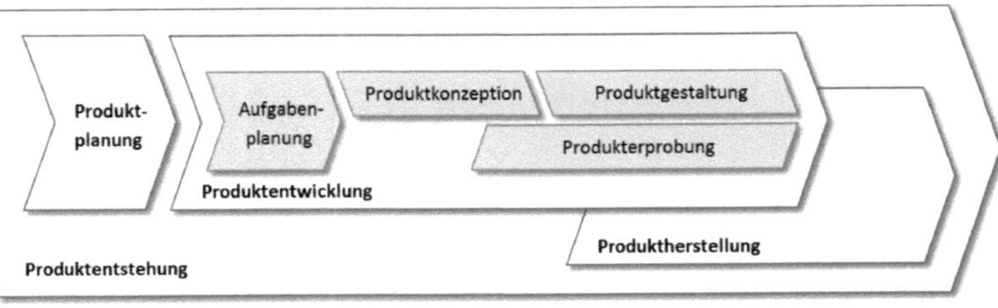

Abbildung 2.1: Einordnung der Produktentwicklung in die Produktentstehung (in Anlehnung an *VDI 2221; Westkämper 2006, S. 188 ff.*)

Die Grundlage für den Produktentwicklungsprozess bilden Aktivitäten der **Produktplanung**, in denen Produktideen ermittelt, bewertet und ausgewählt werden (vgl. *VDI 2220; Westkämper 2006, S. 118 ff.; Pahl et al. 2007, S. 103 ff.*). Die ausgewählten Produktideen werden weiter konkretisiert und resultieren in Lastenheften und Produktdefinitionen, welche die Grundlage für den Entwicklungsauftrag bilden. Die Produktplanung stellt somit den Vorlauf zum Produktentwicklungsprozess dar und kann sowohl unternehmensintern als auch von externen Stellen, wie z. B. Kunden, Behörden oder Planungsbüros, durchgeführt werden (vgl. *Pahl et al. 2007, S. 94*).

Unabhängig davon, ob der Ausgangspunkt für die Produktentwicklung ein Kundenauftrag oder ein im Unternehmen erarbeiteter Entwicklungsauftrag ist, muss die Aufgabenstellung im Hinblick auf die folgenden Entwicklungstätigkeiten präzisiert und geplant werden (vgl. *Pahl et al. 2007, S. 195*). Im Rahmen der **Aufgabenplanung** wird hierzu die Entwicklungsaufgabe gegliedert, der Arbeitsablauf zeitlich und personell organisiert und Informationen, die mit der Entwicklungsaufgabe in Zusammenhang stehen, zusammengetragen (vgl. *Ehrlenspiel und Meerkamm 2013, S. 263*). Für die Produktentwicklung relevante Informationen sind beispielsweise der aktuelle Stand der Technik, zu berücksichtigende Gesetze, Normen und Richtlinien, das aktuelle Absatzmarktgeschehen oder Erfahrungen aus ähnlichen Entwicklungsvorhaben. Nach der Beschaffung der für die Entwicklung relevanten Informationen, werden diese systematisiert und aufbereitet. Sie bilden zusammen mit dem Lastenheft des Kunden und gegebenenfalls dem Pflichtenheft des Vertriebs die Grundlage für die Erstellung der Anforderungsliste (vgl. *Ehrlenspiel und Meerkamm 2013, S. 391 ff.*). Die Anforderungsliste enthält die Gesamtheit aller Anforderungen an das zu entwickelnde Produkt und zielt darauf ab, zwischen Auftraggeber und Auftragnehmer ein gemeinsames Verständnis über die Ziele und die Rahmenbedingungen des Entwicklungsvorhabens zu schaffen. Daher wird die Anforderungsliste in Abstimmung mit dem Auftraggeber erstellt, von diesem abschließend bestätigt und als Grundlage für die Entwicklungsaktivitäten freigegeben (vgl. *Hinsch 2013, S. 55; Ehrlenspiel und Meerkamm 2013, S. 263*).

Nach Klärung und Planung der Entwicklungsaufgabe folgt die **Produktkonzeption**. Ziel dieser Phase ist es eine Vorstellung darüber zu gewinnen, wie das zu entwickelnde Produkt prinzipiell funktionieren könnte (vgl. *Ehrlenspiel und Meerkamm 2013, S. 263*). Hierzu wird zunächst die Gesamtfunktion des Produktes beschrieben und systematisch in Teilfunktionen zerlegt. Für die einzelnen Funktionen werden dann geeignete Wirkprinzipien gesucht, getestet und bewertet. Ergebnis dieser Phase ist das Produktkonzept, also die prinzipielle Lösung des zu entwickelnden Produktes (vgl. *Pahl et al. 2007, S. 195 f.; Ehrlenspiel und Meerkamm 2013, S. 263 f.*).

Im Rahmen der **Produktgestaltung** wird das Produktkonzept in ein funktionsfähiges, technisch herstellbares Gebilde überführt (vgl. *Ehrlenspiel und Meerkamm 2013, S. 265*). Hierzu werden die ausgewählten prinzipiellen Lösungen Schritt für Schritt detailliert. In einem ersten Schritt wird eine geeignete Produktstruktur festgelegt. Dabei wird entschieden, welche Komponenten zu Teilsystemen zusammengefasst werden und wie die einzelnen Elemente zusammenwirken. Auf dieser Grundlage werden Schnittstellen zwischen Komponenten und Teilsystemen definiert und die einzelnen Komponenten und Teilsysteme hinsichtlich Form, Abmessung und Materialien gestaltet (vgl. *Engeln 2011, S. 142*). Ergebnis dieser Phase ist zum einen ein detaillierter Gesamtentwurf des Produktes, in dem die Gestalt und Anordnung aller Komponenten und Teilsysteme des Produkts festgelegt sind. Zum anderen wird zum Abschluss dieser Phase die vollständige Produktdokumentation erstellt, welche alle erforderlichen Unterlagen zur Herstellung und Nutzung des Produktes beinhaltet (vgl. *Ehrlenspiel und Meerkamm 2013, S. 267*).

Eng verknüpft mit der Produktkonzeption und der Produktgestaltung ist die **Produkterprobung**, welche dazu dient, die erdachten technischen Lösungen auf das erwartete Produktverhalten zu überprüfen (vgl. *Engeln 2011, S. 23*). Beginnend mit dem Test von Wirkprinzipien in der konzeptionellen Phase erfolgt die Produkterprobung auf allen Integrationsstufen des Produktes (vgl. *Westkämper 2006, S. 122*). Um beispielsweise einzelne Funktionen oder bestimmte Merkmale von Funktionen zu testen, werden einzelne Komponenten des Produktes als sogenannte Funktionsmuster realisiert und erprobt. Das Zusammenspiel mehrerer Funktionen und Komponenten wird mit Labormustern erprobt (vgl. *Spur und Krause 1997, S. 17*). Auch digitale Produktaufbauten und computergestützte Simulationen werden für die Erprobung herangezogen. Die Erprobung des Gesamtprodukts erfolgt schließlich mit Hilfe von Prototypen, die dem Zielprodukt nahezu vollständig entsprechen und über alle Funktionen des neuen Produktes verfügen (vgl. *Engeln 2011, S. 23*). Die Erprobungsergebnisse fließen schließlich wieder in die Produktkonzeption und Produktgestaltung ein, so dass sich zwischen diesen drei Phasen eine iterative Verknüpfung ergibt. Dabei gilt für jede Phase, dass Rücksprünge auf eine vorhergehende Phase erforderlich werden können. Zum Beispiel wenn im Rahmen der Erprobung festgestellt wird, dass eine bestimmte Gestaltungsentscheidung oder ein Lösungsprinzip ungeeignet ist und daher Nacharbeiten erforderlich werden (vgl. *Engeln 2011, S. 23*).

Bei der **Entwicklung komplexer technischer Systeme** kommt es aufgrund der Komplexität der Produkte zu Besonderheiten innerhalb der Produktentwicklung. Komplexe Systeme bestehen aus einer Vielzahl an Elementen, welche im Verbund miteinander interagieren. Die Komplexität ergibt sich daher aus der Anzahl, Art und Stärke der Interaktionen und Abhängigkeiten der einzelnen Elemente untereinander (vgl. *Picot und Baumann 2007, S. 221 f.*). Zudem zeichnen sich komplexe technische Systeme dadurch aus, dass ihre Funktionen durch das Zusammenwirken von mechanischen, elektrotechnischen bzw. elektronischen und datenverarbeitenden Komponenten erreicht werden (vgl. *Heimann 2007, S. 13*). Im Rahmen der Produktentwicklung ist es also erforderlich unterschiedliche Fachgebiete, wie zum Beispiel die Mechanik, die Elektrotechnik und die Softwaretechnik, zu integrieren. Dies führt dazu, dass bereits während der Aufgabenplanung eine domänenspezifische Aufgabenaufteilung und entsprechende Schnittstellen zwischen den einzelnen Teilbereichen festgelegt werden müssen (vgl. *Ehrlenspiel und Meerkamm 2013, S. 283 f.*). Darüber hinaus erfolgt bereits zu Beginn der Produktentwicklung eine Dekomposition des technischen Systems in einzelne Komponenten mit klar definierten Schnittstellen (vgl. *Specht et al. 2002, S. 158; Picot und Baumann 2007, S. 221 f.*).

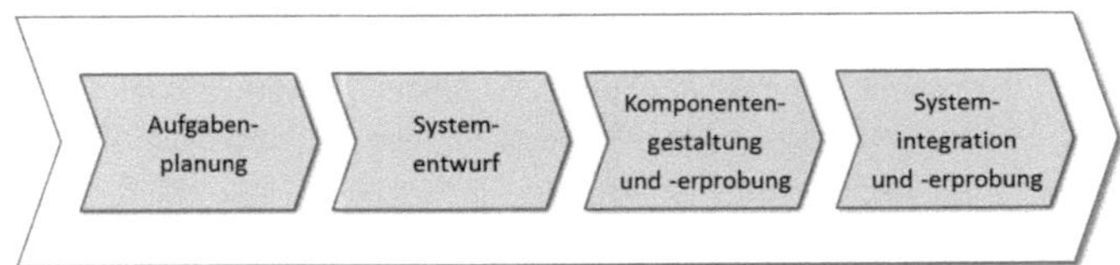

Abbildung 2.2: Ablauf der Entwicklung komplexer technischer Systeme (in Anlehnung an *Specht et al. 2002, S. 148*)

Dies hat zur Folge, dass nach dem Entwurf des Gesamtsystems die einzelnen Komponenten unabhängig voneinander gestaltet und erprobt werden, um anschließend Schritt für Schritt zu einem Gesamtsystem integriert und auf den verschiedenen Integrationsstufen getestet zu werden (vgl. Abbildung 2.2).

2.1.2 Charakterisierung des Produktentwicklungsprozesses

Wie im vorhergehenden Abschnitt dargestellt, wird bei der Entwicklung von Produkten ausgehend von einem Entwicklungsauftrag Schritt für Schritt die Beschreibung eines neuen Produktes erarbeitet, welche letztlich als Grundlage für die Herstellung dient. Ein zentrales Charakteristikum der Produktentwicklung ist dementsprechend die Gewinnung, Verarbeitung und Weitergabe von Informationen. Der Produktentwicklungsprozess wird daher auch als **informationsumsetzender Prozess** beschrieben (vgl. z. B. *Kern 2005, S. 14 f.; Ehrlenspiel und Meerkamm 2013, S. 254 f.*). Für die Entwicklungsaktivitäten erforderliche Informationen werden beispielsweise aus der Aufgabenstellung, aus der Spezifikation, aus Berechnungen, Zeichnungen oder Normen, aber auch aus Gesprächen mit Kunden oder aus der Erprobung gewonnen. Diese Informationen werden schließlich analysiert, bewertet und im Rahmen der technischen Problemlösung verarbeitet, um auf dieser Basis Informationen über Gestalt und Herstellung des Produktes zu erarbeiten. Diese Informationen werden schließlich in Form von Zeichnungen, Tabellen, Beschreibungen und Handlungsanweisungen an die Fertigung übergeben, um das Produkt materiell herzustellen (vgl. *Ponn und Lindemann 2011, S. 10; Ehrlenspiel und Meerkamm 2013, S. 254*).

Im Rahmen der Produktentwicklung gilt es Lösungen zu finden, die technische Vorgaben erfüllen, zugleich aber auch spezifischen Anforderungen der Fertigung und Montage, der Nutzung, des Transports, sowie der Wartung und Entsorgung genügen (vgl. *Badke-Schaub und Frankenberger 2004, S. 25 f.*). Dementsprechend stellt die Produktentwicklung einen **komplexen Problemlösungsprozess** dar, in dem innovative technische Lösungen erarbeitet werden, um vorgegebene, zum Teil widersprüchliche Anforderungen möglichst gut zu erfüllen. Hierzu sind unter anderem wenig planbare, kreative und zum Teil sogar ergebnisoffene Aktivitäten erforderlich (vgl. *Pahl et al. 2007, S. 2*). Trotz zunehmender Unterstützung der Entwicklungstätigkeiten durch rechnergestützte Verfahren bleiben daher die an der Produktentwicklung beteiligten Mitarbeiter im Zentrum der Betrachtung. Ihr Wissen und ihre Erfahrung haben maßgeblichen Einfluss auf den Verlauf und die Resultate der Produktentwicklung (vgl. *Ponn und Lindemann 2011, S. 10*). Aus diesem Grund kann die Produktentwicklung auch als **wissensintensiver Prozess** charakterisiert werden, der sich aufgrund seiner Natur nicht vollständig automatisieren lässt (vgl. *Kern 2005, S. 13 f.*).

Ein bedeutendes Element der Produktentwicklung ist darüber hinaus die Teamarbeit. Insbesondere komplexe Probleme im Bereich der Produktentwicklung können nicht von einem Produktentwickler allein durchgeführt werden (vgl. *Wagner 2008, S. 31*). Die Produktentwicklung als **kooperativer Prozess** ist dementsprechend dadurch gekennzeichnet, dass mehrere Akteure auf Basis gemeinsamer Zielvorstellungen Problemstellungen gemeinschaftlich klären und Lösungsvorschläge erarbeiten (vgl. *Kern 2005, S. 17; Lindemann 2009, S. 23*). Teamarbeit ist daher ein wesentliches Element in der Produktentwicklung, um ein möglichst großes Spektrum an Wissen sowie vielfältige Sichtweisen in die Entwicklungsaktivitäten einzubinden (vgl. *Ehrlenspiel und Meerkamm 2013, S. 217 f.*).

2.1.3 Merkmale zur Unterscheidung von Entwicklungssituationen

Welche Herausforderungen sich bei der Gestaltung von Produktentwicklungsprozessen ergeben, hängt in entscheidendem Maße von der konkreten **Entwicklungssituation** ab, welche durch verschiedene Merkmale und mögliche Ausprägungen charakterisiert werden kann (vgl. *Kern 2005, S. 18 f.; Pahl et al. 2007, S. 2 ff.; Ponn und Lindemann 2011, S. 11 ff.*).

Im Folgenden wird das Spektrum an Entwicklungssituationen anhand beispielhafter Merkmale und deren Ausprägungen verdeutlicht (vgl. Abbildung 2.3).

Merkmal	Ausprägung		
Herkunft der Entwicklungsaufgabe	Unterauftrag	Kundenauftrag	Produktplanung
Art der Entwicklungsaufgabe	Variantenentwicklung	Weiterentwicklung	Neuentwicklung
Produktkomplexität	Baugruppe	System	Systemverbund
Priorisiertes Entwicklungsziel	Funktion	Design	Gewicht
	Kosten	Lieferzeit	etc.

Abbildung 2.3: Merkmale von Entwicklungssituationen

Je nach **Herkunft der Entwicklungsaufgabe** ergeben sich für die Produktentwicklung unterschiedliche Gestaltungsspielräume und Abstimmungsaufwände. Erfolgt die Beauftragung der Entwicklung als Resultat einer unternehmensinternen Produktplanung, ist eine regelmäßige Abstimmung mit diesem Unternehmensbereich erforderlich (vgl. *Pahl et al. 2007, S. 94*). Ein gemeinsames Verständnis der Anforderungen an das Produkt steht dabei genauso im Vordergrund wie die kontinuierliche Überprüfung, ob die Gestaltungsentscheidungen nach wie vor die Bedürfnisse des angestrebten Absatzmarktes erfüllen. Bei einem Kundenauftrag für ein konkretes Produkt ist der Kunde regelmäßig in den Entwicklungsprozess zu integrieren, um ihn über den Entwicklungsfortschritt zu informieren und Gestaltungsentscheidungen mit ihm abzustimmen (vgl. *Pahl et al. 2007, S. 3*). Gilt die Entwicklung hingegen nicht einem Endprodukt, sondern erfolgt eine

Unterbeauftragung zur Entwicklung eines Systems, einer Baugruppe oder Komponente, welche in das Endprodukt integriert werden, ergibt sich ein hoher Abstimmungsaufwand mit dem Auftraggeber sowie mit parallel arbeitenden Entwicklungsteams (vgl. *Pahl et al. 2007, S. 3*). Dabei ist zu berücksichtigen, dass sich die Kommunikation mit den jeweiligen Kunden einer Entwicklungsaufgabe mitunter schwierig gestalten kann, da sie oft eine unterschiedliche „Sprache" verwenden. Während Kunden vor allem in Anforderungen und Anwendungsmöglichkeiten denken, stehen für die Entwickler häufig Komponenten, Spezifikationen und Funktionen im Vordergrund (vgl. *Ponn und Lindemann 2011, S. 12*).

Je konkreter die Vorgaben im Rahmen der Beauftragung sind, desto geringer sind die Gestaltungsfreiheiten der Entwickler. Dementsprechend ergibt sich der größtmögliche gestalterische Spielraum in der Regel bei Entwicklungsvorhaben, die aus einer unternehmensinternen Produktplanung hervorgegangen sind, während der engste Rahmen bei Unterbeauftragungen für die Entwicklung einer Komponente oder Baugruppe eines Produkts besteht (vgl. *Pahl et al. 2007, S. 2 f.*).

Die **Art der Entwicklungsaufgabe** hat einen direkten Einfluss auf die Bearbeitungstiefe bei der Produktentwicklung, d. h. auf die Intensität, mit der die einzelnen Entwicklungsphasen durchlaufen werden. Hierbei wird in der Literatur üblicherweise zwischen Neuentwicklung, Weiterentwicklung und Variantenentwicklung unterschieden (vgl. *Pahl et al. 2007, S. 4; Ehrlenspiel und Meerkamm 2013, S. 269 ff.*). Unter Neuentwicklungen werden Entwicklungsvorhaben verstanden, bei denen ein neues Produkt mit einer neuen prinzipiellen Lösung entsteht. Auch wenn eine bekannte oder nur wenig veränderte Aufgabenstellung mit neuen Lösungsprinzipien oder Technologien gelöst wird, liegt eine Neuentwicklung vor. Bei Weiterentwicklungen werden bereits bestehenden Produkte an veränderte Anforderungen angepasst. Dabei wird auf bekannte und bewährte Lösungsprinzipien zurückgegriffen, weshalb die Konzeptionsphase deutlich weniger intensiv durchlaufen werden muss. Vor allem bei komplexen Produkten kann es durchaus erforderlich sein, dass im Rahmen der Weiterentwicklung eines Produktes einzelne Produktkomponenten neu entwickelt werden müssen. Variantenentwicklungen liegen dann vor, wenn im Wesentlichen Abmessungen oder die Anordnung von Komponenten bzw. Baugruppen, z. B. aufgrund veränderter Kundenanforderungen, geändert werden. Aufgrund der nur geringfügigen Änderungen am Entwurf muss die Konzeptionsphase bei dieser Art der Produktentwicklung nicht mehr durchlaufen werden und der Aufwand für die Gestaltung und Erprobung fällt gering aus.

Die drei beschriebenen Entwicklungsarten unterscheiden sich jedoch nicht nur in der erforderlichen Bearbeitungstiefe bei der Produktentwicklung sondern auch in ihrem Informationsbedarf und ihrer Planbarkeit. Während bei einer Variantenentwicklung der Informationsbedarf verhältnismäßig gering und die Planbarkeit des Entwicklungsvorhabens hoch ist, verhält es sich bei Neuentwicklungen gegensätzlich (vgl. *Ehrlenspiel und Meerkamm 2013, S. 270*). Vor allem für die Aufgabenplanung wird eine Vielzahl von Informationen aus verschiedenen Quellen benötigt, um den Entwicklungsauftrag präzisieren und die nachfolgenden Aktivitäten planen zu können.

Allerdings sorgen bei Neuentwicklungen der hohe Bedarf an kreativen Tätigkeiten und die Unvorhersehbarkeit von technischen Hindernissen dafür, dass sich nicht alle Aktivitäten bis ins Detail vorausplanen lassen (vgl. *Nippa und Reichwald 1990, S. 68 ff.; Lindemann 2009, S. 52*).

Die **Komplexität des zu entwickelnden Produktes** hat direkte Auswirkungen auf die Komplexität der Entwicklungsaktivitäten und damit auf die Gestaltung des Entwicklungsprozesses. Die Komplexität eines Produktes steigt mit der Anzahl und Verschiedenartigkeit der Elemente sowie der Anzahl und Vielfalt der möglichen Relationen zwischen diesen Elementen (vgl. *Ehrlenspiel und Meerkamm 2013, S. 37*). Auf dieser Grundlage lassen sich in der Produktentwicklung zur Kategorisierung von technischen Systemen verschiedene Komplexitätsstufen definieren. Diese reichen beispielsweise vom einzelnen Bauteil über Module bzw. Baugruppen bis hin zu Systemen und Systemverbünden (vgl. *Hsuan 1999, S. 6 ff.; Ehrlenspiel und Meerkamm 2013, S. 38*). Über eine hohe Produktkomplexität verfügen beispielsweise Flugzeuge, Schiffe oder Kraftwerke. Sie zeichnen sich durch eine hohe Anzahl an Systemen, Baugruppen und Bauteilen aus, welche auf vielfältige Weise miteinander vernetzt sind und über eine Vielzahl an Schnittstellen verfügen (vgl. *Ponn und Lindemann 2011, S. 13*).

Mit steigender Komplexität des zu entwickelnden Produktes steigt die Anzahl und Vielfalt der einzelnen Entwicklungsteilaufgaben und damit die Anzahl der beteiligten Personen, Abteilungen und externen Partner, deren Beiträge im Hinblick auf das Entwicklungsziel über einen langen Entwicklungszeitraum zu koordinieren und synchronisieren sind. In der Folge erhöht sich der Kommunikationsbedarf und es wird zunehmend schwieriger transparente Strukturen und Abläufe zu schaffen (vgl. *Nippa und Reichwald 1990, S. 69*).

Bei der Produktentwicklung handelt es sich um einen Optimierungsprozess, bei dem es gilt, vorgegebene, sich teilweise widersprechende Anforderungen zu erfüllen (vgl. *Ponn und Lindemann 2011, S. 13*). Für die Entwicklungssituation spielt daher die **Priorisierung der Entwicklungsziele** eine wichtige Rolle. Bei der ersten Generation eines technischen Produktes stellt unter Umständen der Funktionsumfang das Hauptziel dar, während bei der Weiterentwicklung des Produktes eine Verbesserung des Designs, eine Gewichtsoptimierung oder eine Reduzierung der Fertigungskosten im Vordergrund des Entwicklungsprojektes stehen kann. Je nach Priorisierung der Entwicklungsziele ergeben sich schließlich unterschiedliche Herausforderungen und Handlungsoptionen bei der Gestaltung der Produktentwicklung.

2.2 Branchenspezifische Besonderheiten der militärischen Luftfahrtindustrie

Die militärische Luftfahrtindustrie ist ein **Teilbereich der Verteidigungsindustrie**. Unter dem Begriff Verteidigungsindustrie werden dabei alle Industriebereiche zusammengefasst, in denen Produkte entwickelt und hergestellt werden, die vorwiegend militärisch genutzt werden (vgl. *Grams* *und Schütz 2006, S. 292; Bertges 2009, S. 37*). Dabei kann die Verteidigungsindustrie keiner bestimmten Branche allein zugerechnet werden. Vielmehr definiert sie sich durch die Nutzung ihrer Endprodukte im militärischen Bereich und lässt sich nach der Art der Produkte in verschiedene Bereiche aufteilen (vgl. Abbildung 2.4).

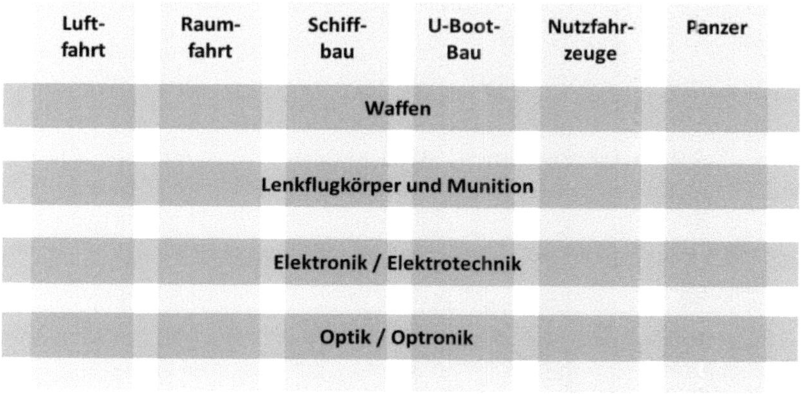

Luft-fahrt | Raum-fahrt | Schiff-bau | U-Boot-Bau | Nutzfahr-zeuge | Panzer

Waffen

Lenkflugkörper und Munition

Elektronik / Elektrotechnik

Optik / Optronik

Abbildung 2.4: Produktbereiche der Verteidigungsindustrie (aus: *Bertges 2009, S. 38*)

Die militärische Luftfahrtindustrie in Deutschland besteht einerseits aus **Systemfirmen**, in denen Luftfahrzeuge und Lenkflugkörper entwickelt, hergestellt und technisch betreut werden. Das Produktspektrum umfasst dabei unter anderem Kampfflugzeuge, Transporthubschrauber, Aufklärungsdrohnen sowie Luft-, Boden- und Seezielflugkörper. Andererseits existieren **Zulieferfirmen**, in denen Komponenten, Baugruppen und Teilsysteme im Auftrag der Systemfirmen entwickelt, hergestellt und technisch betreut werden. Die Produktpalette ist dementsprechend vielfältig und reicht von einzelnen Rechnerkomponenten über Anzeige- und Kommunikationsgeräte bis hin zu hydraulischen Systemen und Triebwerken (vgl. *Hanel 2003, S. 132 ff.*).

In den folgenden Abschnitten werden die **branchenspezifischen Besonderheiten** der militärischen Luftfahrtindustrie in Deutschland betrachtet. Diese ergeben sich einerseits aus den Eigenschaften der Produkte, die in dieser Branche entwickelt und hergestellt werden, und andererseits aus den Rahmenbedingungen für die Produktentwicklung. Dabei wird zunächst die Vorgehensweise bei der Erhebung der Informationen erläutert. Im Anschluss werden dann Produktmerkmale und Rahmenbedingungen dargestellt, welche für die Gestaltung der Produktentwicklung in der militärischen Luftfahrtindustrie von Bedeutung sind.

Die folgenden Darstellungen der branchenspezifischen Besonderheiten der militärischen Luftfahrtindustrie spiegeln den Stand vom Dezember 2013 wider.

2.2.1 Vorgehensweise bei der Erhebung der Informationen

Wissenschaftliche Beiträge und Publikationen zu den branchenspezifischen Besonderheiten der militärischen Luftfahrtindustrie sind nur in relativ geringer Anzahl verfügbar. Aus diesem Grund stützen sich die Darstellungen in diesem Kapitel auch auf Artikel, Aufsätze und Meldungen aus Fachzeitschriften sowie auf Berichte, Studien und Untersuchungen nationaler und supranationaler Institutionen.

Um das sich hieraus ergebende Bild zu vervollständigen und Impulse für die weitere Recherche und die Strukturierung der Ergebnisse zu bekommen, wurden zudem Interviews mit Experten der militärischen Luftfahrtindustrie in Deutschland und der Bundeswehr als nationalem Auftraggeber geführt. Den thematischen Rahmen der Interviews bildeten dabei folgende Fragestellungen:

- Welche Merkmale sind Ihrer Erfahrung nach kennzeichnend für Produkte der militärischen Luftfahrtindustrie?
- Welche besonderen Rahmenbedingungen existieren in der militärische Luftfahrtindustrie?

Um die befragten Experten in ihren Ausführungen möglichst viele Freiheiten zu gewähren und dadurch auch bisher unbekannte Sachverhalte zu erheben, wurden die Interviews als **offenes Interview** durchgeführt. Kennzeichnend für diese Interviewform ist, dass eine thematische Eingrenzung besteht, die Interviews jedoch nicht durch einen für alle Interviews verbindlichen Leitfaden unterstützt werden. Da sich der Interviewer anhand von frei formulierten Fragen innerhalb des vorgegebenen thematischen Rahmens bewegt, ist das Interview stark an eine natürliche Gesprächssituation angepasst (vgl. *Gläser und Laudel 2010, S. 42*). Um eine Verwechslung mit den leitfadengestützten Interviews, die im Rahmen der Fallstudien (siehe Kapitel 4) durchgeführt wurden, zu vermeiden, wird im Folgenden von **Expertengesprächen** gesprochen.

Bis auf ein Gespräch, das per Telefon durchgeführt wurde (Experte 7), konnten alle Expertengespräche direkt vor Ort durchgeführt werden. Die Gespräche dauerten zwischen 30 und 60 Minuten. Im Anschluss an das Gespräch wurde auf Basis von Mitschriften das Gespräch rekonstruiert und ein zusammenfassendes Protokoll angefertigt. Dieses wurde den Gesprächspartnern umgehend mit der Bitte um Überprüfung und Freigabe zugesandt. Auf Basis der Rückmeldungen wurden gegebenenfalls Ergänzungen und Änderungen in das Protokoll eingearbeitet.

Für die Expertengespräche wurden erfahrene Mitarbeiter sowohl auf Seiten der Auftragnehmer als auch auf Seiten der Auftraggeber ausgewählt. Dabei wurde darauf geachtet möglichst **unterschiedliche Perspektiven** einzubeziehen. Auf Seiten der Systemhersteller wurden daher die Perspektiven Vertrieb, Produktentwicklung, Prozessmanagement sowie Forschung und Entwicklung einbezogen. Auf Seiten der Auftraggeber wurden die Perspektiven operationelle Nutzung und Erprobung, Beschaffung sowie Planung und Konzeption einbezogen.

Tabelle 2.1 gibt einen Überblick über die Experten, deren Funktion sowie die durch das Expertengespräch einbezogene Perspektive.

Experte	Funktion des Experten	Perspektive
1	Leiter Großkundenvertrieb (Systemhersteller für Luftfahrzeuge)	Vertrieb
2	Prozessmanager Produktentwicklung (Systemhersteller für Lenkflugkörper)	Produktentwicklung
3	Prozessmanager (Systemhersteller für Luftfahrzeuge)	Prozessmanagement
4	Leiter F&E-Koordination (Systemhersteller für Luftfahrzeuge)	Forschung und Entwicklung
5	Leiter Ausbildungsgruppe (Jagdgeschwader der deutschen Luftwaffe)	operationelle Nutzung
6	Leiter Typenbegleitmannschaft (Waffensystemkommando der deutschen Luftwaffe)	operationelle Erprobung
7	Abteilungsleiter (Projektabteilung Luft des BAAINBw)	Beschaffung
8	Waffensystem-Referent (Führungsstab der Luftwaffe im BMVg)	Planung und Konzeption

Tabelle 2.1: Übersicht der Expertengespräche

2.2.2 Produktmerkmale

Produkte, die in der militärischen Luftfahrtindustrie entwickelt und hergestellt werden, weisen Merkmale auf, welche relevante Auswirkungen auf die Gestaltung der Produktentwicklung besitzen:

- spezielle Anforderungen an Einsetzbarkeit und Belastbarkeit,
- hohe Anforderungen an Sicherheit und Zuverlässigkeit,
- lange Produktlebenszyklen und
- hohe Kundenindividualität.

Diese Merkmale werden im Folgenden vertiefend dargestellt. Dabei werden ausschließlich die Produkte der Systemhersteller der militärischen Luftfahrtindustrie, also Luftfahrzeuge und Lenkflugkörper für den militärischen Einsatz, betrachtet.

Spezielle Anforderungen an Einsetzbarkeit und Belastbarkeit

An die Produkte der militärischen Luftfahrtindustrie werden spezielle Anforderungen an die Einsetzbarkeit und Belastbarkeit gestellt. Militärische Luftfahrzeuge müssen zudem über eine Selbstschutzfähigkeit gegen äußere Einwirkungen verfügen und auch in extremen Stresssituationen bedienbar und interoperabel im großen Verbund einsetzbar sein (vgl. *Experte 3; Experte 6; Experte 7*). Um beispielsweise das Waffensystem Eurofighter sowohl im Kampf gegen gegnerisches Luftkriegspotential als auch in unterstützenden Luftoperationen einsetzen zu können, muss es nicht nur unter allen Wetterbedingungen, in unterschiedlichen Höhen und Einsatzgebieten sowie bei Tag und Nacht einsetzbar sein, sondern auch interoperabel im Verbund mit luft-, boden- und seegestützten Truppen agieren können. Erforderlich sind zudem eine hochgradige Abstandsfähigkeit beim Waffeneinsatz, die Fähigkeit zur simultanen Bekämpfung mehrerer Ziele sowie die Einsetzbarkeit des Waffensystems in verschiedenen Rollen. Um die hierfür notwendigen Manöver fliegen zu können, bedarf es außerdem einer großen Wendigkeit verbunden mit einer hohen strukturellen und mechanischen Belastbarkeit (vgl. *Obermeier und Haslam 1998, S. 3; Buch 2012, S. 7 f.*).

Um solche Anforderungen erfüllen zu können, sind **innovative Konzepte und komplexe Technologien** erforderlich. Das Waffensystem Eurofighter verfügt daher unter anderem über eine aerodynamisch instabile Auslegung, ein computergesteuertes Flugregelsystem, eine vollelektrische Flugsteuerung sowie hochgradig vernetzte, computergesteuerte Systeme zur Navigation, Kommunikation, Feuerleitung und Identifikation. Zudem werden unterschiedliche Verbundwerkstoffe eingesetzt, um die Luftfahrzeugzelle und mechanische Strukturen möglichst leicht und gleichzeitig hoch belastbar gestalten zu können (vgl. *Obermeier und Haslam 1998, S. 4; Vetter und Vetter 2008, S. 81 ff.; Buch 2012, S. 15*).

Die steigenden Anforderungen an die Waffensysteme und die daraus resultierende **hohe technische Komplexität** führen zu einer großen **Steigerung der Kosten** für Forschung, Entwicklung und Produktion (vgl. *Experte 2; Experte 5; Experte 7*). Daraus resultieren immer höhere Kosten für die Beschaffung. Beispielsweise beliefen sich die Anschaffungskosten für das in den 1990er Jahren entwickelte Kampfflugzeug F/A-18F „Super Hornet“ auf etwa 50 Millionen US-Dollar, während der Stückpreis für das ab dem Jahr 2005 in die US-Streitkräfte eingeführte Kampfflugzeug F-22 „Raptor“ bei über 150 Millionen US-Dollar pro Flugzeug liegt (vgl. *Bertges 2009, S. 40 f.*).

Hohe Anforderungen an Sicherheit und Zuverlässigkeit

Damit militärische Aufträge flexibel, wirksam und mit hohem Durchsetzungsvermögen durchgeführt werden können, ist es unerlässlich, dass die hohen Anforderungen an die Systeme sicher und zuverlässig erfüllt werden. Nur so können unerwünschte Gefahrensituationen vermieden und das Risiko eigener Verluste minimiert werden (vgl. *Experte 2; Experte 4; Experte 8*).

Um die hohen Anforderungen an Sicherheit und Zuverlässigkeit schon in der Entwicklung der Systeme gewährleisten zu können, werden durch die Auftraggeber vielfältige **qualitätsbezogene Anforderungen an die Prozesse und Strukturen** der Systemfirmen und Zulieferer gestellt. Ein Beispiel hierfür sind die Qualitätssicherungsforderungen der North Atlantic Treaty Organization (NATO) für die Entwicklung und Produktion von Wehrmaterial, den sogenannten Allied Quality Assurance Publications (AQAP), welche Grundlage vieler Verträge zur Entwicklung, Herstellung und Betreuung wehrtechnischer Güter sind (vgl. *Geiger 1995, S. 31 f.; BDI 2009, S. 8; Experte 3*). Hinzu kommen qualitätsbezogene Auflagen von ziviler Seite. Um ein kontinuierlich hohes Niveau an Sicherheit und Zuverlässigkeit gewährleisten zu können, müssen Unternehmen der militärischen Luftfahrtindustrie im Rahmen der Produktentwicklung und -herstellung ein weitreichendes System der Qualitätssicherung und -überwachung etablieren. Zudem müssen zur Gewährleistung der Nachvollziehbarkeit alle für die Sicherheit und Zuverlässigkeit relevanten Entwicklungstätigkeiten eindeutig und hinreichend detailliert beschrieben sein (vgl. *BDI 2009, S. 13; Hinsch 2013, S. 18*).

Lange Produktlebenszyklen

Charakterisierend für Produkte der militärischen Luftfahrtindustrie ist ein langer Produktlebenszyklus. Die Zeitspanne von Forschung, Entwicklung und Prototyperstellung über Markteinführung und Produktion bis zum Marktaustritt umfasst bei Luftfahrzeugen und Luftfahrtgeräten nicht selten mehrere Jahrzehnte (vgl. *Experte 1; Experte 5; Experte 6*). Ursache hierfür ist zum einen ein **großer Forschungs- und Entwicklungsbedarf** im Bereich der Hochtechnologie, welcher zu langen Entwicklungszeiten führt. Zum anderen sind es **hohe Anschaffungskosten** der Produkte, welche die Streitkräfte zu einer langen Nutzung der Produkte veranlassen. Hinzu kommen **Weiterentwicklungen**, die im Laufe des Produktlebens durchgeführt werden, um die Funktionalitäten wehrtechnischer Systeme an die aktuellen militärischen Herausforderungen anzupassen und so für eine Verlängerung der Lebensdauer sorgen (vgl. *Bertges 2009, S. 41 f.*).

Die Entwicklung des Transportflugzeugs Transall C-160 begann beispielsweise Ende der 1950er Jahre. Nachdem das Luftfahrzeug 1967 bei der Bundeswehr in Dienst gestellt worden ist, erfolgten diverse Anpassungen in den 1990er Jahren. Eine schrittweise Ablösung durch das Transportflugzeug A400M ist ab 2014 zu erwarten, wodurch sich ein Produktlebenszyklus von über 50 Jahren ergibt.

Hohe Kundenindividualität

Die Entwicklung von Waffensystemen in der militärischen Luftfahrtindustrie erfolgt, um Streitkräfte entsprechend ihres militärischen Bedarfs auszurüsten. Dementsprechend sind die **operationellen Forderungen der Streitkräfte** die Grundlage für die Anforderungen an die Waffensysteme. Um eine durch den Kunden identifizierte Fähigkeitslücke zu schließen, bieten sich verschiedene Möglichkeiten an. Diese reichen von der Beschaffung am Markt verfügbarer Waffensysteme über die Anpassung bzw. Weiterentwicklung vorhandener Lösungen bis hin zur individuellen Entwicklung eines Waffensystems anhand der Vorgaben des Kunden (vgl. *Experte 4*).

Aufgrund der hohen Kosten für Forschung und Entwicklung und der beschränkten Absatzmöglichkeiten an eine verhältnismäßig geringe Zahl potentieller Kunden beginnt die Entwicklung von neuen Waffensystemen in den meisten Fällen erst nach **Beauftragung durch einen Kunden**. Auf diese Weise entstehen technische Lösungen, die auf die individuellen Anforderungen des Auftraggebers abgestimmt sind (vgl. *Experte 2; Experte 4*). Eine ähnliche Vorgehensweise findet sich bei der Weiterentwicklung bereits in Nutzung befindlicher Systeme. Wird zur Deckung eines militärischen Bedarfs auf bereits erhältliche und einsatzbewährte Systeme zurückgegriffen, ist zu berücksichtigen, dass diese Systeme in der Regel entwickelt wurden, um den individuellen Anforderungen eines anderen nationalen Auftraggebers zu genügen.

2.2.3 Rahmenbedingungen für die Produktentwicklung

Unternehmen der militärischen Luftfahrtindustrie in Deutschland agieren in einem Umfeld, das durch Politik, Technologie und Militär geprägt wird und in dem der Staat als Inhaber des Gewaltmonopols eine zentrale Rolle spielt. Er ist sowohl Nachfrager als auch unterstützende bzw. limitierende Instanz des marktwirtschaftlichen Handelns der Unternehmen der Verteidigungsindustrie (vgl. *Bertges 2009, S. 33*). Hieraus ergeben sich besondere Rahmenbedingungen für die Entwicklung wehrtechnischer Produkte, welche in den folgenden Abschnitten beschrieben werden (vgl. Abbildung 2.5).

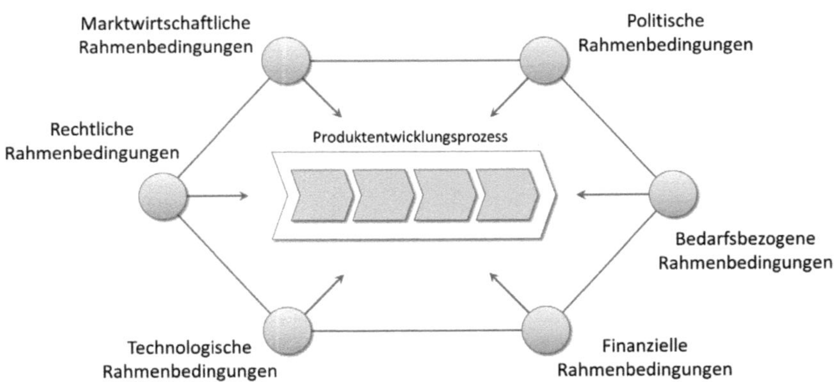

Abbildung 2.5: Rahmenbedingungen für die Produktentwicklung in der militärischen Luftfahrtindustrie

Politische Rahmenbedingungen

Aufgrund ihrer Bedeutung für die staatliche Sicherheitsfürsorge kommt der militärischen Luftfahrtindustrie in Deutschland ein besonderer Stellenwert als **strategische Industrie** zu (vgl. *Bertges 2009, S. 28 ff.; Experte 1; Experte 4*). Sie ist in der Lage die **Ausrüstung der Streitkräfte** zu gewährleisten, was die Entwicklung, Produktion, Wartung und technische Betreuung wehrtechnischer Produkte einschließt (vgl. *Grams und Schütz 2006, S. 293*). Zudem können wehrtechnische Fähigkeiten als ein **Instrument der Außenpolitik** eingesetzt werden und zur Erreichung außenpolitischer Ziele beitragen bzw. den außenpolitischen Handlungsspielraum erweitern. Denkbar sind hierbei die militärische Ausstattung von Verbündeten, die Beeinflussung regionaler Kräfteverhältnisse durch den Export von wehrtechnischem Gerät oder die Intensivierung von sicherheitspolitischen Partnerschaften durch Etablierung einer grenzübergreifenden Rüstungskooperation (vgl. *Grams und Schütz 2006, S. 293; Dickow und Buch 2012, S. 2*).

Zur Gewährleistung einer unabhängigen **außen- und sicherheitspolitischen Handlungsfähigkeit** hat ein Staat die Möglichkeit, gezielt auf den Aufbau bzw. den Erhalt einer wehrindustriellen Basis hinzuwirken. Dies geschieht beispielsweise durch die Finanzierung von Forschungs- und Entwicklungsvorhaben, durch die wehrtechnisches Wissen aufgebaut, erweitert und erhalten werden kann. Die Erhaltung nationaler wehrtechnischer Fähigkeiten wird zudem als geeignetes Instrument gesehen, um die **Versorgungssicherheit** während des ganzen Produktlebenszyklus, sowohl in Friedens- als auch in Kriegszeiten, gewährleisten zu können (vgl. *KOM-EG 2004, S. 5; Brune et al. 2010, S. 5; Experte 1*). Die Frage nach dem politischen Willen, sicherheitspolitisch und technologisch relevante Mindestkapazitäten der Verteidigungsindustrie in Deutschland zu erhalten, hat daher einen unmittelbaren Auswirkung auf das Handeln der Unternehmen der militärischen Luftfahrtindustrie (vgl. *Experte 4*).

Die Entwicklung von Produkten und Technologien, welche zur Landesverteidigung und Krisenintervention eingesetzt werden, ist sowohl für die entwickelnden Unternehmen als auch für die beauftragenden Staaten ein sensibler Bereich, der die **Vertraulichkeit von Informationen** über die Entwicklungsvorhaben und insbesondere über die Spezifikationen und Leistungsfähigkeit wehrtechnischer Produkte erfordert. Wird die Schutzbedürftigkeit von Informationen innerhalb von Rüstungsvorhaben durch den beauftragenden Staat festgelegt, sind die Unternehmen verpflichtet, geeignete Vorkehrungen zum Geheimschutz zu treffen. Grundsatz des Geheimschutzes ist das Prinzip **„Kenntnis nur, wenn nötig"**. Schutzbedürftige Sachverhalte dürfen demnach nur Personen zugänglich gemacht werden, die für ihre Auftragserfüllung darüber Kenntnis erhalten müssen und dazu ermächtigt sind (vgl. *BMWi 2004, S. 7; Experte 5; Experte 6*).

Um sowohl die militärischen als auch die rüstungstechnischen Fähigkeiten trotz Kostendruck aufrecht erhalten zu können, gewinnen multinationale Kooperationsprogramme zunehmend an Bedeutung (vgl. *Experte 4; Experte 5*). Im Rahmen der Gemeinsamen Außen- und Sicherheitspolitik der Europäischen Union wurde beispielsweise damit begonnen, multinationale Streitkräftestrukturen zur schnellen Krisenreaktion aufzubauen und militärische Einsätze im multilateralen Verband durchzuführen (vgl. *BMVg 2011, S. 13 ff.; Hanel 2012, S. 13 ff.*). Auch bei Rüstungsprojekten verfolgt die Europäischen Union das Ziel, durch frühzeitige **Harmonisierung von Anforderungen** und **Koordinierung von verteilten Entwicklungstätigkeiten** die sinkenden finanziellen Mittel effizient zu bündeln und auf diese Weise die Position der EU sowohl im Wettbewerb mit den Vereinigten Staaten von Amerika als auch deren Kooperationspartner zu festigen (vgl. *BMVg 2006, S. 48; Hanel 2012, S. 54 ff.*).

Bedarfsbezogene Rahmenbedingungen

Als Kunde bzw. Nachfrager identifiziert der Staat einen militärischen Bedarf und leitet gemäß seinen finanziellen Möglichkeiten die Beschaffung von entsprechenden wehrtechnischen Gütern ein. Der militärische Bedarf wird aus dem **Fähigkeitsprofil der Streitkräfte** abgeleitet, welches auf Basis der zu erwartenden militärischen Aufgaben und sicherheitspolitischen Entwicklungen sowie eigenen Einsatzerfahrungen definiert wird (vgl. *Theile und Härle 2004, S. 59; Mölling 2012, S. 1*). Dabei stehen vor allem folgende zwei Fragen im Vordergrund (vgl. *Bertges 2009, S. 34*):

- Welche Fähigkeiten haben sich in der Vergangenheit bewährt bzw. welche Fähigkeiten standen in der Vergangenheit nicht zur Verfügung als sie benötigt wurden?
- Welche neuen Bedrohungsszenarien gibt es jetzt und in Zukunft? Welche Möglichkeiten zur Abwehr sind unter Berücksichtigung des technisch Machbaren denkbar?

Die Bedrohung eines Staates und seiner Verbündeten kann beispielsweise von symmetrisch-staatlichen Gegnern ausgehen, aber auch von substaatlichen Akteuren, die vornehmlich asymmetrisch agieren (vgl. *Grams 2007, S. 135*). Zudem sind Bedrohungsszenarien zunehmend global zu betrachten, sodass beispielsweise eine Gefährdung der Sicherheit Deutschlands und seiner Verbündeten auch durch den Zerfall geografisch weit entfernter Staaten, internationalen Terrorismus, terroristische oder diktatorische Regime sowie den Umbrüchen nach deren Ablösung entstehen kann (vgl. *BMVg 2011, S. 1; Mölling 2012, S. 2*). Die militärische Bedarfsplanung hat dementsprechend ein **breites Aufgabenspektrum** abzudecken. Dieses umfasst sowohl den Schutz des eigenen Territoriums als auch militärische Missionen in geographisch weit entfernten Regionen, welche von der Friedenssicherung über Frieden erzwingende Missionen bis hin zu vollwertigen Kampfeinsätzen reichen (vgl. *Schörnig 2008, S. 49 f.; BMVg 2011, S. 2*).

Eine vollständige Vorausplanung von Optionen und Einsatzszenarien ist vor allem vor dem Hintergrund der **Unberechenbarkeit der sicherheitspolitischen Lage** nicht möglich. Jederzeit können Krisen und Konflikte kurzfristig auftreten und ein schnelles Handeln auch über weite Entfernungen erforderlich machen (vgl. *Grams 2007, S. 135; BMVg 2011, S. 2*). Aufgrund der Unsicherheit des zukünftigen Aufgabenspektrums folgt die Bundeswehr derzeit dem Prinzip **„Breite vor Tiefe"**. Dieses Vorgehen zielt darauf ab, militärische Fähigkeiten nicht aufzugeben, sondern lediglich deren Durchhaltezeit zu verkürzen, also die Zeitspanne in der sie militärische

Aufgaben durchführen kann (vgl. *Mölling 2012, S. 3*; *Experte 6*). Da jederzeit **schnelle Bedarfsänderungen** aufgrund von Einsatzerfahrungen und veränderten Rahmenbedingungen möglich sind, ist bei Anwendung dieses Prinzips eine kontinuierliche Überprüfung des Fähigkeitsprofils erforderlich (vgl. *Bremer 2012, S. 55*).

Mit Zunahme der Einsätze der Streitkräfte spielt der sogenannte **einsatzbedingte Sofortbedarf**, also der Bedarf an Lösungen für laufende militärische Operationen, eine immer bedeutendere Rolle (vgl. *Experte 6*). Aufgrund der Dringlichkeit eines solchen Bedarfs sind hierfür einerseits Prozesse und Strukturen für eine schnelle Bedarfsdeckung erforderlich (vgl. *Experte 5; Experte 8*). Andererseits kann es aufgrund der begrenzten finanziellen Ressourcen zu einem Zielkonflikt zwischen kurzfristigen Beschaffungen für laufende Operationen und bereits vertraglich festgelegten langfristigen Beschaffungsvorhaben kommen (vgl. *Bertges 2009, S. 35; Brune et al. 2010, S. 3*).

Finanzielle Rahmenbedingungen

Militärische Beschaffungen müssen durch den **Verteidigungsetat des Staatshaushaltes** abgedeckt werden (vgl. *Bertges 2009, S. 36*). Das Volumen der für die Verteidigung zur Verfügung stehenden finanziellen Mittel ist im Allgemeinen abhängig von den aktuell wahrgenommenen und für die Zukunft angenommenen Bedrohungen sowie von den strategischen Zielen und den zu ihrer Erreichung erforderlichen Fähigkeiten (vgl. *Grams 2007, S. 171*). Auswirkungen auf die Höhe der Verteidigungsetats haben allerdings auch die staatliche Haushaltslage und der Stellenwert, den Politik, Medien und Gesellschaft der militärischen Sicherheitsvorsorge gegenüber anderen Staatsaufgaben einräumen (vgl. *Sattler 2006, S. 278*).

In der Bundesrepublik Deutschland herrschte während des Kalten Krieges eine greifbare Bedrohungswahrnehmung, die auf die Bereitschaft in Verteidigung zu investieren eine positive Auswirkung hatte. Aktuell sorgen vor allem die **Folgen der Finanz- und Wirtschaftskrise** für verringerte Ausgaben im Verteidigungshaushalt (vgl. *Meßmer 2011, S. 9 ,f.; Experte 6*). Zudem führt eine für die Öffentlichkeit **wenig greifbare Bedrohungssituation** dazu, dass bei der Zuteilung der Haushaltsmittel durch das Parlament zumeist in anderen Bereichen als der Verteidigung und der militärischen Sicherheit höhere Prioritäten gesetzt werden (vgl. *Sattler 2006, S. 278; Hanel 2012, S. 38; Experte 5*). Hinzu kommen **hohe Kosten** aufgrund von Dauereinsätzen der Streitkräfte und steigende Personalkosten, wodurch sich insgesamt ein geringerer Handlungsspielraum für wehrtechnische Forschung, Entwicklung und Beschaffung ergibt (vgl. *Brune et al. 2010, S. 1; Mölling 2012, S. 2*).

Da der Kunde in der militärischen Luftfahrtindustrie immer ein Staat ist und die Ausgaben für Entwicklung und Beschaffung dementsprechend durch den staatlichen Verteidigungshaushalt gedeckt werden, gelten zudem verschiedene **haushaltsrechtliche Grundsätze**, welche von Seiten der Auftragnehmer bei der Planung und Organisation von Vorhaben zu berücksichtigen sind (vgl. *Bayer 2013, S. 241. ff.; Experte 7*). Darüber hinaus existieren in Deutschland **kostenbezogene Kontrollelemente**, welche bei militärischen Entwicklungs- und Beschaffungsvorhaben Anwendung finden. Zum einen ist dies die parlamentarische Kontrolle, welche erfordert, dass der Bundesminister der Verteidigung alle Verträge und Verpflichtungen, die ein Volumen von 25 Millionen Euro übersteigen, dem Deutschen Bundestag zur Genehmigung vorlegen muss. Ein weiteres Element der finanziellen Kontrolle ist der Bundesrechnungshof, welcher die Rüstungsaktivitäten unter dem Gesichtspunkt der Kostenwirksamkeit begutachtet (vgl. *Heumann 2013, S. 278; Experte 7*).

Technologische Rahmenbedingungen

Wenn es um die Ausrüstung der Streitkräfte geht, spielt der technologische Fortschritt eine entscheidende Rolle. In den letzten Jahrzehnten hat beispielsweise die **Bedeutung von Hochtechnologie** für militärische Produkte beständig zugenommen. Insbesondere die neuen Herausforderungen, die sich im Rahmen der Sicherheitsvorsorge gegen globale und asymmetrische Bedrohungen ergeben, haben zu diesen Entwicklungen beigetragen (vgl. *Grams 2007, S. 175; Bertges 2009, S. 29*).

Im Regelfall werden Technologien im Rahmen von Entwicklungsvorhaben zur **Deckung eines militärischen Bedarfs** eingesetzt oder weiterentwickelt (vgl. *Heumann 2013, S. 278 ff.*). Gemäß der in Kapitel 2.2.3 skizzierten Wirkungskette identifiziert der Auftraggeber einen militärischen Bedarf und beauftragt ein Unternehmen der militärischen Luftfahrtindustrie mit der Entwicklung einer technischen Lösung, welche auf geeignete Technologien zurückgreift, um diesen speziellen Bedarf zu decken. Fortschrittliche Technologien können jedoch auch den **Impuls für einen militärischen Bedarf** geben. Technologien, die das Potential haben, einen militärischen Bedarf zu induzieren, können jedoch nicht geplant werden. Sie entstehen aus individuellen Ideen oder im Rahmen einer breit angelegten Grundlagenforschung. Dabei ist es erforderlich, dass die wehrtechnische Grundlagenforschung im kontinuierlichen Dialog mit militärischen Planern erfolgt, welche in der Lage sind, neue Technologien in die Entwicklung der Streitkräfte einzubeziehen und den operationellen Nutzen zu bewerten bzw. dessen Nachweis zu beauftragen (vgl. *Heumann 2013, S. 278 f.; Experte 4*).

Traditionell hatte die Wehrtechnik im Sektor der Hochtechnologie eine Vorreiterrolle inne und war gewissermaßen ein Technologiemotor, der in andere Industriebereiche hineinwirkte und damit wirtschaftliche Impulse lieferte (vgl. *Grams 2007, S. 175; Heumann 2013, S. 279 f.*). Technologische Neuerungen im zivilen Sektor folgten vielfach Innovationen aus dem militärtechnologischen Bereich, welche für die zivile Nutzung adaptiert wurden. Beispiele für einen solchen Technologietransfer in den zivilen Bereich (**„Spin-off-Effekt“**) sind das Antiblockiersystem, elektrische Lenkhilfen, Head-Up-Displays und Faserverbundwerkstoffe (vgl. *Bertges 2009, S. 29*). Aufgrund sinkender Haushaltsmittel für die Verteidigung und damit reduzierten Budgets für die militärische Forschung und Entwicklung ist die Entwicklungs- und Innovationsdynamik in die zivile Forschung-

und Entwicklung abgewandert (vgl. *Grams 2007, S. 176 f.; Heumann 2013, S. 279 f.*). Eine Vielzahl von technologischen Innovationen wird derzeit im zivilen Industriesektor zur kommerziellen Nutzung entwickelt und erst danach in den militärischen Sektor überführt. Durch die Nutzung sogenannter „Commercial-off-the-Shelf"-Lösungen zur Kostenersparnis bei wehrtechnischen Entwicklungsvorhaben kommt es zu einem **„Spin-In-Effekt"** aus dem zivilen in den militärischen Bereich (vgl. *Grams und Schütz 2006, S. 298 f.; Bertges 2009, S. 30; Experte 7*). Zudem werden immer häufiger Schlüsseltechnologien im Verbund von militärischen und zivilen Unternehmen erforscht und entwickelt (vgl. *Heumann 2013, S. 280*).

Rechtliche Rahmenbedingungen

Ein besonderer rechtlicher Rahmen ergibt sich für Produktentwicklungen in der militärischen Luftfahrtindustrie durch das **Luftverkehrsrecht** und zugehörige militärische Regelungen. Gesetzliche Grundlage für den Luftverkehr in Deutschland ist das Luftverkehrsgesetz (LuftVG). Für die Produktentwicklung in der militärischen Luftfahrtindustrie von besonderer Bedeutung ist der § 2, Abs. 1 LuftVG. In diesem wird festgelegt, dass ein Luftfahrzeug zum Verkehr nur dann zugelassen wird, wenn das Muster des Luftfahrzeugs zugelassen und der Nachweis der Verkehrssicherheit erbracht worden ist. Da die Bundeswehr zur Erfüllung ihrer besonderen Aufgaben von den Vorgaben des Luftverkehrsgesetzes abweichen darf, wird parallel zu den zivilen Vorgaben das Verfahren zur Erlangung einer **militärischen Musterzulassung** in einer zentralen Dienstvorschrift der Bundeswehr geregelt (vgl. *BDI 2009, S. 13; Experte 3; Experte 7*).

Zudem unterliegen luftfahrttechnische Entwicklungstätigkeiten einer **Lenkung und Kontrolle durch die öffentliche Hand** (vgl. *Experte 7*). Strikte Vorgaben an die Bauausführung eines Produktes, an die Organisation des Entwicklungsbetriebes sowie an die Qualifikation der Mitarbeiter sollen dazu beitragen, dass den Aspekten Sicherheit und Zuverlässigkeit bereits im Rahmen der Entwicklung luftfahrttechnischer Produkte die nötige Aufmerksamkeit gewidmet wird (vgl. *Hinsch 2013, S. 47 f.*). In Anlehnung an die zivilen Verfahren der European Aviation Safety Agency (EASA) und des Luftfahrt-Bundesamtes (LBA) bedürfen daher Unternehmen, die musterzulassungspflichtiges Gerät für die Bundeswehr entwickeln, einer **Zulassung als militärischer Entwicklungsbetrieb** durch das Bundesamt für Ausrüstung, Informationstechnik und Nutzung der Bundeswehr (BAAINBw) (vgl. *BDI 2009, S. 13 f.*). Sowohl die militärischen als auch die zivilen luftrechtlichen Nachweispflichten sind von Land zu Land unterschiedlich, so dass in multinationalen Entwicklungsprogrammen eine Harmonisierung von unterschiedlichen nationalen Zulassungsvorgängen und -philosophien erforderlich ist (vgl. *Experte 7; Experte 8*).

Ein weiterer rechtlicher Rahmen wird den Unternehmen der militärischen Luftfahrtindustrie durch das **Außenwirtschaftsrecht** gesteckt, welches spezielle Regelungen zur **Beschränkung der Ausfuhr von Rüstungsgütern** enthält. Auf nationaler Ebene sind zunächst das Außenwirtschaftsgesetz (AWG) und die Außenwirtschaftsverordnung (AWV), welche die Durchführung des AWG regelt, von Bedeutung. Gemäß diesen Regelungen ist die Ausfuhr von Waffen, Munition und

Kriegsgerät bzw. zugehörigen Unterlagen zum Schutz der Sicherheit und auswärtiger Interessen zu beschränken. Dies bewirkt, dass alle Güter, also Waren, Software und Technologie, welche Bestandteil militärischer Programme sind und exportiert werden sollen, einer **Ausfuhrgenehmigungspflicht** unterliegen. Dabei spielt es keine Rolle auf welche Weise das Gut in andere Staaten gelangt, so dass auch bei Nutzung elektronischer Medien wie E-Mails, Internet oder Intranet eine Genehmigungspflicht besteht (vgl. *BAFA 2011, S. 10*). Einige Rüstungsgüter im Sinne der AWV sind zugleich Kriegswaffen im Sinne des Art. 26, Abs. 2 GG. Dieser Artikel des Grundgesetzes schreibt vor, dass der gesamte Umgang mit Kriegswaffen, also die Herstellung, die Beförderung und das Inverkehrbringen die Genehmigung der Bundesregierung bedarf (vgl. *BMWi 2011, S. 8*). Diese Güter unterliegen zusätzlich den Regelungen des **Kriegswaffenkontrollgesetzes** (KWKG) (vgl. *Simonsen und Hucko 2010, S. 33*).

Unternehmen der militärischen Luftfahrtindustrie in Deutschland kommen zudem häufig in Kontakt mit den **International Traffic in Arms Regulations** (ITAR), dem Teil des US-Exportkontrollrechts, welches den Verkehr jeglicher US-amerikanischer Waffen und Rüstungsgüter regelt. Entgegen der international üblichen Praxis enthalten die ITAR weitreichende **extraterritoriale Regelungen** und gelten weltweit (vgl. *Böer et al. 2008, S. 36*). Einer **Genehmigungspflicht** unterliegt der Export US-amerikanischer Waren, Dienstleistungen, Technologien, Software und geistigem Eigentum. Hierunter fallen auch Waren, welche lediglich auf Basis US-amerikanischer Technologie, Software oder Dienstleistung entwickelt oder hergestellt wurden (vgl. *Hohmann und Ahmad 2011, S. 19*).

Marktwirtschaftliche Rahmenbedingungen

Ein besonderes Charakteristikum des Verteidigungsmarktes ist, dass aufgrund der hohen Kosten für Forschung und Entwicklung und der beschränkten Absatzmöglichkeiten an eine verhältnismäßig geringe Zahl an potenziellen Kunden ein Bedarf nur in geringem Umfang durch die Unternehmen beeinflusst oder generiert werden kann (vgl. *Experte 2; Experte 4*). Aus diesem Grund gilt für die meisten Entwicklungsvorhaben, vor allem im Bereich der komplexen Systeme und Plattformen, folgende **nachfrageorientierte Wirkungskette**: (1) operative Forderung nach bestimmten Fähigkeiten durch die Nachfrageseite, (2) technische Vorbereitung einer Lösung in enger Kooperation zwischen Nachfrage- und Angebotsseite, (3) Realisierung des Vorhabens durch die Angebotsseite (vgl. *Bertges 2009, S. 40*).

Eine **angebotsorientierte Wirkungskette**, also die eigenfinanzierte Entwicklung von Produkten ohne dass eine konkrete Beauftragung vorliegt, findet sich in der militärischen Luftfahrtindustrie vor allem bei Produkten, die sich standardisieren lassen und in mehreren Gesamtsystemen verwendet werden können (z. B. Flugfunksysteme, Aufklärungsbehälter, Radarsysteme). Vor allem bei komplexen Systemen erfolgt eine unternehmensseitige Vorfinanzierung der Entwicklung ohne konkrete Beauftragung nur dann, wenn die technologischen und ökonomischen Risiken hierfür kalkulierbar und begrenzt sind (vgl. *Grams und Schütz 2006, S. 298; Bertges 2009, S. 40*).

Der Verteidigungsmarkt zeichnet sich nicht nur dadurch aus, dass die Anzahl der potentiellen Kunden verhältnismäßig gering ist, sondern auch dadurch, dass die Kunden grundsätzlich Staaten sind, die zur Finanzierung der Vorhaben auf öffentliche Haushalte zugreifen. Die Preisbildung für wehrtechnische Güter erfolgt daher nicht nach „normalen" marktwirtschaftlichen Mechanismen. Vielmehr erfolgt die **Preisbildung auf Basis von Selbstkosten**, wobei Festpreise von variablen Preisen unterschieden werden (vgl. *Noelle und Rogmans 2002, S. 192 ff.; Walter 2010, S. 16 ff.*).

Dies hat direkte Auswirkungen auf die Vertragsgestaltung zwischen Auftraggeber und Auftragnehmer. Zum einen erfolgt eine **getrennte Beauftragung von Entwicklung und Beschaffung** wehrtechnischer Güter in jeweils separaten Verträgen (vgl. *Noelle und Rogmans 2002, S. 152 ff.; Experte 3; Experte 7*), zum anderen können in diesen Verträgen jeweils unterschiedliche Formen der Preisbildung zugrunde gelegt werden. Sogenannte „Fixed Price"-Verträge basieren auf der Idee, von vornherein den Preis für eine Leistung zu fixieren, während „Cost Plus"-Verträge die volle Übernahme der Entwicklungs- und Produktionskosten garantieren (vgl. *Experte 3*).

Innerhalb des Auftraggeber-Auftragnehmer-Verhältnisses existiert in Deutschland eine zusätzliche Besonderheit. Entsprechend den Vorgaben der Artikel 87 a und 87 b des Grundgesetzes erfolgt auf Seiten des Auftraggebers eine funktionale und organisationale **Trennung zwischen Bedarfsträger und Bedarfsdecker** (vgl. *Experte 2; Experte 4; Experte 8*). Die Streitkräfte haben zur Erbringung ihrer Aufgaben einen Bedarf an Personal und Ausrüstung und sind somit Bedarfsträger. Die Deckung dieses Bedarfs erfolgt durch die Bundeswehrverwaltung als vertragsschließende und vertragsüberwachende Instanz, die Leistung wird jedoch gegenüber den Streitkräften erbracht (vgl. *Voigt und Seybold 2003, S. 41 ff.; Stöber 2012, S. 139 f.*). Eine solche funktionale Trennung ist auch in anderen Nationen nicht ungewöhnlich, allerdings erfolgt in Deutschland die Trennung auch in organisationeller Hinsicht (vgl. *Stöber 2012, S. 142*).

Aufgrund der konsequenten Ausrichtung der Bundeswehr auf den Einsatz und der Reduzierung der zur Verfügung stehenden investiven Mittel, wird die militärische Luftfahrtindustrie in Deutschland durch den nationalen Kunden Bundeswehr in Zukunft nicht mehr ausgelastet sein. Um das wirtschaftliche Überleben sicherzustellen, rückt daher der außereuropäische **Exportmarkt** in den Fokus der Unternehmen (vgl. *Dickow und Buch 2012, S. 2; Experte 1; Experte 4*). Der Zugang zu diesen Märkten ist für Unternehmen der militärischen Luftfahrtindustrie in Deutschland jedoch nicht uneingeschränkt möglich. Ein Grund hierfür ist die **politische Natur von Exportgeschäften**, mit denen nicht nur wirtschaftliche, sondern immer auch außen- und sicherheitspolitische Interessen verfolgt werden (vgl. *Dickow und Buch 2012, S. 2*). Zudem verknüpfen die nachfragenden Staaten die Vertragsunterzeichnung häufig mit der **Forderung nach Kompensationsgeschäften**, sogenannte Offset-Forderungen, welche die Unternehmen verpflichten als Ausgleich für den Kauf der Rüstungsgüter für Investitionen im Käuferland zu sorgen (vgl. *Berndt et al. 2010, S. 159; Dickow und Buch 2012, S. 2 f.*).

Subventionen und staatlicher Protektionismus auf Seiten ausländischer Wettbewerber sorgen für zusätzliche Wettbewerbsnachteile für die Unternehmen der privatwirtschaftlich ausgerichteten militärischen Luftfahrtindustrie in Deutschland (vgl. *Dickow und Buch 2012, S. 2; Schubert und Knippel 2012, S. 71 f.*). Außerdem unterliegen wehrtechnische Produkte in Deutschland einer im Vergleich zu anderen europäischen Staaten **restriktiven Exportgesetzgebung** (vgl. *Experte 8*). Diese erschwert zudem die Teilnahme an multinationalen Rüstungskooperationen, in denen die Partner von Beginn an auf den Export setzen (vgl. *Grams und Schütz 2006, S. 298*).

Eine weitere Besonderheit im marktwirtschaftlichen Umfeld der Unternehmen ist die **besondere Rolle des nationalen Kunden**. Er sorgt zum einen für die Nachfrage auf dem heimischen Markt, beauftragt Programme zur Grundlagenforschung, zur Entwicklung und zur Beschaffung wehrtechnischer Güter und beeinflusst auf diese Weise die Schwerpunkte der forschenden, entwickelnden und produzierenden Unternehmen. Auf der anderen Seite ist der nationale Kunde jedoch auch Gesetzgeber, der durch verschiedene gesetzliche Vorgaben den Zugang zu Exportmärkten reguliert und auf diese Weise die marktwirtschaftlichen Möglichkeiten der Unternehmen einschränkt. Die Erschließung von Exportmärkten wird allerdings nicht nur durch gesetzliche Vorgaben eingeschränkt, sondern auch durch die Tatsache, dass die meisten Exportkunden am Markt verfügbare wehrtechnische Produkte vornehmlich dann kaufen, wenn der heimische Kunde des systemführenden Unternehmens dieses Produkt auch beschafft und einsetzt. Das Vorhandensein eines solchen **Referenzkunden** schafft Vertrauen in das Produkt und seine Zuverlässigkeit (vgl. *Experte 2; Experte 4; Experte 7*).

2.3 Prozessorientierte Herausforderungen für die Gestaltung der Produktentwicklung in der militärischen Luftfahrtindustrie

Ausgehend von der Beschreibung der Grundlagen der Produktentwicklung und der branchenspezifischen Besonderheiten der militärischen Luftfahrtindustrie in Deutschland können für die Gestaltung der Produktentwicklung folgende prozessorientierte Herausforderungen für die Gestaltung der Produktentwicklung formuliert werden:

- Strukturierung von Entwicklungsprojekten anhand des Produktentwicklungsprozesses
- Schaffung von Handlungsspielräumen innerhalb des Produktentwicklungsprozesses
- Gestaltung geeigneter Synchronisationspunkte
- Berücksichtigung branchenspezifischer Besonderheiten bei der Prozessgestaltung

Diese prozessorientierten Herausforderungen werden im Folgenden beschrieben.

Strukturierung von Entwicklungsprojekten anhand des Produktentwicklungsprozesses

Die Entwicklung wehrtechnischer Systeme oder deren Weiterentwicklung wird in der militärischen Luftfahrtindustrie in der Regel in Form von Projekten realisiert. Die Entwicklungsaufgaben besitzen eine gewisse Einmaligkeit, sind zeitlich begrenzt und zur Erreichung der spezifischen Entwicklungsziele stehen nur begrenzte Ressourcen zur Verfügung. Um die für die Produktentwicklung erforderlichen Projektaktivitäten koordinieren und den Entwicklungsfortschritt beurteilen zu können, ist es erforderlich ein gemeinsames Vorgehen, einen Prozess der Produktentwicklung, zu vereinbaren. Dieser Prozess ist der Leitfaden, der die an der Entwicklung beteiligten Mitarbeiter durch das Projekt führt und das Entwicklungsprojekt inhaltlich strukturiert.

Schaffung von Handlungsspielräumen innerhalb des Produktentwicklungsprozesses

Zentrale Charakteristika der Produktentwicklung sind die Lösung komplexer Probleme, die Gewinnung, Verarbeitung und Weitergabe von Informationen sowie die gemeinschaftliche Bearbeitung von Aufgabenstellungen. Um innovative Lösungen für komplexe technische Problemstellungen erarbeiten zu können, sind daher wenig planbare, kreative und zum Teil sogar ergebnisoffene Aktivitäten erforderlich. Die Gestaltung des Produktentwicklungsprozesses muss dementsprechend auf eine Art und Weise erfolgen, die die erforderlichen Handlungsspielräume für die Aktivitäten der Produktentwicklung schafft.

Gestaltung geeigneter Synchronisationspunkte

Bei der Entwicklung technisch komplexer Systeme erfolgt zu Beginn der Produktentwicklung eine Dekomposition des Gesamtsystems in einzelne Komponenten mit klar definierten Schnittstellen, so dass nach der Konzeption des Gesamtsystems die einzelnen Komponenten unabhängig voneinander gestaltet und anschließend Schritt für Schritt zu einem Gesamtsystem integriert werden können. Darüber hinaus ist es erforderlich, unterschiedliche Fachgebiete, wie zum Beispiel den Maschinenbau, die Elektrotechnik und die Informationstechnik, zu integrieren. Um diese Teilprozesse aufeinander abstimmen und die einzelnen Entwicklungsergebnisse integrieren zu können, ist die Gestaltung geeigneter Synchronisationspunkte erforderlich.

Berücksichtigung branchenspezifischer Besonderheiten bei der Prozessgestaltung

Die branchenspezifischen Besonderheiten der militärischen Luftfahrtindustrie wirken sich unmittelbar auf den Ablauf des Produktentwicklungsprozesses und die Gestaltung der Schnittstellen aus. Werden beispielsweise aufgrund politischer Vorgaben und reduzierter Verteidigungsbudgets wehrtechnische Produktentwicklungen als kostenteilende Kooperationen durchgeführt, ist es erforderlich die Produktentwicklung als verteilte Produktentwicklung zu gestalten und Schnittstellen zu den Entwicklungsprozessen der Kooperationspartner zu schaffen. Bei einer Beauftragung und Finanzierung der Entwicklung durch einen Kunden entstehen kundenindividuelle Produkte, wodurch die Etablierung von Schnittstellen zum Ausrüstungs- und Nutzungsprozess des Kunden erforderlich wird. Erfolgt die Beauftragung aufgrund eines dringenden Bedarfs für den militärischen Einsatz, werden andere Abläufe und Strukturen benötigt als bei einer langfristig geplanten Weiterentwicklung eines Waffensystems. Zudem sind aufgrund der hohen Anforderungen an Sicherheit und Zuverlässigkeit umfangreiche Erprobungsaktivitäten notwendig, welche aufgrund luftrechtlicher Nachweispflichten auch die Grundlage für die militärische Musterzulassung bilden. Die Herausforderung bei der Gestaltung des Prozessablaufs und der für die Produktentwicklung erforderlichen Schnittstellen besteht also darin, die jeweiligen branchenspezifischen Besonderheiten adäquat zu berücksichtigen.

3 Wissensorientierte Gestaltung der Produktentwicklung

Ziel des folgenden Kapitels ist die Beantwortung der Frage, welche Aspekte bei der wissensorientierten Gestaltung der Produktentwicklung beachtet werden müssen und an welchen Stellen Forschungsbedarf besteht. Hierzu werden zunächst ein grundlegendes Verständnis für den Wissensbegriff geschaffen und Möglichkeiten zur Konkretisierung des Wissensbegriffs aufgezeigt. Auf dieser Grundlage werden ausgewählte Ansätze zur wissensorientierten Gestaltung der Produktentwicklung dargestellt und analysiert, um einen Überblick über bestehende Gestaltungsansätze zu erhalten und grundlegende Aspekte zu ermitteln, welche bei der Entwicklung eines Ansatzes zur wissensorientierten Gestaltung der Produktentwicklung zu berücksichtigen sind. Hierauf aufbauend werden im letzten Teil des Kapitels der Forschungsbedarf herausgearbeitet und wissensorientierte Herausforderungen für die Gestaltung der Produktentwicklung in der militärischen Luftfahrtindustrie abgeleitet.

3.1 Wissen als zentraler Faktor für die Produktentwicklung

Bei der Produktentwicklung handelt es sich um einen Optimierungsprozess, der durch wenig planbare, kreative und zum Teil sogar ergebnisoffene Aktivitäten gekennzeichnet ist (vgl. *Pahl et al. 2007, S. 2*). Um innovative Lösungen für komplexe technische Problemstellungen zu erarbeiten und dabei zum Teil widersprüchliche Anforderungen möglichst gut zu erfüllen, sind kreative Denkprozesse erforderlich. Trotz zunehmender Unterstützung der Entwicklungstätigkeiten durch rechnergestützte Verfahren bleiben daher die an der Produktentwicklung beteiligten Mitarbeiter im Zentrum der Betrachtung. Ihr Wissen versetzt sie in die Lage Verknüpfungen herzustellen, Alternativen zu bewerten und Entscheidungen zu treffen und bestimmt daher den Verlauf und die Resultate des Entwicklungsprozesses (vgl. *VDI 5610, S. 4; Ponn und Lindemann 2011, S. 10*). Das **Wissen der handelnden Personen** ist somit ein zentraler Faktor zur Erreichung der Ziele der Produktentwicklung (vgl. *Brockhoff 2011, S. 43*).

3.1.1 Begriffsbestimmung Wissen

Die Schwierigkeit in der Abgrenzung und Definition des Wissensbegriffs liegt darin, dass es sich bei Wissen um ein immaterielles Gut handelt, das sich nicht als wahrnehmbares Objekt beschreiben lässt (vgl. *Franken und Franken 2011, S. 30*). Abhängig von dem wissenschaftlichen Umfeld und den konkreten Fragestellungen existieren daher vielfältige Definitionen und Abgrenzungen (für eine Übersicht vgl. u.a. *Schröder 2003, S. 235 ff.; Amelingmeyer 2004, S. 41 f.*).

Ein in der betriebswirtschaftlichen Literatur etablierter Weg, sich dem Wissensbegriff zu nähern, ist die Schaffung eines Zusammenhangs zwischen den Begriffen Zeichen, Daten, Informationen und Wissen (vgl. Abbildung 3.1). Diese Begriffe werden im Folgenden kurz dargestellt und miteinander in Beziehung gesetzt bzw. voneinander abgegrenzt. Für detaillierte Ausführungen sei auf die einschlägige Literatur wie z. B. *Krcmar (2005)*, *Probst et al. (2010)*, *North (2011)* und *Lehner (2012)* verwiesen.

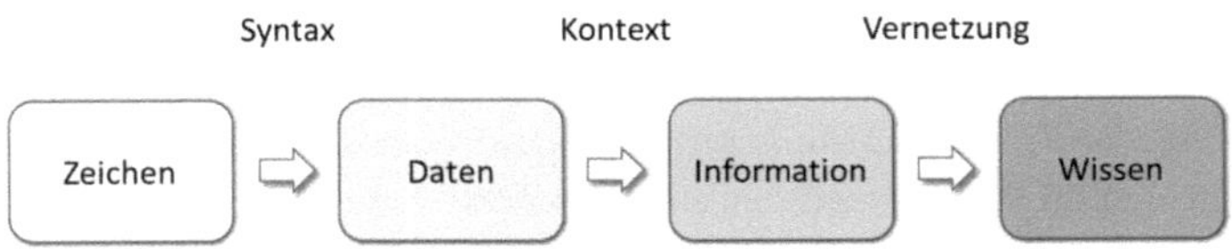

Abbildung 3.1: Zusammenhang zwischen Zeichen, Daten, Information und Wissen (in Anlehnung an *Rehäuser und Krcmar 1996, S. 7*)

Zeichen stellen in diesem Zusammenhang die kleinsten zugreifbaren Elemente dar, sie sind alleinstehend und daher zusammenhanglos (vgl. *Rehäuser und Krcmar 1996, S. 4*). Werden Zeichen nach bestimmten Ordnungsregeln verknüpft und aneinandergereiht entstehen **Daten**. Diese Zeichenverbände sind objektiv wahrnehmbar, haben aber an sich keine Bedeutung (vgl. *Hasler Roumois 2007, S. 33*). Sobald Daten in einen spezifischen Kontext gestellt werden und dadurch für den Nutzer eine Bedeutung bekommen, werden sie zu **Informationen**. Sie stellen somit Beschreibungen von vergangenen, gegenwärtigen und zukünftigen Sachverhalten dar, die für bestimmte Empfänger verständlich und für weitere Handlungen und Entscheidungen nutzbar sind (vgl. *Augustin 1990, S. 15; Rehäuser und Krcmar 1996, S. 5; North 2011, S. 37*).

Wissen entsteht durch die Aufnahme und systematische Vernetzung von Informationen. Neu aufgenommene Informationen werden dabei mit bereits vorhandenem Wissen verknüpft, d. h. es findet ein individueller Lernprozess statt, der das vorhandene Wissen einer Person erweitert (vgl. *Hasler Roumois 2007, S. 35; Lehner 2012, S. 54 f.*). Dieser Lernprozess geschieht immer vor dem Hintergrund von persönlichen Kenntnissen und Fähigkeiten, Erfahrungen und Wertvorstellungen, weshalb Wissen nie eine absolute Größe, sondern stets **kontextabhängig** und **subjektiv** ist (vgl. *Vollmar 2007, S. 9 f.*). In der vorliegenden Arbeit soll Wissen deshalb verstanden werden als *„die Gesamtheit der Kenntnisse und Fähigkeiten, die Individuen zur Lösung von Problemen einsetzen. Dies umfasst sowohl theoretische Erkenntnisse als auch praktische Alltagsregeln und Handlungsanweisungen"* (*Probst et al. 2010, S. 23*).

Sobald eine Person Teile ihres Wissens artikuliert, entstehen wieder Informationen. Informationen sind also die Bestandteile des Wissens, welche in Form menschlicher Sprache repräsentiert sind (vgl. *Amelingmeyer 2004, S. 42*). Informationen sind also nicht nur der Rohstoff, aus dem Wissen entsteht, sondern auch die Form in der Wissen transportiert und kommuniziert wird (vgl. *North 2011, S. 37*). Wissen ist die Grundlage des Denkens und Handelns von Personen. Es versetzt sie in die Lage Sachverhalte zu analysieren und zu bewerten, Probleme zu lösen und Entscheidungen zu treffen (vgl. *VDI 5610, S. 5; Lehner 2012, S. 55*). Zur Erreichung bestimmter Ziele einer Unternehmung ist somit nicht sämtliches Wissen einer Person über Fakten, Ereignisse oder die Anwendung von Methoden von gleicher Bedeutung, sondern davon abhängig, welches Wissen zur Erreichung der Ziele benötigt und eingesetzt wird (vgl. *Ahlert et al. 2006, S. 42*).

3.1.2 Möglichkeiten der Differenzierung von Wissen

In der Literatur finden sich unterschiedliche Möglichkeiten den Wissensbegriff zu differenzieren. Dabei kann zwischen der Unterteilung des Wissensbegriffs nach gegensätzlichen Wissensmerkmalen, der mehrdimensionalen Aufschlüsselung nach Wissensarten und der Systematisierung des Wissensbegriffs nach Wissensfeldern unterschieden werden.

Wissensmerkmale

In der Literatur weit verbreitet ist die Unterscheidung von Wissensmerkmalen anhand von Dichotomien, also gegensätzlichen Begriffspaaren (vgl. *Alavi und Leidner 2001, S. 110 ff.*). Anstatt Merkmale aufzuzählen werden möglichst trennscharfe Gegensätze herausgearbeitet.

Die größte Verbreitung in der Literatur hat die auf *Polanyi (1966)* zurückgehende Unterscheidung von explizitem und implizitem Wissen erfahren (vgl. *Heisig und Orth 2005, S. 20*). **Explizites Wissen** ist bewusstes, reflektierbares Wissen, welches formal artikuliert und weitergegeben werden kann. Solches Wissen lässt sich z. B. in Konstruktionsplänen, Berichten, Tabellen oder mathematischen Formeln festhalten und speichern (vgl. *Lehner 2012, S. 57 f.*). **Implizites Wissen** dagegen beschreibt Wissen, das einer Person nicht bewusst und daher nur latent zugänglich ist. Zu diesem Wissen gehören beispielsweise Fähigkeiten, welche sich überwiegend durch persönliche Erfahrungen entwickelt haben (vgl. *Rehäuser und Krcmar 1996, S. 7; Katenkamp 2011, S. 68 f.*).

Eine weitere Möglichkeit der Unterteilung stellt das Begriffspaar individuell und kollektiv dar. Während **individuelles Wissen** die Kenntnisse und Fähigkeiten einer einzelnen Person beschreibt, ist **kollektives Wissen** ein von einer Gruppe geteiltes Wissen und bezieht sich überwiegend auf das Zusammenwirken der einzelnen Gruppenmitglieder (vgl. *Alavi und Leidner 2001, S. 113*).

Häufig anzutreffen ist auch die Unterscheidung zwischen internem und externem Wissen, welche die Quelle des Wissens thematisiert und somit einen Hinweis auf die Zugänglichkeit des Wissens gibt (vgl. *Heisig und Orth 2005, S. 20*). Der Zugriff auf **internes Wissen** ist in der Regel einfacher zu gestalten als der Zugriff auf **externes Wissen**, wozu Wissensquellen außerhalb des Unternehmens oder einer Organisation eingebunden werden müssen.

Eine Übersicht über weitere in der Literatur verwendete Gegensatzpaare zur Beschreibung von Wissensmerkmalen findet sich bei *Romhardt (1998, S. 27 f.)*, der eine Vielzahl von Dichotomien aus unterschiedlichen Wissenschaftsdisziplinen identifiziert.

Wissensarten

Eine weitere Möglichkeit Wissen zu unterteilen ist die Klassifikation von Wissensarten. Dabei finden sich in der Literatur verschiedene Herangehensweisen. Häufig werden zur Veranschaulichung der Wissensarten auf Frageworten beruhende Begriffe genutzt, wie z. B. Know-what (Wissen, was zu tun ist), Know-why (Wissen, warum etwas so ist), Know-how (Wissen, wie etwas zu tun ist), Know-when (Wissen, wann etwas anzuwenden ist) (vgl. u. a. *Zack 1998, S. 644 ff.; Cappuro 2003, S. 75 ff.; Hasler Roumois 2007, S. 45 ff.*). Andere Autoren sprechen beispielsweise von Faktenwissen, Erklärungswissen, deklarativem Wissen, Handlungswissen, prozeduralem Wissen oder strategischem Wissen (vgl. u. a. *de Jong und Ferguson-Hessler 1996, S. 106 f.; Alavi und Leidner 2001, S. 113; Lehner 2012, S. 50 f.*). Die Übersicht der im Rahmen der vorliegenden Arbeit untersuchten Wissensarten (vgl. Abbildung 3.2) zeigt, dass es bei den verschiedenen Begrifflichkeiten zwar zu inhaltlichen Überschneidungen und begrifflichen Unterschieden kommt, jedoch nicht zu grundlegenden Widersprüchen, so dass sich in Anlehnung an *Boppert (2008, S. 27 f.)* drei Kategorien bilden lassen: Sachwissen, welches sich weiter in Sachverhalte und Erklärungen unterteilt, Methodenwissen und Quellenwissen.

Wissensarten nach Boppert (2008)	Wissensarten nach Cappurro (2003)	Wissensarten nach Hasler Roumois (2007)	Wissensarten nach Zack (1998)	Wissensarten nach Alavi und Leidner (2001)	Wissensarten nach de Jong (1996)
Sachwissen					
Sachverhalte	Know-what	Know-about Know-that	Know-about Know-when Know-with	Declarative Knowledge Conditional Knowledge Relational Knowledge	Situational Knowledge
Erklärungen	Know-why	Know-why	Know-why	Causal Knowledge	Conceptual Knowledge
Methodenwissen	Know-how	Know-how Know-what to do	Know-how	Procedural Knowledge	Procedural Knowledge Strategic Knowledge
Quellenwissen	Know-where Know-when Know-who				

Abbildung 3.2: Gegenüberstellung verschiedener Ansätze zur Unterscheidung von Wissensarten

Sachwissen, häufig auch Faktenwissen oder deklaratives Wissen genannt, ist die Kenntnis über Sachverhalte, Ursachen, Eigenschaften und Gesetzmäßigkeiten. **Methodenwissen**, häufig auch als Handlungswissen oder prozedurales Wissen bezeichnet, beinhaltet sämtliches Wissen über Vorgehensweisen, Problemlösungsstrategien und Handlungsmöglichkeiten in unterschiedlichen Aufgabenstellungen (vgl. *Lehner 2012, S. 50 f.*). **Quellenwissen** ist die Kenntnis darüber, wo Informationen zu einem Thema zu finden sind bzw. welche Personen über die erforderlichen Fähigkeiten und Kenntnisse verfügen. Diese drei Kategorien werden bei *Boppert* noch um die Kategorie metakognitives Wissen ergänzt. Diese Wissensart umfasst das selbstreflexive Wissen einer Person über die eigenen Kenntnisse und Fähigkeiten und ist die Grundvoraussetzung für die Steuerung des eigenen Lernens (vgl. *Boppert 2008, S. 27*).

Wissensfelder

Neben der Unterscheidung von Wissensmerkmalen und Wissensarten existieren sogenannte **pragmatische Ansätze**, in denen für das Unternehmen oder für eine bestimmte Aufgabenstellung nützliche Wissensgebiete und Wissensinhalte unterschieden werden (vgl. *Alavi und Leidner 2001, S. 113*). Einen solchen pragmatischen Ansatz verfolgen beispielsweise *Mertins* und *Seidel* und definieren acht Wissensdomänen, welche für das Wissensmanagement in mittelständischen Unternehmen von Bedeutung sind. Dies sind Wissen über Kunden, Produkte, die eigene Organisation, Märkte und Wettbewerber, Partner, Patente, Normen und Gesetze sowie Fach- und Methodenwissen (vgl. *Mertins und Seidel 2009, S. 289 ff.*). Auch *Petermann* nutzt einen solchen inhaltlichen Ansatz zur Unterscheidung von Wissen und identifiziert 35 Wissensfelder, welche in der Investitionsgüterindustrie besonders schützenswert sind. Diese fasst er schließlich in die sechs Gruppen Wissen zu Produktgestalt und -eigenschaften, zu Prozessabläufen, zu den Gründen von Gestaltungsentscheidungen, zu Produktfunktionen, zu organisatorischen Zusammenhängen und Ansprechpartnern sowie zu Lebenszyklus und Betrieb von Produkten zusammen (vgl. *Petermann 2011, S. 208 ff.*).

Charakteristisch für diese pragmatischen Ansätze zur Unterteilung von Wissen ist die **inhaltliche Konkretisierung** des Wissensbegriffs. Auf diese Weise wird es möglich, sich auf die Wissensgebiete zu konzentrieren, welche für eine bestimmte Aufgabe oder einen Prozess relevant sind (vgl. *Mertins und Orth 2009, S. 43*). Diese Wissensfelder lassen sich auf verschiedenen Detaillierungsebenen abgrenzen. Dabei ist jedoch zu beachten, dass bei zunehmendem Detaillierungsgrad die Gefahr mangelnder Überschneidungsfreiheit und bei zu generischer Formulierung die Gefahr mangelnder Eindeutigkeit besteht (vgl. *Amelingmeyer 2004, S. 49*).

3.1.3 Wissensträger und Wissensbasis einer Organisation

Aufgrund seines immateriellen Charakters muss Wissen immer an ein Trägermedium gebunden sein. In der Literatur finden sich vielfältige Vorschläge zur Systematisierung der unterschiedlichen Trägermedien. *Amelingmeyer* unterscheidet beispielsweise zwischen personellen, materiellen und kollektiven Wissensträgern (vgl. *Amelingmeyer 2004, S. 53 ff.*). Eine ähnliche Vorgehensweise findet sich bei *Alwert*, welcher Wissen in Personen, Wissen in Dokumenten sowie Wissen in der Zusammenarbeit unterscheidet (vgl. *Alwert 2005, S. 262 f.*). Für den Kontext der Investitionsgüterindustrie differenziert *Petermann* zwischen Wissen im Gehirn einer Person, Wissen in der Zusammenarbeit mehrerer Personen, Wissen in Dokumenten und Wissen in Produkten, während bei *von Glahn* natürliche und synthetische Wissensträger gegeneinander abgegrenzt werden (vgl. *Petermann 2011, S. 212 f.; von Glahn 2009, S. 14 ff.*).

Die Gemeinsamkeit aller Vorschläge zur Systematisierung von Wissensträgern ist die Unterscheidung von personellen und materiellen Trägermedien. **Personelle Wissensträger** können mit anderen Wissensträgern kommunizieren und kooperieren, neues Wissen aufbauen, individuell Wissen abrufen und dieses weitergeben (vgl. *von Glahn 2009, S. 16*). In der Literatur weit verbreitet ist eine Unterscheidung zwischen individuellen und kollektiven Wissensträgern. Während es sich bei **individuellen Wissensträgern** um einzelne Personen handelt, welche über bestimmtes Wissen verfügen, stellen **kollektive Wissensträger** einen Verbund von mehreren individuellen Wissensträgern dar, welche z. B. innerhalb eines Teams oder einer Unternehmensabteilung zusammenarbeiten (vgl. *Amelingmeyer 2004, S. 67 ff.*). Das Wissen innerhalb der Zusammenarbeit von Menschen bezieht sich auf die Fähigkeit der Gruppe, die individuellen Fähigkeiten aufeinander abzustimmen und zu koordinieren, um komplexe Aufgaben durchführen zu können.

Materielle Wissensträger zeichnen sich hauptsächlich durch ihre Speicherfunktion aus. Im Gegensatz zu personellen Wissensträgern sind sie nicht in der Lage, neues Wissen aufzubauen und werden deshalb auch als passive Wissensträger bezeichnet. Die Übertragung von Wissen auf materielle Wissensträger erfolgt z. B. um Wissensbestandteile zu sichern oder an andere Personen weiterzugeben (vgl. *Amelingmeyer 2004, S. 57 ff.; von Glahn 2009, S. 17*). Auf diese Weise können beispielsweise Dokumente entstehen, aber auch Prototypen eines zu entwickelnden Produktes, um Wissen innerhalb des Entwicklungsteams oder mit dem späteren Nutzer abzugleichen (vgl. *Rhinow et al. 2011, S. 22 ff.*). Eine in der Literatur weit verbreitete Klassifizierung materieller Wissensträger geht von vier Kategorien aus: druckbasierte Wissensträger, audiovisuelle Wissensträger, computerbasierte Wissensträger und produktbasierte Wissensträger (vgl. *Amelingmeyer 2004, S. 58 ff.*). Wie detailliert die Unterscheidung materieller Wissensträger erfolgt, hängt jedoch vor allem vom Kontext der Untersuchung ab. So unterscheidet *Petermann* für den Wissensschutz in der Investitionsgüterindustrie Wissen in Dokumenten und Wissen in Produkten oder Komponenten, während *Alwert* für den Anwendungsbereich Unternehmensmodellierung allein Dokumente als relevante materielle Wissensträger identifiziert (vgl. *Petermann 2011, S. 213; Alwert 2005, S. 262*).

Bei der Verwendung des Begriffs materieller Wissensträger fällt ein Widerspruch zu dem in Kapitel 3.1.1 dargestellten Wissensbegriff auf. Da Wissen durch Lernprozesse entsteht, ist es immer an Personen gebunden. Sobald eine Person Teile ihres Wissens in menschlicher Sprache artikuliert, entstehen wieder Informationen. In der Konsequenz bedeutet dies, dass es materielle Wissensträger eigentlich nicht geben kann. Streng genommen müsste daher zwischen Wissens- und Informationsträgern unterschieden werden (vgl. *Katenkamp 2011, S. 78*). Im weiteren Verlauf der Arbeit wird dennoch, wie in der betriebswirtschaftlichen Literatur üblich, von materiellen Wissensträgern gesprochen. Hierbei ist zu beachten, dass diese Wissensträger nur die bewussten, reflektierbaren und formal artikulierbaren Anteile des Wissens, also das explizite Wissen einer Person oder einer

Gruppe von Personen als Informationen speichern können (siehe Kapitel 3.1.2). Indem diese Informationen, welche beispielsweise in einem Dokument oder einem Produkt gespeichert sind, durch ein Individuum aufgenommen, verstanden und verarbeitet werden, entsteht hieraus wieder Wissen im eigentlichen Sinn. Die Qualität des in materiellen Wissensträgern gespeicherten Wissens (bzw. der Information) hängt daher vornehmlich von der ursprünglichen Wissensquelle und weniger von der Art des Trägermediums ab (vgl. *Amelingmeyer 2004, S. 58*).

In der Literatur wird zudem das Konzept der **Wissensbasis einer Organisation** beschrieben, welche sich aus den individuellen und kollektiven Wissensträgern einer Organisation sowie den verfügbaren materiellen Wissensträgern zusammensetzt (vgl. *Amelingmeyer 2004, S. 84*). Damit repräsentiert die Wissensbasis einer Organisation den Wissensbestand, auf den eine Organisation zu einem bestimmten Zeitpunkt zur Lösung ihrer Aufgaben zugreifen kann (vgl. *Probst et al. 2010, S. 23*). In diesem Zusammenhang wird auch vom organisatorischen Gedächtnis gesprochen, mit Hilfe dessen Unternehmen das für sie relevante Wissen sichern (vgl. *Lehner 2012, S. 97 ff.*). Das Konzept der organisatorischen Wissensbasis kann jedoch nicht nur auf Unternehmen angewendet werden, sondern auch auf andere Organisationsformen, wie zum Beispiel Abteilungen, Teams oder Projektorganisationen. In diesem Sinne umfasst die Projektwissensbasis den für die Durchführung eines Projektes zugänglichen Wissensbestand, der sowohl auf personelle wie auch auf materielle Wissensträger verteilt sein kann (vgl. *Schindler 2002, S. 115*).

3.2 Wissensorientierte Gestaltung der Produktentwicklung – eine Analyse der Literatur

Die Produktentwicklung ist ein Vorgang, in dem mit Hilfe von Wissen aus unternehmensinternen und -externen Quellen neue oder modifizierte Produkte entwickelt werden (vgl. *Clark und Fujimoto 1991, S. 20*). Mitarbeiter der Entwicklungsabteilung eines Unternehmens bringen beispielsweise technisches Fachwissen oder Wissen über Methoden und ihre Anwendung in den Prozess ein (vgl. *Völker 2007, S. 68*). Aber auch unternehmensexterne Wissensquellen sind von Bedeutung, wenn im Rahmen der Produktentwicklung Wissen erforderlich ist, welches nicht oder nicht ausreichend im Unternehmen vorhanden ist (vgl. *Spur und Krause 1997, S. 4*).

Im Laufe eines Entwicklungsvorhabens wird dieses Wissen zur technischen Problemlösung angewendet und neues Wissen, wie zum Beispiel technisches Lösungswissen oder Wissen über Produktfunktionalitäten und Grenzen der Leistungsfähigkeit, aufgebaut (vgl. *Wade 2005, S. 361 ff.*). Dieses Wissen findet sich in Produktbeschreibungen, Prototypen und Prozessroutinen und vor allem in den Köpfen der beteiligten Mitarbeiter. Da sich der Produktentwicklungsprozess in mehrere Phasen unterteilt, wird in den einzelnen Phasen immer wieder Wissen aufgebaut, das einerseits einen phasenspezifischen Ouput darstellt und andererseits als Input für die nächste Phase dient (vgl. *Lüttgens 2010, S. 56*).

Für den Verlauf und die Resultate der Produktentwicklung ist es also entscheidend, die Einbindung von unternehmensinternen und -externen Wissensquellen zu gestalten und Rahmenbedingungen zu schaffen, welche die Entwicklung neuen Wissens unterstützen. Des Weiteren stehen die Unternehmen vor der Herausforderung, dieses Wissen für die Nutzung in nachfolgenden Phasen der Produktentstehung verfügbar und nutzbar zu machen sowie entsprechend seiner Bedeutung für zukünftige Vorhaben zu sichern. Die **Gestaltung des Umgangs mit Wissen** innerhalb der Produktentwicklung und über diese Phase der Produktentstehung hinaus ist daher ein in der betriebswirtschaftlichen Literatur viel betrachtetes Thema. Eine Auswahl dieser Arbeiten wird im Folgenden dargestellt und analysiert.

3.2.1 Zielsetzung der Literaturanalyse

Das Ziel der Literaturanalyse ist es, einen Überblick über bestehende Gestaltungsansätze zu erhalten und grundlegende Aspekte zu ermitteln, welche bei der Entwicklung eines Ansatzes zur wissensorientierten Gestaltung der Produktentwicklung zu berücksichtigen sind. Um dieses Ziel zu erreichen, dienen folgende Fragestellungen als Orientierung für die Analyse:

- Welche Ansätze zur wissensorientierten Gestaltung der Produktentwicklung existieren? Wie lässt sich die Literaturbasis sinnvoll eingrenzen?
- Auf welche Art und Weise erfolgt die wissensorientierte Gestaltung der Produktentwicklung?
- Wie wird der für die Produktentwicklung relevante Wissensbestand strukturiert?

Die Ergebnisse der Literaturanalyse dienen schließlich dazu, den Forschungsbedarf zu identifizieren und wissensorientierte Herausforderungen für die Gestaltung der Produktentwicklung in der militärischen Luftfahrtindustrie abzuleiten.

3.2.2 Vorgehensweise bei der Auswahl geeigneter Literatur

Relevante Beiträge zur Gestaltung des Umgangs mit Wissen im Rahmen der Produktentwicklung liefern vor allem Veröffentlichungen aus den Disziplinen Maschinenbau, Elektrotechnik, Informatik, Wirtschaftsinformatik, Betriebswirtschaft und Arbeitswissenschaft, welche den Umgang mit Wissen aus jeweils unterschiedlichen Perspektiven betrachten. Durch die zunehmend interdisziplinär ausgerichtete Forschung entstehen zudem vermehrt Veröffentlichungen, in denen Betrachtungsweisen, Erkenntnisse und Ansätze der einzelnen Disziplinen zusammengeführt werden. Dies führt zu einer umfangreichen Literaturbasis, welche zunächst, wie im Folgenden beschrieben, thematisch eingegrenzt wurde.

Dabei galt es zunächst, einen Überblick über die Veröffentlichungen zu diesem Querschnittsthema zu erhalten und geeignete Kriterien für die Eingrenzung zu identifizieren. Hierzu wurde mit Hilfe der wirtschaftswissenschaftlichen Literaturdatenbanken *WISO*, dem Verbundkatalog des Bibliotheksverbundes Bayern *Gateway Bayern* sowie den Internetsuchmaschinen *Google Scholar* und *Google Books* eine erste, querschnittlich angelegte Literaturrecherche durchgeführt. Grundlage für diese Recherche waren die im Folgenden dargestellten Suchbegriffe, wobei jeweils eine Kombination aus einem Begriff des Themenbereichs Produktentwicklung und des Themenbereichs Wissen verwendet wurde.

Suchbegriffe (deutsch)

- Produktentwicklung, Neuproduktentwicklung, Innovation, Innovationsmanagement
- Wissen, Wissensmanagement, Umgang mit Wissen, wissensbasiert, wissensorientiert

Suchbegriffe (englisch)

- product development, new product development, engineering, engineering design, innovation, innovation management
- knowledge, knowledge management, knowledge handling, knowledge-based, knowledge-oriented

Bei der Recherche mit den Schlagworten „Innovation“ und „Innovationsmanagement“ bzw. deren englischsprachigen Entsprechungen wurden nur Veröffentlichungen berücksichtigt, deren Fokus auf Produktinnovationen und somit auf der Entwicklung von Neuprodukten lag.

Die Analyse der Literaturbasis zeigt, dass die Problematik der wissensorientierten Gestaltung der Produktentwicklung schwerpunktmäßig auf vier Ebenen betrachtet wird. Veröffentlichungen auf **Unternehmensebene** setzen sich vor allem mit der wissensorientierten Gestaltung von zwischenbetrieblichen Entwicklungskooperationen und -netzwerken zur Förderung des organisationalen Lernens auseinander. Veröffentlichungen, in denen die Gestaltung auf **Projektebene** adressiert wird, konzentrieren sich auf Fragestellungen der wissensorientierten Gestaltung im Kontext eines Entwicklungsprojektes, innerhalb dessen vorhandenes Wissen genutzt und neues Wissen generiert wird. Die Betrachtung auf **Prozessebene** stellt den Produktentwicklungsprozess als solches in den Mittelpunkt der Gestaltung und konzentriert sich auf die Unterstützung der einzelnen Prozessphasen durch einen gezielten Umgang mit Wissen. Veröffentlichungen auf **Teamebene** stellen vornehmlich Fragestellungen zur Gestaltung der Zusammenarbeit und der Kommunikation innerhalb von Produktentwicklungsteams sowie zur Teamzusammenstellung und -entwicklung in den Mittelpunkt (vgl. Abbildung 3.3).

Wie bereits in Kapitel 2.1.1 dargestellt, wird die Produktentwicklung in der vorliegenden Arbeit verstanden als Prozess, in dem die Merkmale und Eigenschaften eines technischen Produktes festgelegt werden. Hierbei werden verschieden Phasen durchlaufen, welche schließlich in die Produktherstellung münden. Dementsprechend wurden aus der identifizierten Literaturbasis die Beiträge ausgewählt, in denen die Gestaltung auf Prozessebene erfolgt. Da die Entwicklung technischer

Produkte in der militärischen Luftfahrindustrie in der Regel als Projekt organisiert ist, dem ein Entwicklungsprozess als strukturierendes Element zugrunde liegt, wurden auch Veröffentlichungen auf Projektebene in die Analyse einbezogen, sofern eine Strukturierung entlang den Phasen und Aktivitäten eines Produktentwicklungsprozesses erfolgt. Arbeiten auf Projektebene, die sich lediglich mit dem Projektmanagement im Rahmen der Entwicklung von Produkten beschäftigen, wurden für die Analyse nicht berücksichtigt.

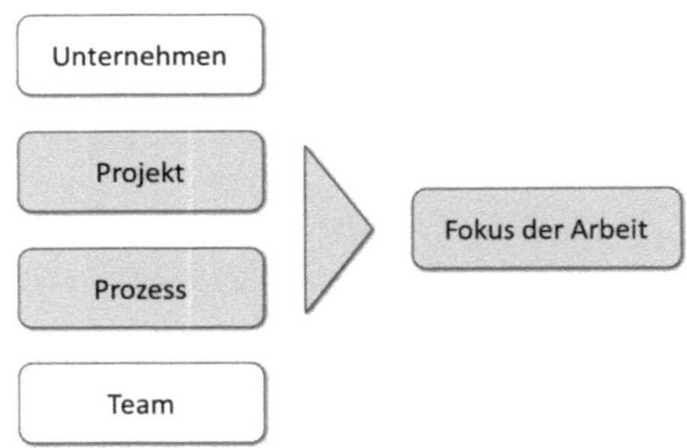

Abbildung 3.3: Betrachtungsebenen der wissensorientierten Gestaltung in der Literatur

Die Analyse der Literaturbasis zeigt zudem, dass sich der wissensorientierten Gestaltung der Produktentwicklung auf unterschiedliche Art und Weise genähert wird. Ausgangspunkt einer Vielzahl von Beiträgen ist die allgemeine Feststellung, dass es sich bei der Produktentwicklung um einen wissensintensiven Prozess handelt, dessen Verlauf und Resultate durch ein **systematisches Wissensmanagement in der Produktentwicklung** verbessert werden können. Zur Gestaltung wird dabei zumeist auf bereits bestehende Ansätze des Wissensmanagements, wie z. B. die Bausteine des Wissensmanagements nach *Probst et al. (2010)* oder das Wissensmanagement-Konzept nach *Nonaka und Takeuchi (1995)*, zurückgegriffen. Der Wissensbegriff bleibt in diesen Beiträgen in der Regel abstrakt und wird inhaltlich nicht weiter konkretisiert.

Einer zweiten Gruppe von Beiträgen liegt die Annahme zugrunde, dass zur Durchführung von Produktentwicklungsprozessen ein bestimmter Grundstock an Wissen vorhanden sein muss, der im Laufe der Produktentwicklung kontinuierlich erweitert wird. Zentraler Ansatz dieser Beiträge ist die **Gestaltung der für die Produktentwicklung erforderlichen Wissensbasis**, also des Wissensbestandes, auf den im Laufe des Entwicklungsprozesses zur Lösung der Entwicklungsaufgaben zugegriffen werden kann.

Andere Beiträge wiederum konzentrieren sich auf die Problemlösungs- und Entscheidungsprozesse, welche im Rahmen der Entwicklung von Produkten kontinuierlich ablaufen. Die wissensorientierte Gestaltung bezieht sich daher auf die **Unterstützung der Entscheidungsfindung in der Produktentwicklung**. Ziel dieser Arbeiten ist es, die an der Produktentwicklung beteiligten

Personen mit dem Wissen zu versorgen, das sie benötigen, um technische Probleme lösen und fundierte Entscheidungen treffen zu können. Dabei steht auf der einen Seite die Entwicklung von IT-basierten Unterstützungssystemen im Fokus, auf der anderen Seite die Entwicklung von Ansätzen zur Bewertung des Wissens, welches in die Entscheidungsfindung und die Problemlösung einfließt (vgl. Abbildung 3.4).

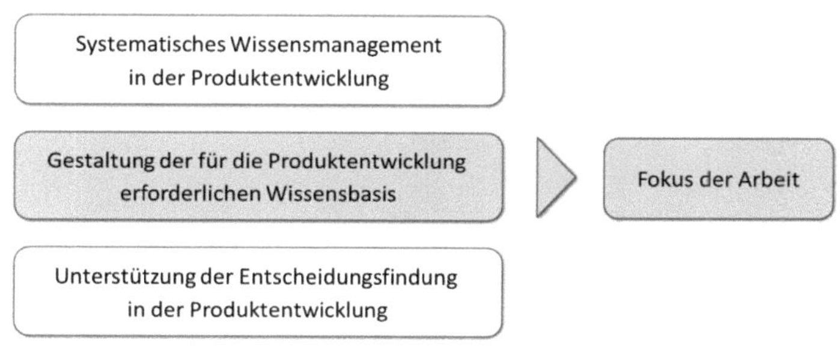

Abbildung 3.4: Fokus der wissensorientierten Gestaltung in der Literatur

Die Zielsetzung der vorliegenden Arbeit besteht darin, einen Ansatz zu entwickeln, der dabei unterstützt, das für die Produktentwicklung erforderliche Wissen frühzeitig zu identifizieren und einzubinden und den Umgang mit Wissen auf dieser Grundlage zu gestalten. Da in den Beiträgen zum systematischen Wissensmanagement in der Produktentwicklung der Wissensbegriff inhaltlich in der Regel zu abstrakt bleibt und die Beiträge zur Unterstützung der Entscheidungsfindung die Gestaltung zu sehr auf die technische Bereitstellung und die Bewertung von Wissen ausrichten, wurde der Fokus der weiteren Literaturrecherche auf Veröffentlichungen gelegt, welche die für die Durchführung der Produktentwicklung relevante Wissensbasis sowie deren Gestaltung in den Fokus der Betrachtung stellen.

Die Eingrenzung der Literaturbasis auf Veröffentlichungen, die bei der wissensorientierten Gestaltung den Prozess der Produktentwicklung und die für dessen Durchführung erforderliche Wissensbasis in den Mittelpunkt stellen, führte einerseits zu einer Reduzierung der bereits identifizierten Literatur und war andererseits Grundlage für eine detaillierte, auf die gewählte Betrachtungsperspektive ausgerichtete Literaturrecherche. Diese wurde mit Hilfe der wirtschaftswissenschaftlichen Literaturdatenbanken *WISO* und *Business Source Premier*, der fachübergreifenden Literaturdatenbank *ScienceDirect*, dem Portal für technisch-naturwissenschaftliche Fach- und Forschungsinformationen *GetInfo*, dem Verbundkatalog des Bibliotheksverbundes Bayern *Gateway Bayern* sowie den Internetsuchmaschinen *BASE*, *Google Scholar* und *Google Books* durchgeführt.

Grundlage für diese Recherche waren die im Folgenden dargestellten Suchbegriffe, wobei jeweils eine Kombination aus einem Begriff des Themenbereichs Produktentwicklung und des Themenbereichs Wissen verwendet wurde.

Suchbegriffe (deutsch)

- Produktentwicklungsprozess, Entwicklungsprozess, Konstruktionsprozess, Innovationsprozess, Neuproduktentwicklungsprozess
- Wissen, Wissensmanagement, Wissensbasis, Wissensreservoir, Wissensbestand

Suchbegriffe (englisch)

- product development process, design process, engineering process, engineering design process, innovation process, new product development process
- knowledge, knowledge management, knowledge base, knowledge repository

Zusätzlich zu dieser schlagwortorientierten Suche wurde eine personenorientierte Suche durchgeführt. Hierzu wurden auf Basis von bereits identifizierten Beiträgen die Publikationslisten der jeweiligen Autoren analysiert und weitere geeignete Beiträge identifiziert. Ausgangspunkt für weiterführende Recherchen war zudem die Auswertung der Literaturverzeichnisse von bereits ausgewählten Veröffentlichungen.

Ausgewählt wurden Veröffentlichungen, in denen Ansätze zur Gestaltung der Wissensbasis dargestellt werden, und Beiträge, in denen Grundlagen für die Gestaltung gelegt werden. In letztgenannte Gruppe fallen beispielsweise Veröffentlichungen, in denen entwicklungsrelevante Wissensfelder ermittelt oder die grundlegende Struktur von Wissensbasen im Kontext der Produktentwicklung beschrieben wird. Sofern zu einem spezifischen Gestaltungsansatz mehrere Veröffentlichungen existierten, wurde aus diesen Veröffentlichungen die umfassendste ausgewählt und in die Analyse einbezogen. Dies war z. B. erforderlich, wenn ein Autor oder ein Autorenteam einen Gestaltungsansatz über einen längeren Zeitraum entwickelt hat und auch Zwischenstufen der Entwicklung veröffentlicht worden sind. Insgesamt wurden 75 Veröffentlichungen ausgewählt und entsprechend den in Kapitel 3.2.1 dargestellten Fragestellungen analysiert.

3.2.3 Ergebnisse der Literaturanalyse

Zur Beantwortung der Fragestellungen, auf welche Art und Weise die wissensorientierte Gestaltung der Produktentwicklung in der Literatur erfolgt, wird zunächst ein Überblick über die Gestaltungsbeiträge der untersuchten Ansätze gegeben. Hierauf aufbauend werden verschiedene Möglichkeiten zur Definition von Gestaltungsfeldern und zur Verknüpfung der Gestaltung der Produktentwicklung mit der Gestaltung der hierfür erforderlichen Wissensbasis dargestellt. Anschließend wird dargestellt, auf welche Art und Weise in der Literatur der für die Produktentwicklung relevante Wissensbestand strukturiert wird.

3.2.3.1 Überblick über die Gestaltungsbeiträge

Die Analyse der Literaturbasis zeigt, dass sich Ansätze zur Gestaltung des Umgangs mit Wissen in der Produktentwicklung vor allem mit der Gestaltung technischer Systeme zur Bereitstellung von Wissen, der Entwicklung und Bewertung von Methoden zur Unterstützung des Umgangs mit Wissen sowie mit der Gestaltung des Prozessablaufs und der Schnittstellen in der Produktentwicklung befassen.

Technische Systeme zur Bereitstellung von Wissen

Ein großer Teil der analysierten Beiträge konzentriert sich auf die technische, vor allem softwaretechnische, Unterstützung des Umgangs mit Wissen in der Produktentwicklung. Der Schwerpunkt liegt dabei auf der Entwicklung von technischen Systemen zur **Bereitstellung von Wissen** für die Produktentwicklung. Da die Abgrenzung der Begriffe Information und Wissen in den einzelnen Arbeiten auf unterschiedliche Weise erfolgt, wird sowohl von informationsbereitstellenden Systemen als auch von wissensbereitstellenden oder wissensbasierten Systemen gesprochen (vgl. *Mansour 2006, S. 46 f.; Pahl et al. 2007, S. 747 ff.*). Um die Lesbarkeit zu vereinfachen, wird im Folgenden, wie in der betriebswirtschaftlichen Literatur üblich, von der Bereitstellung von Wissen gesprochen. Dabei ist zu beachten, dass in diesen Systemen nur die bewussten, reflektierbaren und formal artikulierbaren Anteile des Wissens, also das explizite Wissen einer Person oder einer Gruppe von Personen gespeichert werden können (vgl. hierzu auch die Darstellungen in Kapitel 3.1.3).

Zielsetzung dieser technischen Ansätze ist es, durch eine auf die jeweilige Entwicklungssituation abgestimmte Bereitstellung und Aufbereitung von Wissen einerseits den Beschaffungsaufwand zu reduzieren und andererseits die Bewertung und Auswahl relevanten Wissens zu vereinfachen (vgl. *Rose 2005, S. 105*). Die Ansätze zur Wissensbereitstellung konzentrieren sich dabei unter anderem auf technisches Lösungswissen (vgl. *Langenberg 2001, S. 72 ff.; Baudach et al. 2009, S. 458 ff.; Krehmer et al. 2010, S. 62 f.*), entwicklungsrelevantes Wissen über nachgelagerte Produktlebensphasen, wie z. B. der Fertigung oder der Instandhaltung (vgl. *Meerkamm und Wartzack 1998; Möller 2001; Grosser et al. 2011*), Wissen über Entwicklungsmethoden und -instrumente (vgl. *Leutsch 2002; Klabunde 2003, S. 111 f.; Lüttgens und Gross 2008, S. 34 ff*) sowie Wissen über Gesetze, Standards und Normen, welche bei den Entwicklungsaktivitäten zu berücksichtigen sind (vgl. *Mansour 2006, S. 102 ff.*).

Mit Hilfe dieser Systeme soll zudem die **Bewahrung und Wiederverwendung von Wissen** in der Produktentwicklung unterstützt werden. Wissen, welches im Rahmen der Produktentwicklung von externen Quellen erworben oder unternehmensintern aufgebaut wurde, wird in dokumentierter Form bewahrt, um es in nachfolgenden Entwicklungsprozessen wiederverwenden zu können. Der Begriff der Wissensbasis, so wie er in diesen Beiträgen zur Anwendung kommt, bezieht sich in der Regel lediglich auf technische Realisierungsformen. Im Fokus der Gestaltung stehen materielle

Wissensträger, wie z. B. Datenbanken, die aufgebaut, genutzt und erweitert werden. Hierzu wird das für die Produktentwicklung relevante Wissen durch personelle Wissensträger expliziert und anschließend in Form von elektronischen Dateien gespeichert, um für spätere Entwicklungsvorhaben zur Verfügung zu stehen (vgl. *Hanselmann 2001, S. 97 ff.; Heynen 2001, S 74 ff.; Wagner und Aslanidis 2002, S. 85 ff.; Wallace et al. 2005, S. 336 ff.*).

Methoden zur Unterstützung des Umgangs mit Wissen

Eine Vielzahl von Arbeiten beschäftigt sich mit der Auswahl und Gestaltung von Methoden zur Unterstützung des Umgangs mit Wissen in der Produktentwicklung. Dabei werden z. B. **bereits vorhandene Methoden** zusammengetragen, analysiert und gemäß ihres Unterstützungspotentials sowohl verschiedenen Aktivitäten des Umgangs mit Wissen als auch den einzelnen Phasen eines Produktentwicklungsprozesses zugeordnet (vgl. *Jürgens 1999, S. 69 ff.; Berger 2002, S. 156 ff.; Klabunde 2003, S. 98 ff.; Wenzel und Willmann 2006, S. 44*). Zum Teil wird die Auswahl geeigneter Methoden nicht nur argumentativ, sondern auch empirisch untermauert (vgl. *Schulze 2004, S. 189 ff.; Völker 2007, S. 179 ff.*). Ein besonderes Augenmerk wird dabei auf Methoden zur Unterstützung des Wissenserwerbs im Kontext der Produktentwicklung gelegt. Am Beispiel der Automobilindustrie werden beispielsweise die Produktklinik, die Patentrecherche und zwischenbetriebliche Kooperationen als wirksame Methoden zum Erwerb bisher im Unternehmen nicht vorhandenen Wissens dargestellt (vgl. *Reiner 2004, S. 43 ff.*). Auch die Einbindung von Kunden in den Produktentwicklungsprozess wird thematisiert. Dabei werden direkte Methoden (z. B. Kundenworkshops, Lastenhefterstellung, Prototypentests) und indirekte Methoden (z. B. Beschwerdemanagement, Marktanalyse, Mitarbeiterbefragung zur Kundenzufriedenheit) voneinander unterschieden (vgl. *Pohl 2003, S. 77 ff.; Fleischer und Klinkel 2003, S. 97 ff.; Schloen et al. 2004, S. 5 f.*).

Für den Anwendungsfall der Produktentwicklung werden auch **spezielle Methoden** entwickelt und eingeführt. *Hanselmann* stellt z. B. verschiedene Methoden zur Realisierung des Wissenstransfers zwischen Produktentwicklungsprozessen vor. Basierend auf Überlegungen zum organisationalen Lernen leitet er Methoden zur Klassifizierung, Bewertung und Auswahl relevanter Wissensinhalte je nach Entwicklungssituation ab (vgl. *Hanselmann 2001, S. 90 ff.*). Auch in der Norm *VDI 5610* und bei *Vroom* und *Oliemann* werden Methoden zur Ermittlung relevanter Wissensinhalte für die Produktentwicklung vorgestellt (vgl. *VDI 5610 2009, S. 5 ff.; Vroom und Oliemann 2011, S. 5 ff.*). *Wallace et al.* präsentieren eine auf den Ergebnissen von *Ahmed et al. (2003)* basierende Methode, die Entwicklungsstrategien erfahrener Entwickler nutzt, um es weniger erfahrenen Mitarbeitern zu ermöglichen bei ihrer Arbeit die richtigen Fragen zu stellen und auf diese Weise den Wissensaufbau zu unterstützen (vgl. *Wallace et al. 2005, S. 333 ff.*).

Gestaltung des Prozessablaufs und der Schnittstellen

Für die Unterstützung des Umgangs mit Wissen innerhalb des Produktentwicklungsprozesses werden in der Literatur verschiedene organisatorische Gestaltungsmaßnahmen diskutiert. Ein wichtiger Aspekt ist dabei die **Gestaltung des Prozessablaufs** mit dem Ziel, den Umgang mit Wissen bestmöglich zu unterstützen. Hierzu stellen beispielsweise *Krehmer et al.* ein Prozessmodell vor, welches die spezifischen Herausforderungen der multidisziplinären Produktentwicklung berücksichtigt und auf diese Herausforderungen abgestimmte Ansätze integriert. Auf diese Weise dient das Prozessmodell dazu, den Entwickler situationsangepasst zu unterstützen und anzuleiten (vgl. *Krehmer et al. 2010*). Zur Verbesserung des Wissenstransfers empfehlen *Klaua* und *Kern* die Definition von verpflichtenden Meilensteinen, um die an der Entwicklung beteiligten Abteilungen an den notwendigen Wissensaustausch zu „erinnern" (vgl. *Klaua und Kern 2007, S. 283*). Auch *Huet et al.* stellen die Bedeutung solcher fest im Prozess verankerter Meilensteine heraus und erarbeiten verschiedene Maßnahmen, um den Verlust des in diesen Besprechungen ausgetauschten und weiterentwickelten Wissens zu begrenzen und dieses Wissen für die Nutzung in nachfolgenden Phasen des Prozesses zu bewahren (vgl. *Huet et al. 2007, S. 235 ff.*). *Ruy* und *Alliprandini* arbeiten heraus, dass an solch fest definierten Punkten im Prozess nicht nur Wissen ausgetauscht und der Prozessfortschritt beurteilt werden sollte. Vielmehr sollte an diesen Punkten die Bewahrung des Wissens, welches bis zu diesem Punkt aufgebaut wurde, und dessen Transfer in die Wissensbasis des Unternehmens initiiert werden, um es auch in nachfolgende und parallel durchgeführte Entwicklungsvorhaben einbinden zu können (vgl. *Ruy und Alliprandini 2008, S. 467 f.*). Hierdurch wird ein Lernen aus Erfahrungen innerhalb des Unternehmens bereits im laufenden Prozess initiiert und nicht erst nach Abschluss eines Entwicklungsvorhabens in Form von Projektevaluationen und Erfahrungsberichten, wie es in der Literatur zur Initiierung und Aufrechterhaltung des organisationalen Lernens vielfach vorgeschlagen wird (vgl. *Lullies et al. 1993, S. 241 ff.; Clark und Wheelwright 1993, S. 107 f.; von Zedtwitz 2002, S. 257 ff.*).

Ein weiterer wichtiger Aspekt der organisatorischen Gestaltung der Produktentwicklung ist die **Gestaltung von Schnittstellen** im Entwicklungsprozess, an denen die Einbindung von unternehmensinternen und -externen Wissensquellen in die Aktivitäten der Produktentwicklung realisiert wird. Je nach Prozessphase werden neben den Mitarbeitern der Entwicklungsabteilung auch Mitarbeiter anderer Bereiche, wie z. B. dem Vertrieb, der Beschaffung, der Fertigung oder der Instandhaltung in den Entwicklungsprozess eingebunden (vgl. *Völker 2007, S. 67 f.; Stark und Kind 2010, S. 384*). Um in einem dynamischen Umfeld wettbewerbsfähige Produkte entwickeln zu können, ist es zudem erforderlich unternehmensexterne Wissensquellen, wie z. B. Kunden, Lieferanten, Wettbewerber, Kooperationspartner oder Forschungseinrichtungen, einzubeziehen (vgl. *Lüttgens 2010, S. 285*). Es gilt daher, die organisatorische Gestaltung der Wissensbasis über die Grenzen des Unternehmens hinaus zu erweitern und entsprechende Schnittstellen zu gestalten (vgl. *Schloen et al. 2004, S. 1*). Beispiele hierzu finden sich vor allem zur Gestaltung der Einbindung von Kunden in den Entwicklungsprozess mit dem Ziel relevantes Wissen, welches bisher noch nicht in der Wissensbasis vorhanden ist, zu erwerben (vgl. *Schloen et al. 2004, S. 5 ff.; Rath 2008, S. 89 ff.*) oder zusammen mit dem Kunden aufzubauen (vgl. *Kohlbacher 2008, S. 332 ff.*).

3.2.3.2 Unterschiedliche Perspektiven der Gestaltung

Ein Großteil der analysierten Beiträge konzentriert sich bei der wissensorientierten Gestaltung der Produktentwicklung auf die **Wissensbasis des Unternehmens**, also den Wissensbestand, den ein Unternehmen benötigt, um marktfähige Produkte entwickeln zu können. Dabei stellt die Wissensbasis des Unternehmens einerseits Wissen für die Durchführung des Produktentwicklungsprozesses zur Verfügung und wird andererseits durch Wissen erweitert, welches im Rahmen des Prozesses von externen Quellen erworben oder intern aufgebaut wird (vgl. *Gissler 1999, S. 3; Peritsch 2000, S. 236. ff.; Minonne 2010, S. 33*). Die Gestaltung der Wissensbasis des Unternehmens wird oftmals genutzt, um den Transfer von Wissen zwischen verschiedenen Entwicklungsprojekten zu realisieren (vgl. u. a. *Hanselmann 2001; Deckert 2002; Krehmer et al. 2010, S. 62 f.*) oder Wissen aus nachgelagerter Phasen des Produktlebenszyklus, wie z. B. der Fertigung, des Vertriebs, der Nutzung oder der Instandhaltung, im Produktentwicklungsprozess verfügbar zu machen (vgl. u. a. *Meerkamm und Wartzack 1998; Rath 2008, S. 104 ff.; Grosser et al. 2011; Vianello 2011, S. 156 ff.*). Die Wissensbasis des Unternehmens steht somit im Zentrum der Verteilung und Bewahrung von entwicklungsrelevantem Wissen über die Grenzen eines einzelnen Entwicklungsprojektes hinaus (vgl. *Peritsch 2000, S. 237; Pohl 2003, S. 72*).

Vereinzelt existieren auch Ansätze, welche die Gestaltung der Wissensbasis aus der Perspektive eines Entwicklungsprojektes betrachten. Ansätze, in denen die **Wissensbasis des Entwicklungsprojektes** im Mittelpunkt der Gestaltung steht, gehen davon aus, dass für die Durchführung des Entwicklungsprojektes ein Grundstock an Wissen vorhanden sein muss, welcher gezielt erweitert, zur Bearbeitung der Entwicklungsaufgaben genutzt und innerhalb des Projektes gesichert wird (vgl. *Nikodemus 2005, S. 155 ff.; Johansson et al. 2011, S. 33*). Während bei der Betrachtung der Wissensbasis aus der Unternehmensperspektive die langfristige Verankerung des Wissens im Unternehmen und die Bereitstellung dieses Wissens für verschiedene Entwicklungsprojekte im Vordergrund der Gestaltung steht, wird die Wissensbasis des Entwicklungsprojektes für einen speziellen Anwendungsfall aufgebaut und gestaltet (vgl. *Kessler 2003, S. 907; Thiel 2005, S. 310*). So stellt beispielsweise *Neumann* das Lernen vor, innerhalb und nach der Durchführung des Innovationsprozesses in den Vordergrund und beschreibt die Phase „Learning before", in der das für die Durchführung des Innovationsprozesses erforderliche Wissen aufgebaut bzw. erworben wird (vgl. *Neumann 2004, S. 76 ff.*).

Nikodemus weist in diesem Zusammenhang darauf hin, dass die Identifikation des zur Innovation erforderlichen Wissens und zugehöriger Wissensquellen vor Beginn der technischen Entwicklung abgeschlossen sein muss, um Verzögerungen und Zusatzkosten zu vermeiden. Ähnliches gilt für den Erwerb externen Wissens, welcher beim Start der Entwicklungsphase weitestgehend abgeschlossen bzw. eine reibungslose Einbindung externer Wissensquellen sichergestellt sein sollte (vgl. *Nikodemus 2005, S. 155 ff.*).

In der Literatur finden sich auch Ansätze, in denen eine **Verknüpfung beider Gestaltungsperspektiven** erfolgt. So beschreibt *North* ausgehend vom Wissensmanagement-Konzept nach *Probst et al. (2010)* einen Wissensprozess für die Forschung und Entwicklung (F&E). Dabei erfolgen die Vereinbarung von Wissenszielen, die Identifikation von Wissen sowie die Wissensbeschaffung im Vorfeld des eigentlichen F&E-Projektes auf Unternehmensebene, während die Entwicklung neuen Wissens auf Projektebene beschrieben wird. Das F&E-Projekt wird dabei als Ort der Entwicklung neuen Wissens verstanden und „unter Wissensgesichtspunkten" durchgeführt (*North 2000, S. 44*). Letzteres bedeutet, dass zu Beginn des Vorhabens Erfahrungen aus vorangegangenen Projekten eingebunden und die Mitarbeiter gemäß ihrer Kenntnisse und Fähigkeiten ausgewählt werden. Im Laufe des Vorhabens gilt es schließlich, den Austausch und die Nutzung von Wissen zu fördern, sowie neu generiertes Wissen in dokumentierter Form zu bewahren. Nach Abschluss des Projektes wird schließlich im Rahmen der Phase „Wissen absichern" das im Projekt aufgebaute Wissen in der Wissensbasis des Unternehmens verankert. Ein ähnliches Vorgehen findet sich bei *Ruy* und *Alliprandini*, welche das organisationale Lernen innerhalb eines Innovationsprojektes mit dem organisationalen Lernen auf Unternehmensebene verknüpfen (vgl. *Ruy und Alliprandini 2008, S. 466 f.*).

3.2.3.3 Einordnung der Gestaltungsbeiträge mit Hilfe von Gestaltungsfeldern

Für einen systematischen Umgang mit Wissen bzw. die Gestaltung der Wissensbasis eines Unternehmens werden in der betriebswirtschaftlichen Literatur zentrale Aktivitäten beschrieben, wie z. B. Teilen, Erschaffen, Nutzen, Speichern, Identifizieren und Erwerben von Wissen (vgl. *Heisig und Orth 2005, S. 25 ff.*). Diese **zentralen Aktivitäten des Umgangs mit Wissen** werden auch in einer Vielzahl der analysierten Beiträgen adressiert. Datenbankbasierte Systeme zur strukturierten Bereitstellung von Wissen aus nachgelagerten Produktlebensphasen oder vorangegangenen Entwicklungsvorhaben unterstützen beispielsweise die Bewahrung und Verteilung von entwicklungsrelevantem Wissen innerhalb des Unternehmens (vgl. z. B. *Meerkamm und Wartzack 1998; Möller 2001; Wagner und Aslanidis 2002; Baudach et al. 2009; Grosser et al. 2011*). Werkzeuge zur Unterstützung der Suche nach Wissen und zugehörigen Wissensträgern ermöglichen die Identifikation von vorhandenem Wissen für den Produktentwicklungsprozess (vgl. z. B. *Mansour 2006, S. 91 ff.; Krehmer et al. 2010, S. 65 ff.*). Ansätze zur Gestaltung der Einbindung von externen Wissensquellen in den Entwicklungsprozess ermöglichen den Erwerb von Wissen, welches im Unternehmen bisher nicht vorhanden war (vgl. z. B. *Pohl 2003; Schloen et al. 2004; Nikodemus 2005; Lüttgens und Gross 2008*). Andere Beiträge wiederum stellen den Aufbau von neuem

Wissen innerhalb des Entwicklungsprozesses in den Mittelpunkt der Gestaltung (vgl. z. B. *Schulze 2004; Kohlbacher 2008*) oder adressieren Fragestellungen des systematischen Abbaus von Barrieren, die der Nutzung der vorhandenen Wissensbasis entgegenstehen (vgl. z. B. *Hanselmann 2001, S. 101 ff.; Wunram 2003; Rath 2008, S. 200 ff.*). Zur Einordnung des jeweiligen Gestaltungsbeitrags greifen die Autoren in der Regel auf bereits bestehende Systematisierungen der zentralen Aktivitäten zum Umgang mit Wissen zurück. Am weitesten verbreitet ist hierbei die Nutzung der **Bausteine des Wissensmanagements** nach *Probst et al. (2010)*, also Wissensidentifikation, Wissenserwerb, Wissensentwicklung, Wissens(ver)teilung, Wissensnutzung und Wissensbewahrung (vgl. z. B. *Klabunde 2003; Nikodemus 2005; Fischer et al. 2006; Wenzel und Willmann 2006*).

Des weiteren existieren Arbeiten, in denen nicht auf vorhandene Systematisierungen zurückgegriffen wird, sondern für die Produktentwicklung **spezifische Gestaltungsfelder** vorgeschlagen werden. *Gissler* wählt für seinen Ansatz zur Umsetzung des Wissensmanagements in der Produktentwicklung die Gestaltungsfelder „Erzeugung von Wissen in der Produktentwicklung", „zielgerichteter Umgang mit Wissen in der Produktentwicklung" und „Verbesserung der organisationalen Wissensbasis" (vgl. *Gissler 1999, S. 50 ff.*). *Peritsch* geht ähnlich vor und unterscheidet die Gestaltungsfelder „Wissen entwickeln", „Wissen nutzen" sowie „Wissen handhaben" und verdeutlicht dadurch, dass die Wissensbasis des Unternehmens einerseits Wissen für den Produktentwicklungsprozess zur Verfügung stellt und andererseits durch Wissen aus dem Prozess erweitert wird (vgl. *Peritsch 2000, S. 236 ff.*). *Parikh* hingegen schlägt für den unternehmensinternen Umgang mit Wissen, welches im Rahmen von Forschungs- und Entwicklungsprozessen entwickelt wird, einen Zyklus aus den vier Gestaltungsfeldern Wissenserwerb, Wissensorganisation, Wissensverteilung und Wissensanwendung vor (vgl. *Parikh 2001, S. 29 ff.*). In der Norm *VDI 5610* stellen die Autoren einen technischen Geschäftsprozess, wie z. B. den Produktentwicklungsprozess, ins Zentrum der Gestaltung und betonen, dass innerhalb dieses Prozesses Wissen erzeugt, gespeichert, verteilt und angewendet wird. Hieraus ergibt sich ein Zyklus von vier Gestaltungsfeldern („Wissen erzeugen", „Wissen speichern", „Wissen verteilen" und „Wissen anwenden"), welcher um das übergeordnete Gestaltungsfeld „Wissen planen, identifizieren, bewerten" ergänzt wird (vgl. *VDI 5610, S. 8 f.*).

3.2.3.4 Verknüpfung von Produktentwicklung und Wissensbasis

In der Literatur finden sich unterschiedliche Herangehensweisen, die Gestaltung der Produktentwicklung mit der Gestaltung der hierfür erforderlichen Wissensbasis zu verknüpfen. Eine Möglichkeit ist die **Verknüpfung ausgehend vom Produktentwicklungsprozess**, bei der in einem ersten Schritt die Aktivitäten der einzelnen Phasen der Produktentwicklung analysiert werden. Darauf aufbauend wird untersucht, welche Art von Wissen in den einzelnen Phasen benötigt wird, welche Rolle die Wissensbasis in der jeweiligen Phase spielt oder welche Kernaktivitäten des

Umgangs mit Wissen das größte Unterstützungspotential bieten. Hieraus ergeben sich schließlich Anknüpfungspunkte für die Auswahl geeigneter Gestaltungsmaßnahmen. *Wenzel* und *Willmann* untersuchen beispielsweise welche Arten von Wissen und welche Wissensquellen in den einzelnen Phasen der Produktentwicklung von Bedeutung sind und schaffen damit ausgehend vom Produktentwicklungsprozess eine Grundlage für die Auswahl geeigneter informationstechnischer Werkzeuge zur Unterstützung des Umgangs mit Wissen (vgl. *Wenzel und Willmann 2006, S. 44 ff.*). *Langenberg* wiederum konzentriert sich auf die Aktivitäten des Konstruktionsprozesses und stellt dar, inwieweit sich die Kernaktivitäten des Umgangs mit Wissen mit der Konstruktionsmethodik nach *VDI 2221* verknüpfen lassen (vgl. *Langenberg 2001, S. 13 f.*) *Klabunde* geht ähnlich vor und analysiert die Aktivitäten und Zielsetzungen der einzelnen Phasen des Prozesses der integrierten Produkt- und Prozessentwicklung. Auf dieser Basis gibt er einen Überblick über die Bedeutung und das Unterstützungspotential der einzelnen Gestaltungsfelder für die jeweilige Prozessphase (vgl. Abbildung 3.5).

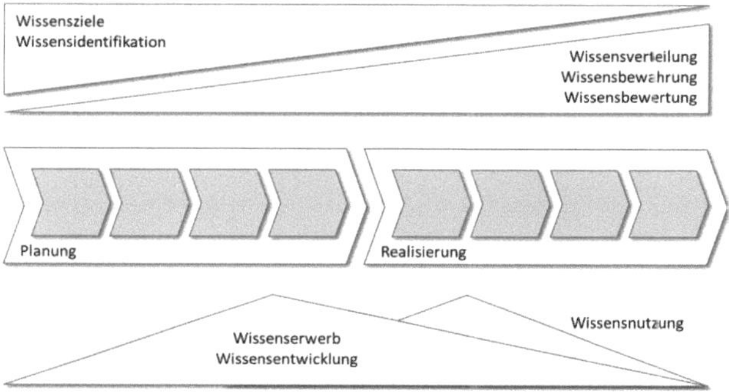

Abbildung 3.5: Verknüpfung von Entwicklungsprozess und wissensorientierten Gestaltungsfeldern nach *Klabunde (2003, S. 134)*

Diese Verknüpfung von Entwicklungsprozess und wissensorientierten Gestaltungsfeldern erlaubt schließlich die Zuordnung geeigneter Methoden und Instrumente zur Unterstützung des Umgangs mit Wissen in den jeweiligen Phasen des Prozesses (vgl. *Klabunde 2003, S. 133 ff.*). Ein ähnliches Vorgehen zur Verknüpfung von Produktentwicklungsprozess und wissensorientierten Gestaltungsfeldern findet sich bei *Thiel (2005, S. 312 f.)* und *Kaiser et al. (2008, S. 811 ff.)*.

Eine weitere in der Literatur zur Anwendung kommende Vorgehensweise ist die **Verknüpfung ausgehend von den Gestaltungsfeldern des Umgangs mit Wissen**. Hierbei werden bekannte Gestaltungsfelder für den Anwendungsfall der Produktentwicklung konkretisiert. *Nikodemus* baut zum Beispiel auf den Bausteinen des Wissensmanagement nach *Probst et al. (2010)* auf und prägt diese Schritt für Schritt für den Innovationsprozess, bestehend aus den Phasen Ideenfindung, Ideenauswahl, Produktentwicklung, Produktherstellung und Markteinführung, aus. Auf diese Weise schafft er einen Bezugsrahmen für die Untersuchung der Eignung verschiedener Informations- und

Kommunikationstechnologien für die Einbindung des Kunden in den Innovationsprozess (vgl. *Nikodemus 2005, S. 176 ff.*). Auch *Fischer et al.* verwenden die Bausteine des Wissensmanagements als Startpunkt zur Verknüpfung und identifizieren auf diese Weise relevante Gestaltungselemente für das Management von Kostenwissen im Konstruktionsprozess (vgl. *Fischer et al. 2006, S. 278 ff.*). Ein ähnliches Vorgehen findet sich bei *North*, der ausgehend von den Bausteinen des Wissensmanagements einen Wissensprozess beschreibt, welcher aus den Phasen Wissensziele setzen, Wissen identifizieren, Wissen beschaffen, Wissen entwickeln und Wissen absichern besteht. In diesen werden die Aktivitäten der Forschung und Entwicklung schließlich eingeordnet (vgl. *North 2000, S. 43 f.*).

Eine dritte Möglichkeit zur Identifikation von wissensorientierten Gestaltungspotentialen in der Produktentwicklung ist die **Verknüpfung von Produktentwicklung und Wissensbasis innerhalb eines gemeinsamen Bezugsrahmens**. Im Zentrum der Gestaltung steht dabei sowohl der Produktentwicklungsprozess als auch die für die Durchführung der Produktentwicklung relevante Wissensbasis. Als Grundlage für die Analyse und Gestaltung von Wissensströmen im Innovationsprozess entwickelt *Peritsch* einen Bezugsrahmen, welcher das Zusammenspiel der Aktivitäten der Produktentstehung und der Gestaltung der organisatorischen Wissensbasis erfasst (vgl. *Peritsch 2000, S. 236 ff.*). Um den Innovationsprozess durchführen zu können, ist es erforderlich, auf Wissen aus der Wissensbasis des Unternehmens zuzugreifen und dieses zu nutzen. Durch Lernprozesse innerhalb des Prozesses wird schließlich neues Wissen entwickelt, welches in der Wissensbasis des Unternehmens gespeichert und bei Bedarf auch an unternehmensexterne Wissensspeicher transferiert werden kann. Die beiden letztgenannten Aktivitäten werden unter dem Begriff „Wissen handhaben" zusammengefasst. Die organisatorische Wissensbasis wird dabei als Ausgangs- und Endpunkt der Wissensströme innerhalb des Produktentstehungsprozess verstanden (vgl. Abbildung 3.6).

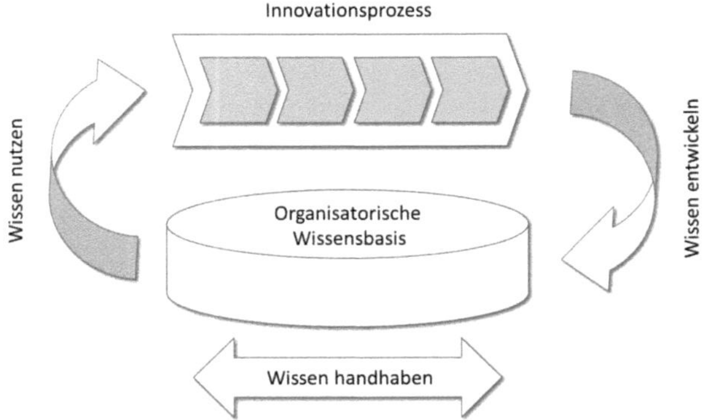

Abbildung 3.6: Bezugsrahmen zur Analyse von Wissensströmen in Innovationsprozessen nach *Peritsch (2000, S. 239)*

Lüttgens und *Gross* nutzen den von *Peritsch* geschaffenen Bezugsrahmen als Grundlage für die Auswahl geeigneter Open-Innovation-Methoden für die einzelnen Phasen des Innovationsprozesses (vgl. *Lüttgens und Gross 2008, S. 32 f.*). Innerhalb des Bezugsrahmens wird der Innovationsprozess in eine direkte Verbindung mit der Wissensbasis gebracht. Diese stellt einerseits Wissen für die Durchführung des Innovationsprozesses zur Verfügung und wird andererseits im Laufe des Prozesses erweitert. Dabei betonen die Autoren, dass die Wissensbasis im Rahmen des Innovationsvorhabens nicht nur durch unternehmensintern aufgebautes Wissen erweitert wird, sondern auch durch Wissen, das von externen Quellen erworben wird. Ein ähnliches Vorgehen findet sich bei *Gissler*, der die Erzeugung neuen Wissens als das Grundprinzip der Produktentwicklung beschreibt und herausstellt, dass zur Unterstützung der Wissenserzeugung ein zielgerichteter Umgang mit dem bereits vorhandenen Wissen erforderlich ist (vgl. *Gissler 1999, S. 50 ff.*). Dementsprechend unterscheidet er die Gestaltungsfelder „Wissenserzeugung in der Produktentwicklung" und „Zielgerichteter Umgang mit Wissen in der Produktentwicklung", also die Nutzung, Verteilung und Sicherung von Wissen. Zudem ergänzt er das Gestaltungsfeld „Systematische Verbesserung der Wissensbasis", welches z. B. das Schließen von Wissenslücken umfasst, die im Laufe eines Entwicklungsvorhabens offenkundig werden. Auch die Verbesserung des Zugriffs auf Wissensquellen für zukünftige Entwicklungsvorhaben fällt hierunter.

Die *VDI Norm 5610*, welche das Wissensmanagement im Ingenieurwesen beschreibt, nutzt als Grundlage für die wissensorientierte Gestaltung einen Bezugsrahmen, der auf dem Wissensmanagement-Referenzmodell des Fraunhofer-Instituts für Produktionsanlagen und Konstruktionstechnik beruht (vgl. *Mertins und Orth 2009, S. 15 ff.*).

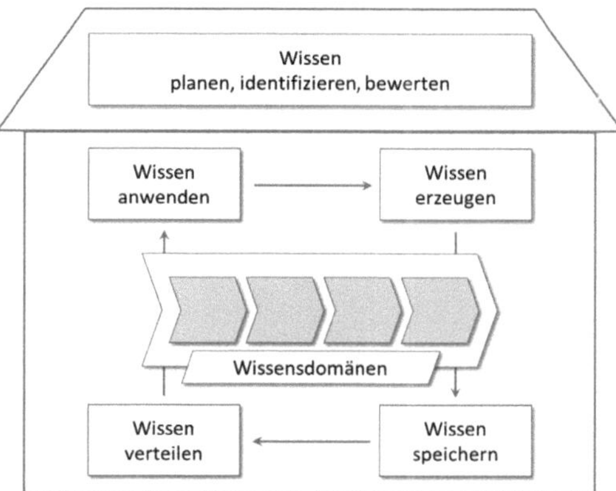

Abbildung 3.7: Wissensmanagement-Referenzmodell nach *VDI 5610, S. 9*

Im Zentrum dieses Modells steht nicht nur der ausgewählte Geschäftsprozess sondern auch die in diesem Prozess relevanten Wissensdomänen (vgl. Abbildung 3.7). Durch die Beschreibung von Wissensdomänen soll sichergestellt werden, dass sich die Gestaltung des Umgangs mit Wissen auf die Wissensgebiete konzentriert, welche für den Prozess von Bedeutung sind. Für die Gestaltung eines systematischen Umgangs mit Wissen nutzen die Autoren die Gestaltungsfelder „Wissen anwenden“, „Wissen erzeugen“, „Wissen speichern“ und „Wissen verteilen“ sowie das übergeordnete Gestaltungsfeld „Wissen planen, identifizieren und bewerten“ (vgl. *VDI 5610, S. 8 f.*).

Neumann nutzt für die Entwicklung eines Konzeptes zur wissensorientierten Modellierung von Innovationsprozessen einen aus mehreren Ebenen bestehenden Ansatz zur Verknüpfung von Innovationsprozess und Wissensbasis (vgl. *Neumann 2004, S. 177 ff.*). Die erste Ebene beinhaltet den Innovationsprozess. Dieser ist mit verschiedenen Wissensaktivitäten verknüpft, die erforderlich sind, um die jeweiligen Aktivitäten des Innovationsprozesses durchführen zu können. Diese Wissensaktivitäten sind wiederum mit den Wissensgebieten verknüpft, welche für die jeweilige Entwicklungsaufgabe erforderlich sind. Da Wissen immer an ein Trägermedium gebunden ist, erfolgt eine weitere Verknüpfung zu den Wissensträgern, um einen Überblick über die Verteiltheit des Wissens im Unternehmen zu ermöglichen. Zusätzlich werden in der fünften Ebene im Unternehmen verfügbare Wissensmanagement-Systeme betrachtet, welche den Umgang mit Wissen unterstützen sollen (vgl. Abbildung 3.8).

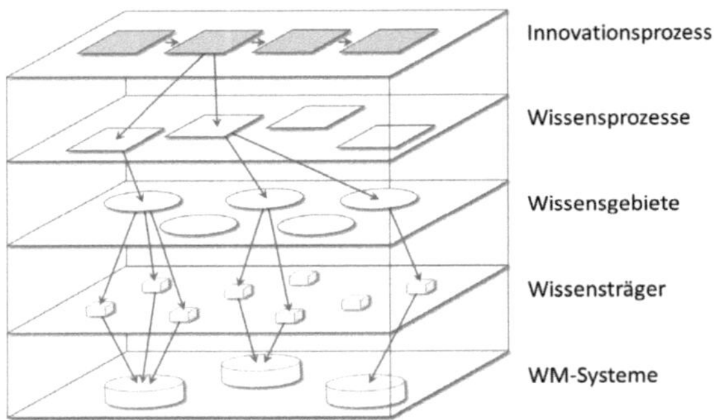

Abbildung 3.8: 5-Ebenen-Konzept des prozessorientierten Wissensmanagements nach *Neumann (2004, S. 179)*

3.2.3.5 Systematisierung des Wissensbegriffs in der Produktentwicklung

Die im Rahmen der Literaturanalyse untersuchten Beiträge zur Gestaltung der für die Produktentwicklung relevanten Wissensbasis wählen unterschiedliche Wege zur Konkretisierung des Wissensbegriffs. Auf der einen Seite sind es gegensätzliche Wissensmerkmale, welche zur Systematisierung der Wissensbasis einer Organisation verwendet werden, auf der anderen Seite wird die Wissensbasis inhaltlich systematisiert, indem unterschiedliche Wissensarten oder Wissensfelder beschrieben werden, welche für die Produktentwicklung von Bedeutung sind.

Wissensmerkmale werden vor allem herangezogen, um die Artikulierbarkeit (explizit vs. implizit), die Zugänglichkeit (individuell vs. kollektiv), die Herkunft (intern vs. extern) und die Aktualität (aktuell vs. obsolet) von Wissen zu beschreiben (vgl. z. B. *Peritsch 2000, S. 198 ff.*; *Langenberg 2001, S. 7 f.*; *Mansour 2006, S. 12 ff.*; *Rath 2008, S. 68 ff.*). Die Autoren nutzen die Wissensmerkmale, um zu verdeutlichen, dass je nach Merkmalsausprägung eine unterschiedliche Art der Gestaltung erforderlich ist. Auf Grundlage einer solchen Einordnung werden geeignete Methoden oder Werkzeuge zur Unterstützung des Umgangs mit Wissen ausgewählt oder auf die jeweiligen Wissensmerkmale abgestimmte Handlungsempfehlungen gegeben. *Wagner* und *Aslanidis* verdeutlichen beispielsweise, dass Erfahrungswissen im Unternehmen sowohl in expliziter als auch in impliziter Form vorliegt und ein Konzept zur Nutzbarmachung dieses Erfahrungswissens für die Produktentwicklung daher unterschiedliche, auf die jeweiligen Wissensmerkmale abgestimmte Methoden und Werkzeuge beinhalten muss (vgl. *Wagner und Aslanidis 2002, S. 84 f.*). *Schloen et al.* argumentieren ähnlich und nutzen die Wissensmerkmale implizit/explizit und intern/extern zur Kategorisierung von Ansätzen zur Erschließung von Kundenwissen für die Produktentwicklung (vgl. *Schloen et al. 2004, S. 5*). In der Literatur wird zudem darauf hingewiesen, dass sich je nach Herkunft des Wissens unterschiedliche Barrieren ergeben, welche bei der Gestaltung von Ansätzen zur Einbindung dieses Wissens in den Produktentwicklungsprozess zu berücksichtigen sind (vgl. *Wunram et al. 2003, S. 28 ff.*; *Brockhoff 2011, S. 46 ff.*).

In einzelnen Beiträgen wird der Wissensbestand mit Hilfe von Wissensmerkmalen beschrieben und zusätzlich eine grobe inhaltliche Einordnung durch die Aufschlüsselung nach **Wissensarten** vorgenommen. *Wunram* nutzt hierzu die Wissensarten „know-what", „know-how" und „know-why" (vgl. *Wunram 2003, S. 21 f.*), aber auch die Unterscheidung von deklarativem und prozeduralem Wissen wird genutzt, um eine grobe inhaltliche Orientierung zu geben (vgl. *Leutsch 2002, S. 6*; *Kohlbacher 2008, S. 329*).

Hanselmann weist jedoch darauf hin, dass eine Kategorisierung nach Wissensarten einen zu geringen inhaltlichen Bezug zur Produktentwicklung schafft. Aus diesem Grund empfiehlt er zur Kategorisierung von Wissensbasen die Identifikation von Wissensfeldern, welche für die Produktentwicklung von Bedeutung sind (vgl. *Hanselmann 2001, S. 101*). **Wissensfelder** ermöglichen einen inhaltlichen Überblick über Wissen, das für die Durchführung des Entwicklungsprozesses erforderlich ist bzw. im Laufe eines Entwicklungsvorhabens aufgebaut wird. Zudem wird durch diese Art der Strukturierung eine inhaltliche Grundlage für Gestaltungsmaßnahmen geschaffen (vgl. *Heisig et al. 2010, S. 500*). Gestaltungsmaßnahmen können somit gezielt auf die Wissensgebiete ausgerichtet werden, welche für die Produktentwicklung von besonderer Bedeutung sind.

Aus der Vielzahl von Wissensfeldern, welche in der analysierten Literaturbasis identifiziert werden konnten, lassen sich drei Wissensklassen ableiten, denen die Wissensfelder zugeordnet werden können: Technisches Wissen, Organisationswissen und Umfeldwissen. In Anlehnung an die Darstellungsweise von *Hanselmann (2001, S. 90 f.)* können diese Wissensklassen wiederum in einzelne Wissenskategorien unterteilt werden (vgl. Tabelle 3.1).

Wissensklassen	Wissenskategorien
Technisches Wissen	Technische Grundlagen
	Methoden und Hilfsmittel
	Produkte
Organisationswissen	Produktentwicklungsprozess
	Relevante Prozesse
	Unternehmen
	Kooperation
Umfeldwissen	Kunden
	Märkte und Wettbewerber
	Normen und Gesetze

Tabelle 3.1: Systematisierung von Wissensfeldern mit Hilfe von Wissensklassen und -kategorien

Im Folgenden wird entlang dieser Systematisierung ein Überblick über die in der Literatur identifizierten Wissensfelder gegeben.

Technisches Wissen

Diese Wissensklasse beinhaltet zum einen Wissen über mathematische, technische und naturwissenschaftliche Grundlagen, Wissen über Materialeigenschaften, Wissen über bewährte Lösungsmuster der Konstruktion oder Wissen über spezielle Technologien (vgl. *North und Golka 2002, S. 12; Staiger und Störmer 2006, S. 21; Thel 2007, S. 14; Heisig et al. 2010, S. 510*), welche zur Kategorie **Technische Grundlagen** zusammengefasst werden können. Besonderheit des Wissens über Technologien ist, dass es sowohl das Wissen über Technologien umfasst, die das Unternehmen selbst beherrscht, als auch das Wissen über technologische Lösungsmöglichkeiten, welche durch das Unternehmen jedoch nicht beherrscht werden (vgl. *Zahay et al. 2004, S. 661*).

Die Kategorie **Methoden und Hilfsmittel** umfasst das Wissen über die verschiedenen Methoden und Hilfsmittel zur Durchführung und Unterstützung der Produktentwicklung. Dies umfasst sowohl Wissen über die Verfügbarkeit von Methoden und Hilfsmitteln, die zur Lösung der Entwicklungsaufgaben in den einzelnen Prozessphasen herangezogen werden können, als auch Wissen über die Möglichkeiten und Grenzen der Anwendbarkeit sowie Wissen über den Aufwand, der mit dem Methodeneinsatz verbunden ist (vgl. *Heynen 2001, S. 55 f.; Hanselmann 2001, S. 99; Staiger und Störmer 2006, S. 14; Heisig et al. 2010, S. 514*).

Die Kategorie **Produkte** beschreibt das Wissen über Produkte und Konstruktionen. Es umfasst beispielsweise Wissen über Produktgestalt und -eigenschaften, Wissen über Produktfunktionen und Fehlermöglichkeiten, Wissen über die Gründe für Gestaltungsentscheidungen, Wissen über die Leistungsfähigkeit der Produkte und deren Einsatzfelder sowie Wissen über die Herstellungsweise sowie den Lebenszyklus und den Betrieb der Produkte (vgl. *Hanselmann 2001, S. 99; Staiger und Störmer 2006, S. 15; Hooey und Foyle 2007, S. 3 ff.; Heisig et al. 2010, S. 508 ff.*). Innerhalb eines laufenden Entwicklungsvorhabens ist das Produktwissen dabei zweigeteilt zu betrachten. Einerseits das Wissen über bereits vorhandene Produkte, welches z. B. als Grundlage und Orientierung für Gestaltungsentscheidungen dient. Andererseits das Wissen über das in Entwicklung befindliche Produkt, welches mit Fortschreiten des Prozesses stetig erweitert wird (vgl. *Thel 2007, S. 15*).

Insgesamt beinhaltet die Wissensklasse "Technisches Wissen" somit das Wissen, das benötigt wird, um technische Lösungen entwickeln, bewerten und im Hinblick auf vorgegebene Zielwerte bezüglich Funktionalität, Gewicht, Kosten und weiterer Anforderungen auswählen zu können (vgl. *Jürgens 1999, S. 62*).

Organisationswissen

Diese Wissensklasse umfasst verschiedene Wissensfelder über Prozesse und Strukturen, welche für die Durchführung der Produktentwicklung von Bedeutung sind. Dabei beinhaltet die Kategorie **Produktentwicklungsprozess** unter anderem Wissen über den Prozessablauf, die Schnittstellen und Verantwortlichkeiten, die prozessinternen Kunden-Lieferanten-Verhältnisse, Wissen über die Zeit-, Kosten- und Qualitätsziele sowie die erwarteten Arbeitsergebnisse der einzelnen Phasen (vgl. *Hanselmann 2001, S. 90; Wallace et al. 2005, S. 332 f.; Berger 2002, S. 156; Heisig et al. 2010, S. 510 ff.*).

Auch das Wissen über Prozesse, mit denen der Produktentwicklungsprozess in Wechselwirkung steht, ist von großer Bedeutung für die Durchführung der Entwicklungsaktivitäten. Beispiele hierfür sind der Produktionsprozess, der Beschaffungsprozess sowie der Marketing- und Vertriebsprozess (vgl. *Jürgens 1999, S. 61; Möller 2001, S. 39 ff.; Völker 2007, S. 71 ff.; Stark und Kind 2010, S. 384*). Das Wissen über die Inhalte und Abläufe dieser Prozesse sowie über spezielle Anforderungen, welche im Rahmen der Produktentwicklung zu berücksichtigen sind, wird dementsprechend in der Kategorie **relevante Prozesse** zusammengefasst.

In die Kategorie **Unternehmen** fällt schließlich Wissen über die Ziele und die Kernkompetenzen des Unternehmens, Wissen über offiziell geltende Regeln und informelle Normen innerhalb des Unternehmens, Wissen über Kommunikationsstrukturen im Unternehmen, Wissen über aktuelle und vergangene Produktentwicklungsvorhaben des Unternehmens oder Wissen über Experten des Unternehmens und deren individuelle Kenntnisse und Fähigkeiten (vgl. *Hanselmann 2001, S. 100; Staiger und Störmer 2006, S. 20; Wenzel und Willmann 2006, S. 44; Thel 2007, S. 14*).

Die Kategorie **Kooperation** beinhaltet das Wissen über die Kooperationspartner. Dieses umfasst zum einen das Wissen über die Fähigkeiten und Erfahrungen der Partner, ihre Stärken und Schwächen, ihre Qualitätsfähigkeit sowie geeignete Ansprechpartner. Zum anderen fällt in diese Kategorie das Wissen über die Art der Kooperation und die sich daraus ergebenden Rahmenbedingungen. Dabei wird zwischen horizontaler Kooperation, also die Zusammenarbeit mit gleichberechtigten Entwicklungspartnern, und vertikaler Kooperation, welche beispielsweise die Zusammenarbeit mit Zulieferern im Rahmen der Produktentwicklung beinhaltet, unterschieden (vgl. *Hanselmann 2001, S. 100; Staiger und Störmer 2006, S. 13; Klaua und Kern 2007, S. 282; Hong et al. 2011, S. 194*).

Die Wissensklasse „Organisationswissen“ umfasst somit die Wissensfelder, die erforderlich sind, um die technischen Aktivitäten der Produktentwicklung im Rahmen der vorgegebenen Prozesse und Strukturen bestmöglich durchführen zu können.

Umfeldwissen

Die dritte Wissensklasse, welche im Rahmen der Literaturanalyse identifiziert werden konnte, ist das Umfeldwissen. Das Wissen über **Kunden** ist eine in der Literatur viel verwendete Kategorie. Diese umfasst beispielsweise Wissen über Anforderungen und Bedürfnisse der Kunden, Wissen über Beschaffungsaktivitäten und die finanzielle Situation der Kunden, Wissen über die Organisationsstruktur und Ansprechpartner des Kunden sowie Wissen über die Wahrnehmung der Produkteigenschaften, Probleme beim Produktgebrauch oder Verbesserungsvorschläge des Kunden (vgl. *North und Golka 2002, S. 11; Fleischer und Klinkel 2003, S. 94; Staiger und Störmer 2006, S. 12; Hong et al. 2011, S. 194*).

Die Kategorie **Märkte und Wettbewerber** beinhaltet Wissen über das Marktumfeld des Unternehmens. Hierzu gehören Wissen über aktuelle Absatzmärkte und die eigene Stellung in diesen Märkten, Wissen über die Entwicklung der Märkte und geeignete Eintrittsstrategien sowie Wissen über die zentralen Mitbewerber, ihre Produkte und Technologien, ihre Stärken und Schwächen sowie ihre Strategien und Ziele (vgl. *Hanselmann 2001, S. 100; North und Golka 2002, S. 11 f.; Staiger und Störmer 2006, S. 19; Hong et al. 2011, S. 194*).

Die dritte Wissenskategorie, die dem Umfeldwissen zugeordnet werden kann, ist die Kategorie **Normen und Gesetze**, welche das Wissen über Produktanforderungen beinhaltet, die sich aus aktuellen Normen und Gesetzen ergeben. Diese Kategorie beinhaltet einerseits das Wissen über relevante Normen und Gesetze, andererseits das Wissen darüber, wie diese Vorgaben aus dem Unternehmensumfeld in der Produktentwicklung zu beachten sind (vgl. *Hanselmann 2001, S. 100; Staiger und Störmer 2006, S. 16; Thel 2007, S. 14; Grosser et al. 2011, S. 980*).

Während das Wissen der ersten beiden Wissensklassen erforderlich ist, um die technischen Entwicklungsaktivitäten innerhalb der vorgegebenen Prozesse und Strukturen bestmöglich durchführen zu können, bezieht das Wissen über Kunden, Märkte und Wettbewerber sowie Normen und

Gesetze das Umfeld der Produktentwicklung mit ein. Dieses Wissen ist erforderlich, um technische Lösungen zu entwickeln und auszuwählen, die einerseits den gesetzlichen Anforderungen entsprechen und andererseits von den Kunden gekauft werden (vgl. *Kohlbacher 2008, S. 331*).

3.2.3.6 Unterscheidung von Wissensträgern und Zusammensetzung der Wissensbasis

Wie bereits im Kapitel 3.1.3 beschrieben, muss Wissen aufgrund seines immateriellen Charakters immer an ein Trägermedium gebunden sein. Aus diesem Grund wird in der Literatur nicht nur der Wissensbegriff sondern auch der Begriff des Wissensträgers diskutiert und unterschiedlich ausgeprägt. In den analysierten Beiträgen zur wissensorientierten Gestaltung der Produktentwicklung werden sowohl personelle als auch materielle Wissensträger in die Gestaltung einbezogen.

In der Literatur verbreitete **materielle Wissensträger** sind Dokumente, sowohl papiergebunden als auch in elektronischer Form. Aber auch das zu entwickelnde Produkt und seine Komponenten werden als Träger von Wissen angesehen und in die Gestaltung eingebunden. Beispiele hierfür sind die technisch geprägten Gestaltungsansätze zur Entwicklung von Systemen zur Bereitstellung von Informationen, welche die Bewahrung und Verteilung von Wissen in dokumentierter Form in den Fokus der Gestaltung stellen. Materielle Wissensträger spielen auch bei der Bewahrung und Verteilung von Wissen, welches im Laufe des Produktentwicklungsprozesses aufgebaut wurde, eine wichtige Rolle. Verschiedene Arbeitsergebnisse der Produktentwicklung, wie z B. Skizzen und Entwürfe, Anforderungslisten, Stücklisten, CAD-Modelle, Labormuster oder Prototypen, enthalten Wissen über das zu entwickelnde Produkt, das es zu bewahren und zu verteilen gilt (vgl. *Wallace et al. 2005, S. 332 ff.; Thel 2007, S. 94 ff.*). Darüber hinaus schlagen *Rhinow et al.* vor, bereits in den frühen Phasen der Produktentwicklung Prototypen einzusetzen, um die Verteilung von Wissen, das in der Produktentwicklung aufgebaut wurde, zu unterstützen (vgl. *Rhinow et al. 2011*).

Da materielle Wissensträger nur die explizierbaren Teile des Wissens aufnehmen können, spielen **personelle Wissensträger** eine wichtige Rolle in der wissensorientierten Gestaltung der Produktentwicklung. Der persönliche Austausch mit erfahrenen Mitarbeitern und Experten bestimmter Disziplinen ist vor allem in einem komplexen technischen Umfeld von großer Bedeutung (vgl. *Wallace et al. 2005, S. 329 f.*). *Mühlfelder et al.* weisen darauf hin, dass in der Forschung und Entwicklung nicht nur der Wissensaustausch zwischen einzelnen Personen, also **individuellen Wissensträgern**, von Bedeutung ist, sondern auch der Austausch von Wissen zwischen Arbeitsgruppen, Projektteams und Abteilungen, den sogenannten **kollektiven Wissensträgern** (vgl. *Mühlfelder et al. 2001, S. 11*).

Eine weitere Differenzierung personeller Wissensträger wird in der Literatur anhand der **Unternehmenszugehörigkeit** vorgenommen. Dabei wird zwischen Wissensträgern innerhalb und außerhalb einer Organisation, also beispielsweise unternehmensinternen und -externen Wissensträgern, unterschieden (vgl. *Klabunde 2003, S. 91 f.; Völker 2007, S. 67 f.; Lüttgens 2010, S. 48*). Für die Produktentwicklung relevante **interne Wissensträger** sind beispielsweise Mitarbeiter aus den Prozessen, die in Wechselwirkung mit dem Produktentwicklungsprozess stehen (vgl. *Zahay et al. 2004, S. 661; Rath 2008, S. 56 ff.*), aber auch Beteiligte aus bereits abgeschlossen Entwicklungsvorhaben, welche ihre Erfahrung in einzelnen Phasen des Prozesses einbringen (vgl. *Parikh 2001, S. 29; Bahemia und Squire 2007, S. 5 f*). **Externe Wissensträger**, deren Einbindung in der Literatur thematisiert wird, sind unter anderem Kunden, Wettbewerber, Geschäftspartner, Zulieferer, Universitäten und Forschungseinrichtungen sowie externe Berater (vgl. *Knudsen 2007, S. 125 ff.; Un et al. 2010, S. 676 ff.; Lüttgens 2010, S. 144 ff.; Brockhoff 2011, S. 46 ff.*). Durch die Einbindung externer Wissensträger in die Produktentwicklung kann somit die Wissensbasis, also der für die Produktentwicklung verfügbare Wissensbestand, gezielt erweitert werden (vgl. *Nikodemus 2005, S. 130*).

Die Wissensträger, auf die eine Organisation zur Lösung der Entwicklungsaufgaben zugreifen kann, bilden die Wissensbasis für die Produktentwicklung. Die Zusammensetzung der **Wissensbasis einer Organisation** wird in der Literatur unterschiedlich beschrieben. In technisch orientierten Ansätzen, z. B. zur Gestaltung von Systemen zur Wissensbereitstellung, bezieht sich der Begriff der Wissensbasis in der Regel auf **technische Realisierungsformen**. Im Fokus der Gestaltung stehen materielle Wissensträger, wie z. B. Datenbanken, die aufgebaut, genutzt und erweitert werden (vgl. z. B. *Meerkamm und Wartzack 1998; Hanselmann 2001; Mansour 2006; Baudach et al. 2009; Grosser et al. 2011*). In der Literatur wird auch an die Feststellung angeknüpft, dass Wissen immer an Personen gebunden ist, und der Begriff der Wissensbasis mit der **Summe der individuellen und kollektiven Wissensträger**, auf die im Zuge der Produktentwicklung zugegriffen werden kann, gleichgesetzt. Dies geschieht vor allem für Gestaltungsansätze, in denen die Einbindung von unternehmensexternen Wissensträgern in die Aktivitäten der Produktentwicklung thematisiert wird (vgl. z. B. *Mühlfelder et al. 2001, S. 11; Schloen et al. 2004, S. 1; Rath 2008, S. 200 ff; Lüttgens 2010, S. 48*). Andere Arbeiten wiederum stellen **sowohl personelle als auch materielle Wissensträger** ins Zentrum der wissensorientierten Gestaltung (vgl. z. B. *Peritsch 2000, S. 193 ff.; Nikodemus 2005, S. 130; VDI 5610, S. 8; Johansson et al. 2011, S. 37*). Zur Lösung der Entwicklungsaufgaben wird dabei einerseits auf das Wissen und die Erfahrung von Personen innerhalb und außerhalb des Unternehmens zugegriffen, andererseits werden materielle Wissensträger, wie z. B. Datenbanken, Entwicklungsdokumentation oder Prototypen, einbezogen, welche für die Produktentwicklung relevantes Wissen enthalten.

3.3 Identifizierter Forschungsbedarf

Die Entwicklung von wehrtechnischen Systemen in der militärischen Luftfahrtindustrie wird in der Regel **in Form von Projekten** realisiert, welche durch einen Produktentwicklungsprozess strukturiert werden. Damit ein solches Entwicklungsprojekt durchgeführt werden kann, ist ein **Grundstock an Wissen** verschiedener Fachgebiete erforderlich, auf den im Laufe des Vorhabens zur Lösung der Entwicklungsaufgaben zugegriffen werden kann. Welches Wissen für die Produktentwicklung benötigt wird und welche Gestaltungsmaßnahmen zur Unterstützung der Entwicklungsaktivitäten geeignet sind, hängt von der konkreten **Entwicklungssituation** ab. Entwicklungsvorhaben in der militärischen Luftfahrtindustrie sind zudem durch eine lange Dauer und hohe Kosten bei gleichzeitig zunehmender Dringlichkeit der militärischen Bedarfe gekennzeichnet. Die Vermeidung von Fehlern sowie zeit- und kostenintensiven Rücksprüngen in der Produktentwicklung bekommt daher ein großes Gewicht. Um dieses Ziel zu erreichen, stehen Unternehmen der militärischen Luftfahrtindustrie nicht nur vor der Herausforderung, für die Produktentwicklung relevantes Wissen langfristig im Unternehmen zu verankern und weiterzuentwickeln, sondern sie müssen sich auch der Herausforderung stellen, für die unterschiedlichen Entwicklungsvorhaben die erforderliche Wissensbasis aufzustellen, zu nutzen, zu erweitern und zu sichern.

In der Literatur wird der Schwerpunkt jedoch vor allem auf die Gestaltung der **Wissensbasis des Unternehmens** gelegt. Hierbei wird die Wissensbasis als unternehmensweiter Wissensspeicher konzipiert, der es ermöglicht, Wissen über die Grenzen eines einzelnen Entwicklungsprojektes hinaus zu bewahren, zu verteilen und wiederzuverwenden. Nur in wenigen Arbeiten werden Fragestellungen adressiert, welche die Gestaltung der **Wissensbasis für ein Entwicklungsprojekt** betreffen, dessen Aktivitäten durch einen Produktentwicklungsprozess strukturiert werden. Zumeist stehen dabei nur einzelne wissensorientierte Gestaltungsfelder im Fokus der Arbeiten. *Mühlfelder et al. (2001)* stellen beispielsweise verschiedene IT-gestützte Werkzeuge zur Unterstützung des Wissenserwerbs und der Wissensverteilung in kooperativen Entwicklungsvorhaben vor, während *Kohlbacher (2008)* einen organisatorischen Gestaltungsansatz zur Unterstützung der Entwicklung von Wissen gemeinsam mit Kunden erarbeitet. Auch die Erweiterung der Wissensbasis eines Entwicklungsprojektes durch die Einbindung unternehmensexterner Wissensquellen, vor allem der Kunden als Träger für die Entwicklung relevanten Wissens, wird in der Literatur thematisiert (vgl. *Fleischer und Klinkel 2003; Schloen et al. 2004; Nikodemus 2005; Lüttgens und Gross 2008*). Andere Autoren konzentrieren sich auf einzelne Aspekte der Gestaltung, wie zum Beispiel die Überwindung von Barrieren, die der Gestaltung der Wissensbasis eines Entwicklungsprojektes entgegenstehen (vgl. *Wunram 2003*), die Bewertung der Güte der Wissensbasis eines Entwicklungsprojektes an den Quality Gates des Produktentwicklungsprozesses (vgl. *Jonansson et al. 2011*) oder die Sicherung von Wissen, welches im Rahmen von Design Reviews aufgebaut wird (vgl. *Huet et al. 2007*). Auch werden Entwicklungsprojekte als Orte des organisationalen Lernens beschrieben, für die es gilt die Entwicklung neuen Wissens zu unterstützen und dieses neu entwickelte Wissen für zukünftige Vorhaben in der Wissensbasis des Unternehmens zu verankern (vgl. *North 2000, S. 44; Neumann 2004, S. 76 ff.; Ruy und Alliprandini 2008, S. 466 f.*)

Einzelne Facetten der Gestaltung der Wissensbasis eines Entwicklungsprojektes sind also in der Literatur bereits beschrieben, wurden jedoch bisher nur unzureichend zusammengeführt und zum Produktentwicklungsprozess, der ein Entwicklungsprojekt strukturiert, in Beziehung gesetzt. Es fehlt an Ansätzen, welche die Gestaltung der Wissensbasis eines Entwicklungsprojektes vom Projektstart bis zum Abschluss des Projektes in den Mittelpunkt stellen. Zudem bleibt in den Arbeiten, welche die wissensorientierte Gestaltung der Produktentwicklung aus der Projektsicht betrachten, der **Wissensbegriff oftmals zu abstrakt** bzw. zu wenig differenziert, so dass es schwierig wird, Gestaltungsmaßnahmen auf die Wissensgebiete auszurichten, die für das jeweilige Entwicklungsvorhaben von besonderer Bedeutung sind. Darüber hinaus wird die Anwendung der bereits vorhandenen Ansätze zur wissensorientierten Gestaltung in der Praxis durch **Besonderheiten der militärischen Luftfahrtindustrie**, wie z. B. Geheimschutzvorgaben oder spezielle Entwicklungssituationen, erschwert.

Insgesamt fehlt es somit an einem Ansatz, der unter Berücksichtigung der branchenspezifischen Besonderheiten dabei unterstützt, die für ein Entwicklungsprojekt erforderliche Wissensbasis zu identifizieren und vom Projektstart bis zum Abschluss des Projektes zu gestalten.

3.4 Wissensorientierte Herausforderungen für die Gestaltung der Produktentwicklung in der militärischen Luftfahrtindustrie

Ausgehend von dem identifizierten Forschungsbedarf und den Ergebnissen der Literaturanalyse können unter Berücksichtigung der branchenspezifischen Besonderheiten der militärischen Luftfahrtindustrie folgende wissensorientierten Herausforderungen für die Gestaltung der Produktentwicklung formuliert werden:

- Produktentwicklungsprozess und Wissensbasis im Zentrum der Gestaltung
- Inhaltliche Strukturierung der Wissensbasis als Grundlage der Gestaltung
- Berücksichtigung von personellen und materiellen Wissensträgern
- Erweiterung der organisatorischen Begrenzung der Wissensbasis
- Gestaltung der Aufstellung, Nutzung, Erweiterung und Sicherung der Wissensbasis

Diese wissensorientierten Herausforderungen ergänzen die in Kapitel 2.3 dargestellten prozessorientierten Herausforderungen und werden im Folgenden beschrieben. Da ein zentrales Anliegen der vorliegenden Arbeit darin besteht, die branchenspezifischen Besonderheiten der militärischen Luftfahrtindustrie bei der Entwicklung des Gestaltungsansatzes zu berücksichtigen, werden dabei auch die in diesen Herausforderungen enthaltenen Spezifika der militärischen Luftfahrtindustrie herausgestellt.

Produktentwicklungsprozess und Wissensbasis im Zentrum der Gestaltung

Im Rahmen der Analyse der Literatur wurde deutlich, dass sich ein großer Teil der analysierten Beiträge mit der technischen Unterstützung des Umgangs mit Wissen in der Produktentwicklung befasst. Zielsetzung dieser technischen Ansätze ist es, durch eine auf die jeweilige Entwicklungssituation abgestimmte Bereitstellung und Aufbereitung von Wissen einerseits den Beschaffungsaufwand zu reduzieren und andererseits die Auswahl relevanten Wissens zu vereinfachen. Eine weitere große Gruppe an Arbeiten konzentriert sich auf die Auswahl und Gestaltung von Methoden zur Unterstützung des Umgangs mit Wissen. Dabei werden einerseits bekannte Methoden auf ihr Unterstützungspotential für die Produktentwicklung untersucht und andererseits spezielle Methoden für den Anwendungsfall der Produktentwicklung erarbeitet. Darüber hinaus wurde eine dritte Kategorie von Beiträgen identifiziert, welche Fragestellungen der Gestaltung des Prozessablaufs und der Schnittstellen zur Unterstützung des Umgangs mit Wissen in der Produktentwicklung adressieren.

Dabei fällt auf, dass in vielen Beiträgen der Fokus der Gestaltung entweder auf dem Umgang mit Wissen oder der Gestaltung des Prozesses der Produktentwicklung liegt. Nur vereinzelt werden die Gestaltung des Produktentwicklungsprozesses und der hierfür erforderlichen Wissensbasis miteinander verknüpft. Damit die Gestaltungsmaßnahmen ihre volle Wirksamkeit entfalten können, ist es jedoch erforderlich, Maßnahmen zur Gestaltung des Umgangs mit Wissen in die vorhandenen Prozesse und Strukturen zu integrieren bzw. beide Gestaltungsbereiche aufeinander abzustimmen (vgl. *Riempp und Smolnik 2007, S. 6 ff.; Gerhards und Trauner 2007, S. 26 ff.*). Die Herausforderung für die wissensorientierte Gestaltung besteht somit darin, den Produktentwicklungsprozess und die für dessen Durchführung erforderliche Wissensbasis ins Zentrum der Gestaltung zu stellen und beide Gestaltungsbereiche miteinander zu verknüpfen.

Inhaltliche Strukturierung der Wissensbasis als Grundlage der Gestaltung

Ausgangspunkt für die wissensorientierte Gestaltung ist die für das jeweilige Entwicklungsvorhaben relevante Wissensbasis, also der Wissensbestand, der zur Lösung der Entwicklungsaufgaben erforderlich ist. Welches Wissen für die Durchführung eines Entwicklungsprojektes benötigt wird, hängt dabei zu einem großen Teil von der jeweiligen Entwicklungssituation ab. Damit Gestaltungsmaßnahmen gezielt auf die Wissensgebiete ausgerichtet werden können, welche für die Produktentwicklung von besonderer Bedeutung sind, ist es erforderlich die Wissensbasis inhaltlich zu strukturieren. Eine solche Strukturierung kann mit Hilfe von Wissensmerkmalen, Wissensarten oder Wissensfeldern erfolgen. Da eine Kategorisierung nach Wissensmerkmalen und Wissensarten einen zu geringen inhaltlichen Bezug zur Produktentwicklung schafft, empfiehlt sich die Strukturierung des Wissensbestandes mit Hilfe von Wissensfeldern.

Für die Produktentwicklung in der militärischen Luftfahrtindustrie sind dabei **spezielle Wissensfelder** von Bedeutung. Dies sind spezielle technische Kenntnisse und Fähigkeiten, welche für die technische Problemlösung erforderlich sind, aber auch Wissen über besondere rechtliche Restriktionen, marktliche Spezifika sowie aktuelle militärische Bedürfnisse und operationelle Einsatzkonzepte für die zu entwickelnden Produkte.

Berücksichtigung von personellen und materiellen Wissensträgern

Aufgrund seines immateriellen Charakters muss Wissen immer an ein Trägermedium gebunden sein. An die Frage, welches Wissen für ein Entwicklungsvorhaben relevant ist, schließt sich somit direkt die Frage an, ob das erforderliche Wissen personengebunden oder in dokumentierter Form vorliegt. Im Zentrum stehen dabei zunächst die an der Entwicklung beteiligten Personen sowie zusätzliche unternehmensinterne und -externe Wissensträger, deren Wissen und Erfahrung für die Durchführung des Entwicklungsvorhabens erforderlich ist. Für die Produktentwicklung von Bedeutung sind jedoch auch materielle Wissensträger, wie z. B. Datenbanken, Entwicklungsdokumente oder Prototypen, welche für die Produktentwicklung relevantes Wissen enthalten.

In der militärischen Luftfahrtindustrie, die unter anderem durch lange Produktlebenszyklen gekennzeichnet ist, kommt der **Dokumentation von Wissen** zur Sicherung von Wissen innerhalb des Lebenszyklus eines Produktes eine besondere Bedeutung zu. Vor allem technisches Wissen über das Produkt wird aufgrund gesetzlicher Vorgaben und spezieller Anforderung der Kunden weitreichend dokumentiert. Aber auch Prototypen und Simulationen kommen zum Einsatz, um die Funktionalitäten zu prüfen und die Wissens(ver-)teilung zu unterstützen. Aus diesem Grund muss die wissensorientierte Gestaltung der Produktentwicklung in der militärischen Luftfahrtindustrie sowohl personelle als auch materielle Wissensträger berücksichtigen, welche schließlich die für das Entwicklungsvorhaben erforderliche Wissensbasis bilden.

Erweiterung der organisatorischen Begrenzung der Wissensbasis

Um bei der Entwicklung von Produkten zeit- und kostenintensive Iterationen zu vermeiden, ist nicht nur vielfältiges technisches Lösungswissen und Wissen über die Prozesse und Strukturen der Entwicklung erforderlich, sondern auch Wissen über rechtliche Vorgaben, Kundenbedürfnisse und das Umfeld, in dem die Produktentwicklung erfolgt. Bei der Entwicklung komplexer wehrtechnischer Systeme kann es daher erforderlich werden, nicht nur unternehmensinterne Wissensträger in die Entwicklung einzubinden, sondern auch unternehmensexterne Wissensquellen, wie z. B. Kunden, Lieferanten, Entwicklungspartner oder externe Berater.

Eine bedeutende externe Wissensquelle für die Produktentwicklung in der militärischen Luftfahrtindustrie sind **Experten der Kundenorganisation**. So verfügen beispielsweise die Nutzer der zu entwickelnden Systeme über spezielles Wissen zum Einsatz der wehrtechnischen Systeme in verschiedenen militärischen Szenarien, welches beim entwickelnden Unternehmen in der Regel nicht oder nur unzureichend vorhanden ist. Dieses Wissen kann in die Erarbeitung einsatznaher Testszenarien oder die Bewertung und Auswahl technischer Lösungen aus operationeller Sicht einfließen. Auch technisches Lösungswissen, das in dem die Entwicklung durchführenden Unternehmen nicht vorhanden ist, kann durch die Einbindung von externen Wissensträgern erworben werden. Für die wissensorientierte Gestaltung der Produktentwicklung in der militärischen Luftfahrtindustrie besteht daher die Herausforderung, die Gestaltung der relevanten Wissensbasis auch über die Grenzen des Unternehmens hinaus vorzunehmen.

Gestaltung der Aufstellung, Nutzung, Erweiterung und Sicherung der Wissensbasis

Damit ein Entwicklungsvorhaben durchgeführt werden kann, ist ein Grundstock an Wissen verschiedener Fachgebiete erforderlich, mit dem die Lösung der Entwicklungsaufgaben prinzipiell möglich ist. Noch vor Beginn der eigentlichen Entwicklungsaktivitäten muss daher die *Aufstellung der Wissensbasis* erfolgen. Hierbei gilt es, das für die Durchführung der Entwicklungsaktivitäten erforderliche Wissen zu identifizieren und geeignete Wissensträger in das Entwicklungsvorhaben einzubinden. Welches Wissen für die Durchführung eines Entwicklungsvorhabens benötigt wird, hängt zu einem großen Teil von der jeweiligen Entwicklungssituation ab und wird beeinflusst durch die branchenspezifischen Besonderheiten. In der militärischen Luftfahrtindustrie kommen dabei **besondere Entwicklungssituationen** zum Tragen, wie zum Beispiel die Beauftragung eines Entwicklungsprojektes durch einen nationalen Kunden, multinationale Entwicklungskooperationen oder die Deckung eines einsatzbedingten Sofortbedarfs. Im Rahmen der Aufstellung der Wissensbasis ist zudem sicherzustellen, dass die Integration unternehmensinterner und -externer Wissensquellen, die erst in späteren Entwicklungsphasen benötigt werden, möglichst reibungslos vonstatten gehen kann.

Damit das in der Wissensbasis vorhandene Wissen zur Erreichung der Entwicklungsziele genutzt werden kann, ist es zum einen erforderlich die Verteilung dieses Wissens innerhalb des Entwicklungsprojektes zu gestalten. Zum anderen gilt es Hindernisse, die eine *Nutzung der Wissensbasis* erschweren, wenn möglich zu beseitigen bzw. Maßnahmen zu entwickeln, die eine Verteilung und Anwendung von Wissen trotzt dieser Hindernisse ermöglichen. In der militärischen Luftfahrtindustrie können sich **branchenspezifische Nutzungsbarrieren** beispielsweise aus Geheimschutzvorgaben, Exportrichtlinien oder nationalen Vorbehalten ergeben. Auch ein aktiver Wissensschutz bei Kooperationspartnern, die außerhalb des jeweiligen Entwicklungsvorhabens Konkurrenten auf dem internationalen Verteidigungsmarkt sind, kann den Austausch von Wissen zwischen den Entwicklungspartnern behindern.

Der Wissensbestand, auf den die an dem Produktentwicklungsprojekt beteiligten Mitarbeiter zugreifen können, muss variabel gedacht werden, da innerhalb eines Entwicklungsprojektes Wissen weiterentwickelt, neu generiert oder von extern eingebunden wird. Die *Erweiterung der Wissensbasis* bezieht sich zunächst einmal auf das Wissen über das Produkt, welches im Projektverlauf kontinuierlich ausgebaut wird. Darüber hinaus kann es jedoch auch erforderlich werden, Wissenslücken zu schließen, welche aufgrund der **hohen technischen und organisatorischen Komplexität von Entwicklungsprojekten** in der militärischen Luftfahrt nicht ausgeschlossen werden können. Auch Anforderungsänderungen können eine Erweiterung der für die Produktentwicklung erforderlichen Wissensbasis erforderlich machen. Vor allem aufgrund der **langen Dauer von Entwicklungsprojekten** in der militärischen Luftfahrtindustrie und einem sich **dynamisch verändernden sicherheitspolitischen Umfeld** kann es dazu kommen, dass sich Änderungen im Umfeld des Entwicklungsvorhabens ergeben, welche einen Einfluss auf die Anforderungen an das zu entwickelnde Produkt haben.

Damit das im Rahmen eines Entwicklungsprojektes aufgebaute Wissen auch in weiteren Entwicklungsvorhaben genutzt werden kann, gilt es Maßnahmen zur *Sicherung von Wissen* zu etablieren. Vor dem Hintergrund der **langen Produktlebenszyklen** in der militärischen Luftfahrt kommt der Weiterentwicklung wehrtechnischer Systeme im Laufe ihrer Nutzung eine große Bedeutung zu. Hierzu ist es erforderlich, Wissen aus der Neuentwicklung und den abgeschlossenen Vorhaben zur Weiterentwicklung der Systeme zu bewahren. Die **lange Dauer von Entwicklungsprojekten** der militärischen Luftfahrt macht es zudem erforderlich, geeignete Maßnahmen zur Sicherung von Wissen innerhalb des Entwicklungsprojektes zu etablieren.

4 Fallstudien in der militärischen Luftfahrtindustrie

Ziel dieses Kapitels ist die Beantwortung der Frage, wie Unternehmen der militärischen Luftfahrtindustrie bei der wissensorientierten Gestaltung der Produktentwicklung vorgehen und an welchen Stellen Handlungsbedarf besteht. Im Zentrum steht dabei die Untersuchung unterschiedlicher Entwicklungsvorhaben mit Hilfe einer Mehrfachfallstudie. Zunächst wird die Zielsetzung der Untersuchung dargelegt und die gewählte Untersuchungsmethode begründet. Darauf aufbauend werden die Untersuchungsmethode spezifiziert, Maßnahmen zur Qualitätssicherung dargestellt und die Vorgehensweise bei der Untersuchung beschrieben. Im Anschluss werden die Ergebnisse der einzelnen Fallstudien dargestellt und fallübergreifend ausgewertet. Dabei werden insbesondere die für die militärische Luftfahrtindustrie spezifischen Herausforderungen der wissensorientierten Gestaltung herausgestellt. Auf dieser Grundlage wird zum Abschluss des Kapitels der Handlungsbedarf für die wissensorientierte Gestaltung der Produktentwicklung in der militärischen Luftfahrtindustrie in Deutschland abgeleitet.

4.1 Zielsetzung der Untersuchung

Zielsetzung der Untersuchung ist die Erhebung des Standes der Praxis bezüglich der wissensorientierten Gestaltung der Produktentwicklung in der militärischen Luftfahrtindustrie in Deutschland. Auf dieser Grundlage soll schließlich der Handlungsbedarf für die industrielle Praxis herausgearbeitet werden. Den inhaltlichen Rahmen für die Untersuchung bilden die in Kapitel 2.3 und 3.4 dargestellten prozess- und wissensorientierten Herausforderungen für die Produktentwicklung in der militärischen Luftfahrtindustrie. Auf dieser Grundlage lassen sich folgende die Untersuchung leitende Fragestellungen formulieren:

- Auf welche Art und Weise wird der Prozess der Produktentwicklung gestaltet?
- Wie erfolgen Aufstellung, Nutzung, Erweiterung und Sicherung der Wissensbasis und welche Besonderheiten der militärischen Luftfahrt sind dabei zu berücksichtigen?
- Wie ist die für das untersuchte Entwicklungsprojekt relevante Wissensbasis aufgebaut?

Die gewonnenen Erkenntnisse gehen schließlich zusammen mit den in den Kapiteln 2 und 3 herausgearbeiteten Grundlagen in die Entwicklung eines Ansatzes zur wissensorientierten Gestaltung der Produktentwicklung ein.

4.2 Die Fallstudie als Untersuchungsmethode

Zur Beantwortung der Frage, wie Unternehmen der militärischen Luftfahrtindustrie bei der wissensorientierten Gestaltung der Produktentwicklung vorgehen, wird in der vorliegenden Arbeit die Forschungsmethode der Fallstudie verwendet. In Fallstudien werden Untersuchungseinheiten, sogenannte Fälle, im Detail analysiert. Ein **Fall** kann dabei verstanden werden als ein in die reale Welt eingebettetes Phänomen, welches nur innerhalb eines spezifischen Kontext analysiert werden kann und das mit diesem Kontext derart verschmilzt, dass die Grenze nicht klar erkennbar ist (vgl. *Gillham 2000, S. 1*). Die **Fallstudie** untersucht einen Fall, um Ansätze für die Beantwortung bestimmter Fragestellungen zu gewinnen. Dabei werden verschiedene Informationsquellen genutzt, um ein möglichst umfassendes Verständnis des Phänomens zu erlangen (vgl. *Specht 2004, S. 541*).

Die Fallstudie als Forschungsmethode eignet sich insbesondere für Untersuchungen, die sich auf **aktuelle Phänomene** konzentrieren und die Beantwortung von **„Wie?"- und „Warum?"-Fragen** zum Ziel haben (vgl. *Yin 2009, S. 8*). Zudem sind Fallstudien eine geeignete Forschungsmethode, wenn der **Kontext des zu untersuchenden Phänomens** von besonderer Bedeutung ist und die Grenze zwischen Phänomen und Kontext nicht klar zu erkennen ist (vgl. *Yin 2009, S. 8*).

Da im Zentrum der Untersuchung die Frage steht, wie Unternehmen der militärischen Luftfahrtindustrie bei der wissensorientierten Gestaltung der Produktentwicklung vorgehen und warum bestimmte Maßnahmen ergriffen werden, ist die Fallstudie eine geeignete Untersuchungsmethode. Zudem handelt es sich bei der wissensorientierten Gestaltung der Produktentwicklung in der militärischen Luftfahrtindustrie um eine aktuelle Problemstellung, die eng mit dem Kontext der militärischen Luftfahrt und den sich daraus ergebenden Besonderheiten verknüpft ist.

4.2.1 Festlegung der Fallstudienart

Es existieren unterschiedliche Varianten von Fallstudien, die sich hinsichtlich der Zielsetzung und der Fallauswahl unterscheiden lassen. Die **Zielsetzung der Fallstudie** kann grundsätzlich beschreibend (deskriptiv), erforschend (explorativ) oder erklärend (explanativ) sein. **Deskriptive Fallstudien** stellen die Beschreibung und weitreichende Erfassung von Phänomenen in ihrem individuellen Kontext in den Mittelpunkt. Im Vergleich dazu dienen **explorative Fallstudien** der Identifikation geeigneter Fragestellungen und Hypothesen. Hierbei wird versucht grundsätzliche Zusammenhänge eines Phänomens zu ergründen und hierzu eine Theorie aufzustellen. Diese Art der Fallstudie wird zudem eingesetzt, um die Machbarkeit empirischer Studien zu überprüfen. **Explanative Fallstudien** hingegen basieren auf der Analyse von Ursache-Wirkungs-Zusammenhängen. Mit ihrer Hilfe wird untersucht, ob sich bereits erlangte Erkenntnisse auch auf vergleichbare Situationen übertragen lassen (vgl. *Yin 2009, S. 25 ff.*).

In der vorliegenden Arbeit liegt der Fokus auf der deskriptiven Fallstudie. Diese Form der Fallstudie ermöglicht einerseits die unverfälschte Erfassung des aktuellen Umsetzungsstandes der wissensorientierten Gestaltung der Produktentwicklung in der industriellen Praxis. Andererseits wird es auf diese Weise möglich, den speziellen Kontext der militärischen Luftfahrtindustrie adäquat zu berücksichtigen.

Nach der **Anzahl der untersuchten Fälle** werden Einzelfallstudien und Mehrfachfallstudien unterschieden. **Einzelfallstudien** haben zumeist die Untersuchung kritischer, extremer, einzigartiger, typischer oder repräsentativer Fälle zum Gegenstand. Auch Untersuchungen über längere Zeiträume sind wegen des hohen Aufwandes häufig auf Einzelfälle beschränkt. Im Unterschied dazu werden **Mehrfachfallstudien** genutzt, um Fragestellungen anhand mehrerer vergleichbarer Einzelfälle zu untersuchen. Durch einen Vergleich der betrachteten Fälle wird es möglich, die gewonnenen Erkenntnisse kritisch zu beleuchten, weshalb Ergebnisse vergleichender Fallstudien als vertrauenswürdiger und robuster gelten als die einer Einzelfallstudie (vgl. *Borchardt 2007, S. 36; Yin 2009, S. 47 ff.*). Die Frage, ob in einem Forschungsprozess eine Einzelfallstudie oder eine Mehrfachfallstudie anzuwenden ist, kann nicht allgemeingültig beantwortet werden. Die Entscheidung muss immer vor dem Hintergrund der spezifischen Zielsetzung, der verfügbaren Fälle und der vorhandenen Ressourcen zur Durchführung der Fallstudie getroffen werden (vgl. *Yin 2009, S. 60 f.*). In der vorliegenden Arbeit fiel die Wahl auf die Mehrfachfallstudie, da auf diese Weise unterschiedliche Entwicklungsvorhaben und Entwicklungssituationen miteinander verglichen und somit robustere Ergebnisse bezüglich des Handlungsbedarfs in der militärischen Luftfahrtindustrie erzielt werden können.

4.2.2 Maßnahmen zur Qualitätssicherung bei Fallstudien

Unabhängig von der konkreten Zielsetzung wissenschaftlicher Untersuchungen, spielt die Validität und die Reliabilität der Untersuchung eine bedeutende Rolle für die Güte des Erkenntnisgewinns. Die Validität bezieht sich auf die Gültigkeit der Ergebnisse bezogen auf den Untersuchungsgegenstand, während die Reliabilität eine Aussage über die Zuverlässigkeit der Erhebung macht (vgl. *Specht 2004, S. 551*). In der Literatur werden verschiedene Kriterien genannt, die bei der Ausgestaltung empirischer Untersuchungen zu berücksichtigen sind: Konstruktvalidität, interne und externe Validität sowie Reliabilität. Im Folgenden werden diese Kriterien vorgestellt und Maßnahmen zur Qualitätssicherung beschrieben, welche in der vorliegenden Arbeit getroffen wurden.

4.2.2.1 Konstruktvalidität

Konstruktvalidität gibt an, in welchem Umfang ein Erhebungsverfahren tatsächlich das erfasst, was es erfassen soll (vgl. *Specht 2004, S. 551*). Im Rahmen einer empirischen Untersuchung muss dementsprechend ein Set an Instrumenten gefunden werden, das geeignet ist, das zu untersuchende Phänomen zu erfassen. Erschwert wird die Erreichung dieses Ziels dadurch, dass die Variablen, welche das zu untersuchende Phänomen beschreiben und erfassen, dazu neigen, subjektiven Beurteilungen unterworfen zu sein (vgl. *Borchardt 2007, S. 44; Yin 2009, S. 41*). Um dieses bestmöglich zu verhindern, werden in der Literatur verschiedene Maßnahmen vorgeschlagen.

Ein Mittel ist die **Triangulation**, also die Kombination unterschiedlicher Methoden, Informationsquellen und Sichtweisen zur Untersuchung desselben Phänomens (vgl. *Mayring 2002, S. 147 f.; Borchardt 2007, S. 44 f.; Yin 2009, S. 41 f.*). Ziel der Triangulation ist es, die Defizite einzelner Methoden auszugleichen und gleichzeitig subjektive Verzerrungen, die durch die Nutzung einzelner Methoden, Informationsquellen und Perspektiven entstehen können, zu verhindern (vgl. *Flick 2011, S. 20 ff.*). In der vorliegenden Arbeit wurde eine Triangulation bezüglich der Informationsquellen (Experteninterviews, Projektdokumentation, Prozessbeschreibungen, Veröffentlichungen) und bezüglich der Perspektiven (technische Projektleitung, übergeordnete Programmleitung) umgesetzt.

Eine weitere Möglichkeit subjektiven Einflüssen vorzubeugen, ist die **kommunikative Validierung**. Hierbei erfolgt eine Rückspiegelung der Ergebnisse der Untersuchung an die Betroffenen zur Überprüfung der Gültigkeit (vgl. *Mayring 2002, S. 147; Borchardt 2007, S. 45; Yin 2009, S. 41 f.*). Bei der Durchführung der Fallstudien in der militärischen Luftfahrtindustrie wurden dementsprechend die inhaltlichen Zusammenfassungen der Experteninterviews an die Informationsgeber zur Überprüfung und Freigabe versendet. Darüber hinaus wurden die Ergebnisse der Analyse mit Verantwortlichen der Unternehmen und anderen Forschern diskutiert.

Zudem kann die Konstruktvalidität durch die Etablierung einer nachvollziehbaren und schlüssigen Beweiskette (**„Chain of Evidence"**) von der Forschungsfrage über die Informationsquellen bis hin zu den abgeleiteten Erkenntnissen unterstützt werden (vgl. *Yin 2009, S. 41 f.*). Um eine klare Beweiskette etablieren zu können, werden in der vorliegenden Arbeit einerseits die einzelnen Datenquellen bei der Darstellung der Ergebnisse referenziert und direkte Interviewzitate eingebaut. Andererseits werden die Umstände der verwendeten Vorgehensweise zur Erhebung von Informationen für jede Fallstudie erläutert.

4.2.2.2 Interne und externe Validität

Die interne Validität bezieht sich auf die Eignung des Forschungsdesigns, kausale Beziehungen und Zusammenhänge eindeutig zu identifizieren und muss daher in der vorliegenden Arbeit, in der lediglich beschreibende Fallstudien verwendet werden, nicht berücksichtigt werden (vgl. *Yin 2009, S. 42 f.*).

Die externe Validität bestimmt, inwieweit die im Rahmen der Untersuchung gewonnenen Erkenntnisse über den Kontext der konkreten Stichprobe hinaus verallgemeinert werden können. Im

Rahmen der Fallstudienforschung kann keine statistische Repräsentativität und Generalisierbarkeit erreicht werden, wie dies im Rahmen großzahliger, quantitativer Erhebungen möglich ist. Der Anspruch der Fallstudienforschung ist jedoch auch nicht die statistische Überprüfung von Ergebnissen, sondern vielmehr die Untersuchung von komplexen Zusammenhängen. Dementsprechend bezieht sich die externe Validität im Rahmen der Fallstudienforschung nicht auf eine statistische Generalisierbarkeit, sondern auf eine analytische Generalisierbarkeit (vgl. *Yin 2009, S. 43 f.; Lamnek 2010, S. 161 ff.*).

Um die externe Validität in diesem Verständnis absichern zu können, ist es erforderlich die Fallstudienforschung auf eine **solide Theoriebasis** zu stellen. Theoretisches Vorwissen sowie auf theoretischen Betrachtungen beruhende Voranahmen sollen dabei den Forscher sensibilisieren und ihm als Leitfaden bei der Aufstellung des Forschungsdesigns, der Erhebung der Informationen und deren Auswertung dienen (vgl. *Wrona 2005, S. 19 f.*). In der vorliegenden Arbeit wird dies realisiert, indem im Vorfeld der Untersuchung die theoretischen Grundlagen bezüglich der wissensorientierten Gestaltung der Produktentwicklung und die branchenspezifischen Besonderheiten herausgearbeitet und prozess- und wissensorientierte Herausforderungen für die wissensorientierte Gestaltung der Produktentwicklung in der militärischen Luftfahrtindustrie abgeleitet wurden.

Um eine analytische Generalisierbarkeit zu erreichen, ist zudem eine **systematische Fallauswahl** sicherzustellen. Dabei haben die zu untersuchenden Fälle in Zusammenhang mit dem Forschungsziel zu stehen, müssen jedoch nicht wie bei der quantitativen Forschung einem Zufallsprinzip gehorchen. Vielmehr werden innerhalb des thematischen Rahmens begründet Fälle ausgewählt, um bewusst bestimmte Typen von Fällen zu erfassen. Ähnlich einer Serie von Experimenten folgen die einzelnen Fallstudien einer **Replikationslogik**, was bedeutet, dass sie von den Rahmenbedingungen her den ersten untersuchten Fälle entsprechen und daher voraussichtlich bisherige Erkenntnisse bestätigen können (vgl. *Borchardt 2007, S. 37; Yin 2009, S. 44*). Auch die Auswahl der Fälle für die in dieser Arbeit präsentierte Mehrfachfallstudie erfolgt gemäß einer solchen Systematik und wird entsprechend begründet (siehe Kapitel 4.2.3.1). Zudem sind alle Fallstudien gleich aufgebaut, um einen späteren Vergleich der Ergebnisse zu ermöglichen.

4.2.2.3 Reliabilität

Die Reliabilität bezieht sich auf die Verlässlichkeit der verwendeten Vorgehensweise und ermittelten Ergebnisse. Reliabilität von Fallstudien besteht, wenn unterschiedliche Forscher bei der Untersuchung des gleichen Sachverhalts und mit gleicher Vorgehensweise zu vergleichbaren Ergebnissen kommen können (vgl. *Borchardt 2007, S. 46*). Die Schwierigkeit im Rahmen der Fallstudienforschung besteht darin, dass qualitative Erhebungsmethoden immer an den jeweiligen Kontext gebunden sind und daher bei Wiederholung nicht in identischer Form reproduzierbar sind. Eine **präzise Dokumentation** der Durchführung der Untersuchung und die Entwicklung einer **Fallstudiendatenbank** können dabei helfen, die Reliabilität der Fallstudienforschung sicherzustellen und das Vorgehen der Untersuchung nachvollziehbar zu machen (vgl. *Mayring 2002, S. 144 f.; Yin 2009, S. 45*).

Im Rahmen der vorliegenden Untersuchung wurden alle anonymisierten inhaltlichen Zusammenfassungen der Experteninterviews und die mit den Fallstudien im Zusammenhang stehenden Dokumente strukturiert abgelegt. Zudem wird das Vorgehen in den Fallstudien in den nachfolgenden Abschnitten detailliert beschrieben und begründet und der verwendete Interviewleitfaden im Anhang verfügbar gemacht.

4.2.3 Vorgehen in der Fallstudie

Um die im Rahmen dieser Arbeit durchgeführte qualitative Studie transparent und nachvollziehbar zu gestalten (siehe Kapitel 4.2.2.3), bedarf es einer detaillierten Beschreibung des Vorgehens in der Fallstudie. Hierzu wird im Folgenden die Auswahl der zu untersuchenden Fälle, die Erhebung der Informationen und die Analyse der erhobenen Informationen beschrieben.

4.2.3.1 Auswahl der Fälle

In der Literatur zur Fallstudienforschung existieren keine festen Vorgaben für eine **Mindestanzahl an Fällen**, die erforderlich ist, um mit einer vergleichenden Fallstudie robuste Ergebnisse zu erlangen. Da keine statistische Signifikanz angestrebt wird (siehe Kapitel 4.2.2.2), müssen mehr Fälle nicht unbedingt zu besseren Ergebnisse führen. Die Zahl der zu untersuchenden Fälle hängt vielmehr von der forschungsleitenden Fragestellung ab und dem Anspruch des Forschers an die Robustheit und Sicherheit der Ergebnisse (vgl. *Eisenhardt 1989, S. 545*).

Empfehlungen der Literatur bewegen sich zwischen vier und zehn (vgl. *Eisenhardt 1989, S. 545*) bzw. sechs und zehn Fällen (vgl. *Yin 2009, S. 54*). Bei einer zu kleinen Zahl an Fällen wird die mit einer Mehrfachfallstudie angestrebte robuste Aussagekraft unter Umständen nicht erreicht, bei einer zu großen Zahl an Fällen können andererseits die zu analysierenden Datenvolumina rasch überhand nehmen (vgl. *Eisenhardt 1989, S. 545*).

Die Grundlage für die **Auswahl geeigneter Fälle** bildet die Fragestellung, wie Unternehmen der militärischen Luftfahrtindustrie in Deutschland bei der wissensorientierten Gestaltung der Produktentwicklung vorgehen. Zur Beantwortung dieser Fragestellung sollen Fälle ausgewählt werden, die nicht einer zufälligen Auswahl entspringen, sondern die das in der Forschungsfrage aufgeworfene und in den vorangegangenen Kapiteln dargestellte Problemfeld im realen Kontext umfangreich beschreiben. Hierzu wurden im Vorfeld folgende Auswahlkriterien festgelegt, die durch die potentiellen Fälle erfüllt werden müssen:

- In Anlehnung an die in Kapitel 2.2.2 getroffene Eingrenzung werden im Rahmen der Fallstudien ausschließlich die Produkte der Systemhersteller der militärischen Luftfahrtindustrie, also **Luftfahrzeuge und Lenkflugkörper** für den militärischen Einsatz betrachtet. Bei der Auswahl der Fälle wurde zudem darauf geachtet, dass sowohl Luftfahrzeuge und Lenkflugkörper vertreten sind.

- Da es das Ziel der vorliegenden Arbeit ist, Gestaltungsempfehlungen für **Unternehmen der militärischen Luftfahrtindustrie in Deutschland** zu geben, war ein weiteres Kriterium, dass das Entwicklungsvorhaben durch ein deutsches Unternehmen bzw. bei multinationalen Konzernen durch den deutschen Anteil des Unternehmens durchgeführt wird. Dabei kann die Entwicklung des Systems alleinverantwortlich oder im Rahmen einer multinationalen Entwicklungskooperation erfolgen. Bei der Auswahl der Fälle wurde zudem darauf geachtet, dass verschiedene Systemhersteller beteiligt werden.

- Ein weiteres Auswahlkriterium betraf die Art der Entwicklungsaufgabe. Zum Zeitpunkt der Untersuchung existierte nur eine sehr geringe Zahl an Neuentwicklungsvorhaben, welche den bisher dargestellten Kriterien genügte. Um die Zahl potentieller Fälle für die Mehrfachfallstudie nicht von vornherein einzuschränken und gleichzeitig eine Vergleichbarkeit zwischen den Fällen gewährleisten zu können, wurde der Fokus der Fallstudien auf Projekte zur **Weiterentwicklung von Luftfahrzeugen und Lenkflugkörpern** gelegt.

- Da die Produktentwicklung in der militärischen Luftfahrtindustrie ein sensibler Unternehmensbereich ist, bestand ein letztes Auswahlkriterium in der Motivation der Unternehmen sowie der rechtlichen Möglichkeit, den **freien Zugang zu projektbezogenen Informationen** zu ermöglichen und eine objektive Analyse dieser Informationen zuzulassen. Vor dem Hintergrund, dass der qualitative Forschungsansatz einen offenen und direkten Dialog erfordert, kam diesem Kriterium eine besondere Bedeutung zu.

Nach diesen Kriterien wurden schließlich sechs Entwicklungsvorhaben ausgewählt, wovon vier Vorhaben die Weiterentwicklung von militärischen Luftfahrzeugen (Lfz A, Lfz B, Lfz C, Lfz D) und zwei Vorhaben die Weiterentwicklung von Lenkflugkörpersystemen (Lfk A und Lfk B) zum Ziel hatten. Durchgeführt wurden diese Vorhaben von drei unterschiedlichen Luft- und Raumfahrtunternehmen in Deutschland (LuR I, LuR II und LuR III).

In Tabelle 4.1 werden die untersuchten Entwicklungsvorhaben den drei Luft- und Raumfahrtunternehmen zugeordnet und darüber hinaus ein Überblick über die Zahl der jeweils beteiligten Entwicklungspartner gegeben.

Entwicklungsprojekt	Unternehmen	Entwicklungspartner
Lfz A	LuR I	4
Lfz B	LuR I	4
Lfz C	LuR I	3
Lfz D	LuR II	3
Lfk A	LuR III	1
Lfk B	LuR III	2

Tabelle 4.1: Übersicht der untersuchten Entwicklungsvorhaben

4.2.3.2 Erhebung der Informationen

Ziel dieser Phase der Untersuchung ist es, für jedes untersuchte Entwicklungsvorhaben alle Informationen zu erheben, die für die Erfassung und Analyse des jeweiligen Ansatzes zur wissensorientierten Gestaltung der Produktentwicklung notwendig sind. Bevor mit der Erhebung der Informationen begonnen werden kann, ist es erforderlich geeignete Informationsquellen auszuwählen und die Erhebung der Informationen methodisch vorzubereiten. Diese Aspekte werden im Folgenden dargestellt.

Auswahl der Informationsquellen

Für Unternehmen der militärischen Luftfahrtindustrie ist die Produktentwicklung nicht nur ein bedeutender Wettbewerbsfaktor sondern auch ein Bereich, in dem viele Informationen auf staatliche Veranlassung hin vertraulich zu halten sind. Die Erhebung von entwicklungsrelevanten Informationen ist daher ein sehr sensibles Thema. Aus diesem Grund kann die Bereitschaft zur offenen und vertieften Beantwortung von Fragen nur im persönlichen Dialog mit geeigneten Gesprächspartnern erreicht werden. Um eine Grundlage für den zu entwickelnden wissensorientierten Ansatz schaffen zu können, ist zudem nicht nur die reine Erhebung der Ist-Situation erforderlich, sondern auch die Analyse und das Verständnis der Gründe, die zu dieser Situation geführt haben. Als zentrale Informationsquelle für die Fallstudien wurden daher **Experten aus den Entwicklungsvorhaben** befragt.

Experten sind Personen, die aufgrund ihrer beruflichen Tätigkeit und ihrer Erfahrung über bereichsspezifisches Wissen verfügen, welches mithilfe von Experteninterviews erschlossen werden kann (vgl. *Gläser und Laudel 2010, S. 12 f.*). Im Interesse der Fallstudie steht dementsprechend nicht der Experte selbst, sondern sein Wissen, seine Erfahrungen und seine Einschätzungen zu dem Untersuchungsgegenstand (vgl. *Borchardt 2007, S. 38*).

Als Experten wurden für die vorliegende Studie Personen ausgewählt, die über **langjährige Erfahrungen** in der Produktentwicklung der militärischen Luftfahrtindustrie verfügen und das zu untersuchende Entwicklungsvorhaben seit Beginn an begleiten. Nur in Fallstudie *Lfz A* war ein Vertreter der Programmorganisation erst ein knappes Jahr vor dem Interview in das Programmmanagement des untersuchten Entwicklungsvorhabens gewechselt. Kompensiert wurde diese Situation dadurch, dass aufgrund der Größe des Vorhabens noch zwei weitere Vertreter des Programmmanagements interviewt wurden. Ein weiteres Kriterium bei der Auswahl der Gesprächspartner war, dass sie über eine **Mischung aus Detailkenntnis und Übersichtswissen** verfügen, weshalb ein Großteil der Experten aus dem mittleren Management stammte (siehe Tabelle 4.2).

Entwicklungsprojekt	Funktion der Experten	Kürzel
Lfz A	Projektleiter	Lfz_A1
	Technischer Leiter	Lfz_A2
	Technischer Leiter Entwicklung	Lfz_A3
	Arbeitsgruppenleiter	Lfz_A4
Lfz B	Projektleiter Softwarepflege / -änderung	Lfz_B1
	Technischer Leiter Softwarepflege / -änderung	Lfz_B2
Lfz C	Gesamtprojektleiter	Lfz_C1
	Projektleiter Softwareentwicklung	Lfz_C2
	Projektleiter Softwarepflege / -änderung	Lfz_C3
Lfz D	Technischer Projektleiter	Lfz_D1
Lfk A	Projektleiter Entwicklung	Lfk_A1
	Projektleiter	Lfk_A2
Lfk B	Projektleiter Entwicklung	Lfk_B1
	Projektleiter	Lfk_B2

Tabelle 4.2: Übersicht der Experteninterviews

Da Informationen von Experten immer eine subjektive Meinung darstellen, wird zur Objektivierung der Ergebnisse die Einbeziehung verschiedener Perspektiven empfohlen (siehe Kapitel 4.2.2.1). Im Rahmen der vorliegenden Studie wurden die Experten daher so ausgewählt, dass sie verschiedene Perspektiven auf den Produktentwicklungsprozess und dessen Gestaltung haben. So stammte jeweils mindestens ein Interviewpartner aus dem Produktentwicklungsbereich (**technische Perspektive**) und mindestens ein Interviewpartner aus der Programmorganisation des Unternehmens (**organisatorische Perspektive**). In Abhängigkeit von der Größe des Vorhabens wurden zum Teil auch mehrere Experten aus den jeweiligen Unternehmensbereichen befragt. Nur in der Fallstudie *Lfz D* konnte lediglich der technische Projektleiter befragt werden. Von Seiten des Programmmanagements wurde jedoch ein umfangreicher Projektabschlussbericht zur Verfügung gestellt, mit Hilfe dessen auch die Perspektive der Programmorganisation in die Fallstudie einfließen konnte.

Als weitere Informationsquellen wurden **unternehmensinterne und -externe Dokumente**, also niedergeschriebene Informationen aus dem mittelbaren und unmittelbaren Umfeld des untersuchten Entwicklungsvorhabens (vgl. *Specht 2004, S. 553*), in die Fallstudie einbezogen. Beispiele für unternehmensinterne Dokumente, welche in der Fallstudie berücksichtigt wurden, sind Projektpläne, Projektfortschrittsberichte, Projekthandbücher, Produktinformationen, Entwicklungsstandards oder Prozessbeschreibungen. Als unternehmensexterne Dokumente wurden beispielsweise Veröffentlichungen aus der Fachpresse und Pressemitteilungen der Unternehmen verwendet. Die Verwendung dieser Dokumente im Rahmen der Fallstudien erfolgte mit der Absicht, das Verständnis über die Inhalte, den Kontext sowie die Strukturen und Prozesse des Entwicklungsvorhabens zu erhöhen.

Entwicklung des Interviewleitfadens

Zur Erschließung des spezifischen Wissens von Experten stehen grundsätzlich drei verschiedene Formen des Interviews zur Verfügung. Neben offenen Interviews, die zwar thematisch eingegrenzt sind, jedoch nicht durch einen Leitfaden unterstützt werden, und narrativen Interviews, in denen der Interviewpartner zu einer langen Erzählung angeregt werden soll, existieren **Leitfadeninterviews**, die mit vorgegebenen Themen und einem Fragenkatalog, dem sogenannten Leitfaden, arbeiten (vgl. *Gläser und Laudel 2010, S. 42*).

Der Leitfaden dient im Wesentlichen als Orientierungsrahmen der Befragung und wird einheitlich für alle Interviews verwendet, um sicherzustellen, dass alle benötigten Informationen erhoben werden und dass eine gewisse Vergleichbarkeit der Ergebnisse gewährleistet werden kann (vgl. *Gläser und Laudel 2010, S. 143*). Allerdings sind weder die exakte Fragenformulierung noch die Reihenfolge der Fragen verbindlich. Um das Interview an einen natürlichen Gesprächsverlauf anzunähern und das Gespräch möglichst offen zu gestalten, können Fragen auch außerhalb der Reihenfolge oder in abgewandelter Form gestellt werden (vgl. *Wrona 2005, S. 26 f.; Borchardt 2007, S. 39*).

Der im Rahmen der vorliegenden Studie verwendete Leitfaden ist in vier Abschnitte gegliedert. Abbildung 4.1 gibt einen Überblick über seine Struktur und verdeutlicht die Zuordnung der inhaltlichen Kategorien des Leitfadens zu den die Untersuchung leitenden Fragestellungen (siehe Kapitel 4.1). Der vollständige Leitfaden ist im Anhang A.1 zu finden.

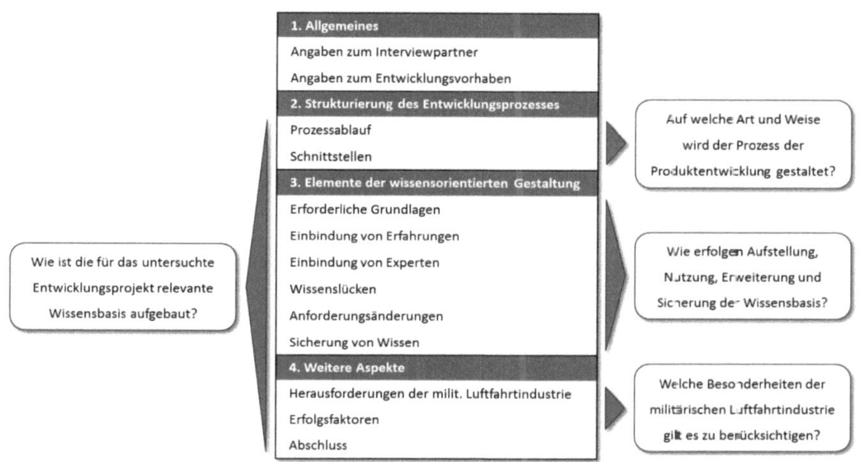

Abbildung 4.1: Struktur des Interviewleitfadens und Zuordnung der Fragestellungen

Im **ersten Teil** wurden allgemeine Informationen zum Interviewpartner und zum untersuchten Entwicklungsvorhaben erhoben. Der **zweite Teil** des Leitfadens diente dazu, einen Überblick über die Gestaltung des Entwicklungsprozesses, insbesondere die Strukturierung des Prozessablaufs und die Gestaltung von Schnittstellen, zu erhalten. Dabei wurden sowohl Schnittstellen zu Prozessen außerhalb des Unternehmens, wie z. B. dem militärischen Zulassungsprozess, betrachtet als auch Schnittstellen zu unternehmensinternen Prozessen. Der **dritte Teil** hatte zum Ziel, für das untersuchte Entwicklungsvorhaben spezifische Elemente der wissensorientierten Gestaltung der Produktentwicklung zu ermitteln. Im Fokus standen dabei die Aufstellung, Nutzung, Erweiterung und Sicherung der Wissensbasis des untersuchten Entwicklungsprojektes. Um den Umsetzungsstand der wissensorientierten Gestaltung diesbezüglich zu ermitteln, wurden Fragen in den Kategorien „erforderliche Grundlagen“, „Einbindung von Erfahrungen“, „Einbindung von Experten“, „Wissenslücken“, „Anforderungsänderungen“ und „Sicherung von Wissen“ gestellt. Zudem wurden Hindernisse bei der Umsetzung und Maßnahmen zu deren Überwindung untersucht. Im **vierten Teil** wurden abschließend branchenspezifische Herausforderungen und Erfolgsfaktoren für das jeweilige Entwicklungsprojekt erfragt, um zu ermitteln, welche Besonderheiten der militärischen Luftfahrt bei der wissensorientierten Gestaltung zu berücksichtigen waren und das bereits vorhandene Verständnis zu den branchenspezifischen Besonderheiten zu festigen.

Um den Leitfaden auf seine Eignung zur Erhebung der benötigten Informationen zu testen, wurde dieser vor Beginn der eigentlichen Untersuchungen einer Überprüfung unterzogen. Hierzu wurden zwei Interviews mit Experten der Produktentwicklung in der militärischen Luftfahrtindustrie geführt, welche jedoch nicht aus den für die Untersuchung ausgewählten Entwicklungsvorhaben stammten. Darüber hinaus wurde der Fragenkatalog mit Forscherkollegen diskutiert und weiter verfeinert. Bei diesem **Pretest des Leitfadens** zeigte sich, dass ein direktes und kontextfreies Ansprechen von theoretischen Konstrukten wie Wissen oder Wissensbasis nur wenige aussagekräftige Ergebnisse lieferte. Daher wurden in den finalen Leitfaden keine direkten Fragen zu der für das Entwicklungsvorhaben relevanten Wissensbasis aufgenommen. Informationen zu diesen Themen wurden vielmehr indirekt über alle drei Themenblöcke, also die Prozessgestaltung, die Elemente der wissensorientierten Gestaltung und die branchenspezifischen Herausforderungen, ermittelt.

Zudem wurde der Leitfaden im Laufe der Fallstudiendurchführung um einzelne Fragestellungen erweitert. Zum einen wurde die Frage nach Feedbackschleifen des Entwicklungsprozesses im zweiten Teil des Leitfadens ergänzt, wodurch eine weitere Möglichkeit geschaffen wurde, für die Produktentwicklung relevante Wissensfelder und Wissensträger zu ermitteln. Ein anderes wichtiges Thema für viele Interviewpartner war die Berücksichtigung spezieller militärischer Forderungen, durch die sich besondere Herausforderungen für die Gestaltung der Produktentwicklung ergaben. Auch die Frage nach den Erfolgsfaktoren für das jeweils untersuchte Entwicklungsvorhaben wurde im Laufe der Interviewphase ergänzt, nachdem in den ersten Interviews dieses Thema wiederholt zur Sprache kam.

Ablauf der Erhebung

Die Erhebung der Informationen fand im Zeitraum Dezember 2012 bis Mai 2013 statt. Im Vorfeld der eigentlichen Erhebung wurden erste Gespräche mit den Verantwortlichen der ausgewählten Entwicklungsprojekte geführt, um das Forschungsvorhaben vorzustellen und sicherzustellen, dass die ausgewählten Vorhaben den Auswahlkriterien entsprechen. Im Rahmen dieser **Vorgespräche** wurden zudem geeignete Experten für die Interviews identifiziert. Diese Gespräche dienten außerdem dem Aufbau von gegenseitigem Vertrauen, dem gemeinsamen Formulieren von Zielen und Erwartungen sowie der Klärung des Umgangs mit vertraulichen Informationen.

Um die identifizierten Experten bereits im Vorfeld auf das Experteninterview vorzubereiten, wurden ihnen per E-Mail eine **Kurzvorstellung der Fallstudie** zugesandt. Zudem wurden ihnen in einem persönlichen Vorgespräch die Rahmenbedingungen und Ziele des Experteninterviews vorgestellt sowie der Umgang mit vertraulichen Informationen vereinbart. Auf diese Weise konnte bei den Interviewpartnern bereits im Vorfeld der Interviews eine offene und vertrauensvolle Atmosphäre geschaffen werden, an die in den Interviews angeknüpft werden konnte.

Alle Interviews wurden **persönlich vor Ort** geführt und dauerten zwischen 60 und 120 Minuten. Bis auf zwei Interviews im Rahmen der Fallstudie *Lfz A*, in denen auf Bitten der Interviewpartner nur handschriftliche Notizen angefertigt wurden, konnten alle Interviews **aufgezeichnet** werden. Die Aufzeichnungen wurden im Anschluss an die Interviews transkribiert. Für die zwei nicht aufgezeichneten Interviews wurde direkt im Anschluss an das Interview ein Gedächtnisprotokoll angefertigt.

Aufgrund der Sensibilität der Inhalte und der Forderung die **Vertraulichkeit eingestufter Informationen** zu wahren, wurde mit den Interviewpartnern vereinbart, im laufenden Forschungsprozess nicht das Interviewtranskript, sondern lediglich eine anonymisierte Zusammenfassung des Interviews zugänglich zu machen. Diese wurde durch die Interviewpartner auf inhaltliche Korrektheit und Einhaltung der Anonymisierungsvorgaben geprüft und anschließend für die weitere Nutzung im Rahmen der Untersuchung freigegeben. Dieses Vorgehen machte innerhalb der Experteninterviews eine offene Beantwortung der Fragestellungen möglich und wirkte sich positiv auf die Gesprächssituation aus.

Teilweise wurden von den interviewten Experten weitere wichtige Ansprechpartner benannt, die zu dem untersuchten Entwicklungsvorhaben ergänzende Informationen bereitstellen konnten. Mit diesen Experten wurden daraufhin zusätzliche Interviews durchgeführt. Im Rahmen der Fallstudie *Lfz C* empfahl der Projektleiter im Vorgespräch, auch seinen Vorgänger zu interviewen, der das Projekt in der Anfangsphase geleitet hat. Daraufhin wurde entschieden, das Interview mit beiden Personen gleichzeitig durchzuführen.

Um das Verständnis über die einzelnen Entwicklungsvorhaben zu erhöhen, wurden verschiedene **unternehmensexterne Dokumente** wie z. B. Veröffentlichungen aus der Fachpresse und Produktbeschreibungen auf den Web-Seiten der jeweiligen Unternehmen identifiziert und der Informationsbasis zu dem jeweiligen Fall hinzugefügt. In vier der sechs Fälle wurden zudem **unternehmensinterne Dokumente**, wie z. B. Produktinformationen, Projektpläne, Prozessbeschreibungen oder Fortschrittsberichte zur Verfügung gestellt. Einzig in den Fallstudien *Lfk A* und *Lfk B* wurde keine Freigabe für eine Übergabe interner Dokumente erteilt. Aus diesem Grund wurde in beiden Fällen mit dem technischen Projektleiter ein zweites Interview geführt, in dem einzelne Dokumente vor Ort eingesehen werden konnten und Details zum Entwicklungsprozess und dem Projektablauf geklärt wurden.

4.2.3.3 Analyse der erhobenen Informationen

Für die Analyse der im Rahmen einer vergleichenden Fallstudie erhobenen Informationen existiert in der Literatur keine einheitliche Methode. Um aus den erhobenen Informationen Erkenntnisse ziehen zu können, ist es jedoch erforderlich, die Menge an Informationen durch eine geeignete Methode zu reduzieren (vgl. *Eisenhardt 1989, S. 539 f.; Yin 2009, S. 127 ff.*). Hierzu wird in der vorliegenden Arbeit die **qualitative Inhaltsanalyse nach *Gläser* und *Laudel*** auf die erhobene Informationsbasis angewendet (vgl. *Gläser und Laudel 2010, S. 197 ff.*).

Grundidee dieser Analysemethode ist, dass auszuwertende Texte, also in diesem Fall die Interviewtranskripte und die ergänzenden Dokumente, Informationen enthalten, welche für die Untersuchung und die Beantwortung der Forschungsfragen von Bedeutung sind. Bei der Durchführung der qualitativen Inhaltsanalyse werden diesen Texten gezielt Informationen entnommen, aufbereitet und ausgewertet. Dabei wird der Text nicht kodiert, um ihn auswertbar zu machen, sondern Informationen werden mit Hilfe eines inhaltlichen Suchrasters extrahiert. Dadurch entsteht eine reduzierte Informationsbasis, die nur noch die Informationen enthält, welche für die Beantwortung der Forschungsfrage relevant sind (vgl. *Gläser und Laudel 2010, S. 199 f.*).

Zentrales Element dieses Verfahrens ist die **Extraktion**. Hierbei werden dem Text mit Hilfe eines Suchrasters, welches auf Basis der theoretischen Vorüberlegungen konstruiert wird, die relevanten Informationen entnommen, in eigenen Worten formuliert und den Kategorien des Suchrasters zugeordnet. Über die Kategorien des Suchrasters strukturieren die theoretischen Vorüberlegungen somit die Informationsbasis und unterstützen bei der Beantwortung der Forschungsfrage. Kennzeichnend für diesen Ansatz der qualitativen Inhaltsanalyse ist, dass das Kategoriensystem für die Extraktion offen gestaltet ist. Dies bedeutet, dass es während der Extraktion verändert werden kann, wenn Informationen auftreten, die für die Beantwortung der Forschungsfrage relevant sind, jedoch nicht in das Kategoriensystem passen (vgl. *Gläser und Laudel 2010, S. 212 ff.*). Grundlage für die Extraktion war das in Tabelle 4.3 dargestellte **Kategoriensystem**, welches sich direkt aus den Fragestellungen ableitet, die den Ausgangspunkt für diese Untersuchung bilden (siehe Kapitel 4.1). Dieses Suchraster wurde nicht nur auf die Transkripte der durchgeführten Experteninterviews angewendet, sondern auch auf die jeweils vorhandenen unternehmensinternen und -externen Dokumente.

Aufgrund der Vereinbarung, zur **Wahrung der Vertraulichkeit eingestufter Informationen** nur eine anonymisierte Zusammenfassung des Interviewtranskripts im laufenden Forschungsprozess zugänglich zu machen (vgl. Abschnitt 4.2.3.2), wurde vor Beginn der eigentlichen Extraktion eine inhaltliche Zusammenfassung der Experteninterviews anhand der Kategorien des Interviewleitfadens durchgeführt und die Inhalte anonymisiert. Diese anonymisierten **Zusammenfassungen der Experteninterviews** wurden den Interviewpartnern anschließend zur Überprüfung und Freigabe vorgelegt. Bei der Erstellung der Zusammenfassungen wurde darauf geachtet, die von *Gläser* und *Laudel* vorgegebenen Regeln zur Extraktion bereits umzusetzen, um bei der Durchführung der eigentlichen Extraktion auch auf die anonymisierten Zusammenfassungen zurückgreifen zu können. Zudem wurden die einzelnen Abschnitte der anonymisierten Zusammenfassung mit einem eindeutigen Verweis auf die wortwörtliche Aussage des Experten versehen, so dass bei der anschließenden Extraktion das Interviewtranskript und die Zusammenfassung parallel verwendet werden konnten.

An die Extraktion von Informationen schließt sich die **Aufbereitung** der Informationen an. In diesem Arbeitsschritt werden die extrahierten Informationen aus den verschiedenen Informationsquellen zusammengeführt, auf Redundanzen und Widersprüche überprüft und nach für die Auswertung relevanten Kriterien sortiert. Ziel der Aufbereitung ist es, die Informationsbasis für einen Fall so zu strukturieren, dass deren Auswertung möglich wird (vgl. *Gläser und Laudel 2010, S. 229 ff.*).

Überblick über das Entwicklungsvorhaben
Zielsetzung
Art der Beauftragung / Aufgabenherkunft
Entwicklungspartner
Dauer des Entwicklungsvorhabens
Gestaltung des Entwicklungsprozesses
Prozessablauf
Schnittstellen
Struktur der Wissensbasis
Erforderliche Wissensfelder
Einbezogene Wissensträger
Elemente der wissensorientierten Gestaltung
Aufstellung der Wissensbasis
Nutzung der Wissensbasis
Erweiterung der Wissensbasis
Sicherung der Wissensbasis
Besondere Herausforderungen und Erfolgsfaktoren
Besondere Herausforderungen der militärischen Luftfahrtindustrie
Erfolgsfaktoren für das Entwicklungsvorhaben

Tabelle 4.3: Kategoriensystem für die Extraktion

In der anschließenden **Auswertung** wird die aufbereitete Informationsbasis analysiert mit dem Ziel, die der Untersuchung zugrunde liegende Fragestellung zu beantworten (vgl. *Gläser und Laudel 2010, S. 246 ff.*). Hierzu werden zunächst die **einzelnen Fälle** anhand der erhobenen und bereits strukturierten Informationen beschrieben und ausgewertet, welche Elemente der wissensorientierten Gestaltung der Produktentwicklung Anwendung gefunden haben. Auch wenn Wert darauf gelegt wurde, die einzelnen Fälle in ähnlicher Art und Weise zu beschreiben, wurde bewusst Raum gelassen, um auf Besonderheiten der einzelnen Fälle eingehen zu können.

Nach der Darstellung der einzelnen Fälle werden diese in einer **fallübergreifenden Auswertung** gegenübergestellt. Auch wenn aus der vergleichenden Betrachtung von sechs Fallstudien keine allgemeingültigen Aussagen abgeleitet werden können, wird es dennoch möglich, Zusammenhänge, Gemeinsamkeiten und Besonderheiten zu erkennen. Zudem können durch den Vergleich der einzelnen Fälle vertiefte Einblicke in den komplexen Sachverhalt der wissensorientierten Gestaltung der Produktentwicklung gegeben, besondere Herausforderungen dargestellt und ein Handlungsbedarf abgeleitet werden.

4.3 Fallstudie *Lfz A*

Die ersten Anforderungen zur Entwicklung dieses Luftfahrzeugs stammen aus der Zeit des Ost-West-Konfliktes in Reaktion auf die damaligen Bedrohungen des Warschauer Paktes. Ein zentraler Aspekt war von Beginn an die Idee einer **kostenteilenden Kooperation** bei der Entwicklung und Produktion des Luftfahrzeugs. Letztendlich beteiligten sich **vier europäische Nationen** an dem kooperativen Programm und beauftragten für die nationalen Beiträge jeweils ein heimisches Luft- und Raumfahrtunternehmen als verantwortliche Systemfirma.

Die erforderlichen Aktivitäten der Entwicklung und Fertigung wurden zwischen den einzelnen Partnernationen gemäß dem **Prinzip „work share equals cost share“**, also proportional zu ihrem jeweils geplanten Beschaffungsanteil aufgeteilt und vertraglich fixiert. Jede Nation finanzierte dementsprechend die von ihren industriellen Auftragnehmern erbrachte Entwicklungsleistung und fertigte die entsprechenden Bauteile für das gesamte Programm. Auch die Entwicklung kleinster Baugruppen innerhalb eines Rechners oder eines Systems wurde auf Unternehmen der verschiedenen Partnernationen aufgeteilt, um die Entwicklungsbeiträge möglichst exakt auszutarieren.

4.3.1 Überblick über das Entwicklungsprojekt

Eine Besonderheit bei der Entwicklung dieses Luftfahrzeugs besteht darin, dass von Beginn an eine **sukzessive Entwicklung des Systems** in drei Entwicklungsstufen vorgesehen war. Dadurch ergibt sich die Möglichkeit, das Luftfahrzeug kontinuierlich an die militärischen Notwendigkeiten anzupassen. Möglich wird diese kontinuierliche Weiterentwicklung des Luftfahrzeugs vor allem dadurch, dass ein Großteil der Funktionalitäten durch hochgradig vernetzte, softwaregesteuerte Systeme realisiert ist, welche ohne große Änderungen an Struktur und Hardware modifiziert werden können.

In der ersten Entwicklungsstufe stand die Realisierung der ursprünglich vorgesehenen Rolle des Luftfahrzeugs im Zentrum der Entwicklung. **Zielsetzung** der zweiten Entwicklungsstufe war schließlich eine Weiterentwicklung des Luftfahrzeugs in Richtung Mehrrollenfähigkeit als Reaktion auf die gewandelte sicherheitspolitische Lage und veränderte operationelle Herausforderungen in aktuellen Konfliktszenarien. Das im Rahmen dieser Arbeit untersuchte Entwicklungsvorhaben umfasste den ersten Teil dieser Rollenanpassung. Hierzu wurden von den vier beteiligten Nationen unter anderem **Software Upgrades** zur Erweiterung der Bewaffnung des Luftfahrzeugs sowie zur Verbesserung der Flugsteuerung, des elektronischen Selbstschutzsystems und des Datenübermittlungssystems beauftragt. Das im Rahmen dieses Vorhabens weiterentwickelte Luftfahrzeug sollte zudem als **Basis für zukünftige Exportversionen** des Luftfahrzeugs dienen, weshalb auch Verbesserungsvorschläge aus bisher durchgeführten Exportkampagnen eingearbeitet wurden.

Durchgeführt wurde das Entwicklungsvorhaben in **viernationaler Kooperation**, wobei die erforderlichen Entwicklungsaktivitäten dezentral in den jeweiligen Partnerunternehmen durchgeführt wurden. Die Koordination und Beauftragung der Zusammenarbeit erfolgte durch ein Unternehmen, welches von den vier beteiligten Unternehmen zu Beginn der ursprünglichen Neuentwicklung als Joint Venture gegründet worden war.

Um bei der organisatorischen und technischen Komplexität des Weiterentwicklungsvorhabens die vertraglich vereinbarten Zeitziele einhalten zu können, wurde das Vorhaben in zwei Entwicklungspakete aufgeteilt, welche sich zeitlich leicht überschnitten. Jedes dieser Pakete bestand wiederum aus zwei aufeinander aufbauenden Entwicklungszyklen plus jeweils einem abschließenden Zyklus zur Behebung letzter Fehler. Der Entwicklungsprozess wurde also innerhalb des Weiterentwicklungsvorhabens mehrfach durchlaufen. Hierdurch wurde die Möglichkeit geschaffen, Rückmeldungen aus der Erprobung zeitversetzt, aber noch innerhalb des Entwicklungsvorhabens, einfließen zu lassen.

Im Laufe des Projektes ergaben sich **zeitliche Verzögerungen**, die dazu führten, dass die vertraglich vereinbarten Auslieferungstermine nicht mehr gehalten werden konnten. Ein entscheidender Auslöser für diese Verzögerung waren verschiedene Änderungswünsche, sowohl von Seiten der Kunden als auch von Seiten der Unternehmen, die schließlich zu einer **schleichenden Erweiterung des Programmumfangs** führten. Als Reaktion hierauf wurde durch das koordinierende Joint Venture ein spätest möglicher Auslieferungstermin festgelegt und eine **Arbeitsgruppe** damit beauftragt, das Entwicklungsvorhaben so zu restrukturieren, dass dieser Termin gehalten werden kann. Hierzu wurden aktuelle Verfahren und Vorgehensweisen analysiert, Wissenslücken identifiziert und darauf aufbauend Verbesserungsvorschläge, sowohl für dieses Vorhaben als auch für die Zukunft, erarbeitet. Auch inhaltlich wurde in Abstimmung mit den Entwicklungspartnern und den nationalen Kunden ein für alle Seiten tragbarer Kompromiss erarbeitet. Zudem wurden die noch erforderlichen Aktivitäten der Entwicklung und Zulassung gemeinsam priorisiert.

4.3.2 Strukturierung des Entwicklungsprozesses

Im Folgenden wird ein Überblick über die Gestaltung des Entwicklungsprozesses und der Schnittstellen gegeben. Da eine detaillierte Beschreibung des Prozessablaufs und der Schnittstellen den

Rahmen dieser Arbeit übersteigen würde, sind die folgenden Darstellungen auf die Inhalte reduziert, welche für das Verständnis der Herausforderungen und Maßnahmen der wissensorientierten Gestaltung der Produktentwicklung notwendig sind.

4.3.2.1 Prozessablauf

Die Entwicklung der Software Upgrades erfolgte gemäß den Rahmenvorgaben für Softwareentwicklung, welche durch das koordinierende Joint Venture vorgegeben wurden. Dementsprechend war die Weiterentwicklung unterteilt in die **Analysephase**, in der die Anforderungen an die Systeme und Subsysteme sowie der beteiligten Rechner analysiert und strukturiert wurden, die **Entwurfsphase**, in der das Design der Systeme und Subsysteme sowie der beteiligten Rechner festgelegt wurde, und die **Realisierungsphase**, in der die Software erstellt und anschließend auf mehreren Integrationsstufen bis hin zum abschließenden Flugtest getestet wurde.

Die einzelnen Phasen des Entwicklungsprozesses waren sequentiell angelegt. Das bedeutet, dass die nachfolgende Phase erst begann, wenn im Rahmen eines **Quality Gate Reviews** nachgewiesen wurde, dass in der aktuellen Phase alle zu erstellenden Produkte und Teilprodukte entsprechend den Vorgaben und Erwartungen erstellt wurden und alle für die nächste Phase erforderlichen Voraussetzungen erfüllt waren.

4.3.2.2 Schnittstellen

Durch die vertraglich festgelegte Aufteilung der Entwicklungsverantwortung erfolgte die Produktentwicklung als **verteilte Produktentwicklung**. Entwicklungspartner waren einerseits die vier Partnerunternehmen, welche von der jeweiligen Partnernation als verantwortliche Systemfirma benannt worden waren. Andererseits wurden Entwicklungstätigkeiten durch Zulieferer im Unterauftragnehmerverhältnis durchgeführt. Darüber hinaus gab es für die Hauptsysteme des Luftfahrzeugs jeweils ein viernationales integriertes Projektteam, welches durch das für dieses Hauptsystem verantwortliche Partnerunternehmen geleitet wurde. Diese Projektteams übernahmen unter anderem die Analysetätigkeiten auf Systemebene sowie die Erprobung auf dieser Ebene. Innerhalb eines Entwicklungszyklus ergaben sich somit eine Vielzahl von **Schnittstellen zu den Entwicklungsprozessen der Partnerunternehmen**.

Aufgrund der dezentralen Organisation der Entwicklungs- und Erprobungsaktivitäten war eine kontinuierliche Abstimmung zwischen den Unternehmen erforderlich. Diese Kommunikation erfolgte über definierte Mittler, welche in den jeweiligen Unternehmen fest installiert waren. Herausforderungen ergaben sich an der Schnittstelle zu den Entwicklungspartnern unter anderem aufgrund der **räumlichen Verteilung** der Entwicklungsaktivitäten:

„Eine räumliche Verteilung der Entwicklungsaktivitäten ist natürlich immer schwieriger zu koordinieren als wenn die Entwicklung koloziert stattfindet." (Lfz_A3)

Auch unterschiedliche Prioritäten und Arbeitsphilosophien sorgten für Herausforderungen in der unternehmensübergreifenden Zusammenarbeit. Darüber hinaus wurde die Zusammenarbeit mit den Entwicklungspartnern durch **nationale Vorbehalte** und die Tatsache erschwert, dass die Entwicklungspartner auf dem internationalen Verteidigungsmarkt im **Wettbewerb** standen und daher jeweils eigene wirtschaftliche Interessen hatten, die nicht immer aufeinander abgestimmt waren. Vor allem bei der Abstimmung der Entwicklungsdurchführung kam es daher immer wieder zu Reibungsverlusten. Verstärkt wurde dieser Effekt durch die vertraglich festgelegten Arbeitsanteile, welche ein unterschiedlich hohes Zukunftspotential für die einzelnen Unternehmen hatten. Hierdurch ergab sich die Situation, dass die Unternehmen einerseits bestrebt waren, das Wissen über die von ihnen entwickelten Systeme möglichst bei sich zu halten und zu schützen, und andererseits ein Interesse daran hatten, Wissen über Fremdsysteme zu erwerben.

Die **Schnittstelle zum militärischen Zulassungsprozess** wurde schon früh im Entwicklungsprogramm etabliert, da eine militärische Zulassung des veränderten Musters nicht nur für den Flugbetrieb des finalen Musters erforderlich war, sondern auch für die Erprobungsflüge während der laufenden Entwicklung. Somit war die Schnittstelle zum militärischen Zulassungsprozess von besonderer Bedeutung für den Verlauf des Entwicklungsvorhabens. Um eine **Freigabe zum Flugtest** zu erlangen, war es erforderlich, durch geeignete Testverfahren nachzuweisen, dass das Luftfahrzeug und seine Änderungen die Forderungen der jeweiligen Spezifikationen erfüllen. Anschließend wurden alle erforderlichen Nachweise zusammengestellt und über die Managementagentur der Auftraggeber, welche die Nachweisdokumentation aller vier Partnerunternehmen sammelte und harmonisierte, an die nationale Zulassungsstelle weitergeleitet. Auf Grundlage dieser Nachweisdokumentation wurde schließlich die Freigabe zum Flugtest erteilt. Vor jeder Flugtestkampagne war somit eine Vielzahl an Interessengruppen in die Zulassung einzubinden, deren Interessen und Prioritäten zu berücksichtigen und deren Aktivitäten aufeinander abzustimmen. Die Kommunikation mit der Zulassungsstelle erfolgte dabei nicht auf direktem Weg zwischen der Entwicklungsabteilung bzw. dem technischen Management und der Zulassungsstelle, sondern über die Musterprüfleitstelle des Unternehmens, welche in allen Fragen des Musterzulassungsprozesses als Mittler zwischen dem Entwicklungsbetrieb und der zuständigen Behörde fungierte.

Da das Weiterentwicklungsprogramm durch vier Nationen beauftragt und finanziert wurde, galt es nicht nur den eigenen nationalen Kunden einzubinden, sondern auch die jeweiligen Partnernationen. Diese wurden dabei durch eine international besetzte Managementagentur vertreten. Herausforderungen an dieser **Schnittstelle zum Ausrüstungs- und Nutzungsprozess der Kunden** ergaben sich beispielsweise durch unterschiedliche Vorstellungen der beteiligten Nationen darüber, welche Richtung bei der Weiterentwicklung eingeschlagen und mit welcher Geschwindigkeit Weiterentwicklungsvorhaben vorangetrieben werden sollten. In diesem Zusammenhang war ein wichtiger Aspekt die **Unterscheidung zwischen Bedarfsträger und Bedarfsdecker** innerhalb der Kundenorganisation. Während der Bedarfsträger als Nutzer der wehrtechnischen Systeme den operationellen Bedarf formuliert und entsprechende Anforderungen stellt, verfügt der Bedarfsdecker über die finanziellen Mittel und beauftragt schließlich die Unternehmen mit der Umsetzung. Im Vergleich zu den anderen Partnernationen ist in Deutschland die organisationelle Trennung zwischen Bedarfsträger und Bedarfsdecker besonders ausgeprägt:

> *„Es gibt die Luftwaffe, die gewisse Vorstellung hat, wie sie das Luftfahrzeug braucht. Es gibt das BAAINBw, wo eher die vertraglichen Themen zusammenlaufen. Da gibt es also eine klare Aufgabenverteilung. Und diese beiden Seiten sind längst nicht immer einer Meinung. Das ist auch klar, da die einen ein super Luftfahrzeug wollen und die anderen das Geld haben."* (Lfz_A2)

Die Einbindung beider Kundenteile erfolgte z. B. in Form von verschiedenen Foren und Besprechungen, in denen es darum ging, sich mit dem Kunden zu aktuellen Entwicklungsthemen abzustimmen, die nächsten Schritte zu koordinieren und über den aktuellen Stand der Entwicklung zu informieren. Auch wurden in diesen Besprechungen grundsätzliche Entscheidungen zu den Inhalten des Vorhabens mit den Kunden abgestimmt. Beispielsweise wenn es darum ging, die Entwicklung einer Funktionalität zu verändern oder Gestaltungsalternativen gemeinsam zu bewerten und zu vereinbaren.

4.3.3 Wissensorientierte Gestaltung der Produktentwicklung

Im Folgenden wird ein Überblick über die Elemente der wissensorientierten Gestaltung der Produktentwicklung gegeben, welche in dem untersuchten Vorhaben zur Anwendung gekommen sind. Wenn im Rahmen des Entwicklungsvorhabens Möglichkeiten identifiziert wurden, wie die wissensorientierte Gestaltung in zukünftigen Vorhaben verbessert werden kann, werden diese separat beschrieben.

4.3.3.1 Aufstellung der Wissensbasis

Die Einbindung von **Erfahrungen aus vorangegangenen Entwicklungsvorhaben**, also den Entwicklungsaktivitäten der ersten Entwicklungsstufe erfolgte vor allem in personalisierter Form. Das bedeutet, dass viele Entwicklungsingenieure und Experten für bestimmte Themengebiete in das Programm eingebunden waren, die auch schon an der Entwicklung der ersten Entwicklungsstufe des Luftfahrzeugs beteiligt waren:

> *„Auf Engineering-Ebene gab es in diesem Entwicklungsprogramm eine relativ gute Kontinuität was das Personal angeht."* (Lfz_A3)

Allerdings lag zwischen der Entwicklung von neuen Funktionalitäten für die erste Entwicklungsstufe des Luftfahrzeugs und diesem Weiterentwicklungsvorhaben eine Zeitspanne von mehreren Jahren, in denen nur wenige neue Funktionalitäten entwickelt und erprobt worden sind. In diesem Zeitraum ging es vor allem darum, als Vorbereitung für die zweite Entwicklungsstufe des Luftfahrzeugs, Funktionalitäten aus der ersten Entwicklungsstufe auf neue Hardware zu portieren. Dies führte in einzelnen Entwicklungsbereichen dazu, dass die Entwickler im wahrsten Sinne des Wortes **„aus der Übung“** kamen. Verstärkt wurde dieser Effekt dadurch, dass in diesem Zeitraum zusätzlich die Entwicklungsabteilung an einen neuen Standort verlegt worden war, was zu einigen Mitarbeiterverlusten führte. Um diese Wissenslücken gleich zu Beginn des Vorhabens zu schließen und so Verzögerungen in der Entwicklung entgegenzuwirken, wurden Schulungsprogramme und Ausbildungskonzepte erarbeitet und ein hierauf abgestimmtes Verbesserungsprojekt durchgeführt. Zudem wurden erste Erfahrungen aus **Exportkampagnen** für dieses Entwicklungsvorhaben berücksichtigt, um die Wettbewerbsfähigkeit des Luftfahrzeugs auf dem internationalen Markt zu verbessern. Hierzu wurden Rückmeldungen potentieller Exportkunden im Rahmen der Konzeptionsphase analysiert und bewertet.

Die für das Entwicklungsvorhaben erforderlichen **unternehmensinternen Experten** wurden auf zwei verschiedenen Wegen eingebunden. Einerseits in Form einer dauerhaften Einbindung von Entwicklungspersonal. Dabei wurden die verschiedenen Arbeitspakete der Entwicklung unterschiedlichen Entwicklungsabteilungen des Unternehmens zugeordnet, welche schließlich für die Bearbeitung verantwortlich waren. Andererseits in Form einer querschnittlichen Einbindung von Experten aus unterstützenden Disziplinen. Hierunter fielen beispielsweise Experten des Qualitäts- und Konfigurationsmanagements, der Flugsicherheit, der Musterprüfleitstelle oder des Programmmanagements. Zur Einbindung von **Experten der Entwicklungspartner**, also sowohl der Partnerunternehmen als auch der zuliefernden Unternehmen, wurden definierte Mittler bestimmt. Darüber hinaus wurde ein Konfigurationsmanagement-System zur Weitergabe von Entwicklungsergebnissen innerhalb der Entwicklungszyklen genutzt. Eine Einbindung von **unternehmens- bzw. kooperationsexternen Experten** erfolgte beispielsweise in der Planungsphase des Entwicklungsvorhabens, indem mit Experten der jeweiligen Zulassungsbehörden die bisherigen Verfahren zur Qualifizierung und Zulassung von Software Upgrades überarbeitet wurden. Darüber hinaus wurde für die Konzeptionsphase des Vorhabens eine Einbindung von Vertretern des späteren operationellen Nutzers eingeplant. Im Rahmen sogenannter Cockpit Assessments wurden zusammen mit dem späteren Nutzer in einem simulierten Cockpit Anforderungen an die Mensch-Maschine-Schnittstellen definiert und somit grundlegende Anforderungen an die Weiterentwicklung gestellt bzw. bereits vorhandene Anforderungen konkretisiert. Die Einbindung von Vertretern des Kunden für den weiteren Verlauf des Vorhabens war darauf ausgerichtet, diese regelmäßig über den Entwicklungsfortschritt zu unterrichten. Hierzu waren einerseits die durch den Entwicklungsprozess vorgegebenen Quality Gate Reviews vorgesehen, andererseits wurden regelmäßig Besprechungen zur gegenseitigen Abstimmung und gemeinsamen Entscheidungsfindung durchgeführt.

Im Rahmen des Entwicklungsvorhabens identifizierter Verbesserungsbedarf

Im Laufe des Vorhabens wurde deutlich, dass ein Grund für Verzögerungen und vermeidbare Iterationen darin lag, dass zu Beginn des Vorhabens nicht geprüft wurde, ob die **Startvoraussetzungen** für eine erfolgreiche Durchführung des Entwicklungsvorhabens gegeben sind.

> *„Wir lassen uns auf ein Entwicklungsprogramm ein, wenn die Grundlagen noch überhaupt nicht gelegt sind. Und dann wundern wir uns, wenn die tatsächliche Entwicklung Verspätung hat."* (Lfz_A3)

Für das vorliegende Entwicklungsvorhaben wurden beispielsweise im viernationalen Rahmen die Methoden und Werkzeuge für die Softwareentwicklung überarbeitet und an den aktuellen Stand der Technik angepasst. Allerdings wurde mit den Entwicklungstätigkeiten begonnen, bevor diese Methoden und Werkzeuge in einem ausreichend ausgereiften Zustand vorlagen und die Mitarbeiter hiermit ausreichend vertraut waren. Dies hatte zur Folge, dass diese überarbeiteten Methoden und Werkzeuge während der laufenden Entwicklung weiter angepasst und nachgearbeitet werden mussten, was zu deutlichen Verzögerungen führte. Um diese Situation für zukünftige Vorhaben zu verbessern, wurde der Bedarf identifiziert, mit den Entwicklungspartnern ein gemeinsames **Vorgehen zur Schaffung der erforderlichen Grundlagen** zu vereinbaren, welches vor Beginn der eigentlichen Entwicklungsaktivitäten sicherstellt, dass die Startvoraussetzungen gegeben sind. Erschwert wird die Einigung auf eine gemeinsame Vorgehensweise jedoch durch unterschiedlichen Unternehmenskulturen und -ziele der internationalen Partnerunternehmen und die Tatsache, dass solche Aktivitäten durch die Unternehmen eigenfinanziert werden müssten:

> *„Obwohl sich jeder bewusst ist, dass hier etwas getan werden muss, werden die Mittel hierfür nicht bereitgestellt. (...) Und Sie wissen ja, wie das funktioniert: Hat man Mannstunden, tut man etwas, hat man keine Mannstunden, darf man nichts tun."* (Lfz_A3)

Ein weiterer Verbesserungsbedarf wurde in Bezug auf die **Einbindung des nationalen Kunden** in die Abläufe und Strukturen der Produktentwicklung identifiziert. Deutlich wurde dieser Bedarf durch den direkten Vergleich mit einem der vier Partnerunternehmen, das die Einbindung des nationalen Kunden in die Entwicklungsvorhaben intensiv und erfolgreich praktizierte. Dadurch, dass dieses Partnerunternehmen die militärischen Anforderungen und Prioritäten seines nationalen Kunden sehr genau kannte und von Beginn an in enger Abstimmung mit dem Kunden zusammenarbeitete, konnte es sehr zielorientiert bei der Koordination der Entwicklungsaktivitäten und der Harmonisierung von Anforderungen vorgehen.

> *„Das ist einfach ein Schulterschluss. Das merkt man ganz deutlich."* (Lfz_A2)

Zudem war der nationale Kunde dieses Partnerunternehmens darauf bedacht, seine Anforderungen frühzeitig zu formulieren und bei Bedarf auch finanziell in Vorleistung zu gehen, um die Umsetzung seiner Anforderungen möglichst rasch zu ermöglichen. Dies hatte zur Folge, dass von diesem

Entwicklungspartner viele Initiativen innerhalb des viernationalen Vorhabens ausgingen und deren Entscheidungen und Pläne ein starkes Gewicht in der viernationalen Kooperation bekamen. Für zukünftige Vorhaben wird daher angestrebt, von Beginn an eine **integrierte Arbeitsweise zwischen Auftragnehmer und Auftraggeber** zu etablieren, um gemeinsam die Bedürfnisse und das Vorgehen zur Realisierung technischer Lösungen abstimmen zu können.

> *„Um die Entwicklung effizienter zu gestalten ist eine integrierte Vorgehensweise zwischen Kunde und Industrie erforderlich. Im Gegensatz zu anderen Nationen fehlt bei uns das Vertrauen. Ein Vertrauensverhältnis kann jedoch nur aufgebaut werden, wenn man zusammenarbeitet."* (Lfz_A3)

4.3.3.2 Nutzung der Wissensbasis

In dem untersuchten Entwicklungsvorhaben wurden verschiedene Maßnahmen zur **Überwindung von Hindernissen**, die der Nutzung des vorhandenen Wissens entgegenstanden, ergriffen. So wurde beispielsweise festgestellt, dass bei Abweichungen, die im Rahmen der Erprobung auftraten, häufig der offizielle, durch das Joint Venture koordinierte Problembearbeitungsprozess angestoßen wurde, ohne vorab zu analysieren ob es sich tatsächlich um einen Fehler des Systems handelte. Dies geschah unter anderem aufgrund unzureichenden Systemwissens der Bearbeiter bzw. aufgrund **fehlenden Wissens über geeignete Experten** im eigenen Unternehmen oder bei Kooperationspartnern, die zur Analyse der Abweichung hinzugezogen werden können. Um die Analyse von Abweichungen zu ermöglichen bevor der offizielle Problembearbeitungsprozess angestoßen wird, wurde ein **Expertennetzwerk** etabliert. In diesem sind für die verschiedenen Systeme und Komponenten Experten benannt, welche im Bedarfsfall kontaktiert werden können und bei der Analyse von Abweichungen unterstützen.

Im Laufe des Vorhabens stellte sich zudem heraus, dass viele Fehler, die im Rahmen der kostenintensiven Flugerprobung gefunden wurden, bereits bei den Erprobungen am Boden hätten gefunden werden können, wenn die Szenarien der Flugerprobung bereits simuliert am Boden durchgeführt worden wären. Da die Erprobung der Komponenten und Systeme am Boden und die abschließende Erprobung in der Luft jedoch von unterschiedlichen Unternehmensbereichen verantwortet wurde, führten sowohl **organisatorische wie auch kulturelle Unterschiede** dazu, dass der Austausch zwischen den einzelnen Testebenen nur unzureichend stattfand. Um das Wissen über operationelle Testszenarien bereits in die Erprobung am Boden einfließen lassen zu können, wurde mit der **frühzeitigen Einbindung von Experten der Flugerprobung** in die Testläufe am Boden begonnen. Ziel dieser Maßnahme war zum einen die frühzeitige Identifikation von Problemen, die bei den operativen Testszenarien auftreten können. Zum anderen zielte diese Maßnahme auf die Überwindung organisatorischer und kultureller Unterschiede zwischen den Testebenen ab, welche erforderlich ist, um die Kommunikation und die Zusammenarbeit zu verbessern.

Außerdem wurden im Laufe des untersuchten Entwicklungsvorhabens Maßnahmen zur **Verbesserung der Wissensverteilung** ergriffen. Beispielsweise wurden zur Verbesserung des Wissensaustauschs bei komplexen Entwicklungsaufgaben **interdisziplinäre Arbeitsgruppen** eingerichtet, welche sich zunächst außerhalb der Hauptentwicklung mit der technischen Problemlösung beschäftigen und ihre Ergebnisse dann in den Hauptentwicklungsstrang einfließen lassen.

Um unnötige Iterationen nach formalen, viernationalen Reviews zu vermeiden, wurden zudem **zusätzliche Quality Gates** eingeführt, in denen zunächst firmenintern überprüft wurde, ob tatsächlich alle Voraussetzungen für das Bestehen des Reviews vorhanden sind.

Darüber hinaus wurde durch die Arbeitsgruppe zur Restrukturierung des Entwicklungsvorhabens festgestellt, dass das **Wissen über die Abläufe und Strukturen der Produktentwicklung** bei vielen Mitarbeitern nicht in dem erforderlichen Maß vorhanden war. Da viele Prozesse und Vorgehensweisen nur unzureichend dokumentiert waren bzw. nicht dem aktuellen Vorgehen entsprachen, war es für die einzelnen Mitarbeiter schwierig ihre jeweilige Rolle in den Gesamtprozess einzuordnen, Zusammenhänge zu erkennen und den eigenen Beitrag zur gesamten Entwicklung einordnen zu können.

Dadurch, dass Schnittstellen zu anderen Prozessen, interne Kunden-Lieferanten-Verhältnisse, zentrale Ansprechpartner und Beteiligte der einzelnen Prozessphasen im Unternehmen bzw. in der Entwicklungskooperation in einigen Bereichen nur unzureichend bekannt waren, ergaben sich Defizite in der bereichsübergreifenden Kommunikation und der Abstimmung von Arbeitspaketen. Hierdurch kam es zu unnötigen Iterationen. Das fehlende Wissen über die Gesamtzusammenhänge führte oftmals dazu, dass Entwicklungsaktivitäten trotz unausgereifter Zwischenprodukte weitergeführt wurden und in den späten Phasen des Prozesses dann zeitintensive Nacharbeiten und Rückschleifen erforderlich wurden. In einem **Verbesserungsprojekt** wurden daraufhin die Prozesse und Verfahren zur Entwicklung unter Einbeziehung der Mitarbeiter überprüft, verbessert und dokumentiert. Zudem wurden alle an der Entwicklung beteiligten Mitarbeiter mit den erarbeiteten Ergebnissen vertraut gemacht.

4.3.3.3 Erweiterung der Wissensbasis

Zeitliche Verzögerungen ergaben sich in dem untersuchten Entwicklungsvorhaben beispielsweise an der Schnittstelle zum militärischen Zulassungsprozess. Neben der zeitaufwendigen Koordination der Zulassungsaktivitäten auf viernationaler Ebene war ein Grund hierfür fehlendes **Wissen über die Auslastung und die Prioritäten der nationalen Zulassungsbehörden**. So waren beispielsweise bei der deutschen Zulassungsbehörde andere Zulassungsaktivitäten höher priorisiert als die Bearbeitung der Flugtestfreigaben für dieses Vorhaben.

> *„Im Endeffekt sind das ja alles behördliche Prozesse. Da ist es für uns manchmal schwierig einen direkten Einblick zu bekommen."* (Lfz_A2)

Dadurch wurden die Freigaben deutlich später als von den Unternehmen geplant erteilt. Da die Entwicklungsaktivitäten unterdessen weiterliefen, bedeuteten solche Verzögerungen am Ende eines Entwicklungspaketes, dass Probleme, die bei der Flugerprobung auftraten, erst deutlich später als geplant in die Entwicklung einfließen konnten. Dies erhöhte einerseits den Koordinations- und Harmonisierungsaufwand und sorgte andererseits für weiteren zeitlichen Verzug. Unterschiedliche Erwartungen an die Art und Weise der zu erbringenden Nachweise bzw. an bestimmte Inhalte der Nachweisdokumentation führten darüber hinaus zu ungeplanten Iterationen.

Im Rahmen der Analyseaktivitäten der Arbeitsgruppe zur Restrukturierung des Entwicklungsvorhabens wurde zudem deutlich, dass der militärische Nutzer einzelne Funktionalitäten anders einsetzen wollte, als dies von den Entwicklungs- und Erprobungsingenieuren vorgesehen wurde. Um diese Wissenslücke im weiteren Verlauf des Vorhabens schließen zu können, wurde vereinzelt damit begonnen sowohl Testpiloten des Unternehmens als auch Vertretern der späteren Nutzer Entwicklungszwischenergebnisse simuliert vorzuführen und ihr Urteil einzuholen. Auf diese Weise konnte **Wissen über die militärischen Einsatzkonzepte** in die Entwicklung einfließen und die Kommunikation zwischen Entwicklern und späteren Nutzern aufgebaut bzw. intensiviert werden.

Eine weitere Wissenslücke im Projekt ergab sich bezüglich des Umgangs mit Entwicklungsergebnissen und -hilfsmitteln, welche unter die **Regularien des US-amerikanischen Exportkontrollrechts** fielen. Hier wurde teilweise erst spät klar, dass einzelne Entwicklungsergebnisse und -hilfsmittel hiervon betroffen waren. Zudem war vielfach unklar, wie diese Regularien in der Praxis anzuwenden waren und welche Spielräume sich hieraus für das eigene Handeln ergaben. Um diese Wissenslücke zu schließen, begann man im Unternehmen damit, externe Expertise einzuholen, einheitliche Verfahren zum Umgang mit diesen Inhalten zu erarbeiten und die Mitarbeiter entsprechend zu schulen.

Im Rahmen des Entwicklungsprojektes gab es zudem verschiedene **Anforderungsänderungen**, welche einen Einfluss auf die zeitliche Entwicklung des Vorhabens und den Bedarf an technischem Lösungswissen hatten. So war dieses Vorhaben zur Weiterentwicklung des Luftfahrzeugs ursprünglich als reines Softwareentwicklungsprojekt geplant. Im Laufe des Projektes stellte sich jedoch heraus, dass die **Rechnerleistung einzelner Geräte** trotz im Vorfeld erfolgter Analysen und Verbesserungsmaßnahmen doch nicht ausreichte, um die neu einzuführenden Funktionalitäten stabil und zuverlässig ausführen zu können. Dies machte zusätzlich Änderungen an der Hardware erforderlich. Weitere Anforderungsänderungen ergaben sich beispielsweise durch Erfahrungen aus abgeschlossenen **Exportkampagnen**. Um das Luftfahrzeug für den Export wettbewerbsfähig zu machen und gleichzeitig den nationalen Kunden einen zusätzlichen Mehrwert zu bieten, wurden zusätzliche Anforderungen definiert, welche in das Entwicklungsprojekt eingeflossen sind. Des Weiteren forderten die nationalen Kunden, **zusätzliche Verbesserungen**, die von ihnen für die bereits in Nutzung befindliche erste Entwicklungsstufe des Luftfahrzeugs beauftragt worden sind, auch für die zweite Entwicklungsstufe, also in diesem Entwicklungsprojekt zu realisieren.

Im Rahmen des Entwicklungsvorhabens identifizierter Verbesserungsbedarf

Da die Aktivitäten der Entwicklung und das hierfür erforderliche Wissen nicht komplett im Voraus planbar waren, ergaben sich immer wieder Lücken in der Wissensbasis des Entwicklungsprojektes:

> „*In der Entwicklung wartet immer die eine oder andere Überraschung auf einen, die man vorher nicht so auf dem Zettel hatte.*" (Lfz_A2)

Nichtsdestotrotz wurde im Laufe des Projektes deutlich, dass Verzögerungen, die sich durch Wissenslücken und Anforderungsänderungen ergaben, vermieden bzw. verringert werden können, wenn die **Einbindung externer Wissensquellen** verbessert wird. Um die Wissenslücken bezüglich der militärischen Zulassung in zukünftigen Vorhaben zu vermeiden, sollen beispielsweise die Prioritäten bei der Zulassung und die Erwartungen an die Nachweisdokumente frühzeitig mit dem Kunden abgestimmt werden.

> „*Wichtig ist, dass man sich als Unternehmen nicht darauf zurückzieht, die Verantwortung für Verzögerungen der Zulassungsbehörde zuzuschieben und abzuwarten. Vielmehr ist es wichtig, frühzeitig Prioritäten bei der Zulassung zusammen mit dem Auftraggeber und den zuständigen Behörden abzustimmen.*" (Lfz_A1)

Auch die Einbindung von Vertretern des operationellen Nutzers, mit der in dem untersuchten Vorhaben begonnen wurde, soll für zukünftigen Vorhaben intensiviert werden:

> „*Diese Vorgehensweise birgt natürlich Potential für Chaos, dessen bin ich mir auch bewusst, aber ohne die Kommunikation kommt bei den Ingenieuren schlichtweg nicht an, was der Pilot eigentlich will und umgekehrt hat ein Pilot keine Vorstellung davon, was es eigentlich bedeutet, eine vermeintlich banale Forderung umzusetzen.*" (Lfz_A3)

Ein weiterer Verbesserungsbedarf, der im Laufe des Vorhabens identifiziert wurde, hängt mit der langen Entwicklungsdauer zusammen. Diese ergibt sich vor allem durch die hohe technische Komplexität der Systeme und führt dazu, dass multinationale Entwicklungsvorhaben besonders anfällig für Änderungsforderungen sind. Gerade weil die Zeit von Beginn der Weiterentwicklung bis zur Auslieferung des neuen Programmpakets über mehrere Jahre lief, brachten sowohl Kunden als auch Entwicklungspartner verschiedene Zusatz- und Änderungswünschen ein, deren Bedarf sich erst im Laufe des Vorhabens ergeben hat:

> „*Wenn die Entwicklungszeiten kürzer wären, könnte man Zusatzforderungen jeweils in den nächsten Kunden-Release verschieben.*" (Lfz_A3)

Daher wird für zukünftige Vorhaben angestrebt, bereits zu Beginn des Vorhabens mit den Kunden und den Entwicklungspartnern ein **Vorgehen zum Umgang mit Anforderungsänderungen** zu vereinbaren. Dieses soll unter anderem die Fragestellungen berücksichtigen, wie Anforderungsänderungen einzusteuern sind, welche Interessengruppen zu beteiligen sind und wer letztlich über die Umsetzung der Änderungswünsche entscheidet.

4.3.3.4 Sicherung der Wissensbasis

Die Sicherung von technischem Wissen über das Entwicklungsvorhaben hinaus erfolgte vor allem in **personalisierter Form**. Das bedeutet, dass versucht wurde, die Mitarbeiter und damit ihre Erfahrung in nachfolgenden Projekten wieder einzusetzen. Damit wurde der Erkenntnis Rechnung getragen, dass ein Großteil des für die Produktentwicklung relevanten Wissens an die Mitarbeiter des Entwicklungsvorhabens gebunden ist und sich nur in Teilen dokumentieren lässt.

Darüber hinaus wurde Wissen über das Produkt, welches im Laufe des Entwicklungsvorhabens aufgebaut wurde, in **dokumentierter Form** gesichert, also in Form einer möglichst umfassenden Produktdokumentation. Dies geschah aus mehreren Gründen. Einerseits um produktbezogenes Wissen für zukünftige Vorhaben zu sichern, andererseits um rechtliche Vorgaben und Dokumentationsanforderungen der Kunden zu erfüllen. Diese haben nämlich nicht nur Entwicklungsleistungen beauftragt, sondern auch eine umfassende Dokumentation der entwickelten Systeme und der dazu erforderlichen Entwicklungsschritte, welche benötigt wird, um eine Erkenntnis- und Beurteilungsfähigkeit für das in Nutzung befindliche Luftfahrzeug aufzubauen. Zudem wurden die Vorgehensweisen und Prozesse der Produktentwicklung, welche im betrachteten Vorhaben zur Anwendung kamen, dokumentiert und den Mitarbeitern zugänglich gemacht.

4.4 Fallstudie *Lfz B*

Während in der Fallstudie *Lfz A* ein Weiterentwicklungsvorhaben aus dem Hauptentwicklungsstrang des Luftfahrzeugs beschrieben wurde, wird in diesem Fall die **Modifizierung einer bereits in Nutzung befindlichen Version** der ersten Entwicklungsstufe des Luftfahrzeugs dargestellt. Wie in der Fallstudie *Lfz A* beschrieben, sieht der Hauptentwicklungsstrang des Luftfahrzeugs zwar eine sukzessive Weiterentwicklung in drei Entwicklungsstufen vor, diese erstreckt sich jedoch über einen langen Zeitraum und erfordert aufgrund der viernationalen Kooperation lange Vorlaufzeiten für Änderungsforderungen.

Um möglichst rasch auf dringende Änderungsanforderungen, z. B. aufgrund von Einsatzerfahrungen, reagieren zu können, ist es daher erforderlich bereits in Nutzung befindliche Versionen des Luftfahrzeugs anzupassen. Hierzu betreibt der deutsche Entwicklungspartner in Kooperation mit der deutschen Luftwaffe ein **Zentrum zur Systembetreuung**, welches mit der Pflege und Änderung ausgewählter Systeme des Luftfahrzeugs im Rahmen der Nutzung betraut ist.

Auch die anderen Partnernationen betreiben solche Zentren zur Systembetreuung, welche sich jedoch in Bezug auf die strategische Ausrichtung und die organisatorische Umsetzung der Zusammenarbeit von militärischen und industriellen Kräften unterscheiden. Eine der Partnernationen beauftragt beispielsweise eine eigens dafür eingerichtete Abteilung ihres industriellen Auftragnehmers mit der Durchführung von Änderungsvorhaben während der Nutzung des Systems. Ein erstes Projekt dieser Partnernation befasste sich mit der Änderung von einzelnen Funktionalitäten, die in der Entwicklungsverantwortung ihres nationalen Auftragnehmers lagen. In den folgenden Vorhaben wurden schließlich auch Änderungen beauftragt, welche außerhalb der Entwicklungsverantwortung dieses Unternehmens lagen. Im Zuge dessen wurde damit begonnen die Systembetreuungszentren anderer Nationen als Kooperationspartner zu gewinnen. Auch das deutsche Zentrum zur Systembetreuung wurde um die Beteiligung an den Weiterentwicklungsvorhaben gebeten, um innerhalb dieses Vorhabens auch Funktionalitäten ändern zu können, für die die vertraglich fixierte Entwicklungsverantwortung auf deutscher Seite lag. Dadurch ergab sich für den deutschen Kunden die Möglichkeit auch eigene Anforderungen mit einzubringen, welche für den initiierenden Partner eine eher untergeordnete Rolle spielten.

4.4.1 Überblick über das Entwicklungsprojekt

Die **Zielsetzung** des Weiterentwicklungsvorhabens war die Realisierung von Änderungsforderungen der operationellen Nutzer an der bereits in Nutzung befindlichen ersten Entwicklungsstufe des Luftfahrzeugs. Beauftragt wurden hierzu unter anderem **Softwareänderungen** im Bereich der Datenverarbeitung, Modifikationen der Anzeigeformate im Cockpit, Änderung der Fehlerdiagnose und -behandlung einzelner Rechner und Modifikationen bei der Bedienung der Selbstschutzanlage. Zudem wurden in diesem Vorhaben verschiedene **Softwarefehler** behoben, die im Betrieb des Luftfahrzeugs festgestellt worden sind. Auch Fehler, die in den späten Testphasen der Hauptentwicklung aufgetreten sind, deren Behebung in Rücksprache mit dem Kunden jedoch erst später erfolgen sollte, wurden in diesem Vorhaben behoben. Ein weiteres Ziel dieses Entwicklungsvorhabens war die **Erweiterung der Fähigkeiten zur Softwarepflege und -änderung** in der Nutzungsphase des Luftfahrzeugs, also nach Abschluss der Hauptentwicklung der ersten Entwicklungsstufe.

Beauftragt wurden sowohl Produktänderungen als auch Produktpflegemaßnahmen. Die **Produktpflege**, also in diesem Fall Softwarepflege, umfasst Maßnahmen, mit denen keine Systemspezifikationen und auch keine untergeordneten Spezifikationen geändert werden. Sobald Spezifikationen verändert werden, erfolgt eine **Produktänderung**, also in diesem Fall eine Softwareänderung. Wird zusätzlich das Fähigkeitsspektrum des Luftfahrzeugs erweitert, spricht man von einer Produktverbesserung.

Dieses Entwicklungsvorhaben wurde in **dreinationaler Kooperation** begonnen, wobei in jeder Nation die Anteile bearbeitet wurden, für die das von der jeweiligen Nation als Systemfirma benannte Luft- und Raumfahrtunternehmen auch in der Hauptentwicklung verantwortlich war. Zum Ende des Vorhabens beteiligte sich auch die vierte Partnernation mit einer kleinen Änderungsmaßnahme an dem Vorhaben.

4.4.2 Strukturierung des Produktentwicklungsprozesses

Im Folgenden wird ein Überblick über die Gestaltung des Entwicklungsprozesses und der Schnittstellen gegeben. Da eine detaillierte Beschreibung des Prozessablaufs und der Schnittstellen den Rahmen dieser Arbeit übersteigen würde, sind die folgenden Darstellungen auf die Inhalte reduziert, welche für das Verständnis der Herausforderungen und Maßnahmen der wissensorientierten Gestaltung der Produktentwicklung notwendig sind.

4.4.2.1 Prozessablauf

Die Umsetzung der Softwareänderungen erfolgte wie auch im Entwicklungsvorhaben *Lfz A* gemäß den Vorgaben des Joint Ventures, welches zu Beginn der Hauptentwicklung von den Partnerunternehmen gegründet wurde, um die Entwicklungsaktivitäten zu koordinieren und zu harmonisieren. Dementsprechend folgten auf die **Analysephase**, in der die Anforderungen an die Systeme und die Software analysiert und strukturiert wurden, die **Entwurfsphase** und die **Realisierungsphase**, in der die Software erstellt und auf mehreren Integrationsstufen getestet wurde.

Gemäß den Vorgaben des Joint Ventures erfolgten die einzelnen Phasen sequentiell. Das bedeutet, dass eine Phase erst abgeschlossen wurde, wenn in einem **Quality Gate Review** der Nachweis erbracht wurde, dass in der vorherigen Phase alle zu erstellenden Produkte und Teilprodukte entsprechend den Vorgaben und Erwartungen erstellt wurden und alle für die nächste Phase erforderlichen Voraussetzungen erfüllt waren.

4.4.2.2 Schnittstellen

Ähnlich der Vorgehensweise in der Hauptentwicklung erfolgte die Produktentwicklung als **verteilte Produktentwicklung**. Als Entwicklungspartner waren in jeder beteiligten Nation das bereits in der Hauptentwicklung als Systemfirma benannte Luft- und Raumfahrtunternehmen bzw. ein Systembetreuungszentrum benannt. Hierdurch ergaben sich innerhalb eines Entwicklungszyklus vielfältige **Schnittstellen zu den Entwicklungsprozessen der Kooperationspartner**. Die Änderungen, welche im Rahmen dieses Vorhabens beauftragt wurden, betrafen im Großteil eines der vier Hauptsysteme des Luftfahrzeugs, für das die Entwicklungsverantwortung bei dem

Partnerunternehmen lag, das zusammen mit seinem nationalen Kunden dieses Weiterentwicklungsprogramm initiiert hatte. Dementsprechend fanden die Erprobungen auf Hauptsystemebene und die Erprobungen des gesamten Luftfahrzeugs in Verantwortung dieses Entwicklungspartners statt. Anders als zu Beginn des Vorhabens geplant, wurden einzelne Erprobungen im Flug auch durch deutsche Erprobungsträger durchgeführt. Aus diesem Grund waren auch Abstimmungen zwischen den Flugtest-Bereichen der beiden Nationen erforderlich.

Durch die räumliche Trennung und die unterschiedlichen Unternehmensphilosophien ergaben sich im Laufe des Vorhabens immer wieder Herausforderungen bei der Koordination und Harmonisierung der Zusammenarbeit mit den Entwicklungspartnern.

> *„Das ist für multinational verteilte Entwicklungsprozesse aber ganz normal. Da gibt es immer wieder Sorgen, Nöte und Probleme, die man dann gemeinsam angehen muss."* (Lfz_B2)

Zusätzlich erschwert wurde die Zusammenarbeit der Entwicklungspartner durch **unterschiedliche nationale Prioritäten**. So hatten einzelne Anforderungen, welche für den deutschen Kunden im Vordergrund standen, für die Partnernation, welche dieses Entwicklungsvorhaben initiiert hatte, nur nachgeordnete Priorität. Dies führte im Laufe des Vorhabens immer wieder zu Harmonisierungsbedarf, vor allem wenn es darum ging das weitere Vorgehen zu planen, Prioritäten festzulegen und auf aktuelle Ereignisse, z. B. unerwartete Verzögerungen bei der Erteilung von Flugtestfreigaben, zu reagieren.

Eine weitere Besonderheit bei der Zusammenarbeit der Kooperationspartner ergab sich durch die **Koexistenz von Kooperation und Wettbewerb**, welche zu aktiven Wissensschutzmaßnahmen führte. So wurden die Flugtests zwar auf zwei nationale Partner aufgeteilt. Zur Sicherung von nationalen Kenntnissen und Fähigkeiten wurde jedoch darauf geachtet, dass die Erprobung sensibler Entwicklungsinhalte nicht durch den jeweiligen Kooperationspartner durchgeführt wurde.

Die **Schnittstelle zum militärischen Zulassungsprozess** wurde nicht nur für die das Vorhaben abschließende Musterzulassung, sondern auch für die Erlangung von Freigaben zur Flugerprobung genutzt. In allen Fragen des Zulassungsprozesses war die Schnittstelle zwischen Entwicklungsbetrieb und zulassender Behörde die **Musterprüfleitstelle** des Entwicklungsbetriebes. Eine direkte Kommunikation zwischen entwickelnder Abteilung, welche die Nachweisdokumentation anfertigte und zusammenstellte, und zulassender Behörde war nicht vorgesehen. Um die Freigabe zum Flugtest zu erlangen, wurden alle erforderlichen Nachweisdokumente zusammengestellt und über die Musterprüfleitstelle an die prüfende Behörde weitergeleitet. Eine Herausforderung war dabei u. a. die Nachweisdokumentation, die von anderen Entwicklungspartnern zugeliefert wurde, vorab auf Vollständigkeit und Güte gemäß den **Vorgaben der Zulassungsbehörde** zu überprüfen. Eine weitere Herausforderung ergab sich dadurch, dass die aus der viernationalen Hauptentwicklung bekannten Vorgehensweisen zur Einbindung und Beteiligung der nationalen Zulassungsbehörden nicht ohne weiteres auf dieses Projekt übertragen werden konnten. Da zunächst nicht alle Partnernationen beteiligt waren und ein bereits in Nutzung befindliches Muster geändert wurde, mussten die bisher bekannten Verfahren angepasst werden. Zudem war zusätzlicher Abstimmungsaufwand erforderlich, um Missverständnissen und unnötigen Iterationen vorzubeugen.

In dem untersuchten Entwicklungsprojekt wurden zudem **Schnittstellen zum Ausrüstungs- und Nutzungsprozess des Kunden** etabliert. Auf deutscher Seite gab es zum einen die Schnittstelle zur operationellen Organisation des Kunden, von wo aus die Anforderungen aus operationeller Sicht formuliert und in das Vorhaben eingebracht wurden. Zum anderen gab es eine Schnittstelle zum technisch-logistischen Bereich, also der Nutzungsorganisation des Kunden, welche das Luftfahrzeug in der Nutzung betreut und die Forderungen an die Beschaffungsorganisation weiterleitete, welche die Verträge mit der Industrie schloss und letztlich die finanziellen Mittel zur Verfügung stellte. Herausforderung an dieser Stelle war, jeden dieser Bereiche adäquat zu adressieren und aufeinander abzustimmen, damit dieses Vorhaben wie geplant durchgeführt werden konnte:

> *„Man muss sich immer vergegenwärtigen, dass der Kunde ein heterogener Kunde ist. (...) Wenn man sich darüber bewusst ist, wer welche Rolle spielen sollte, dann kann man entsprechend steuernd eingreifen (...).“* (Lfz_B2)

Ein entscheidender Aspekt war dementsprechend die Beantwortung der Frage, wer auf Kundenseite in die einzelnen Phasen des Entwicklungsvorhabens einzubinden ist. Bei der Zusammenstellung der technischen und operationellen Anforderungen an das zu ändernde Produkt war es die Nutzungsorganisation des Kunden, die in das Vorhaben eingebunden wurde. Die Einbindung von Vertretern des zukünftigen Nutzers erfolgte vor allem zu Beginn des Vorhabens, also in der Phase der Aufgabenplanung. Im weiteren Verlauf erfolgte eine Einbindung immer dann, wenn Entscheidungen bezüglich operationeller Anforderungen und deren Priorisierung innerhalb des Vorhabens erforderlich waren. Zudem wurde die operationelle Organisation des Kunden kontinuierlich über den Projektfortschritt informiert und zu Fortschrittsbesprechungen und Quality Gate Reviews eingeladen.

Sobald es darum ging, die Beauftragung für die Realisierung dieser Anforderungen zu erlangen, stand die Beschaffungsorganisation des Kunden als Geldgeber und Vertragshalter im Fokus der Einbindung des Kunden. Deren Einbindung erfolgte beispielsweise dann, wenn es um die Bereitstellung von Haushaltsmitteln ging. Eine Einbindung erfolgte zudem bei den technischen Abnahmen der in einer Entwicklungsphase erstellten Produkte (Dokumentation, Software-Quellcode, Testskripte usw.). Auf diese Weise wurde der beauftragenden Instanz die Möglichkeit gegeben, erstellte Produkte auch zurückzuweisen.

4.4.3 Wissensorientierte Gestaltung der Produktentwicklung

Im Folgenden wird ein Überblick über die Elemente der wissensorientierten Gestaltung der Produktentwicklung gegeben, welche in dem untersuchten Vorhaben zur Anwendung gekommen sind. Wenn im Rahmen des Entwicklungsvorhabens Möglichkeiten identifiziert wurden, wie die wissensorientierte Gestaltung in zukünftigen Vorhaben verbessert werden kann, werden diese separat beschrieben.

4.4.3.1 Aufstellung der Wissensbasis

Zur Bearbeitung der Entwicklungsaufgaben wurde ein **integriertes Entwicklungsteam** gebildet. Darüber hinaus wurde bereits in der Aufgabenplanung abgeschätzt, aus welchen unterstützenden Disziplinen zusätzlich Zuarbeit erforderlich sein wird bzw. welche Bereiche querschnittlich in das Vorhaben einzubinden sind. Diese Planungen flossen in ein **übergeordnetes Planungsdokument** ein, in dem neben der Beschreibung der zeitlichen Planungen und Abhängigkeiten auch die jeweiligen Ansprechpartner und Experten, sowohl innerhalb des Unternehmens bzw. der Kooperation als auch darüber hinaus, verzeichnet waren.

Zu Beginn des Entwicklungsvorhabens ergab sich zudem die Situation, dass zwar verschiedene Listen mit Anforderungen und Produktänderungswünschen existierten, diese jedoch nicht zu einem **Gesamtüberblick** zusammengestellt wurden. Dieser war jedoch vor allem für die Arbeiten im deutschen Systembetreuungszentrum wichtig, um den eigenen Beitrag in den Gesamtzusammenhang des Vorhabens einordnen zu können und Gestaltungsoptionen fundiert bewerten und auswählen zu können.

> „*Von deren Sicht aus war das gar nicht mal so nötig, einen solchen Gesamtüberblick zu formulieren und Gründe für Entscheidungen festzuhalten, weil die die Informationen vor Ort haben, quasi in Rufreichweite. Wir bekamen jedoch nur einzelne Änderungen auf Systemebene mitgeteilt, die wir dann in geeignete Änderungen auf Rechnerebene umsetzen sollen.*" (Lfz_B1)

Auch das Verständnis, auf welche Art und Weise die Änderungen durchgeführt werden sollten, war bei den einzelnen Partnern unterschiedlich. Während der Auftragnehmer der initiierenden Nation und das deutsche Zentrum zur Systembetreuung sich an den Prozessen und Vorgaben orientierten, welche auch in der Hauptentwicklung Anwendung fanden, plädierte das Systembetreuungszentrum des dritten Partners dafür, grundlegende Vereinfachungen vorzunehmen. Da die Grundlage der Weiterentwicklung ein bereits in Nutzung befindliches Muster des Luftfahrzeugs war, sollten beispielsweise die Erprobungsaktivitäten verringert und die Sicherheitsanalysen vereinfacht werden. Vor allem auf deutscher Seite wäre eine Zulassung für die Flugerprobung und in Zukunft für den regulären Betrieb mit einer solchen Änderung der Vorgehensweise nicht möglich gewesen. Daher war es erforderlich, gleich zu Beginn des Vorhabens ein **gemeinsames Verständnis über die Entwicklungsaktivitäten** zu erarbeiten.

Die Einbindung von **Erfahrungen aus vorherigen Projekten** in dieses Vorhaben erfolgte vor allem **in personalisierter Form**. Personal, welches bereits in vergangenen Entwicklungsprojekten Erfahrungen gesammelt hatte, wurde dementsprechend auch in diesem Vorhaben wieder eingesetzt. Zusätzlich wurden vereinzelt Erfahrungen, die man in vorangegangenen Projekten als „Lessons Learned" erhoben und dokumentiert hatte, in die Projektplanung einbezogen.

Die für das Entwicklungsvorhaben erforderlichen **internen Experten** wurden auf zwei unterschiedlichen Wegen in das Vorhaben eingebunden. Zum einen arbeiteten die für die Entwicklungsaktivitäten erforderlichen Entwickler in einem integrierten Team, das alle Aktivitäten von der Anforderungsanalyse über Grob- und Feinentwurf bis zur Realisierung und Erprobung durchführte. Darüber hinaus wurden Experten zu Querschnittsthemen temporär in das Entwicklungsvorhaben eingebunden. Dies waren unter anderem Experten des Qualitäts- und Konfigurationsmanagements, Musterprüfingenieure, Bewaffnungsspezialisten, Flugsicherheitsanalytiker und Flugerprobungsingenieure. Um die Anforderungen an die zu ändernden Systeme genauer zu spezifizieren, wurde bereits zu Beginn des Vorhabens die Einbindung **externer Experten** vorgesehen. Hierzu wurde zu Beginn der Konzeptionsphase eine Erhebung im simulierten Cockpit durchgeführt, an der Nutzervertreter aus den drei kooperierenden Nationen beteiligt waren. Abschließend wurde ein Dokument erstellt, das aus Sicht und in der Sprache des Kunden die erforderlichen Änderungen beschrieb.

4.4.3.2 Nutzung der Wissensbasis

Um das für die Weiterentwicklungsvorhaben erforderliche technische Wissen zu verteilen, wurden im Systembetreuungszentrum **fachliche Schulungen** durchgeführt, in denen vor allem neuen Mitarbeitern sowohl allgemeines Grundlagenwissen als auch spezielles auf die jeweilige Rolle ausgerichtetes Fach- und Methodenwissen vermittelt wurde. Auf diese Weise wurde eine Basis geschaffen, die es den Mitarbeitern ermöglicht in den Weiterentwicklungsvorhaben neues Wissen aufzubauen.

Innerhalb des untersuchten Vorhabens wurden verschiedene Maßnahmen ergriffen, welche zum Ziel hatten die Verteilung von Wissen zu verbessern. Eine Maßnahme hierzu war die **Definition eines geeigneten Prozesses**, welcher sowohl die Vorgaben des Joint Ventures als auch die zulassungsrelevanten Aspekte berücksichtigte. Auf diese Weise bekamen die am Entwicklungsvorhaben beteiligten Mitarbeiter einen Überblick über die prozessualen Zusammenhänge und interne Kunden-Lieferanten-Beziehungen, wodurch die Kommunikation mit Mitarbeitern vor- und nachgelagerter Phasen bzw. mit Experten aus parallelen Prozessen verbessert wurde.

Um eine gute Verteilung von Wissen zu ermöglichen, wurde zudem auf die **regelmäßige Kommunikation** zwischen den Entwicklungspartnern und den relevanten Interessengruppen des Kunden besonderer Wert gelegt. Hierzu wurden regelmäßig Telefon-Konferenzen, Planungs- und Fortschrittsbesprechungen sowie Review Meetings mit allen beteiligten Stellen durchgeführt. Unterstützt wurde dies dadurch, dass die verantwortlichen Personen auch über die Landesgrenzen hinaus regelmäßig zusammentrafen und sich austauschten. Auf diese Weise konnte beispielsweise ein gegenseitiges Verständnis für die jeweiligen Unterschiede in den nationalen Prioritäten und Arbeitsweisen geschaffen werden. Die Etablierung eines **integrierten Entwicklungsteams** trug darüber hinaus dazu bei, die Kommunikation unter den beteiligten Entwicklern zu verbessern und eine möglichst direkte Wissensverteilung zu ermöglichen.

4.4.3.3 Erweiterung der Wissensbasis

Neben der Realisierung von Änderungsforderungen der operationellen Nutzer war eine Zielsetzung des Vorhabens die **Erweiterung der Fähigkeit zur Softwarepflege und -änderung** in der Nutzungsphase des fliegenden Luftfahrzeugs. Dementsprechend wurde von Beginn an bewusst das Ziel verfolgt, im Laufe des Entwicklungsvorhabens technische Kenntnisse und Fähigkeiten sowie organisatorisches Wissen, welches für die Durchführung multinational verteilter Produktentwicklungsvorhaben einhergehen, aufzubauen. Darüber hinaus wurde im Laufe des Entwicklungsprojektes entschieden, dass einzelne Flugerprobungen, entgegen den ursprünglichen Planungen, auch durch deutsche Erprobungsträger durchgeführt werden sollten. Aus diesem Grund waren einerseits Abstimmungen zwischen den Flugtest-Bereichen der beiden Nationen und zusätzliche organisatorische Maßnahmen erforderlich. Andererseits war es zur Erteilung von Flugtestfreigaben nun erforderlich, die Schnittstelle zur deutschen Zulassungsbehörde zu etablieren und Expertise bezüglich der Freigabe zum Flugtest in das Projekt einzubinden.

4.4.3.4 Sicherung der Wissensbasis

In dem untersuchten Entwicklungsvorhaben wurde Wissen in dokumentierter und personalisierter Form gesichert. Die Sicherung in **dokumentierter Form** erfolgte beispielsweise in Form der gesetzlich geforderten Produktdokumentation. Diese wurde im Laufe des Entwicklungsvorhabens erstellt und enthielt einerseits technisches Wissen über das Produkt und andererseits Wissen über die erforderlichen Inhalte, z. B. für eine Nachweisführung zur Erlangung einer Flugtestfreigabe. Auch Wissen über den Prozess der Entwicklung, über die erforderlichen Vorgehensweisen und Abhängigkeiten im Laufe dieses Projektes wurde in dokumentierter Form gesichert. Hierzu wurde die vorhandene Prozessdokumentation überarbeitet und an die aktuellen Erkenntnisse angepasst. Zusätzlich wurden Erfahrungen, die man bei der Anwendung bestimmter Methoden und Hilfsmittel gesammelt hat, auf einer Wiki-Plattform festgehalten. Darüber hinaus wurden am Ende des Vorhabens „Lessons Learned“ erhoben und dokumentiert, mit dem Ziel, sie in nachfolgende Vorhaben einfließen zu lassen.

In dem untersuchten Entwicklungsvorhaben wurde zudem versucht Wissen in **personalisierter Form** zu sichern, da nur ein Teil des Wissens, welches in dem Entwicklungsvorhaben aufgebaut wird, dokumentiert werden kann:

> *„Das schönste Projektbegleitprotokoll, der schönste Erfahrungsbericht, die schönsten 'Lessons Learned' kommen längst nicht an die persönlichen Erfahrungen der einzelnen Mitarbeiter heran, die diese aufbauen während sie an dem ersten, zweiten, dritten Projekt mitarbeiten.“* (Lfz_B2)

Um die personelle Fluktuation, welche sich durch die begrenzte Dienstzeit der militärischen Ingenieure ergab, abzumildern, wurde beispielsweise versucht, militärische Mitarbeiter auch nach ihrer Dienstzeit weiterzubeschäftigen, um sie als Wissensträger im Projekt zu halten. Zudem wurde neuen Mitarbeitern innerhalb des Projektes die Gelegenheit gegeben, von erfahrenen Mitarbeitern zu lernen und mit ihnen zusammen Entwicklungsaufgaben zu bearbeiten.

Im Rahmen des Entwicklungsvorhabens identifizierter Verbesserungsbedarf

Nach Abschluss des Entwicklungsvorhabens wurden „Lessons Learned“ erhoben und für die Verwendung in nachfolgenden Vorhaben dokumentiert.

> *„Problematisch an diesem Vorgehen ist, dass ein neues Projekt häufig schon beginnt, bevor das laufende Projekt in Gänze abgeschlossen und die 'Lessons Learned' erhoben worden sind.“* (Lfz_B1)

Aus diesem Grund soll in Zukunft dazu übergegangen werden „Lessons Learned“ schon früher im Projekt, z. B. am Ende einer Phase des Prozesses, zu erheben, um diese dann in nachfolgende Projekte einfließen lassen zu können. Im Review, das eine Phase beschließt und die darauffolgende einleitet, soll dann in Zukunft überprüft werden, ob für die nachfolgende Phase die „Lessons Learned“ zu dieser Phase aus vorhergehenden Projekten berücksichtigt worden sind.

4.5 Fallstudie *Lfz C*

Die ursprüngliche Konzeption des Luftfahrzeugs erfolgte zu Zeiten des Kalten Krieges als Reaktion auf die damaligen Bedrohungen des Warschauer Paktes. Entwicklung und Fertigung des Luftfahrzeugs erfolgten im Rahmen einer internationalen **kostenteilenden Kooperation** an der sich drei Nationen beteiligten, welche für die nationalen Beiträge jeweils ein heimisches Luft- und Raumfahrtunternehmen als verantwortliche Systemfirma beauftragten.

Die Verantwortung für die Entwicklung der Systeme und Komponenten wurde zwischen den einzelnen Partnernationen gemäß dem **Prinzip „work share equals cost share"**, also entsprechend den jeweils geplanten Beschaffungsanteilen der einzelnen Nationen aufgeteilt. Während die Entwicklungsaktivitäten dezentral in den Partnerunternehmen durchgeführt wurden, erfolgte die Koordination der Zusammenarbeit bei Entwicklung, Fertigung und technischer Betreuung durch ein Joint Venture, welches von den drei Partnerunternehmen zu diesem Zweck gegründet wurde.

Aufgrund des langen Einsatzzeitraums des Luftfahrzeugs wurden in der Vergangenheit verschiedene Weiterentwicklungsvorhaben zur Anpassung der Leistungsfähigkeit des Luftfahrzeugs an die aktuellen militärischen Bedürfnisse durchgeführt.

4.5.1 Überblick über das Entwicklungsprojekt

Das untersuchte Weiterentwicklungsvorhaben umfasste ein **System- und Softwareupgrade**, mit dem das Waffensystem an die Anforderungen aktueller Einsatzszenarien angepasst wurde. Beauftragt wurden unter anderem die Integration einer Link-16-Datenverbindung, die Einrüstung eines digitalen Video- und Sprachrekorders sowie die Integration laser- und GPS-gelenkter Präzisionswaffen. Die Umsetzung dieser Forderungen war in verschiedenen, zunächst voneinander unabhängigen, Einzelprojekten beauftragt. Um eine möglichst rasche Umsetzung der einzelnen Vorhaben gewährleisten und Abhängigkeiten zwischen den Einzelprojekten bei der Projektdurchführung besser koordinieren zu können, wurde um die Einzelprojekte eine **organisatorische Klammer** in Form eines übergeordneten Projektes geschlossen mit dem Ziel der gemeinsamen Integration und Auslieferung.

Teile der Systemsoftware des Luftfahrzeugs wurden zudem durch ein militärisches **Zentrum zur Systembetreuung** geändert, welches auf Seiten der deutschen Luftwaffe mit der Pflege und Änderung operationeller Software des Waffensystems betraut ist. Während durch die Systemfirma im Rahmen des Vorhabens größere funktionale Blöcke in der Systemsoftware modifiziert und neu geschaffen wurden, um das Fähigkeitsspektrum des Waffensystems zu erweitern, wurde das militärische Zentrum zur Systembetreuung damit beauftragt, als militärischer Entwicklungspartner kleinere Änderungen von Funktionalitäten vorzunehmen.

4.5.2 Strukturierung des Produktentwicklungsprozesses

Im Folgenden wird ein Überblick über die Gestaltung des Entwicklungsprozesses und der Schnittstellen gegeben. Da eine detaillierte Beschreibung des Prozessablaufs und der Schnittstellen den Rahmen dieser Arbeit übersteigen würde, sind die folgenden Darstellungen auf die Inhalte reduziert, welche für das Verständnis der Herausforderungen und Maßnahmen der wissensorientierten Gestaltung der Produktentwicklung notwendig sind.

4.5.2.1 Prozessablauf

Der **Prozess der Produktentwicklung** war in dem untersuchten Entwicklungsvorhaben prinzipiell in vier Phasen unterteilt: Die Systemdefinition als die Phase, in der die Anforderungen an die Systeme formuliert werden, dem Entwurf und der Erstellung der Software- bzw. Hardware-Komponenten, gefolgt von deren Erprobung am Boden in mehreren Integrationsstufen und der abschließenden Flugerprobung. Dabei waren die einzelnen Phasen jeweils durch **Engineering Reviews** voneinander getrennt. In diesen Reviews wurde der Projektfortschritt anhand vorab definierter Kriterien beurteilt und über den Abschluss der jeweiligen Phasen entschieden.

In der Software-Entwicklung wurde von Beginn an der **Funktionsaufwuchs in mehreren Entwicklungszyklen** geplant, so dass Erkenntnisse aus einem Entwicklungszyklus direkt in den nachfolgenden übernommen werden konnten. Zudem wurde von vornherein ein abschließender Zyklus ohne weiteren Funktionsaufwuchs zur Behebung letzter Fehler eingeplant.

4.5.2.2 Schnittstellen

Durch das Prinzip der verteilten Entwicklungsverantwortung ergaben sich in dem untersuchten Vorhaben vielfältige **Schnittstellen zu den Entwicklungsprozessen der Kooperationspartner**. So erforderte beispielsweise ein großer Teil der Hardware-Modifikationen Änderungen an Systemen und Komponenten, für die nicht das betrachtete Unternehmen, sondern einer der Entwicklungspartner die vertraglich vereinbarte Verantwortung trägt. Dementsprechend fanden Teile der Entwicklung bei diesem Partnerunternehmen statt. Auch zum militärischen Systembetreuungszentrum, welches als militärischer Entwicklungspartner Teile der Systemsoftware änderte, wurden Schnittstellen etabliert.

Eine militärische Zulassung für den Flugbetrieb war nicht nur für die finale Version des in diesem Entwicklungsvorhaben modifizierten Waffensystems erforderlich, sondern auch für die Erprobungsflüge, welche im Rahmen dieses Vorhabens durchgeführt wurden. Aus diesem Grund wurde die **Schnittstelle zum militärischen Zulassungsprozess** frühzeitig etabliert. Hierzu wurde zu Beginn des Vorhabens ein Musterprüfrahmenprogramm verfasst, in dem die für die Zulassung relevanten Nachweise und die hierfür erforderlichen Aktivitäten beschrieben waren. Dieses Prüfprogramm wurde schließlich mit der militärischen Zulassungsbehörde abgestimmt. Um auch in ungeplanten Entwicklungssituationen geeignete Lösungsmöglichkeiten finden zu können, wurde zudem besonderer Wert auf eine enge Einbindung der militärischen Zulassungsbehörde und die sorgfältige Pflege dieser Schnittstelle gelegt.

Darüber hinaus war die **Schnittstelle zum Ausrüstungs- und Nutzungsprozess des Kunden** von großer Bedeutung für das Entwicklungsvorhaben. Es bestand direkter und regelmäßiger Kontakt zu definierten Ansprechstellen in der militärischen Führungsorganisation und der Beschaffungsorganisation des Kunden. Dabei wurden nicht nur Statusmeldungen weitergegeben, sondern auch gemeinsame Lösungsmöglichkeiten erarbeitet.

Ein wichtiger Aspekt war in diesem Zusammenhang die **Unterscheidung zwischen Bedarfsträger und Bedarfsdecker** innerhalb der Kundenorganisation. Während der Bedarfsträger als Nutzer der wehrtechnischen Systeme den operationellen Bedarf formuliert und entsprechende Anforderungen stellt, verfügt der Bedarfsdecker über die finanziellen Mittel und beauftragt schließlich die Unternehmen mit der Umsetzung. Im Rahmen des Entwicklungsvorhabens bestand dementsprechend eine Herausforderung darin, die Bedürfnisse des Bedarfsträger und Bedarfsdeckers zu verstehen, die zum Teil unterschiedlichen Ziele und Prioritäten aufeinander abzustimmen und die Schlüsselpersonen beider Seiten in das Entwicklungsvorhaben einzubinden.

> *„Das ist manchmal schwierig alle unter einen Hut zu bekommen. Aber unbedingt notwendig. Wenn man das schafft, dass alle mit im Boot sind, dann hat man definitiv viel gewonnen.“* (Lfz_C2)

4.5.3 Wissensorientierte Gestaltung der Produktentwicklung

Im Folgenden wird ein Überblick über die Elemente der wissensorientierten Gestaltung der Produktentwicklung gegeben, welche in dem untersuchten Vorhaben zur Anwendung gekommen sind. Wenn im Rahmen des Entwicklungsvorhabens Möglichkeiten identifiziert wurden, wie die wissensorientierte Gestaltung in zukünftigen Vorhaben verbessert werden kann, werden diese separat beschrieben.

4.5.3.1 Aufstellung der Wissensbasis

Ein wichtiger Aspekt zu Beginn des Vorhabens war der **Aufbau eines gemeinsamen Verständnisses der übergeordneten Ziele** des Vorhabens. Dabei stand nicht nur der vertraglich vereinbarte Funktionszuwachs des zu modifizierenden Waffensystems im Vordergrund, sondern auch der gemeinsame Auslieferungstermin, welcher im Rahmen der Zusammenführung der Einzelprojekte zu einem übergeordneten Projekt vereinbart wurde. Diese übergeordneten Ziele bildeten den Rahmen für die Vorbereitung und Durchführung der erforderlichen Entwicklungsaktivitäten.

> *„Ein Erfolgsfaktor war, dass sich alle beteiligten Stakeholder auf den einen Auslieferungstermin geeinigt haben. Da ist keiner ausgeschert und hat gesagt: 'Naja, so wichtig ist der nun auch nicht.' (...) Das hat bewirkt, dass sich Leute in entscheidenden Situationen bewegt haben, um das gemeinsame Ziel nicht zu gefährden."* (Lfz_C1)

Zudem wurde bei der **Gestaltung der Schnittstellen** zu Beginn des Vorhabens darauf geachtet, dass allen zu beteiligenden Stellen innerhalb und außerhalb des Unternehmens die Ziele und Zusammenhänge des Entwicklungsvorhabens verdeutlicht wurden. Dadurch hatte beispielsweise der Entwicklungspartner ein gutes Verständnis von dem gesamten Entwicklungsvorhaben und konnte besser reagieren und priorisieren, als wenn er nur rein formal über die vertraglich fixierte Schnittstelle einen Auftrag samt Spezifikation und Terminvorgabe erhalten hätte.

> *„Man kann das immer auf zwei Arten spielen. Entweder ich spiele sehr formal: ‚Das ist die Schnittstelle, du musst nicht wissen warum, du musst nicht wissen wie es in das Big Picture passt, du machst einfach was ich dir sage.‘ Oder man löst das Ganze kooperativ: ‚Lass es uns zusammen machen. Ich binde dich in das große Bild ein und du lieferst dafür, weil du ja weißt wofür es ist.‘"* (Lfz_C1)

Zu Beginn des Vorhabens wurde außerdem ein Schwerpunkt auf die **Definition von Ansprechpartnern**, sowohl auf Seiten des Bedarfsträgers als auch auf Seiten des Bedarfsdeckers, gelegt.

> *„Nicht jemand, der nur verantwortlich genannt wird und das Ganze als zusätzliche Aufgabe nebenbei mitmacht und sich inhaltlich nicht damit identifiziert, sondern Leute, die sagen: ‚Jawohl, das ist meine Verantwortung und die nehme ich war.‘"* (Lfz_C1)

Die Einbindung von **Erfahrungen aus bereits abgeschlossenen Weiterentwicklungsvorhaben** erfolgte in dem untersuchten Vorhaben vor allem in personeller Form. Viele **Mitarbeiter** waren bereits an früheren Entwicklungsvorhaben beteiligt und brachten daher ihre Erfahrungen persönlich in das Entwicklungsvorhaben ein. Da die Weiterentwicklung des Luftfahrzeugs in großen Teilen auf dem bisherigen Entwicklungsstand aufbaute, wurde auch auf **dokumentierte Entwicklungsergebnisse** zurückgegriffen, also Dokumente, welche im Laufe vorangegangener Entwicklungsvorhaben erstellt wurden.

Die Einbindung der für das Entwicklungsvorhaben erforderlichen **unternehmensinternen Experten** wurde auf zwei Arten realisiert. Zum einen in Form einer dauerhaften Einbindung von Entwicklungspersonal. Dabei wurden die verschiedenen Arbeitspakete der Entwicklung unterschiedlichen Entwicklungsabteilungen des Unternehmens zugeordnet, welche schließlich für die Bearbeitung verantwortlich waren. Andererseits in Form einer querschnittlichen Einbindung von Experten aus unterstützenden Disziplinen. Hierunter fielen beispielsweise Experten des Qualitäts-, Konfigurations- oder Safety-Managements.

Auch die Einbindung **unternehmensexterner Experten** wurde bereits zu Beginn des Vorhabens eingeplant. So waren beispielsweise Experten der Zulassungsbehörde von vornherein eingebunden. Bei jeder kritischen Entscheidung und der Bewertung von Lösungsalternativen war auf Seiten der militärischen Musterzulassung immer der verantwortliche Musterprüfer involviert. Darüber hinaus wurde für die Konzeptionsphase des Vorhabens eine Einbindung von Vertretern des Bedarfsträgers zur Definition von Anforderungen an die Weiterentwicklung eingeplant. Im weiteren Verlauf des Entwicklungsvorhabens war die Einbindung von Vertretern der Kundenorganisation, also sowohl des Bedarfsträgers als auch des Bedarfsdeckers, vor allem darauf ausgerichtet, diese regelmäßig über den Entwicklungsfortschritt zu unterrichten. Hierzu waren einerseits die durch den Entwicklungsprozess vorgegebenen Engineering Reviews vorgesehen, andererseits wurden regelmäßig Besprechungen zur gegenseitigen Abstimmung und gemeinsamen Entscheidungsfindung durchgeführt.

4.5.3.2 Nutzung der Wissensbasis

Von großer Bedeutung für den Verlauf und die Resultate des Entwicklungsvorhabens war das Wissen über die **militärischen Einsatzkonzepte des Kunden**. Über dieses Wissen verfügen vor allem Experten der Kundenorganisation, also beispielsweise Vertreter des Bedarfsträgers.

> *„Dadurch ist es immer wieder die Herausforderung die Gestaltungsentscheidungen so zu treffen, dass damit auch die Nutzererwartungen erfüllt werden."* (Lfz_C2)

Um dieses Wissen in die Aktivitäten der Produktentwicklung einfließen lassen zu können, wurden zu Beginn des Entwicklungsvorhabens geeignete Wissensträger identifiziert und in die Erstellung der funktionalen Anforderungen eingebunden.

In dem untersuchten Entwicklungsvorhaben stand zudem die regelmäßige und transparente Kommunikation mit den Schlüsselpersonen auf Seiten der Bedarfsträger und Bedarfsdecker im Fokus:

> *„Wir haben das No-Surprises-Philosophie genannt: Eigentlich immer alles sehr früh mitteilen. (...) Das ist auf jeden Fall ein wichtiges Thema, weil man damit den Kunden und die Partner ins Boot holt und sie dadurch das Gefühl bekommen mitgenommen zu werden."* (Lfz_C2)

4.5.3.3 Erweiterung der Wissensbasis

Anforderungsänderungen ergaben sich unter anderem bei den Softwareänderungsmaßnahmen, die durch das militärische Systembetreuungszentrum durchgeführt wurden. Eine Ursache hierfür war, dass die Anforderungen des Bedarfsträgers durch die Softwareentwickler und das militärische Produktbegleitungsteam, welches die Entwicklungsaktivitäten im Auftrag des Bedarfsträgers begleitete, **unterschiedlich interpretiert** wurden. Hierdurch wurde es erforderlich, einzelne Anforderungen im Laufe des Vorhabens in Abstimmung mit dem Produktbegleitungsteam zu konkretisieren.

Anforderungsänderungen ergaben sich auch aufgrund von Änderungen im **Umfeld des Entwicklungsvorhabens**. So führte beispielsweise die Entscheidung des Kunden, eine bestimmte Bewaffnung des Luftfahrzeugs in Zukunft nicht mehr zu nutzen, dazu, dass einzelne Funktionalitäten der durch das militärische Systembetreuungszentrum weiterentwickelten Systemsoftware nicht mehr erforderlich waren.

4.5.3.4 Sicherung der Wissensbasis

Die Sicherung von technischem Wissen über das Entwicklungsvorhaben hinaus erfolgte vor allem in **personalisierter Form**:

> *„Die Erfahrungssicherung ergibt sich hauptsächlich durch die Konstanz der beteiligten Teams. Da sammelt man Erfahrungen in Vorprojekten, die man dann einfach mitnimmt.“* (Lfz_C3)

Zudem wurde Wissen, welches im Laufe des Entwicklungsvorhabens aufgebaut wurde, in **dokumentierter Form** gesichert. Zum einen wurde die durch den Gesetzgeber und den Kunden geforderte Produktdokumentation genutzt, um Wissen über das Produkt und seine Entwicklung zu sichern. Zum anderen wurden am Ende des Vorhabens „Lessons Learned“ erhoben und dokumentiert, um die Wiederverwendung von Erfahrungen aus bereits abgeschlossenen Entwicklungsvorhaben über den Personaltransfer hinaus zu ermöglichen.

Im Rahmen des Entwicklungsvorhabens identifizierter Verbesserungsbedarf

In dem untersuchten Weiterentwicklungsvorhaben hat sich gezeigt, dass es sinnvoller ist, **„Lessons Learned“** nicht erst am Ende eines Vorhabens zu erheben. Zu dem Zeitpunkt der Erhebung hatte bereits ein Nachfolgeprojekt begonnen, sodass im Tagesgeschäft das Thema „Lessons Learned“ nicht mehr hoch priorisiert wurde.

> *„Man rauscht gleich ins nächste Projekt rein und hat sich eigentlich gar nicht hinreichend zurückgelehnt, um das alte Projekt einmal zu beleuchten.“* (Lfz_C2)

In zukünftigen Vorhaben sollen deshalb kontinuierlich, d. h. nach jeder Phase, „Lessons Learned“ erhoben und „Best Practices“ festgehalten werden.

4.6 Fallstudie *Lfz D*

Bereits im Rahmen der Erarbeitung erster Konzepte für dieses Luftfahrzeug wurden Möglichkeiten einer **kostenteilenden Kooperation** bei Entwicklung und Fertigung des Luftfahrzeugs untersucht. Letztlich vereinbarten vier Nationen die Zusammenarbeit und beauftragten jeweils ein nationales Luft- und Raumfahrtunternehmen mit der Durchführung der Entwicklungs- und Fertigungstätigkeiten. Die Arbeitsanteile bezüglich Entwicklung und Fertigung wurden entsprechend den jeweils geplanten Beschaffungsanteilen der einzelnen Nationen aufgeteilt und vertraglich fixiert. Auf diese Weise trug jedes Partnerunternehmen die Verantwortung für die Entwicklung bzw. Fertigung bestimmter Bauteile und Systeme des Luftfahrzeugs. Während die Entwicklungsaktivitäten dezentral in den Partnerunternehmen durchgeführt wurden, erfolgte die Koordination der Zusammenarbeit bei Entwicklung und Fertigung durch ein Joint Venture, welches von den vier Partnerunternehmen zu diesem Zweck gegründet wurde.

Damit die Streitkräfte so früh wie möglich mit der Ausbildung von Technikern und Piloten beginnen konnten, wurde nach Erteilung des Serienauftrags vereinbart, zunächst eine **Basisversion** des Luftfahrzeugs auszuliefern, bevor schließlich die Entwicklung und Fertigung mit der Auslieferung der **vertragskonformen Endkonfiguration** abgeschlossen wird. Noch vor Auslieferung der finalen Version des Luftfahrzeugs identifizierte die Bundeswehr eine Fähigkeitslücke bezüglich der Durchführung militärisch gesicherter Evakuierungseinsätze bei gleichzeitiger notfallmedizinischen Versorgung, welche mit dem im Folgenden beschriebenen Entwicklungsprojekt geschlossen werden sollte.

4.6.1 Überblick über das Entwicklungsprojekt

Die **Zielsetzung** dieses Entwicklungsprojektes bestand in der Realisierung der Fähigkeit mit dem Luftfahrzeug militärisch gesicherte Einsätze zur Rettung und zum Transport von Verwundeten im Kampfgebiet durchführen zu können. Bereits während des Fluges soll dabei eine intensive medizinische Erstversorgung der Verwundeten gewährleistet werden können. Da die Verbesserung der notfallmedizinischen Versorgung im militärischen Einsatzgebiet für den Auftraggeber ein **dringender einsatzbedingter Bedarf** war, wurde bei der Beauftragung ein konkreter Zeitpunkt zur Einsatzbereitschaft des weiterentwickelten Luftfahrzeugs festgesetzt.

Beauftragt wurde die **Entwicklung einer Spezialausstattung**, welche nach Einrüstung in das Luftfahrzeug die Streitkräfte befähigt, militärisch gesicherte Evakuierungseinsätze im Kampfgebiet durchzuführen. Da zum Zeitpunkt der Beauftragung noch nicht die finale Konfiguration des Luftfahrzeugs zur Verfügung stand, wurde als Grundlage für die Weiterentwicklung eine bereits vorhandene Basisversion des Luftfahrzeugs herangezogen. Zudem wurde ein Teil der Entwicklungsarbeiten für die finale Konfiguration in dieses Weiterentwicklungsvorhaben einbezogen, um eine vollständige Einsatzfähigkeit des Luftfahrzeugs im Einsatzgebiet gewährleisten zu können.

Um eine möglichst rasche Realisierung dieses dringlichen militärischen Bedarfs zu ermöglichen, wurde vereinbart, zunächst eine **mit Mitteln des Unternehmens finanzierte Machbarkeitsstudie** zur Weiterentwicklung und Umrüstung des Luftfahrzeugs durchzuführen, welche auch die Entwicklung eines **Demonstrators der Spezialausstattung** beinhalten sollte. Auf dieser Grundlage sollte dann durch den nationalen Kunden die Umsetzung beauftragt werden.

Die Entwicklung erfolgte **rein national** und in Verantwortung des deutschen Teils eines multinationalen Luft- und Raumfahrtunternehmens. Das durch den nationalen Kunden beauftragte Weiterentwicklungsvorhaben erforderte jedoch auch die Modifikation von Systemen und Komponenten des Luftfahrzeugs, welche in der Verantwortung von Entwicklungspartnern der multinational organisierten Hauptentwicklung des Luftfahrzeugs lagen. Aus diesem Grund war in dem untersuchten Entwicklungsprojekt auch eine **Einbindung der Entwicklungspartner aus der Neuentwicklung** erforderlich. Zudem wurden Teile der Entwicklungsarbeiten für die finale Konfiguration des Luftfahrzeugs in dieses Weiterentwicklungsvorhaben einbezogen, welche durch Entwicklungspartner verantwortet wurden.

4.6.2 Strukturierung des Entwicklungsprozesses

Im Folgenden wird ein Überblick über die Gestaltung des Entwicklungsprozesses und der Schnittstellen gegeben. Da eine detaillierte Beschreibung des Prozessablaufs und der Schnittstellen den Rahmen dieser Arbeit übersteigen würde, sind die folgenden Darstellungen auf die Inhalte reduziert, welche für das Verständnis der Herausforderungen und Maßnahmen der wissensorientierten Gestaltung der Produktentwicklung notwendig sind.

4.6.2.1 Prozessablauf

Nach Identifikation der Fähigkeitslücke durch die Bundeswehr, wurde in ersten Gesprächen zwischen Auftraggeber und Auftragnehmer vereinbart, dass das Unternehmen eine technische Machbarkeitsstudie durchführt und zum Nachweis der Umrüstbarkeit des Luftfahrzeugs einen Demonstrator entwickelt und fertigt. Da zunächst nur eine **grobe Spezifikation** des Auftraggebers vorlag, wurden während der Entwicklung des Demonstrators zusammen mit dem Auftraggeber die Anforderungen an das System Schritt für Schritt verfeinert. Basierend auf dieser Anforderungsliste wurde ein sogenanntes **Preliminary Design Review**, also eine vorläufige Entwurfsüberprüfung durchgeführt, bei der dem späteren Auftraggeber der technische Lösungsansatz demonstriert wurde. Im sogenannten **Critical Design Review**, also der finalen Entwurfsüberprüfung, wurde schließlich ein Systementwurf als Grundlage für die Beauftragung der Realisierung fixiert.

Aufbauend auf diesem Systementwurf und den Ergebnissen der Machbarkeitsstudie erfolgten schließlich die **weiteren Aktivitäten der Entwicklung**, also die detaillierte Gestaltung und die Erprobung. Dabei wurde auf die in der Machbarkeitsstudie erarbeitete Konzeption, die Ergebnisse der Vorentwicklung und die technischen Lösungen sowie Erprobungskonzepte aus der bereits erfolgten Entwicklung der finalen Konfiguration des Luftfahrzeugs zurückgegriffen. Diese wurden in Teilen für diese Weiterentwicklung angepasst.

Um die Leistungsfähigkeit des Luftfahrzeugs unter einsatzähnlichen, extremen klimatischen Bedingungen zu überprüfen, wurde abschließend vom militärischen Auftraggeber eine **Qualifizierungsmission** außerhalb von Europa durchgeführt. Neben der Qualifizierung der Luftfahrzeuge für den Einsatz war das Ziel dieser Mission die Durchführung verschiedener taktischer Übungen zur Einsatzvorbereitung. Aus den Erfahrungen, die bei dieser einsatznahen Erprobung gemacht wurden, ergaben sich schließlich kleinere zusätzliche Anforderungen an das Gesamtsystem zur Verbesserung der Einsetzbarkeit im Kampfgebiet, welche bis dahin nicht Teil der Anforderungsliste waren.

4.6.2.2 Schnittstellen

Die Neuentwicklung des Luftfahrzeugs erfolgte in viernationaler Kooperation. Im Gegensatz dazu wurde das hier betrachtete Weiterentwicklungsvorhaben **rein national beauftragt** und in Verantwortung des deutschen Teils des multinationalen Luft- und Raumfahrtunternehmens durchgeführt. Trotzdem war die Etablierung von **Schnittstellen zum Entwicklungsprozess der Kooperationspartner** aus der Neuentwicklung erforderlich, da die Weiterentwicklung des Luftfahrzeugs auch Komponenten und Systeme betraf, deren Entwicklung durch diese Partnerunternehmen verantwortet wird. Koordiniert durch das Joint Venture wurden die Partnerunternehmen mit diesen Entwicklungstätigkeiten beauftragt.

Damit das Luftfahrzeug durch die Weiterentwicklung nicht nur die Fähigkeit der medizinischen Notfallversorgung im Einsatzgebiet erhält, sondern auch insgesamt für den Einsatz im Kampfgebiet befähigt wird, war es erforderlich auch Komponenten und Systeme aus der Entwicklung der finalen Konfiguration einzubeziehen. Hierdurch ergaben sich immer wieder **Zielkonflikte** zwischen der in Deutschland mit Priorität verfolgten Weiterentwicklung des Systems auf Grundlage der Basisversion des Luftfahrzeugs und der von den Partnern priorisierten Serienfertigung des Luftfahrzeugs in finaler Konfiguration. Vor allem die Etablierung und Koordination der Einbindung der Partnerunternehmen gestaltete sich zunächst schwierig, da ein solches Vorgehen in dem Entwicklungsprogramm des Luftfahrzeugs erstmalig angewendet wurde.

Zu berücksichtigen war bei dieser Konstellation der Kooperation im Rahmen der Weiterentwicklung auch, dass die Entwicklungspartner am internationalen Verteidigungsmarkt zum Teil direkte Wettbewerber waren. Eines der Partnerunternehmen bot beispielsweise ein ähnliches Konzept zur Realisierung militärisch gesicherter Evakuierungseinsätze im Einsatzgebiet mit einem eigenen Luftfahrzeug an. Aus dieser **Koexistenz von Kooperation und Wettbewerb** ergaben sich zusätzliche Herausforderungen in der Koordination der erforderlichen Entwicklungs- und Zulieferertätigkeiten mit diesem Unternehmen.

Auch die Etablierung einer **Schnittstelle zum militärischen Zulassungsprozess** war erforderlich. Da das weiterentwickelte Luftfahrzeug weder der Basisversion noch der finalen Konfiguration entsprach, war es erforderlich eine eigene Musterzulassung zu erwirken. Neben den aktuellen Zertifizierungsaktivitäten für die finale Konfiguration waren somit zusätzliche Aktivitäten zur Qualifizierung und Zertifizierung dieses neuen Musters erforderlich. Dies machte eine enge Zusammenarbeit und regelmäßige Abstimmung der Aktivitäten mit der Zulassungsbehörde erforderlich. Als Mittler zwischen dem Entwicklungsbetrieb und der zuständigen Zulassungsbehörde fungierte die Musterprüfleitstelle des Unternehmens.

Die **Schnittstelle zum Ausrüstungs- und Nutzungsprozess des Kunden** wurde schon vor der offiziellen Beauftragung etabliert. Nach ersten gemeinsamen Überlegungen mit dem Auftraggeber, auf welche Weise der dringende Einsatzbedarf der notfallmedizinischen Versorgung im militärischen Einsatzgebiet gedeckt werden kann, erklärte sich das Unternehmen bereit auf eigene Kosten die Machbarkeit der Weiterentwicklung mit einem Demonstrator nachzuweisen, auf dessen Grundlage schließlich die Beauftragung zur Entwicklung und Umrüstung der Luftfahrzeuge erfolgen sollte. Nach erfolgreich durchgeführter vorläufiger und finaler Entwurfsüberprüfung wurde schließlich ein **integriertes Projektteam**, bestehend aus relevanten Interessengruppen des Auftraggebers (Beschaffungsbehörde, Zulassungsbehörde, Nutzungsmanagement) und des Auftragnehmers, begründet und mit der Koordinierung und Organisation der Realisierung betraut.

Dieses integrierte Projektteam unter Leitung der Beschaffungsbehörde des Auftraggebers traf sich monatlich, um sich gegenseitig über den Fortschritt der Realisierung, kritische Aspekte des Vorhabens, aktuelle Risiken und die nächsten Schritte zu informieren und gemeinsam Entscheidungen für das weitere Vorgehen herbeizuführen. Durch die Teilnahme an dem integrierten Projektteam hatte der Auftragnehmer auch einen **direkten Kontakt** zu den für das Entwicklungsvorhaben relevanten Stellen des Auftraggebers, sei es die Nutzungsorganisation, den Vertragshalter oder die Zulassungsbehörde.

Eine besondere Herausforderung an dieser Schnittstelle ergab sich dadurch, dass die Kundenorganisation die Vertraulichkeit von Erkenntnissen aus dem operativen Einsatz des Luftfahrzeugs wahren wollte. Deutlich wurde dies beispielsweise im Rahmen der Erprobungsmission, die der Auftraggeber zur Qualifizierung der Luftfahrzeuge für den Einsatz im Kampfgebiet durchführte. Um mit Hilfe der Erfahrungen des militärischen Nutzers die Einsetzbarkeit des Luftfahrzeugs auch in Zukunft verbessern zu können, hatte sich der Auftragnehmer erhofft, Zugriff auf die bei der Qualifizierungsmission erhobenen Daten zu bekommen bzw. in die Auswertung eingebunden zu werden. Von Seiten des militärischen Auftraggebers wurde eine solche enge Einbindung des industriellen Auftragnehmers jedoch abgelehnt.

> *„Man hatte dort wieder die Befürchtung, dass die Industrie da wieder irgendwelche Themen für die Zukunft rausziehen könnte."* (Lfz_D1)

Aufgrund fehlender Kapazitäten des Kunden zur Güteprüfung, welche am Standort des Unternehmens mit der Prüfung der finalen Konfiguration ausgelastet war, und der Dringlichkeit der Bedarfsdeckung wurde die Umrüstung der Luftfahrzeuge an einem Standort der Bundeswehr durchgeführt. Dabei lag die Verantwortung für die Umrüstungsaktivitäten bei der Bundeswehr und wurde unterstützt durch Personal des Unternehmens. Um Erkenntnisse, die bei diesen Umrüstungsaktivitäten gewonnen wurden, in die Entwicklung zurückfließen lassen zu können, wurde dementsprechend eine **Schnittstelle zum kooperativen Umrüstungsprozess** eingerichtet. Rückmeldungen aus der Umrüstung führten dann bei Bedarf zu gestalterischen Anpassungen.

4.6.3 Wissensorientierte Gestaltung der Produktentwicklung

Im Folgenden wird ein Überblick über die Elemente der wissensorientierten Gestaltung der Produktentwicklung gegeben, welche in dem untersuchten Vorhaben zur Anwendung gekommen sind. Wenn im Rahmen des Entwicklungsvorhabens Möglichkeiten identifiziert wurden, wie die wissensorientierte Gestaltung in zukünftigen Vorhaben verbessert werden kann, werden diese separat beschrieben.

4.6.3.1 Aufstellung der Wissensbasis

Die Weiterentwicklung des Luftfahrzeugs erfolgte parallel zu den Aktivitäten der Entwicklung und Fertigung der finalen Konfiguration und zunächst ohne vertragliche Beauftragung durch den nationalen Kunden. Daher war es erforderlich noch vor Beginn der Entwicklungsaktivitäten einen **gemeinsamen Prozess für das Entwicklungsvorhaben** zu vereinbaren und Vorgehensweisen bei der Entwicklung und Zulassung des Systems zu finden, die nicht den gewohnten Vorgehensweisen entsprachen. Hierzu mussten gleich zu Beginn des Vorhabens vielfältiges Wissen bezüglich luftrechtlicher und vertraglicher Spielräume erworben werden.

Vor allem aufgrund des engen zeitlichen Rahmens für das Projekt wurde zu Beginn des Vorhabens großer Wert auf eine **sorgfältige Definition der Schnittstellen** gelegt. Einerseits um Doppelarbeit zu vermeiden, andererseits um Verzögerungen zu vermeiden, die dadurch entstehen, dass erst während der Durchführung des Vorhabens überlegt wird, welche Schnittstellen zu unternehmensexternen Stellen relevant sind und wie diese etabliert werden können.

Während die Planung und Organisation des Projektes in einem integrierten Team erfolgte, wurden die einzelnen **Arbeitspakete** in die Verantwortung der Fachabteilungen des Unternehmens übergeben. Dabei war es der Unternehmensleitung wichtig, den Verantwortlichen der Fachabteilungen, deren Mitwirken an dem Projekt erforderlich war, die Bedeutung und den engen Zeitrahmen dieses Projektes zu verdeutlichen.

> *„Es gab ein Schreiben an die verschiedenen Abteilungen, dass dieses Projekt ansteht und dass dieses Projekt zum Einsatz des Luftfahrzeugs führen muss. Nicht ‚soll' sondern ‚muss'."* (Lfz_D1)

Ein weiterer wichtiger Aspekt zu Beginn des Vorhabens war der Aufbau eines **gemeinsamen Verständnisses der übergeordneten Ziele** des Vorhabens bei den Beteiligten. Das Ziel, das modifizierte Luftfahrzeug schnellstmöglich für den militärischen Einsatz bereitzustellen, war somit gemeinsamer Rahmen für die Vorbereitung und Durchführung der erforderlichen Aktivitäten.

> *„Sowohl auf Seiten der Firma als auch auf Seiten des Kunden hat das gemeinsame Ziel, in den Einsatz gehen zu wollen bzw. zu müssen, dazu beigetragen, dass wir uns auf das Wesentliche konzentriert und transparent zusammengearbeitet haben."* (Lfz_D1)

Die Einbindung von **Erfahrungen aus der Serienentwicklung** erfolgte vor allem in **personalisierter Form**. Das bedeutet, dass für dieses Weiterentwicklungsvorhaben auf viele Mitarbeiter zugegriffen werden konnte, die bereits vielfältige Erfahrungen in der Serienentwicklung des Luftfahrtsystems gesammelt hatten.

> *„Hierdurch waren die Lernkurven im Projekt in der Regel sehr kurz."* (Lfz_D1)

Darüber hinaus wurde auf die im Rahmen der Neuentwicklung erstellte **Produktdokumentation** zurückgegriffen.

Unternehmensinterne Experten wurden einerseits durch die Zuordnung von Arbeitspaketen zu verschiedenen Entwicklungsabteilungen des Unternehmens in das Vorhaben eingebunden. Andererseits wurde eine querschnittliche Einbindung von Experten aus unterstützenden Disziplinen, also beispielsweise dem Qualitäts- und Konfigurationsmanagement, der Flugsicherheit und der Musterprüfleitstelle, realisiert.

Als **unternehmensexterne Experten** wurden unter anderem Fachleute der Zulassungsbehörde eingebunden. Auf diese Weise konnten im Laufe des Vorhabens Wissenslücken bezüglich der luftrechtlichen Rahmenbedingungen und der rechtlichen Spielräume für dieses Entwicklungsvorhaben geschlossen werden. Auch wurden für die Bewertung der Entwürfe und des Demonstrators zum Ende des Entwicklungsprozesses Vertreter der zukünftigen operationellen Nutzer eingebunden. Hierdurch konnten Vorschläge zur Verbesserung des Systems aus fliegerischer und notfallmedizinischer Perspektive in das Vorhaben eingebracht werden. Zumeist waren dies nur kleine Änderungen, die aber für die Piloten eine erhebliche Erleichterung der Handhabung bedeuteten oder die beispielsweise bewirkten, dass die Anordnung medizinischer Geräte so gestaltet wurde, dass auch unter extremen Bedingungen eines Kampfeinsatzes eine bestmögliche medizinische Versorgung gewährleistet werden kann.

> *„Ich kann nur immer wieder sagen: Dieses Regelungssystem, das wir hatten, mit den verschiedenen Rückführungsgrößen, die wir immer wieder bekommen haben, hat dazu geführt, dass das Projekt so gut lief.“* (Lfz_D1)

Im Rahmen des Entwicklungsvorhabens identifizierter Verbesserungsbedarf

Aufbauend auf den Erfahrungen mit der **Einbindung des operationellen Nutzers**, wurde in diesem Entwicklungsvorhaben der Bedarf identifiziert, die Einbindung der operationellen Expertise in zukünftigen Vorhaben zu intensivieren und zu formalisieren. Zudem sollte eine solche Einbindung bereits frühzeitig im Vorhaben erfolgen. Da das untersuchte Entwicklungsvorhaben jedoch mit finanziellen Mitteln des Unternehmens durchgeführt wurde und eine Beauftragung für die Realisierung noch nicht erteilt war, wurde von Seiten des Unternehmens der Fokus vor allem darauf gelegt, die Entwicklungsergebnisse den Entscheidungsverantwortlichen vorzustellen und für die Erteilung des Auftrags zur Realisierung zu werben. Die späteren Nutzer des Systems wurden erst deutlich später hinzugezogen:

> *„Man stellt es meist erst der Führung vor. Das ist natürlich verständlich, da man für das Vorhaben werben will, die Entscheider für den Einsatzzweck sensibilisieren will. Aber eigentlich sollte man es anders herum machen: Es erst dem Personal vorstellen, das nachher damit arbeiten muss und dann die finale Version, die dann auch Produktionsreife erlangt hat, der Führung vorstellen.“* (Lfz_D1)

4.6.3.2 Nutzung der Wissensbasis

Eine für das Entwicklungsvorhaben bedeutende Maßnahme zur Verbesserung der Wissensverteilung war die **Einrichtung eines integrierten Projektteams** unter Beteiligung von Vertretern der für das Vorhaben relevanten Interessengruppen. Durch den regelmäßigen und offenen Austausch in Präsenz-Besprechungen und Telefonkonferenzen konnten kritische Aspekte innerhalb des Vorhabens schnell und direkt adressiert werden. Auch Versäumnisse auf Seiten des Auftragnehmers und des Auftraggebers konnten durch die offene und transparente Zusammenarbeit direkt zugeordnet und umgehend mit der Aufarbeitung begonnen werden.

Zudem wurde durch die Einrichtung des integrierten Projektteams die Voraussetzung dafür geschaffen, Wissen zwischen den verschiedenen Interessengruppen des Auftraggebers und dem Auftragnehmer auszutauschen. Vor allem vor dem Hintergrund des engen Zeitfensters für die Umsetzung ergaben sich hieraus große Vorteile.

4.6.3.3 Erweiterung der Wissensbasis

Da zu Beginn des Entwicklungsvorhabens nur eine grobe Anforderungsliste seitens des Auftraggebers existierte, wurden während der Entwicklung des Demonstrators zusammen mit dem Auftraggeber die Anforderungen an das System Schritt für Schritt verfeinert. Ausgehend von dem operationellen Bedarf wurde dementsprechend in einem iterativen Prozess der Auftraggeber bei der Konkretisierung der Anforderungen unterstützt und zusammen mit ihm **Wissen über Anforderungen an das zu entwickelnde System** sowie über operationelle Rahmenbedingungen und mögliche Lösungskonzepte aufgebaut.

Da in der Vertragslandschaft, welche die Zusammenarbeit der Entwicklungspartner und die Unterauftragnehmerverhältnisse im Hauptentwicklungsstrang regelte, ein solches Weiterentwicklungsvorhaben nicht vorgesehen war, musste im Einzelfall geprüft werden, auf welchen Wegen die Beauftragung des für die erforderliche Änderung verantwortlichen Unternehmens erfolgen konnte. Besonders schwierig war dies in den Fällen, in denen eine zu ändernde Komponente durch einen Unterauftragnehmer eines Partnerunternehmens verantwortet wurde oder in denen den Vertragspartnern ein großer zeitlicher Spielraum für die Ausführung von Entwicklungstätigkeiten vertraglich zugestanden wurde. Aufgrund des engen Zeitplans mussten zusammen mit den Partnerunternehmen Lösungen gefunden werden, ohne dass bestehende Vertragswerke verletzt werden. Dies machte es erforderlich, gemeinsam **Wissen über Handlungsspielräume** innerhalb des vertraglichen Rahmens der Zusammenarbeit aufzubauen.

Anforderungsänderungen ergaben sich im Laufe des Entwicklungsvorhabens beispielsweise durch Erkenntnisse, die im Rahmen der **Fertigung und Erprobung der finalen Konfiguration** des Luftfahrzeugs gewonnen wurden, welche parallel zum untersuchten Weiterentwicklungsvorhaben verliefen. Vereinzelte Anforderungsänderungen ergaben sich auch dadurch, dass im Rahmen der organisatorischen Umstrukturierung des Auftraggebers die Luftfahrzeuge einer anderen Teilstreitkraft unterstellt wurden, die über andere Einsatz- und Logistikverfahren verfügte als die bisherige Teilstreitkraft.

4.6.3.4 Sicherung der Wissensbasis

Vor allem bei modernen militärischen Luftfahrzeugen, welche über einen großen Anteil an Software verfügen, ist die **kontinuierliche Modifizierung und Weiterentwicklung** nicht nur möglich, sondern auch von vornherein bei der Entwicklung vorgesehen:

> *„Dieses Luftfahrzeug ist ein Luftfahrzeug einer ganz neuen Generation, das immer in der Upgrade-Phase sein wird. Wir werden mit diesem Luftfahrzeug eigentlich nie fertig. Dafür ist es auch nicht konzipiert worden. Die Idee ist jederzeit Anpassungen vornehmen zu können, sobald diese erforderlich werden."* (Lfz_D1)

Dies erfordert besondere Anstrengungen zur Sicherung von Wissen, insbesondere von Erfahrungen, welche man innerhalb eines laufenden Vorhabens sammelt, um bei der nächsten Modifizierung des Gesamtsystems nicht wieder von vorn anfangen zu müssen.

Der wichtigste Speicher für entwicklungsrelevantes Wissen waren in dem untersuchten Entwicklungsvorhaben die **Mitarbeiter**, welche ihr Wissen und ihre Erfahrungen dann in folgende Entwicklungsvorhaben einbringen. Zusätzlich wurden umfangreiche **technische Dokumente und Vorgehensbeschreibungen** angefertigt, welche in Folgeprojekten als Grundlage zur Verfügung stehen.

4.7 Fallstudie *Lfk A*

Die ursprüngliche Neuentwicklung des Lenkflugkörpersystems, welche bereits mehrere Jahrzehnte zurückliegt, wurde in **binationaler Kooperation** durchgeführt. Zur Aufteilung der Entwicklungs- und Fertigungsverantwortung wurden die zwei Hauptsysteme des Lenkflugkörpersystems herangezogen, so dass jede Nation bzw. die durch sie beauftragte Systemfirma für die Entwicklung und Fertigung eines Hauptsystems verantwortlich war. Die Verantwortung für die Integration beider Systeme zu einem Gesamtsystem lag hingegen beim Entwicklungspartner, der somit bei der Neuentwicklung und den folgenden Weiterentwicklungsvorhaben verantwortlich für das Gesamtsystem war. Über die Jahre der Nutzung des Systems wurden bereits verschiedene **Weiterentwicklungen** des Lenkflugkörpersystems durchgeführt, um es an die sich verändernden militärischen Rahmenbedingungen anzupassen.

4.7.1 Überblick über das Entwicklungsprojekt

Die Zielsetzung des untersuchten Entwicklungsvorhabens bestand in der **Integration neuer Funktionalitäten und Technologien** in das Lenkflugkörpersystem, um die Handhabung zu vereinfachen und die Genauigkeit bei der Zielaufklärung und -bekämpfung zu erhöhen. Gleichzeitig stand eine **Obsoleszenz-Bereinigung** im Vordergrund, also der Ersatz von nicht mehr erhältlichen Bauteilen und Modulen. Dabei wurden die Spezifikation des Lenkflugkörpersystems und die Schnittstellenbeschreibungen der letzten Version des Systems, deren Entwicklung etwa zehn Jahre zurücklag, beibehalten und dienten als Grundlage für das Entwicklungsvorhaben. Mit der Durchführung dieses Vorhabens war zudem das Ziel verbunden, die **Kenntnisse und Fähigkeiten zur Optronik- und Elektronikentwicklung** für Lenkflugkörpersysteme im Unternehmen weiter auszubauen.

Die Beauftragung der Entwicklung erfolgte **unternehmensintern**, nachdem durch den Vertrieb ein **potentieller Exportkunde** identifiziert worden war. Weiterentwickelt wurde nur der Teil des Lenkflugkörpersystems, für dessen Entwicklung das betrachtete Unternehmen verantwortlich war.

Die Verantwortung für das Gesamtsystem lag aus vertraglichen Gründen bei dem Kooperationspartner der ursprünglichen Neuentwicklung, weshalb dieses Unternehmen für die Vertragsgestaltung mit dem Exportkunden verantwortlich war, obwohl es bei diesem Entwicklungsvorhaben nicht als Entwicklungspartner tätig wurde. Dementsprechend lag auch die Abnahme des Gesamtsystems nicht in der Verantwortung deutscher Behörden, sondern in der Verantwortung der Rüstungsbehörde der Partnernation.

4.7.2 Strukturierung des Produktentwicklungsprozesses

Im Folgenden wird ein Überblick über die Gestaltung des Entwicklungsprozesses und der Schnittstellen gegeben. Da eine detaillierte Beschreibung des Prozessablaufs und der Schnittstellen den Rahmen dieser Arbeit übersteigen würde, sind die folgenden Darstellungen auf die Inhalte reduziert, welche für das Verständnis der Herausforderungen und Maßnahmen der wissensorientierten Gestaltung der Produktentwicklung notwendig sind.

4.7.2.1 Prozessablauf

Das **Vorgehen in der Produktentwicklung** lässt sich in folgende Phasen unterteilen: Systemdefinition, Komponentenentwicklung, also Entwurf und Gestaltung der einzelnen Komponenten, Komponententests, Integrationstests und Abnahmetests. Die Komponentenentwicklung erfolgte nach Hardware und Software getrennt. Für die Softwareentwicklung erfolgte eine Unterteilung in den Grob- und den Feinentwurf, welche soweit möglich zusammengefasst wurden, sowie die Realisierung der Software. Die Entwicklung der Hardwarekomponenten erfolgte als Prototypenentwicklung. Die Erprobung erfolgte zunächst auf Komponentenebene (Erprobung der Softwaremodule und Erprobung von Labormustern) gefolgt von einer stufenweisen Integration bis auf Systemebene und zugehöriger Integrationstests. Den Abschluss der Erprobung bildeten die Abnahmetests, welche aus den Qualifikationstests der einzelnen Komponenten und Systeme sowie dem Leistungsnachweis des Gesamtsystems durch Schießversuche bestanden. In der praktischen Durchführung dieses Ablaufs kam es natürlich zu Rückkopplungen, Iterationen und teilweise auch parallelen Abläufen. So wurde beispielsweise mit der Qualifikation auf Komponentenebene begonnen, sobald die Gestaltung und Erprobung einer Komponente abgeschlossen war, selbst wenn noch nicht alle Komponenten final erprobt waren.

Aus **Sicht des Produktmanagements** des Unternehmens entsprach die hier beschriebene Produktentwicklung der Bereitstellungsphase, welche auf die Planungsphase folgt und von der Betreuungsphase und der Auslaufphase gefolgt wird. Innerhalb der Bereitstellungsphase existieren mehrere Meilensteine, deren Erreichung den Reifegrad des in Entwicklung befindlichen Produktes beschreibt.

Neben den **unternehmensinternen Fortschrittskontrollen** wurden zwei kundenorientierte Reviews durchgeführt. Diese hatten zum Ziel, den Kunden über den Projektfortschritt zu informieren und die Leistungsfähigkeit der gewählten technischen Lösungsansätze zu demonstrieren. Da es für dieses Entwicklungsvorhaben zunächst keinen konkreten (Export-)Kunden gab, wurde diese Rolle durch das für das Gesamtsystem verantwortliche Partnerunternehmen übernommen, welches auch zentraler Ansprechpartner für potentielle Exportkunden war. Das erste Review war ein sogenanntes **Preliminary Design Review**, also eine vorläufige Entwurfsüberprüfung, welche im Rahmen der Komponentenentwicklung durchgeführt wurde. Ziel war es auf der einen Seite den Projektfortschritt zu demonstrieren und auf der anderen Seite das technische Vorgehen dem Kunden gegenüber fachlich zu begründen und die Leistungsfähigkeit der Lösungskonzepte zu demonstrieren. Vor Beginn der Qualifikation wurde dann ein zweites Review durchgeführt, das sogenannte **Critical Design Review**, also die finale Entwurfsüberprüfung bevor mit der Qualifikation begonnen wird.

4.7.2.2 Schnittstellen

Von der Weiterentwicklung betroffen waren in diesem Projekt lediglich die Anteile des Gesamtsystems, die in der Verantwortung des deutschen Unternehmens lagen. Dementsprechend wurde der Kooperationspartner aus der ursprünglichen Neuentwicklung nicht als Entwicklungspartner in das Projekt eingebunden. Allerdings war dieses Unternehmen aus vertraglichen Gründen für das Gesamtsystem verantwortlich. Dies führte dazu, dass Vertreter dieses Unternehmens in die Freigabe von Spezifikationen und Reviews eingebunden wurden, obwohl dieses Unternehmen selbst keine Entwicklungsaktivitäten durchführte. Auch Zulieferer des Unternehmens waren mit Teilen der Entwicklungsaufgabe beauftragt, so dass im Laufe des Entwicklungsprojektes **Schnittstellen zum Entwicklungsprozess der Zulieferer** etabliert wurden, um die Zusammenarbeit bei der Entwicklung gestalten zu können.

Die Zulassung des Gesamtsystems für den Exportkunden lag in der Verantwortung der Rüstungsbehörde der Partnernation, welche zudem die zentrale Ansprechstelle für den Exportkunden war. Die **Schnittstelle zum militärischen Zulassungsprozess** wurde dementsprechend über den Entwicklungspartner, der die Verantwortung für das Gesamtsystem trug, realisiert. Bereits während des Vorhabens ließ sich die Rüstungsbehörde der Partnernation vor Ort den Entwicklungsfortschritt demonstrieren, bevor in ihrer Verantwortung nach Abschluss der Erprobung und Qualifikation des weiterentwickelten Hauptsystems das Gesamtsystem durch Schießversuche erprobt und für die Nutzung zugelassen wurde.

Da die Weiterentwicklung ohne konkreten Kundenauftrag und mit finanziellen Mitteln des Unternehmens durchgeführt wurde, gab es während der laufenden Entwicklung keine direkte Schnittstelle zum Beschaffungsprozess des nationalen Kunden. Die **Schnittstelle zum Beschaffungsprozess des potentiellen Exportkunden** wurde durch den Vertrieb des Partnerunternehmens realisiert, welches für das Lenkflugkörpersystem die Gesamtverantwortung innehatte. Diesem wurde immer wieder zugearbeitet, z. B. in Form von Informationsmaterial über das sich in Entwicklung befindliche Produkt. Im Gegensatz zu Entwicklungsvorhaben im Auftrag der Heimatkunden, welche Entwicklung und Beschaffung in der Regel getrennt beauftragen und finanzieren und daher spezielle Anforderungen in ein Entwicklungsvorhaben einbringen können, stand in diesem Weiterentwicklungsvorhaben der Verkauf des Lenkflugkörpersystems an einen Exportkunden, also der **Verkauf eines fertigen Produktes**, im Vordergrund.

4.7.3 Wissensorientierte Gestaltung der Produktentwicklung

Im Folgenden wird ein Überblick über die Elemente der wissensorientierten Gestaltung der Produktentwicklung gegeben, welche in dem untersuchten Vorhaben zur Anwendung gekommen sind.

4.7.3.1 Aufstellung der Wissensbasis

Nach der Beauftragung der Weiterentwicklung des Lenkflugkörpersystems hat man sich im Unternehmen bewusst dagegen entschieden, das Vorhaben in Aufgabenpakete zu unterteilen und die Bearbeitung dieser Aufgabenpakete in die Verantwortung der Fachabteilung zu geben. Stattdessen wurde ein **integriertes Entwicklungsteam** gebildet, das durch einen technischen Projektleiter geleitet wurde. Grund hierfür war zum einen, dass der Umfang des Entwicklungsvorhabens und die Anzahl der zu beteiligenden Mitarbeiter überschaubar und der Großteil der erforderlichen Kenntnisse und Fähigkeiten in der Entwicklungsabteilung vorhanden waren. Zum anderen wurde zur Zeit des Projektstarts im betrachteten Unternehmen damit begonnen, Teamstrukturen zu bilden.

Begünstigt durch die aktuelle Auftragslage des Unternehmens zum Zeitpunkt des Projektstarts, standen bei der Zusammenstellung des Entwicklungsteams für die technischen Schlüssel-Themen die bestmöglichen Wissensträger zur Verfügung. Ein großer Vorteil bei der Zusammenstellung des Teams war zudem, dass der technische Projektleiter bereits seit mehreren Jahren im Entwicklungsbereich im Unternehmen tätig war und daher einen guten Überblick über die Mitarbeiter und deren Kenntnisse und Fähigkeiten hatte. Mit den verantwortlichen Abteilungsleitern wurde schließlich darüber verhandelt, welcher Mitarbeiter mit welcher Auslastung dem Weiterentwicklungsvorhaben zugeordnet und dem Projektleiter fachlich unterstellt wird. Darüber hinaus wurde in der **Aufgabenplanung** abgeschätzt aus welchen Unternehmensbereichen über das integrierte Entwicklungsteam hinaus Zuarbeit erforderlich sein wird.

Grundlage für die Weiterentwicklung des Lenkflugkörpersystems war vor allem die **vorhandene Produktdokumentation**, also unter anderem Spezifikationen, Schnittstellenbeschreibungen,

Konstruktionszeichnungen, Berechnungsalgorithmen und Testprozeduren. Zur Bewertung, welche Funktionalitäten im Rahmen der Weiterentwicklung verbessert werden können und welcher zusätzliche Nutzen sich aus der Verwendung neuer Technologien und dem Ersatz obsoleter Komponenten ergibt, wurden Berechnungen, Simulationen und Erprobungsergebnisse der letzten umfassenden Weiterentwicklung des Systems herangezogen. Ein besonderer Fokus wurde dabei auf die Grenzen der Einsatzmöglichkeiten und die Handhabbarkeit des Systems gelegt.

Die **Einbindung von Erfahrungen** beschränkte sich auf die Entwicklungsanteile, welche zur Zeit des letzten umfassenden Weiterentwicklungsprojektes im Unternehmen bearbeitet wurden. Trotz der Tatsache, dass dieses Projekt bereits mehr als zehn Jahre zurück lag, konnte noch auf einzelne Schlüsselpersonen und ihre Erfahrungen zurückgegriffen werden. Für die Obsoleszenzbereinigung, vor allem im Bereich der Elektronik, die sich seit dem letzten Weiterentwicklungsprojekt grundlegend weiterentwickelt hatte, wurden Spezialisten des Unternehmens in die Entwicklung eingebunden.

Für die anderen Entwicklungsanteile bzw. die neu zu integrierenden Funktionalitäten und Technologien wurde im Laufe des Projektes das erforderliche Wissen neu aufgebaut. Dies erfolgte ganz bewusst, um das Ziel des Kompetenzaufbaus im Unternehmen erreichen zu können.

Die für die Entwicklung erforderlichen **unternehmensinternen Experten** wurden in Form eines integrierten Teams in das Vorhaben eingebunden. Darüber hinaus wurden Experten zu querschnittlichen Themen, wie z. B. dem Qualitäts-, und Konfigurationsmanagement, in das Entwicklungsvorhaben eingebunden. Eine temporäre Einbindung von Experten des Unternehmens erfolgte immer dann, wenn Expertise nur punktuell im Entwicklungsvorhaben benötigt wurde. Dies war beispielsweise bei speziellen Erprobungsschritten, Analysen oder Berechnungen der Fall, aber auch zur Prüfung sicherheitsrelevanter Aspekte der Entwicklung. Ihr Einsatz im Entwicklungsvorhaben wurde bereits in der Phase der Aufgabenplanung eingeplant.

Für Expertise, die im Unternehmen eher selten benötigt wird oder zu speziell ist, um sie dauerhaft vorzuhalten, wurde auf **unternehmensexterne Experten** zurückgegriffen. Soweit wie möglich wurde die Beratung durch Experten aus dem Umfeld des Unternehmens bereits in der Aufgabenplanung berücksichtigt. Es kam jedoch auch zu Problemen und Wissenslücken im Laufe der Entwicklung, welche eine nicht vorab geplante Einbindung von externen Experten erforderlich machte, um diese Wissenslücken zu schließen.

4.7.3.2 Nutzung der Wissensbasis

Durch die Etablierung eines **integrierten Entwicklungsteams** wurde die Grundlage für eine gute Kommunikation zwischen den beteiligten Entwicklern und eine möglichst direkte Wissensverteilung innerhalb des Entwicklungsvorhabens geschaffen.

Da die ursprüngliche Neuentwicklung bereits mehrere Jahrzehnte zurücklag, lagen relevante Konstruktionsunterlagen für die bisher nicht weiterentwickelten Module nur in Papierform vor und waren in Teilen nicht vollständig oder direkt nutzbar. Hierdurch war gleich zu Beginn des Entwicklungsvorhabens eine umfangreiche Bearbeitung der Unterlagen erforderlich, um das Wissen über das weiterzuentwickelnde System nutzen zu können:

> „*Da mussten wir zu Beginn tatsächlich ein bisschen Ahnenforschung betreiben.*“ (LFK_A1)

4.7.3.3 Erweiterung der Wissensbasis

Zur Erreichung der gesetzten Gestaltungsziele war es erforderlich, die Wissensbasis des Entwicklungsvorhabens um vielfältiges **technisches Lösungswissen** zu erweitern. Vor allem die Harmonisierung der Schnittstellen, die Verwendung neuer Werkstoffe sowie mechanische, elektronische und optronische Herausforderungen bei der Konstruktion machten es erforderlich, technisches Lösungswissen teamintern aufzubauen oder geeignete Expertise von außen hinzuzuziehen. So wurden beispielsweise unternehmensexterne Experten temporär in das Entwicklungsvorhaben eingebunden als entschieden wurde, zur Gewichtsreduktion bestimmte Bauteile aus Kunststoff anzufertigen. Da das erforderliche Wissen zur Auslegung und Gestaltung von Kunststoffkomponenten im Unternehmen fehlte, wurde mit Hilfe der beratenden Experten das erforderliche technische Lösungswissen aufgebaut.

Zudem stellte sich im Laufe des Entwicklungsvorhabens heraus, dass das **Wissen über die Lieferanten** ein entscheidendes Wissensfeld für die Aufgaben- und Risikoplanung ist. So hilft z. B. das Wissen über das Produktportfolio und bisherige Entwicklungsschwerpunkte der Zulieferer dabei, vorab einzuschätzen, ob der Zulieferer in der Lage sein wird, die Komponente in der erforderlichen Qualität und Funktionalität zu entwickeln.

> „*Ja, das ist dann auch einer der Punkte, wo wir während der Entwicklungszeit noch einiges gelernt haben. Denn nur weil ein Unterauftragnehmer ein Produkt hat, das er schon erfolgreich vertreibt, kann man es noch lange nicht 1:1 übernehmen. Die waren von ihren anderen Produkten viel niedrigere Qualitätsstandards gewohnt als wir sie für dieses Vorhaben benötigten.*“ (LFK_A1)

Eine weitere Wissenslücke, die im Laufe des Entwicklungsvorhabens geschlossen werden musste, betraf **nationale Vorgaben des Exportkunden für den Einsatz von Waffensystemen**. Im Rahmen der Zulassungsaktivitäten musste daher überprüft und belegt werden, dass die bei der Entwicklung angewandten Normen und Vorgaben diesen nationalen Vorgaben entsprechen und somit eine Zulassung des Lenkflugkörpersystems für den Exportkunden rechtlich möglich war.

Da die Entwicklung unternehmensintern beauftragt und finanziert wurde, ergaben sich im Verlauf des Entwicklungsvorhabens **keine Anforderungsänderungen** von außen. Die zu Beginn des Vorhabens formulierten Anforderungen dienten bis zum Abschluss der Entwicklung als roter Faden für die Gestaltungsentscheidungen. Lediglich zum Ende des Vorhabens wurden vereinzelte Anforderungen unternehmensintern noch einmal in Bezug auf Aufwand und Nutzen abgewogen, um den zeitgerechten Abschluss der Entwicklungstätigkeiten sicherstellen zu können.

> *„Da hat uns keiner in irgendeiner Art dreingeredet. Auch im eigenen Konzern nicht. Da konnten wir eigentlich als Team relativ abgeschlossen arbeiten. Und dadurch ergibt sich eine Situation, in der man eigentlich relativ schnell und zügig und auch einigermaßen günstig entwickeln kann."* (LFK_A1)

4.7.3.4 Sicherung der Wissensbasis

Wissen über das Produkt, welches im Laufe des Vorhabens aufgebaut wurde, ist soweit wie möglich in die **Produktdokumentation** eingeflossen, welche nicht nur die Funktionalitäten der Komponenten und Systeme beschrieb, sondern auch Wissen über technische Lösungskonzepte, Wissen über die Abläufe der Entwicklung und Wissen über den Einsatz von Methoden beinhaltete.

Einige Wissensfelder, wie zum Beispiel das Wissen über Gestaltungsentscheidungen, wurden jedoch nicht dokumentiert und lagen dementsprechend nur in **personalisierter Form** vor:

> *„Die gesamte Produktdokumentation ist im ERP-System abgelegt. Was jedoch nicht gemacht wird, das wird in der Entwicklung meistens nicht gemacht, ist zu dokumentieren, wenn man Irrwege gegangen ist, z. B. in der Auslegung von Anforderungen oder mit einem bestimmten Entwicklungsansatz. Das wäre natürlich für zukünftige Weiterentwicklungen von Vorteil. (...) Das ist dann das Wissen, das nur die Leute haben, die mit dabei waren."* (LFK_A1)

4.8 Fallstudie *Lfk B*

Nachdem das Entwicklungsvorhaben *Lfk A* abgeschlossen war, kündigte der für das Gesamtsystem verantwortliche Entwicklungspartner an, das gesamte Lenkflugkörpersystem für seinen nationalen Kunden in der Reichweite steigern zu wollen. Während im Entwicklungsvorhaben *Lfk A* nur eines der zwei Hauptsysteme unter Beibehaltung der Spezifikation des Gesamtsystems weiterentwickelt wurde, waren hierzu Weiterentwicklungen an beiden Hauptsystemen des Lenkflugkörpersystems erforderlich.

4.8.1 Überblick über das Entwicklungsprojekt

Zentrale Zielsetzung dieser Weiterentwicklung war die **Steigerung der Reichweite** des Lenkflugkörpersystems, sowohl für die Zielbekämpfung als auch für die Zielaufklärung. Zudem sollten **neue Funktionalitäten und Technologien** integriert werden, um das System bezüglich der Steuerung, Zielaufklärung, Störsicherheit, Interoperabilität und Handhabung an aktuelle operationelle Anforderungen moderner Kampfführung anpassen zu können.

Dies machte nicht nur eine neue Spezifikation erforderlich, sondern auch die aktive **Kooperation mit dem Entwicklungspartner**. Es galt Schnittstellen, Bedienkonzepte und Konzeptionen aufeinander abzustimmen und die Entwicklungsaktivitäten, welche dezentral in den Partnerunternehmen erfolgten, zu koordinieren. Die Aufteilung der Entwicklungsaktivitäten erfolgte wie bereits in der ursprünglichen Neuentwicklung unterteilt nach den zwei Hauptsystemen des Lenkflugkörpersystems.

Die Beauftragung des Weiterentwicklungsvorhabens erfolgte **unternehmensintern**, nachdem der Entwicklungspartner angekündigt hatte, das sein **nationaler Kunde** Interesse an einer in der Reichweite gesteigerten Version des Lenkflugkörpersystems bekundet hat. Die Entwicklung erfolgte in Kooperation mit dem Partnerunternehmen, welches aufgrund vertraglicher Strukturen seit der ursprünglichen Neuentwicklung des Systems die Verantwortung für das Gesamtsystem trug.

Nachdem der nationale Kunde des Entwicklungspartners jedoch seine Beschaffungspläne änderte und die Beschaffung eines konkurrierenden Systems in Aussicht stellte, wurden die Entwicklungsaktivitäten auf ein Minimum zurückgefahren. Da die Entwicklung schon weit vorangeschritten war und der Vertrieb des Partnerunternehmens gute Chancen für den Export prognostizierte, wurde die Entwicklung nicht eingestellt, sondern mit minimaler Besetzung weitergeführt, um bei Vertragsunterschrift eines Exportkunden die Entwicklungsaktivitäten wieder komplett aufnehmen und zu Ende führen zu können. Nachdem ein entsprechender Exportkunde akquiriert worden war, kam es schließlich zum **Wiederanlauf des Entwicklungsvorhabens**.

4.8.2 Strukturierung des Produktentwicklungsprozesses

Im Folgenden wird ein Überblick über die Gestaltung des Entwicklungsprozesses und der Schnittstellen gegeben. Da eine detaillierte Beschreibung des Prozessablaufs und der Schnittstellen den Rahmen dieser Arbeit übersteigen würde, sind die folgenden Darstellungen auf die Inhalte reduziert, welche für das Verständnis der Herausforderungen und Maßnahmen der wissensorientierten Gestaltung der Produktentwicklung notwendig sind.

4.8.2.1 Prozessablauf

Nach der unternehmensinternen Beauftragung der Weiterentwicklung des Lenkflugkörpersystems erfolgte zunächst die Planung des Entwicklungsvorhabens. Nachdem diese abgeschlossen war, begann die **Phase der Produktkonzeption**, in der unterschiedliche Lösungskonzepte zur Realisierung der Spezifikation entworfen, analysiert, bewertet und mit den verschiedenen beteiligten Stellen diskutiert wurden. Beteiligt an diesen Diskussionen waren die beiden Entwicklungspartner und auch die Rüstungsbehörde des nationalen Kunden des Entwicklungspartners.

Im Anschluss an die **Gestaltung einzelner Komponenten** wurden diese zunächst einzeln und schließlich im Systemverbund verschiedenen Tests unterzogen (z. B. mechanische oder elektrotechnische Funktion, zuverlässige Funktion in verschiedenen Temperatur- und Luftfeuchtigkeitsbereichen, Vibrations- und Schockfestigkeit, Dichtigkeit usw.), bevor mit der Qualifikation der Komponenten und Systeme begonnen werden konnte. Den Abschluss des Entwicklungsprozesses bildeten Schießversuche, in denen das gesamte System erprobt und qualifiziert wurde.

Aus Sicht des Produktmanagements des Unternehmens entsprach die hier beschriebene Produktentwicklung der Bereitstellungsphase, welche auf die Planungsphase folgt und von der Betreuungsphase und der Auslaufphase gefolgt wird. Innerhalb der Bereitstellungsphase existieren mehrere Meilensteine, deren Erreichung den Reifegrad des in Entwicklung befindlichen Produktes beschreibt.

Da dieses Weiterentwicklungsvorhaben technisch auf einem kurz zuvor abgeschlossenen Weiterentwicklungsvorhaben aufbaute und das für das Gesamtsystem verantwortliche Partnerunternehmen selbst an dem Entwicklungsvorhaben beteiligt war, wurden **keine kundenorientierten Reviews** durchgeführt, an denen das Partnerunternehmen in der Rolle des Kunden den Projektfortschritt bewertet und sich die Leistungsfähigkeit der ausgewählten konzeptionellen Lösungen darstellen lässt. Vor Beginn der Qualifikation wurde jedoch ein abschließendes Review, ein sogenanntes **Readiness for Qualification Review**, durchgeführt. In diesem Review wurde dem für das Gesamtsystem verantwortlichen Partnerunternehmen gegenüber dargelegt, dass aus formaler Sicht alle Voraussetzungen für den Beginn der Qualifikation vorliegen. Vor Beginn des Leistungsnachweises durch Schießversuche wurden dann in einem weiteren Review die Qualifikationsergebnisse dem systemverantwortlichen Partnerunternehmen gegenüber dargestellt.

4.8.2.2 Schnittstellen

Wie auch die ursprüngliche Neuentwicklung des Lenkflugkörpersystems, wurde das Weiterentwicklungsvorhaben in bilateraler Kooperation durchgeführt. Die Verantwortung für das Gesamtsystem lag beim Entwicklungspartner, der in diesem Vorhaben auch aktiv an der Weiterentwicklung teilnahm. Aus diesem Grund galt es eine **Schnittstelle zum Entwicklungsprozess des Partnerunternehmens** zu etablieren. Da die Entwicklungstätigkeiten an den beiden Hauptsystemen des Lenkflugkörpersystems dezentral in den beiden Partnerunternehmen erfolgten, wurden diverse Abstimmungen zwischen den beiden Kooperationspartnern, unter anderem bezüglich der Spezifikation, der Konzeption, des Bedienkonzeptes und der Schnittstellen, erforderlich.

> *„Hierdurch hatten wir nicht mehr die schöne komfortable Situation, allein entscheiden zu können.“* (LFK_B1)

Die Zulassung des weiterentwickelten Lenkflugkörpersystems für den Exportkunden erfolgte durch die nationale Rüstungsbehörde der Partnernation, welche zudem die zentrale Ansprechstelle für den Exportkunden war. Die **Schnittstelle zum militärischen Zulassungsprozess** wurde dementsprechend über den Entwicklungspartner, der die Verantwortung für das Gesamtsystem trug, realisiert. Hierzu wurden nach Abschluss der Qualifizierung der einzelnen Komponenten und der Einzelsysteme abschließende Schießversuche bei der zuständigen Rüstungsbehörde der Partnernation durchgeführt. Hierbei wurde dem Exportkunden gegenüber attestiert, dass das Gesamtsystem die geforderte Spezifikation sicher und zuverlässig erfüllte. Dem Exportkunden stand auch die Möglichkeit offen, die Qualifizierungsaktivitäten sowohl bei den entwickelnden Firmen als auch bei der verantwortlichen Rüstungsbehörde zu begleiten und bei Bedarf zusätzliche Zulassungskriterien zu formulieren, was in diesem Fall jedoch nicht geschehen ist.

Da der **deutsche Kunde** schon früh signalisierte, dass er das weiterentwickelte System nicht beschaffen wird, gab es keine Schnittstelle zum Ausrüstungs- und Nutzungsprozess des deutschen Kunden. Allerdings wurden zu Beginn des Vorhabens, parallel zu den konzeptionellen Entwicklungsaktivitäten, verschiedene Angebote erstellt, um den deutschen Kunden doch noch zu überzeugen, das Produkt in einer anderen Konfiguration oder für einen anderen Einsatzzweck zu beschaffen – vor allem um einen Referenzkunden für spätere Exportbestrebungen zu haben.

Der **nationale Kunde des Kooperationspartners** hatte jedoch Interesse an einer Beschaffung bekundet, weshalb über den Kooperationspartner eine Schnittstelle zu dessen Ausrüstungs- und Nutzungsprozess etabliert wurde. In diesem Zusammenhang beteiligte sich die Rüstungsbehörde der Partnernation an der Konzeption des Gesamtsystems und führte auch erste Erprobungen des Gesamtsystems durch.

Verantwortlich für die **Akquisition potentieller Exportkunden** war der Vertrieb des Kooperationspartners. Nachdem auch dessen nationaler Kunde verkündet hatte, dass er das System nicht beschaffen wird, wurde damit begonnen potentielle Exportkunden zu akquirieren, um die Entwicklung abschließen und mit der Fertigung des verbesserten Lenkflugkörpersystems beginnen zu können. Damit änderte sich für die kooperierenden Unternehmen die Entwicklungssituation. Denn während zu Beginn des Entwicklungsvorhabens der nationale Kunde des Entwicklungspartners intensiv in die Produktkonzeption und -gestaltung eingebunden wurde, wird bei Exportkunden üblicherweise nur in geringem Maße auf spezielle Kundenanforderungen eingegangen. Im Vordergrund steht vielmehr der Verkauf eines fertigen Produktes.

Einen direkten Einfluss auf den zeitlichen Verlauf des Entwicklungsvorhabens hatte zudem die Beschaffung von Materialien für die Herstellung von Labormustern und Prototypen. Da es an der **Schnittstelle zum internen Beschaffungsprozess** teilweise zu ungeplanten Verzögerungen kam, mussten die für die Erprobung vorgesehenen Zeiträume verschoben bzw. verkürzt werden, um die zeitlichen Vorgaben einhalten zu können. Da die für die Beschaffung verantwortlichen Personen zu wenig in das Entwicklungsvorhaben eingebunden waren, war ihnen die Bedeutung ihrer Rolle bzw. ihres Beitrags für den Fortschritt und den Erfolg des Entwicklungsvorhabens nur unzureichend bewusst.

> *„Nur wenn ich weiß wofür ich zuarbeite, kann ich das auch gut tun."* (LFK_B1)

4.8.3 Wissensorientierte Gestaltung der Produktentwicklung

Im Folgenden wird ein Überblick über die Elemente der wissensorientierten Gestaltung der Produktentwicklung gegeben, welche in dem untersuchten Vorhaben zur Anwendung gekommen sind.

4.8.3.1 Aufstellung der Wissensbasis

Dadurch, dass der nationale Kunde des Entwicklungspartners großes Interesse an der Beschaffung des reichweitengesteigerten Lenkflugkörpersystems bekundete, während der deutsche Kunde bereits frühzeitig signalisierte, ein alternatives System zu beschaffen, entstand ein Ungleichgewicht zwischen den beiden Entwicklungspartnern. Dies zeigte sich beispielsweise darin, dass die Rüstungsbehörde der Partnernation bereits zu Beginn des Vorhabens **Einfluss auf die Auswahl der Unterauftragnehmer** für Entwicklung und Herstellung von Komponenten nahm, was für den deutschen Entwicklungspartner zusätzlichen Aufwand erzeugte. Der geforderte Wechsel von Unterauftragnehmern machte es zudem erforderlich, einzelne Entwicklungsanteile, die der ursprünglich vorgesehene Unterauftragnehmer durchgeführt hätte, nun im Unternehmen selbst durchzuführen, da kein anderer adäquater Auftragnehmer gefunden werden konnte.

Wie auch in dem kurz zuvor abgeschlossenen Weiterentwicklungsvorhaben wurde aus den verschiedenen erforderlichen Disziplinen ein **integriertes Entwicklungsteam** gebildet, das durch einen technischen Projektleiter geleitet wurde. Hierbei konnte auf viele Entwicklungsingenieure zugegriffen werden, welche auch schon an dem kurz zuvor abgeschlossenen Weiterentwicklungsvorhaben beteiligt waren. In Ergänzung zu dieser dauerhaften Einbindung wurden unternehmensinterne Experten immer dann temporär in das Entwicklungsprojekt eingebunden, wenn Expertise nur punktuell im Entwicklungsvorhaben benötigt wurde. Dies war beispielsweise bei speziellen Erprobungsschritten, Analysen oder Berechnungen der Fall. Ihr Einsatz im Entwicklungsvorhaben wurde bereits in der Phase der Aufgabenplanung eingeplant.

Auch **Experten aus dem Umfeld des Unternehmens** wurden in das Entwicklungsvorhaben einbezogen. Beispiele hierfür waren Optik-Berechnungen, die von einem externen Spezialisten durchgeführt wurden, und technische Themen, die in Zusammenarbeit mit einer Universität bearbeitet wurden. Auch externe technische Berater wurden zu speziellen Themen einbezogen. Die Einbindung externer Experten erfolgte vor allem für Themen, die im Unternehmen nur selten benötigt werden. Diese Einbindung wurde bereits in der Aufgabenplanung berücksichtigt. Es kam jedoch auch zu Problemen und Wissenslücken im Laufe der Entwicklung, welche die nicht vorab geplante Einbindung von externen Experten erforderlich machte.

Eine Besonderheit in der Aufstellung der Wissensbasis ergab sich in dem untersuchten Vorhaben durch eine **Änderung der Entwicklungssituation** während des laufenden Vorhabens. Aufgrund der hohen technischen Komplexität und der nur begrenzten Anzahl an potentiellen Kunden werden Entwicklungsvorhaben nur dann durchgeführt, wenn ein konkreter Kundenauftrag vorhanden oder zumindest in Aussicht ist. Nach der definitiven Absage des nationalen Kunden des Entwicklungspartners wurden daher die Entwicklungsaktivitäten auf ein Minimum zurückgefahren. Da die Entwicklung schon weit vorangeschritten war und der Vertrieb des Entwicklungspartners gute Chancen für den Export prognostizierte, wurde die Entwicklung jedoch nicht abgebrochen, sondern mit minimaler Besetzung weitergeführt. Dabei wurde das Ziel verfolgt, bei Vertragsunterschrift eines Exportkunden die Entwicklungsaktivitäten wieder komplett aufzunehmen und zu Ende zu führen. Auch die Unterauftragnehmer waren durch die veränderte Entwicklungssituation gezwungen, ihre Entwicklungsaktivitäten zu reduzieren, da die für die Entwicklung noch zur Verfügung stehenden Gelder möglichst im eigenen Unternehmen ausgegeben werden sollten.

Diese Änderung der Entwicklungssituation bewirkte nicht nur reduzierte Entwicklungsaktivitäten, sondern auch eine **Reduzierung der verfügbaren Wissensbasis**, auf die innerhalb des Vorhabens zugegriffen werden konnte. Denn sowohl im betrachteten Unternehmen als auch bei den Unterauftragnehmern wurden für das Entwicklungsvorhaben relevante Wissensträger mit anderen Aufgaben betraut und standen für das Vorhaben nicht mehr zur Verfügung. Nachdem ein Exportkunde für das weiterentwickelte System gewonnen werden konnte, kam es zum Wiederanlauf der Entwicklungsaktivitäten und zu einer **Neuaufstellung der erforderlichen Wissensbasis**. Zudem wurde diese auf die neue Entwicklungssituation, nämlich die Entwicklung des Systems für einen Exportkunden, ausgerichtet.

4.8.3.2 Nutzung der Wissensbasis

Die Etablierung eines **integrierten Entwicklungsteams** zu Beginn des Vorhabens trug dazu bei, die Kommunikation unter den beteiligten Entwicklern zu verbessern und einen möglichst direkten Wissensaustausch zu ermöglichen. Nachdem die Entwicklungsaktivitäten jedoch deutlich reduziert wurden, konnte diese Form der Teamzusammenstellung nicht beibehalten werden.

4.8.3.3 Erweiterung der Wissensbasis

Um die zu Beginn des Vorhabens gesetzten Entwicklungsziele erreichen zu können, war es erforderlich, die Wissensbasis des Entwicklungsvorhabens um vielfältiges **technisches Lösungswissen** zu erweitern. Vor allem die Integration neuer Technologien und Komponenten für die Zielaufklärung und die Ansteuerung machte es erforderlich, teamintern technisches Wissen aufzubauen und bei Bedarf Expertise von außen hinzuzuziehen.

Besonders deutlich wurde dieser Bedarf, als kein geeigneter Unterauftragnehmer für die Entwicklung eines elektro-optischen Sensors gefunden werden konnte und daher der Bedarf entstand, das für eine solche Entwicklung erforderliche Wissen im Unternehmen selbst aufzubauen, auch wenn dies zu Beginn des Entwicklungsvorhabens so nicht vorgesehen war. Zur Lösung von Problemen bei Optik-Berechnungen, welche im Laufe des Entwicklungsvorhabens auftraten, wurde ein bereits im Ruhestand befindlicher Spezialist als Berater in das Entwicklungsvorhaben eingebunden. Dieser hat auch die zuständigen Entwicklungsingenieure zu diesem speziellen Thema geschult und so zur technischen Problemlösung beigetragen.

Darüber hinaus galt es in dem untersuchten Entwicklungsvorhaben weitere Wissenslücken zu schließen. Eine für das Entwicklungsvorhaben entscheidende Wissenslücke bezog sich auf die **Abnahmekriterien der Rüstungsbehörde der Partnernation**. Während der Konzeptionsphase erfolgte zwar in Abstimmung mit der Rüstungsbehörde die Auswahl von bestimmten Lösungskonzepten zur Realisierung der Spezifikation. Allerdings blieben die Vereinbarungen zu den Kriterien, mit denen die Erfüllung der Spezifikation überprüft werden soll, sehr vage. Vor allem für den elektro-optischen Sensor gab es keine allgemeingültigen und weit verbreiteten Abnahmekriterien, so dass man im Laufe der Entwicklung die vereinbarten groben Abnahmekriterien auf eine andere Art interpretierte als dies durch die Rüstungsbehörde der Partnernation getan wurde. Dies führte dazu, dass die eigenen Erprobungsaktivitäten auf einer anderen Grundlage und unter anderen Rahmenbedingungen durchgeführt wurden als bei der Erprobung der Rüstungsbehörde der Partnernation, was dazu führte dass eine erste externe Erprobung nicht bestanden wurde.

Eine weitere Wissenslücke ergab sich bezüglich der **militärischen Einsatzkonzepte des potentiellen Kunden**, also der Art und Weise wie das System militärisch eingesetzt werden soll. Diese Wissenslücke wirkte sich auf die Interpretation der Forderungen des Kunden aus. Dieser hatte bestimmte Spezifikationswerte gefordert (z. B. Aufklärungs- und Identifikationsreichweite). Diese Forderungen wurden von den Entwicklungsingenieuren aufgenommen, interpretiert und in ihre Entscheidungen zu Lösungskonzepten, Berechnungsarten und Konstruktionen einfließen gelassen. Da der Kunde das System jedoch anders einsetzen wollte als von den Entwicklungsingenieuren angenommen, wurden die Anforderungen anders interpretiert und konzeptionell umgesetzt als dies für den Kunden erforderlich gewesen wäre. Dies führte dazu, dass bei einer ersten Vorstellung des Systems der Kunde die präsentierte Lösung ablehnte und umfangreiche Änderungen erforderlich waren.

Vor allem durch den zu Beginn der Entwicklung noch vorhandenen potentiellen nationalen Kunden des Entwicklungspartners wurden immer wieder Zusatzwünsche geäußert, welche zu **Anforderungsänderungen** und somit zu zusätzlichen Entwicklungsiterationen geführt haben. Aufgrund des Ungleichgewichts in der Beschaffungsabsicht der Partnernationen bestand der Entwicklungspartner darauf, an konzeptionellen Entscheidungen im Rahmen der Weiterentwicklung der Waffenanlage beteiligt zu werden. Hieraus entstanden z. B. Forderungen, im Rahmen der Weiterentwicklung **zusätzliche Einsatzkonzepte** für das Gesamtsystem zu prüfen, und Änderungsforderungen für das Bedienkonzept des Systems. Gleichzeitig stellte der Kooperationspartner jedoch nur die für die Weiterentwicklung absolut notwendigen Schnittstelleninformationen zur Verfügung.

Eine geringfügige Anforderungsänderung wurde durch den **Exportkunden** gestellt. Dieser wollte das System in einer anderen Lackierung gefertigt haben, als dies in der ursprünglichen Entwicklung vorgesehen war. Da die Lackierung der einzelnen Komponenten Teil der Zeichnungssätze und Prüfvorschriften war, wurden u. a. Anpassungen in der Dokumentation erforderlich.

4.8.3.4 Sicherung der Wissensbasis

Nach der definitiven Beschaffungsabsage des nationalen Kunden des Entwicklungspartners wurden die Entwicklungsaktivitäten auf ein Minimum zurückgefahren. Da die Entwicklung schon weit vorangeschritten war und der Vertrieb der systemführenden Firma gute Chancen für den Export prognostizierte, wurde die Entwicklung jedoch nicht abgebrochen. Stattdessen wurde eine **Weiterführung mit minimaler Besetzung** beschlossen, mit dem Ziel bei Vertragsunterschrift eines Exportkunden die Entwicklungsaktivitäten wieder komplett aufzunehmen und zum Ende zu führen. Eine Sicherung der bisherigen Entwicklungsergebnisse wurde also einerseits in personalisierter Form und andererseits in Form von Dokumenten sichergestellt.

Über die Grenzen des Vorhabens hinaus erfolgte die Sicherung von Wissen unter anderem durch die Erstellung der gesetzlich geforderten **Produktdokumentation**. Ein Großteil des für die Produktentwicklung relevanten Wissens ist jedoch an die beteiligten **Mitarbeiter** gebunden, welche soweit möglich in nachfolgende Weiterentwicklungsvorhaben wieder eingesetzt werden. Für die Zeit der Serienfertigung des weiterentwickelten Systems standen zudem noch Entwicklungsingenieure bei Bedarf für technische Analyse- und Unterstützungstätigkeiten zur Verfügung.

4.9 Fallübergreifende Auswertung

Im Zentrum der fallübergreifenden Auswertung stehen zunächst die Gestaltung des Produktentwicklungsprozesses und die Struktur der relevanten Wissensbasis der untersuchten Entwicklungsvorhaben. Anschließend werden Elemente der wissensorientierten Gestaltung der Produktentwicklung identifiziert und den Gestaltungsfeldern Aufstellung, Nutzung, Erweiterung und Sicherung der Wissensbasis zugeordnet. Auf dieser Grundlage erfolgt abschließend eine Auswertung, in welchen Bereichen der wissensorientierten Gestaltung der Produktentwicklung Spezifika der militärischen Luftfahrtindustrie zum Tragen kommen, welche sich auf den konkreten Handlungsbedarf für die wissensorientierten Gestaltung der Produktentwicklung in der militärischen Luftfahrtindustrie in Deutschland auswirken.

4.9.1 Gestaltung des Produktentwicklungsprozesses

In allen untersuchten Fällen war die Vereinbarung eines **gemeinsamen Prozesses für die Produktentwicklung** von großer Bedeutung. Dieser diente zur Strukturierung des Entwicklungsvorhabens, sorgte für ein gemeinsames Verständnis der Abläufe und Zusammenhänge der Produktentwicklung und war Ausgangspunkt für die Gestaltung von Schnittstellen.

Zur **Strukturierung des Entwicklungsvorhabens** wurde in den untersuchten Fällen der Produktentwicklungsprozess in einzelne Phasen unterteilt. In der Regel waren diese Phasen sequentiell angelegt und die Freigabe der nächsten Phasen wurde erst erteilt, sobald nachgewiesen wurde, dass die in dieser Phase erstellten Entwicklungsergebnisse vorab definierte Kriterien erfüllten. Diese Kriterien waren beispielsweise Vorgaben bezüglich der Produktqualität oder Forderungen, die sich aus nachfolgenden Prozessphasen ergaben. Zwischen den einzelnen Prozessphasen befanden sich somit **Synchronisationspunkte**, an denen parallel laufende Entwicklungsstränge zusammengeführt und die Erfüllung von Produktreifekriterien überprüft wurden. Die Fortschrittskontrolle wurden in den untersuchten Entwicklungsvorhaben durch Reviews realisiert. Dabei gab es einerseits Reviews, die lediglich der internen Fortschrittskontrolle dienten und andererseits kundenorientierte Reviews, in denen der Auftraggeber die Möglichkeit bekam, den Entwicklungsfortschritt zu begutachten und zusammen mit dem Auftragnehmer über die Freigabe der nächsten Prozessphase zu entscheiden. In den untersuchten Entwicklungsvorhaben liefen die einzelnen Entwicklungsaktivitäten dementsprechend nicht ad-hoc ab, sondern wurden durch einen in Phasen und Synchronisationspunkte unterteilten Rahmenprozess aufeinander abgestimmt. Dieses Vorgehen entspricht weitgehend dem von *Hughes und Chafin (1996, S. 92)* beschriebenen Phase-Review-Prozess bzw. dem von *Cooper und Kleinschmidt (1990, S. 46)* vorgeschlagenen Stage-Gate-Prozess. Gemeinsam ist diesen Prozessmodellen, dass die Entwicklungsaktivitäten innerhalb der einzelnen Phasen vorangetrieben und an den Synchronisations- bzw. Entscheidungspunkten die erzielten Ergebnisse überprüft werden. Durch die Strukturierung des Prozesses in Phasen und Entscheidungspunkte wird ein Kompromiss zwischen dem für die Entwicklung erforderlichen **kreativen Freiraum** und notwendiger **Konformität** möglich (vgl. *Prefi 2007, S. 417 f.*).

Der Produktentwicklungsprozess diente jedoch nicht nur zur Strukturierung der Entwicklungsvorhaben, sondern half auch dabei, bei den Mitarbeitern ein **einheitliches Verständnis über die Abläufe und Zusammenhänge der Produktentwicklung** zu schaffen. Durch die Vereinbarung eines gemeinsamen Prozesses für die Produktentwicklung wurde es den Mitarbeitern möglich, ihre eigene Rolle in das Entwicklungsvorhaben einzuordnen, Zusammenhänge zu erkennen und die Bedeutung des eigenen Beitrags zur gesamten Entwicklung zu verstehen. Auf diese Weise wurde es möglich, die Aktivitäten einer Vielzahl von Mitarbeitern auch über einen langen Entwicklungszeitraum auf ein gemeinsames Ziel auszurichten. In den untersuchten Entwicklungsvorhaben wurde zudem deutlich, dass dieses gemeinsame Verständnis über die Abläufe der Produktentwicklung erforderlich ist, um einen zielorientierten Aufbau von technischem Lösungswissen und eine möglichst reibungslose Verteilung von Wissen innerhalb des Vorhabens zu ermöglichen. Deutlich wurde dies beispielsweise im Fall *Lfz A*, in dem fehlendes Wissen über die Abläufe und Zusammenhänge der Produktentwicklung zu unnötigen Iterationen und Nacharbeiten sowie zu Defiziten in der bereichsübergreifenden Kommunikation führte.

Der Produktentwicklungsprozess war in den untersuchten Fällen zudem **Ausgangspunkt für die Gestaltung von Schnittstellen** zu relevanten Prozessen innerhalb und außerhalb des Unternehmens. Dies waren in den untersuchten Entwicklungsvorhaben je nach Entwicklungssituation der Entwicklungsprozess der Partnerunternehmen, der militärische Zulassungsprozess, der Ausrüstungs- und Nutzungsprozess der Auftraggeber und vorhabensinterne Prozesse wie beispielsweise der Einrüstungsprozess, der Beschaffungsprozess oder der Vertriebsprozess. Diese Schnittstellen dienten nicht nur der Übergabe von Informationen und Entwicklungsergebnissen, sondern auch der Einbindung von unternehmensinternen oder -externen Wissensträgern. Von diesen wurde für das Entwicklungsvorhaben relevantes Wissen erworben oder mit diesen zusammen aufgebaut. Dementsprechend wurde in den untersuchten Fällen deutlich, dass eine sorgfältige Definition und Pflege der Schnittstellen erforderlich ist, um eine möglichst reibungslose Verteilung von Wissen aber auch den Erwerb und den gemeinsamen Aufbau von Wissen gewährleisten zu können. Dies gilt insbesondere für Wissen aus externen Quellen, also beispielsweise Wissen bezüglich der Musterzulassung, der operationellen Nutzung der Produkte und über die konkreten Anforderungen an die weiterzuentwickelnden Systeme.

Die vergleichende Betrachtung der untersuchten Fällen verdeutlicht, dass die Gestaltung des Entwicklungsprozesses von der jeweiligen **Entwicklungssituation** beeinflusst wurde. Ein wichtiger Aspekt dabei war die Herkunft der Entwicklungsaufgabe. In den Fällen *Lfz A*, *Lfz B* und *Lfz C* wurden die Aktivitäten zur Weiterentwicklung durch Nationen beauftragt, welche bereits die Neuentwicklung der jeweiligen Luftfahrzeuge beauftragt hatten. Zu Beginn der Vorhaben wurden die Schnittstellen zum Ausrüstungs- und Nutzungsprozess sowie dem militärischen Zulassungsprozess der beteiligten nationalen Kunden etabliert. Zudem erfolgte die Strukturierung der Entwicklungsaktivitäten gemäß der vertraglich vereinbarten Segmentierung der Projekte in Prozessphasen und Entscheidungspunkte, welche eine kontinuierliche Beurteilung des Projektfortschritts ermöglichte. Im Fall *Lfz D* erfolgte die Weiterentwicklung des Luftfahrzeugs zur Deckung eines dringenden Bedarfs für den militärischen Einsatz. In diesem Fall wurde mit den Entwicklungsaktivitäten bereits begonnen, bevor die offizielle Beauftragung durch den nationalen Kunden erfolgte. Durch die Entwicklung eines Demonstrators im Rahmen einer durch das Unternehmen finanzierten Machbarkeitsstudie wurde zudem die Konkretisierung der Anforderungen mit der Produktentwicklung verknüpft. Darüber hinaus wurden Entwicklungsaktivitäten soweit wie möglich parallelisiert und mit dem Hauptentwicklungsstrang verknüpft. In den Fällen *Lfk A* und *Lfk B* erfolgte die Beauftragung der Entwicklung als Resultat einer unternehmensinternen Produktplanung. Dies bewirkte, dass zunächst die Etablierung von Schnittstellen zum Vertrieb des Unternehmens bzw. des Partnerunternehmens im Vordergrund stand. Zudem wurden Phasen des Produktentwicklungsprozesses zusammengefasst und die Anzahl der Entscheidungspunkte reduziert, um möglichst große Freiräume für die Entwicklungsaktivitäten zu generieren.

4.9.2 Struktur der Wissensbasis

Bevor fallübergreifend ausgewertet wird, wie in den untersuchten Fällen die Aufstellung, Nutzung, Erweiterung und Sicherung der Wissensbasis eines Entwicklungsprojektes erfolgte, wird im Folgenden herausgearbeitet, welche Wissensfelder und Wissensträger in den untersuchten Fällen von Bedeutung waren.

4.9.2.1 Wissensfelder

Im Rahmen der Auswertung der durchgeführten Fallstudien wurden vielfältige Wissensfelder identifiziert, welche für die jeweiligen Entwicklungsprojekte von Bedeutung waren. Diese wurden in einem ersten Schritt den aus der Literatur abgeleiteten Wissensklassen „Technisches Wissen“, „Organisationswissen“ und „Umfeldwissen“ zugeordnet und zu Wissenskategorien zusammengefasst. Durch den Vergleich der in den einzelnen Entwicklungsprojekten identifizierten Wissensfelder konnten diese begrifflich verallgemeinert und in Wissenskategorien und -klassen unterteilt werden (vgl. Abbildung 4.2).

Beim Vergleich der untersuchten Entwicklungsvorhaben zeigt sich, dass viele der für das jeweilige Entwicklungsprojekt relevanten Wissensfelder in allen untersuchten Fällen von Bedeutung waren. Es werden jedoch auch Unterschiede deutlich, welche sich vor allem durch unterschiedliche **Entwicklungssituationen** erklären lassen. Die Gestaltung des Entwicklungsprozesses als verteilte Produktentwicklung erforderte beispielsweise Wissen über den Kooperationspartner, über die von ihm bearbeiteten Entwicklungsanteile, über die Organisation der Entwicklungskooperation oder über vertraglich vereinbarte Übergabepunkte von Entwicklungszwischenergebnissen. Die Entwicklung im Auftrag eines nationalen Kunden, welcher nicht nur die Beschaffung wehrtechnischer Systeme sondern auch deren Entwicklung finanziert (Beispiele: *Lfz A*, *Lfz B* und *Lfz C*), erforderte einen anderen Wissensbestand als die Entwicklung für den Export, bei dem der Verkauf eines fertigen Produktes im Vordergrund steht (Beispiele: *Lfk A* und *Lfk B*).

Wissensklasse	**Wissenskategorie**	**Wissensfeld**
Technisches Wissen	Grundlagen	Mathematisches, technisches und naturwissenschaftliches Hintergrundwissen
		Wissen über geeignete Technologien
	Methoden	Wissen über Methoden zur Durchführung der Entwicklungsaktivitäten
		Wissen über Methoden zur Unterstützung der Entwicklungsaktivitäten
	Produkt	Wissen über die Produktanforderungen
		Wissen über die Produktgestalt und -eigenschaften
		Wissen über die Produktfunktionen
		Wissen über die Gründe für Gestaltungsentscheidungen
Organisationswissen	Entwicklungsprojekt	Wissen über die Ziele und Inhalte des Projektes
		Wissen über die Strukturierung des Projektes
	Entwicklungsprozess	Wissen über den Ablauf des Prozesses
		Wissen über Schnittstellen und Synchronisationspunkte
		Wissen über prozessinterne Kunden-/Lieferantenbeziehungen
	Unternehmen	Wissen über die im Unternehmen vorhandenen Kenntnisse und Fähigkeiten
		Wissen über ähnliche Entwicklungsprojekte
		Wissen über offizielle Vorgaben und informelle Normen des Unternehmens
	Kooperation	Wissen über die organisatorische Gestaltung der Kooperation
		Wissen über die Kooperationspartner
Umfeldwissen	Kunde	Wissen über den Bedarf des Kunden
		Wissen über die Kundenorganisation
		Wissen über die Kundenbeziehung
		Wissen über die militärische Zulassung
	Marktumfeld	Wissen über Märkte und Wettbewerber
	Normen und Gesetze	Wissen über rechtliche Vorgaben für die Entwicklung

Abbildung 4.2: Kategorisierung der in den Entwicklungsprojekten identifizierten Wissensfelder

Abhängig von der jeweiligen Entwicklungssituation galt es dementsprechend einen Grundstock an **Wissen zur Durchführung der Entwicklung** zu schaffen, mit dem die Durchführung der Entwicklungsaktivitäten möglich wurde. In den untersuchten Fällen war dies zum einen technisches Wissen, also z. B. Wissen über das weiterzuentwickelnde Produkt, über luftfahrttechnische Grundlagen oder über Methoden und Hilfsmittel der Produktentwicklung. Zum anderen war für die Durchführung der Entwicklungsprojekte Organisationswissen relevant. Hierunter fiel beispielsweise Wissen über den Produktentwicklungsprozess, über die Strukturen und Inhalte des Entwicklungsprojektes sowie über geeignete Ansprechpartner im Unternehmen oder bei den Kooperationspartnern. Darüber hinaus war Umfeldwissen, also beispielsweise Wissen über den Kunden und seinen militärischen Bedarf, über das Marktumfeld oder über relevante Normen und Gesetze, von Bedeutung für die untersuchten Entwicklungsvorhaben.

Auf dieser Grundlage wurde schließlich **Wissen über das Produkt** aufgebaut, also z. B. Wissen über die Gründe von Gestaltungsentscheidungen, Wissen über Produktfunktionen oder Wissen über die Einsatzmöglichkeiten des Produktes. In allen untersuchten Fällen war es zudem erforderlich, den zur Durchführung der Entwicklung erforderlichen Wissensbestand innerhalb des Projektes zu erweitern, um identifizierte Lücken in der Wissensbasis schließen und auf Änderungen im Umfeld des Entwicklungsprojektes reagieren zu können.

4.9.2.2 Wissensträger

Der für die jeweiligen Vorhaben erforderliche Wissensbestand verteilte sich in allen untersuchten Fällen auf **unterschiedliche Wissensträger**. Einerseits waren dies personelle Wissensträger, also Einzelpersonen und Gruppen von Mitarbeitern, andererseits materielle Wissensträger wie zum Beispiel die technische Produktdokumentation, Prozessbeschreibungen oder Prototypen.

Personelle Wissensträger, deren Wissen für das Entwicklungsvorhaben benötigt wurde, kamen in den untersuchten Fällen nicht nur aus dem betrachteten Unternehmen bzw. einem Partnerunternehmen, sondern auch aus der Kundenorganisation, den zuständigen Zulassungsbehörden sowie zum Teil aus Universitäten und Beratungsunternehmen (vgl. Abbildung 4.3).

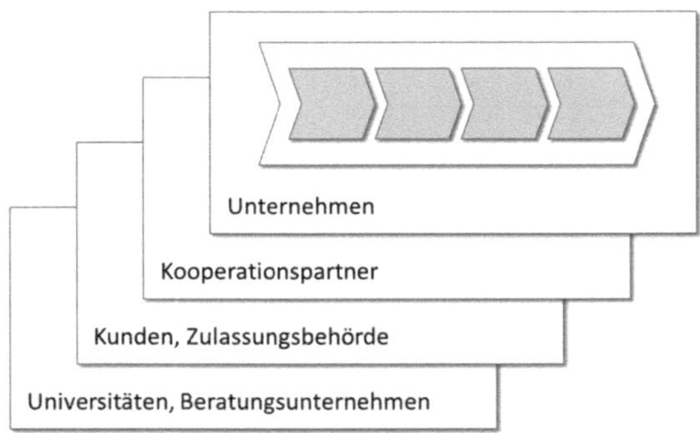

Abbildung 4.3: Personelle Wissensträger in den untersuchten Fällen

Beispiele für **Wissensträger des Unternehmens** waren die für die eigentlichen Entwicklungsaufgaben erforderlichen Ingenieure, welche in den Fällen *Lfz B*, *Lfk A* und *Lfk B* zu integrierten

Entwicklungsteams zusammengeschlossen waren und in den anderen Fällen durch Aufgabenpakete in Verantwortung der Entwicklungsabteilungen beauftragt wurden. Darüber hinaus wurden in den untersuchten Entwicklungsvorhaben Experten querschnittlicher Disziplinen wie z. B. des Qualitäts- oder Konfigurationsmanagements, Musterprüfingenieure, Bewaffnungsspezialisten oder Flugsicherheitsanalytiker, zur Unterstützung der Entwicklungstätigkeiten eingebunden. Zudem wurden im Bedarfsfall unternehmensinterne Experten zur Lösung akuter technischer Probleme oder zur Beratung in rechtlichen oder organisatorischen Fragen temporär hinzugezogen.

Eine Abstimmung mit **Wissensträgern der Partnerunternehmen** fand beispielsweise bei der Übergabe und Harmonisierung von Entwicklungsergebnissen oder bei der unternehmensübergreifenden Problemlösung statt. In den Fällen *Lfz A* und *Lfz B* wurde der Austausch von Entwicklungsergebnissen durch ein viernational betriebenes Konfigurationsmanagement-System unterstützt. Eine direkte Zusammenarbeit mit Mitarbeitern der Partnerunternehmen wurde in diesen Fällen in den viernationalen integrierten Projektteams realisiert, welche für die Analyse- und Erprobungstätigkeiten auf der Ebene der Hauptsysteme des Luftfahrzeugs verantwortlich waren.

Eine Einbindung von **unternehmens- bzw. kooperationsexternen Wissensträgern** wurde immer dann erforderlich, wenn im Unternehmen oder innerhalb der Entwicklungskooperation Wissen, das für die Durchführung des Vorhabens erforderlich war, nicht oder nur unzureichend vorhanden war. In den Entwicklungsvorhaben *Lfk A* und *Lfk B* wurden beispielsweise beratende Experten zur Bearbeitung komplexer technischer Fragestellungen hinzugezogen, welche im Unternehmen selten oder noch gar nicht bearbeitet wurden. Ein weiteres Beispiel war die Einbindung von Vertretern des späteren Nutzers, um deren Wissen über die tatsächlichen militärischen Einsatzkonzepte der Systeme in das Entwicklungsvorhaben einfließen zu lassen (vgl. *Lfz A*, *Lfz C* und *Lfz D*). Außerdem wurden in den untersuchten Vorhaben Vertreter des Bedarfsträgers, des Bedarfsdeckers und der Zulassungsbehörde eingebunden, um gemeinsam Lösungsmöglichkeiten für ungeplante Änderungen der Entwicklungssituation oder nicht vorhersehbare technische bzw. organisatorische Herausforderungen zu erarbeiten. Im Entwicklungsvorhaben *Lfz D* wurde zudem für die Koordination und Realisierung des Vorhabens ein integriertes Projektteam gegründet. Dieses bestand sowohl aus Vertretern des Auftragnehmers als auch aus Vertretern relevanter Interessengruppen des Auftraggebers, also der Beschaffungsbehörde, der Zulassungsbehörde und des Nutzungsmanagements.

In allen untersuchten Fällen wurden darüber hinaus **materielle Wissensträger** zur Sicherung von Wissen zur Unterstützung der Kommunikation verwendet. Aufgrund gesetzlicher Vorgaben und Dokumentationsforderungen der Kunden wurde Wissen über das Produkt, welches im Laufe der Entwicklungsvorhaben aufgebaut wurde, in Form einer möglichst umfassenden Produktdokumentation gesichert. Zudem wurden Prozesse, Strukturen und Erfahrungen dokumentiert und so auch für zukünftige Vorhaben nutzbar gemacht. Auch Besprechungen, Quality Gate Reviews und Projektfortschrittsentscheidungen wurden dokumentiert, um den Ablauf der Entwicklungsaktivitäten sowie relevante Entscheidungen nachvollziehbar zu sichern. In den Entwicklungsvorhaben wurden zudem Prototypen, Demonstratoren, Simulationen und Modelle verwendet, um den Austausch von Wissen zu unterstützen. Im Rahmen des Entwicklungsvorhabens *Lfz D* wurde beispielsweise ein Demonstrator entwickelt, der dazu genutzt wurde, die Anforderungen an die zu entwickelnde Spezialausstattung gemeinsam mit dem Auftraggeber zu konkretisieren. Zudem wurde dieser Demonstrator genutzt, um die Entwicklungszwischenergebnisse den zukünftigen Nutzern vorzustellen und Rückmeldungen bezüglich der Bedienbarkeit und dem Nutzen des Systems zu erhalten. Im Fall *Lfz A* wurden Prototypen und Simulationen genutzt, um einen internen Wissensaustausch zu unterstützen. So wurde beispielsweise damit begonnen, Zwischenergebnisse den Experten der Flugerprobung noch vor dem eigentlich Flugtest vorzuführen, um bereits im Vorfeld Unzulänglichkeiten und Verbesserungsmöglichkeiten zu identifizieren.

4.9.3 Elemente der wissensorientierten Gestaltung

In den untersuchten Fällen konnten verschiedene Elemente einer wissensorientierten Gestaltung der Produktentwicklung identifiziert werden, welche den Gestaltungsfeldern Aufstellung, Nutzung, Erweiterung und Sicherung der Wissensbasis zugeordnet wurden (vgl. Abbildung 4.4). Im Folgenden werden diese Elemente zusammenfassend dargestellt.

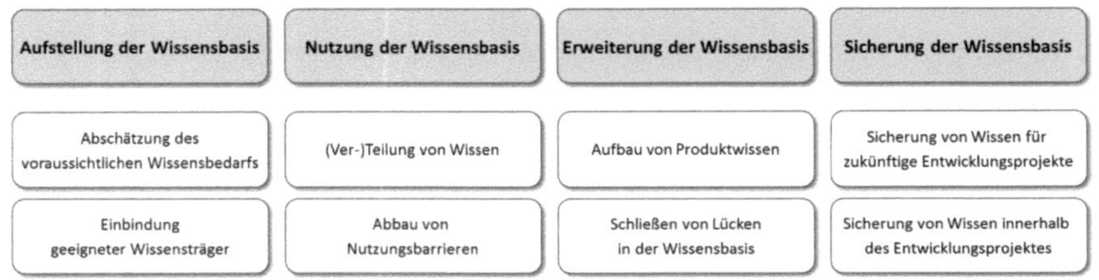

Abbildung 4.4: In den Fallstudien identifizierte Elemente der wissensorientierten Gestaltung

4.9.3.1 Aufstellung der Wissensbasis

Für die Durchführung der untersuchten Entwicklungsvorhaben war vielfältiges Wissen aus unterschiedlichen Disziplinen erforderlich. Vor Beginn der eigentlichen Entwicklungsaktivitäten galt es daher einen Grundstock an Kenntnissen und Fähigkeiten zu schaffen, mit dem die Bearbeitung der Entwicklungsaufgaben möglich wurde. Vergleicht man die Ergebnisse der einzelnen Fallstudien, können zwei zentrale Aktivitäten identifiziert werden, die erforderlich sind, um die für das Entwicklungsprojekt erforderliche Wissensbasis aufzustellen: Die Abschätzung des voraussichtlichen Wissensbedarfs und die Einbindung geeigneter Wissensträger.

Abschätzung des voraussichtlichen Wissensbedarfs

Nach Erteilung des Entwicklungsauftrags stand in den untersuchten Fällen die inhaltliche, personelle und zeitliche Planung im Fokus der Gestaltung. Als Grundlage erfolgte hierzu die Klärung der Entwicklungsaufgabe sowie die Konkretisierung der Anforderungen an das zu entwickelnde Produkt. In diesem Zusammenhang wurde auf Basis von Erfahrungen aus vorangegangenen Entwicklungsvorhaben auch abgeschätzt, welche Kenntnisse und Fähigkeiten zur Durchführung der Entwicklungsaktivitäten voraussichtlich benötigt werden. Auf diese Weise wurde in den untersuchten Entwicklungsvorhaben eine grobe Einschätzung geschaffen, welche die Grundlage für die Identifikation geeigneter Wissensträger war.

Einbindung geeigneter Wissensträger

In den untersuchten Entwicklungsprojekten wurden sowohl personelle als auch materielle Wissensträger in die Entwicklungstätigkeiten eingebunden. Dabei lag der Schwerpunkt auf der Einbindung von **personellen Wissensträgern**. Hierbei wurde vor allem auf Mitarbeiter des Unternehmens zurückgegriffen, welche über Kenntnisse und Fähigkeiten verfügten, die zur Erfüllung der Entwicklungsaufgaben erforderlich waren. Hierzu wurden beispielsweise integrierte Entwicklungsteams gebildet, Aufgabenpakete in die Verantwortung von Entwicklungsabteilungen übergeben oder eine temporäre Einbindung von Experten querschnittlicher Fachbereiche realisiert. In zwei der untersuchten Fälle wurde darüber hinaus die Einbindung unternehmensexterner Experten eingeplant und vorbereitet. Auf diese Weise konnte im Laufe des Entwicklungsvorhabens auf Kenntnisse und Fähigkeiten zurückgegriffen werden, die im Unternehmen eher selten benötigt und daher nicht dauerhaft vorgehalten wurden. Vereinzelt wurden auch Experten des Auftraggebers als relevante Wissensträger identifiziert und ihre Einbindung in das Entwicklungsvorhaben realisiert. Dies war vor allem in den Entwicklungsvorhaben der Fall, welche auf Initiative des nationalen Kunden initiiert und finanziert wurden. Dabei wurde der Schwerpunkt auf die Beteiligung von zukünftigen Nutzern bei der Konkretisierung der Anforderungen an die weiterzuentwickelnden Systeme gelegt. Eine Einbindung dieser Expertise in den weiteren Verlauf der Entwicklung, z. B. zur Entwicklung einsatznaher Testszenarien oder zur Bewertung von Zwischenergebnissen der Entwicklung, war jedoch nicht vorgesehen.

In den untersuchten Fällen wurde zudem deutlich, dass bei der Einbindung personeller Wissensträger nicht nur die organisatorische bzw. vertragliche Gestaltung der Einbindung von Bedeutung war. Um einen lösungsorientierten Aufbau und Austausch von Wissen zu ermöglichen, war es darüber hinaus erforderlich, bei den beteiligten Personen ein **gemeinsames Verständnis über die Ziele** und die Zusammenhänge des Entwicklungsvorhabens zu schaffen und ihnen die Bedeutung ihres individuellen Beitrags für das Gelingen des gesamten Vorhabens zu verdeutlichen.

Zu Beginn der untersuchten Entwicklungsprojekte wurden zudem **materielle Wissensträger** einbezogen. Dies waren beispielsweise die technische Dokumentation der weiterzuentwickelnden

Systeme, Prozess- und Vorgehensbeschreibungen, Erfahrungsberichte vorangegangener Entwicklungsvorhaben, aber auch Quellcode, Testskripte und Testanlagen, welche für das jeweilige Entwicklungsprojekt erforderlich waren.

4.9.3.2 Nutzung der Wissensbasis

Um das in der Wissensbasis des Entwicklungsvorhabens vorhandene Wissen zur Bearbeitung der Entwicklungsaufgaben anwenden zu können, wurden in den untersuchten Fällen die (Ver-)Teilung von Wissen gestaltet und Maßnahmen ergriffen, welche zum Ziel hatten, Hindernisse, die der Nutzung der prinzipiell vorhandenen Wissensbasis entgegenstanden, abzubauen bzw. ihre hemmende Wirkung zu verringern.

(Ver-)Teilung von Wissen

In den untersuchten Fällen umfasste die Gestaltung der (Ver-)Teilung von Wissen sowohl die Verteilung von Wissen in dokumentierter Form als auch die Teilung von Wissen im direkten persönlichen Austausch zwischen Einzelpersonen und Personengruppen. Um dies zu verdeutlichen, wird im Folgenden die Schreibweise *(Ver-)Teilung* von Wissen genutzt.

Zur **Realisierung der (Ver-)Teilung von Wissen** wurden in den untersuchten Fällen vielfältige Maßnahmen angewandt. Dies waren beispielsweise die Durchführung von Besprechungen oder Workshops, das Versenden von E-Mails, die Zusammenstellung interdisziplinärer Teams oder die Beratung durch unternehmensinterne oder -externe Experten. Auch die Durchführung von internen und externen Weiterbildungen oder die Einberufung interdisziplinärer Arbeitsgruppen zur Lösung komplexer technischer Probleme waren Maßnahmen, um das in der Wissensbasis des Entwicklungsprojektes vorhandene Wissen unternehmensinterner oder -externer Experten zielgerichtet zu (ver-)teilen. Zur (Ver-)Teilung von Wissen wurden in den untersuchten Entwicklungsprojekten auch die Quality Gate Reviews genutzt. Hier ging es weniger um die Verteilung von detailliertem technischen Wissen als vielmehr um organisatorische, konzeptionelle und vertragliche Aspekte der Entwicklung.

Darüber hinaus lassen sich in den untersuchten Fällen Maßnahmen zur (Ver-)Teilung von Wissen identifizieren, die auf die Einbindung der Expertise externer Wissensträger ausgerichtet sind. So wurde beispielsweise im Entwicklungsprojekt *Lfz D* ein integriertes Projektteam eingerichtet, in dem sich Vertreter der für das Projekt relevanten Interessengruppen regelmäßig austauschten und das Projekt gemeinsam koordinierten. In den Fällen *Lfz A* und *Lfz B* wurde eine (Ver-)Teilung des operationellen Wissens der zukünftigen Nutzer dadurch realisiert, dass diese zusammen mit Entwicklungsingenieuren in einem simulierten Cockpit Anforderungen an die Mensch-Maschine-Schnittstellen definierten, um auf diese Weise die Anforderungen an das zu entwickelnde Produkt zu konkretisieren.

Zur **Unterstützung der (Ver-)Teilung von Wissen** wurden in den untersuchten Fällen auch materielle Wissensträger eingesetzt. Neben Dokumenten, in denen das zu transferierende Wissen papiergebunden oder in elektronischer Form vorlag, wurden auch Simulationen und Prototypen genutzt, um einen Transfer von Wissen zu ermöglichen. So wurden beispielsweise im Entwicklungsprojekt *Lfz D* mit Hilfe eines Demonstrators die Anforderungen des Kunden detailliert. Zudem wurde dieser Demonstrator genutzt, um bei den Entscheidungsverantwortlichen für die Erteilung einer Beauftragung zu werben und die Konzeption durch die späteren Nutzer bewerten zu lassen. Auch in den anderen untersuchten Fällen wurden Prototypen, Demonstratoren und Simulationen zur Unterstützung der (Ver-)teilung von Wissen genutzt.

Abbau von Nutzungsbarrieren

Vergleicht man die Ergebnisse der durchgeführten Fallstudien wird deutlich, dass in der militärischen Luftfahrtindustrie vielfältige Barrieren existieren, welche der Nutzung der prinzipiell vorhandenen Wissensbasis entgegenstehen können. Diese Barrieren lassen sich in drei Kategorien unterteilen (vgl. Abbildung 4.5).

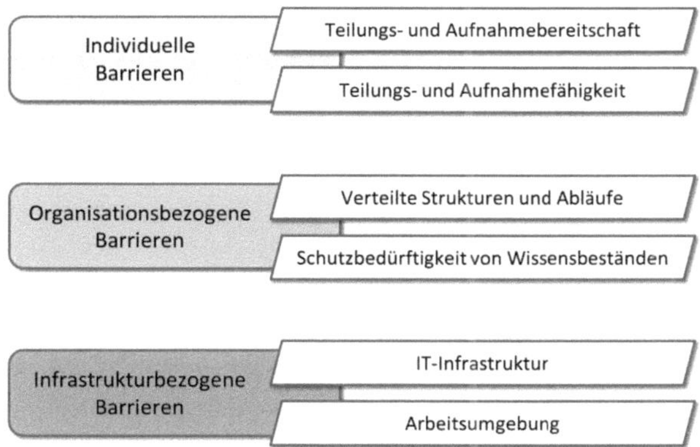

Abbildung 4.5: Kategorisierung potentieller Barrieren, die der Nutzung der Wissensbasis entgegenstehen

Auf der Ebene eines Individuums waren es kognitive und motivationale Barrieren, die dazu beitrugen, dass Aktivitäten zur Nutzung der vorhandenen Wissensbasis beeinträchtigt wurden. Diese **individuellen Barrieren** beziehen sich dementsprechend auf die Fähigkeit und die Bereitschaft einzelner Personen Wissen zu (ver-)teilen und aufzunehmen. Auch die Ablehnung von Wissen aus externen Quellen zählt in diese Kategorie. Zur Kategorie der **organisationsbezogenen Barrieren** zählen einerseits Barrieren, die sich aus der verteilten Gestaltung der Abläufe und Strukturen der Produktentwicklung ergaben. Dies waren beispielsweise die räumliche und kulturelle Distanz zwischen Entwicklungspartnern, welche die Möglichkeiten der (Ver-)Teilung von Wissen einschränkten, aber auch die unzureichende Kenntnis über geeignete Wissensträger bzw. die eingeschränkte Erreichbarkeit von Wissensträgern, welche vor allem bei den organisatorisch komplexen Entwicklungskooperationen zum Tragen kamen. Andererseits ergaben sich organisatiosbezogene Barrieren aus der Schutzbedürftigkeit von Wissensbeständen. Ursache waren Geheimhaltungsvorgaben, die nationale und internationale Exportgesetzgebung und der aktive Wissensschutz von Entwicklungspartnern, welche bei der Lösung von Entwicklungsaufgaben kooperierten und gleichzeitig auf dem internationalen Verteidigungsmarkt im Wettbewerb standen. Auch das Bedürfnis der militärischen Auftraggeber die Vertraulichkeit von Erkenntnissen aus dem operativen Einsatz der Systeme zu wahren, führte zu einem aktiven Wissensschutz. Eine dritte Kategorie von Barrieren ergab sich schließlich durch die im Projekt vorhandene technische und räumliche Infrastruktur. Solche **infrastrukturbezogenen Barrieren** ergaben sich beispielsweise aufgrund geringer Nutzerfreundlichkeit von wissensbereitstellenden Systemen oder einer ungünstigen Gestaltung der Arbeitsräume.

Ein wichtiges Element der wissensorientierten Gestaltung ist demnach die Etablierung von Maßnahmen zum **Abbau von Nutzungsbarrieren**, mit denen diese Hindernisse überwunden bzw. ihre hemmende Wirkung verringert werden kann. Zur Überwindung der räumlichen Distanz zwischen den Entwicklungspartnern wurden beispielsweise in den Fällen *Lfz A* und *Lfz B* softwaregestützte Systeme zum Austausch von technischer Dokumentation, Software-Quellcode und Erprobungsdaten genutzt. Um die Auswirkungen der kulturellen Distanz zwischen den Entwicklungspartnern abzumildern, existierten darüber hinaus verbindliche Standards, welche unter anderem die Inhalte der Produktdokumentation, das Vorgehen zur Erprobung von Komponenten oder die Abläufe für die Qualifikation der Systeme festschrieben. Im Entwicklungsprojekt *Lfz A* wurde zudem ein Expertennetzwerk etabliert, in dem für verschiedene Systeme und Komponenten des Luftfahrzeugs Experten des eigenen Unternehmens und der Partnerunternehmen benannt waren. Die Kontaktdaten dieser Experten wurden zentral hinterlegt und konnten im Bedarfsfall genutzt werden, um den Kontakt herzustellen und ihr Wissen in die Analyse von Abweichungen und die Ursachenforschung einfließen zu lassen.

Im Entwicklungsprojekt *Lfz D* wurde ein integriertes Projektteam eingerichtet, in das alle für die Durchführung des Projektes relevanten Interessengruppen Vertreter abstellten. Durch Transparenz und offene Kommunikation innerhalb des integrierten Projektteams konnte schließlich die Bereitschaft zur Teilung von Wissen entscheidend verbessert und die heterogene Struktur der Kundenorganisation als Hindernis überwunden werden. Im Fall *Lfk A* ergab sich ein Nutzungshindernis dadurch, dass die ursprüngliche Neuentwicklung bereits mehrere Jahrzehnte zurücklag und für die Weiterentwicklung benötigte Konstruktionsunterlagen nur in Papierform vorlagen und in Teilen nicht vollständig oder direkt nutzbar waren. Hierdurch war zu Beginn des Entwicklungsvorhabens eine umfangreiche Bearbeitung der Unterlagen erforderlich, um das Wissen über das weiterzuentwickelnde System nutzen zu können.

4.9.3.3 Erweiterung der Wissensbasis

Bei der vergleichenden Betrachtung der untersuchten Entwicklungsprojekte wird deutlich, dass eine Erweiterung der Wissensbasis eines Entwicklungsprojektes einerseits durch den Aufbau von Produktwissen und andererseits durch das Schließen von Lücken in der Wissensbasis erfolgen kann.

Aufbau von Produktwissen

Zentrales Anliegen der untersuchten Weiterentwicklungsprojekte war die Änderung bzw. Verbesserung bereits in Nutzung befindlicher Luftfahrzeuge und Lenkflugkörpersysteme. Dementsprechend war der gezielte Aufbau von Produktwissen, also beispielsweise Wissen über die Struktur des modifizierten Produktes, die Funktionsweise neuer Komponenten, über Fehlermöglichkeiten oder die Gründe von Gestaltungsentscheidungen, von besonderer Bedeutung. Um dieses gewährleisten zu können, stand in den untersuchten Entwicklungsprojekten unter anderem die Gestaltung der **Zusammenarbeit von Wissensträgern** im Fokus der wissensorientierten Gestaltung. Mit dem Ziel, den Aufbau von Produktwissen zu unterstützen, wurden beispielsweise interdisziplinäre Entwicklungsteams und Arbeitsgruppen gebildet sowie Workshops zur gemeinsamen Erarbeitung von Problemlösungen durchgeführt. Darüber hinaus kamen unterschiedliche **Methoden zur Unterstützung der technischen Problemlösung** zum Einsatz.

Schließen von Lücken in der Wissensbasis

Damit im Rahmen der Entwicklungsaktivitäten neues Produktwissen aufgebaut bzw. bereits vorhandenes Wissen über das Produkt erweitert werden kann, ist ein Grundstock an Wissen zur Durchführung der Entwicklungsaktivitäten erforderlich, der im Rahmen der Aufstellung der Wissensbasis zu Beginn des Entwicklungsprojektes geschaffen wird. In den untersuchten Fällen wurde jedoch deutlich, dass dieser Wissensbestand in der Regel nicht ausreichte, um im Laufe des jeweiligen Vorhabens alle Entwicklungsaufgaben lösen zu können. Dementsprechend spielte in den Entwicklungsprojekten das Schließen von Lücken in der Wissensbasis eine bedeutende Rolle, um die gesteckten Entwicklungsziele zu erreichen. Als Beispiele wurden in den untersuchten Fällen unzureichendes technisches Lösungswissen sowie fehlendes Wissen über militärische Einsatzkonzepte, exportrechtliche Vorgaben oder relevante nationale Vorgaben von Exportkunden genannt. Aber auch fehlendes Wissen über konkrete Anforderungen der Zulassungsbehörden sowie deren Auslastung und Prioritäten bei der Musterzulassung hatte Einfluss auf den Fortgang der untersuchten Entwicklungsvorhaben. In den untersuchten Entwicklungsvorhaben kam es zudem immer wieder zu Änderungen der Produktanforderungen. Diese machten oftmals zusätzliches technisches Lösungswissen erforderlich oder führten zu Wissenslücken, welche dann im Laufe des Vorhabens geschlossen werden mussten.

Beim Vergleich der untersuchten Entwicklungsprojekte wird deutlich, dass zum Schließen von identifizierten Wissenslücken zwei unterschiedliche Wege eingeschlagen werden können. Eine Möglichkeit besteht darin, **zusätzliche Wissensträger** in das Projekt einzubinden, welche über die benötigten Kenntnisse und Fähigkeiten verfügen bzw. mit denen das erforderliche Wissen aufgebaut werden kann. Eine weitere Möglichkeit, die Lücken in der Wissensbasis des Entwicklungsprojektes zu schließen, ist der **Aufbau zusätzlichen Wissens** zur Durchführung der Entwicklung. Je nach Größe bzw. Komplexität der identifizierten Wissenslücke erfolgte dies beispielsweise in Form von Workshops zur gemeinsamen Problembearbeitung oder im Rahmen von Arbeitsgruppen, welche zur gezielten Lösung komplexer technischer Probleme eingerichtet wurden.

4.9.3.4 Sicherung der Wissensbasis

In den untersuchten Entwicklungsprojekten erfolgte die Sicherung der Wissensbasis vor allem mit dem Ziel, Wissen für zukünftige Entwicklungsprojekte zu sichern. Aufgrund der langen Dauer der Entwicklungsprojekte gewann jedoch auch die Sicherung von Wissen für das jeweilige Entwicklungsprojekt an Bedeutung.

Sicherung von Wissen für zukünftige Entwicklungsprojekte

Ein zentrales Charakteristikum wehrtechnischer Systeme der militärischen Luftfahrt ist die lange Nutzungsdauer verbunden mit einer stetigen Weiterentwicklung der Systeme, um deren Leistungsfähigkeit an die jeweils aktuellen militärischen Bedürfnisse anzupassen. Aus diesem Grund kam in den untersuchten Entwicklungsvorhaben der Sicherung von Wissen für zukünftige Entwicklungsprojekte eine besondere Bedeutung zu. Dabei stellten die Mitarbeiter selbst ein wichtiges Speichermedium für entwicklungsrelevantes Wissen dar. Im Laufe des Entwicklungsprojektes haben die Mitarbeiter vielfältige Erfahrungen gesammelt und ihren persönlichen Wissensbestand ausgebaut. Dieses Wissen ist an die Mitarbeiter gebunden und kann durch die Mitarbeiter, also **in personalisierter Form**, in nachfolgende Entwicklungsprojekte eingebracht werden.

Entwicklungsrelevantes Wissen wurde jedoch nicht nur in personalisierter sondern auch **in dokumentierter Form** gesichert. Dabei wurde einerseits technisches Wissen über das Produkt und die technische Problemlösung festgehalten, andererseits Wissen über Prozesse und Vorgehensweisen zur Entwicklung dieses Produktes. Zudem wurden Entscheidungen, die in Besprechungen und Reviews getroffen wurden, dokumentiert. Die Erstellung einer möglichst umfassenden Produktdokumentation erfolgte zudem, um rechtliche Forderungen und Dokumentationsanforderungen der Kunden zu erfüllen. Diese beauftragten nämlich nicht nur Entwicklungsleistungen, sondern auch die Dokumentation der entwickelten Systeme und der dazu erforderlichen Entwicklungsschritte, um eine Erkenntnis- und Beurteilungsfähigkeit für das jeweilige System aufzubauen bzw. zu erhalten. Darüber hinaus wurde in den Fällen *Lfz B* und *Lfz C* für zukünftige Vorhaben relevantes Erfahrungswissen in Form von „Lessons Learned“ erfasst und dokumentiert.

Sicherung von Wissen innerhalb des Entwicklungsprojektes

Aufgrund der langen Dauer der untersuchten Entwicklungsprojekte war zudem die Sicherung von Wissen innerhalb des Entwicklungsprojektes von Bedeutung. Da ein Großteil des für die Entwicklung erforderlichen Wissens an die Mitarbeiter gebunden ist, waren auch hier die Mitarbeiter selbst ein wichtiger Bestandteil der Wissenssicherung. Zudem wurde relevantes Wissen über das Projekt, über relevante Entscheidungen, über die Strukturen und Abläufe der Entwicklung sowie Wissen über das modifizierte Produkt in dokumentierter Form gesichert, um in späteren Phasen des Projektes hierauf aufbauen zu können.

4.9.4 Spezifika der militärischen Luftfahrtindustrie bei der wissensorientierten Gestaltung der Produktentwicklung

Zur Vervollständigung des Verständnisses über die branchenspezifischen Besonderheiten der militärischen Luftfahrtindustrie, welche bei der wissensorientierten Gestaltung der Produktentwicklung zu berücksichtigen sind, wurden im Rahmen der Fallstudien auch branchenspezifische Herausforderungen und Erfolgsfaktoren für das jeweilige Entwicklungsprojekt erfragt. Diese bilden zusammen mit den bisher dargestellten Erkenntnissen aus den untersuchten Entwicklungsprojekten die Grundlage für eine Auswertung, in welchen Bereichen der wissensorientierten Gestaltung der Produktentwicklung Spezifika der militärischen Luftfahrtindustrie zum Tragen kommen.

Die Ergebnisse dieser Auswertung werden im Folgenden entlang der Gestaltungsfelder Aufstellung, Nutzung, Erweiterung und Sicherung der Wissensbasis dargestellt.

Aufstellung der Wissensbasis

Bei der vergleichenden Betrachtung der untersuchten Fälle wird deutlich, dass zur Durchführung von Entwicklungsprojekten in der militärischen Luftfahrtindustrie **spezielle Kenntnisse und Fähigkeiten** erforderlich sind. Dies sind zum einen technische Kenntnisse und Fähigkeiten, welche für die Entwicklung komplexer wehrtechnischer Systeme notwendig sind, aber auch Wissen über organisatorische Spezifika, rechtliche Restriktionen, marktliche Besonderheiten oder Kundenspezifika. Die Ergebnisse der Fallstudien verdeutlichen, dass der voraussichtliche Wissensbedarf dabei vor allem durch die individuelle Entwicklungssituation des Entwicklungsprojektes beeinflusst wird. Neben den in der Literatur beschriebenen Entwicklungssituationen kommen in der militärischen Luftfahrtindustrie **spezifische Entwicklungssituationen**, wie zum Beispiel die Durchführung eines Entwicklungsprojektes zur Deckung eines einsatzbedingten Sofortbedarfs oder die Kooperationen mit militärischen Entwicklungseinrichtungen, zum Tragen.

Bei der Gestaltung der Einbindung der für ein Entwicklungsprojekt erforderlichen Wissensträger lag in den untersuchten Fällen der Schwerpunkt auf der Einbindung von Entwicklungsingenieuren und Experten unterstützender Disziplinen, wie z. B. dem Qualitäts-, Konfigurations- und Safety-Management oder dem Musterprüfwesen. Bei der vergleichenden Betrachtung der untersuchten Entwicklungsprojekte wird jedoch deutlich, dass darüber hinaus eine besondere Herausforderung der militärischen Luftfahrtindustrie darin liegt, **Experten der Kundenorganisation und der Zulassungsbehörde** nicht nur als Empfänger von Informationen bezüglich des Entwicklungsprojektes sondern als externe Wissensträger in die Entwicklung einzubinden (vgl. Abbildung 4.6). Sie verfügen über spezielles Wissen, welches für den Verlauf und das Resultat der Produktentwicklung von besonderer Bedeutung, in den Unternehmen jedoch nicht oder nur lückenhaft vorhanden ist.

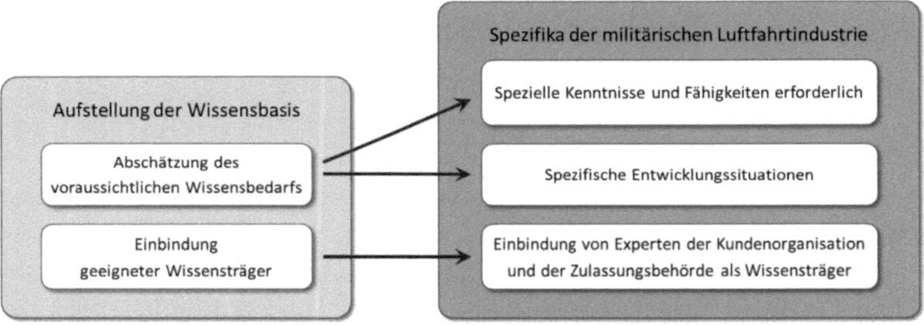

Abbildung 4.6: Spezifika der militärischen Luftfahrtindustrie bei der Aufstellung der Wissensbasis

Nutzung der Wissensbasis

Wie bereits beschrieben, besteht in Entwicklungsprojekten der militärischen Luftfahrtindustrie eine besondere Herausforderung darin, Experten der Kundenorganisation und der Zulassungsbehörde als externe Wissensträger in die Entwicklungsprojekte einzubinden. Dabei ist die Einbindung dieser Wissensträger in die Wissensbasis eines Entwicklungsprojektes jedoch nur der erste Schritt. Damit ihr Wissen in die Produktentwicklung einfließen kann, ist es erforderlich, Maßnahmen zur **(Ver-)Teilung des Wissens von Experten der Kundenorganisation und der Zulassungsbehörde** zu etablieren.

Für die militärische Luftfahrtindustrie spezifische Nutzungsbarrieren entstehen vor allem aus der **Schutzbedürftigkeit von Wissensbeständen**. Einerseits sind es Geheimhaltungsvorgaben sowie die nationale und internationale Exportgesetzgebung, welche die (Ver-)Teilung und Anwendung von Wissen einschränken. Andererseits erschwert in multinationalen Entwicklungskooperationen die Gleichzeitigkeit von Kooperation und Wettbewerb den Austausch von Wissen. Auch das Bestreben der Auftraggeber die Vertraulichkeit von Erkenntnissen aus dem militärischen Einsatz der Systeme zu wahren, erschwert den gegenseitigen Austausch von entwicklungsrelevantem Wissen (vgl. Abbildung 4.7).

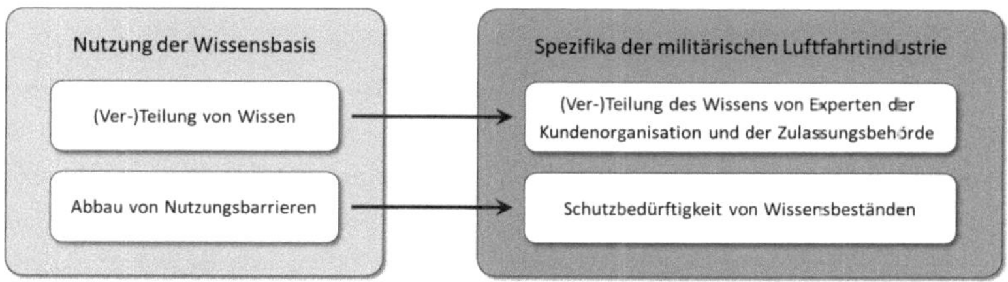

Abbildung 4.7: Spezifika der militärischen Luftfahrtindustrie bei der Nutzung der Wissensbasis

Erweiterung der Wissensbasis

Die Erweiterung der Wissensbasis eines Entwicklungsprojektes umfasste in den untersuchten Fällen einerseits den Aufbau von Produktwissen, andererseits das Schließen von Lücken in der Wissensbasis. Beim Vergleich der Ergebnisse der durchgeführten Fallstudien wird deutlich, dass bei der Gestaltung des Aufbaus von Produktwissen keine Spezifika der militärischen Luftfahrtindustrie zum Tragen kamen. Im Fokus stand die Gestaltung der Zusammenarbeit von Wissensträgern, um ein möglichst breites Spektrum an Wissen für die technische Problemlösung nutzen zu können, sowie der Einsatz verschiedener Methoden zur Unterstützung der technischen Problemlösung.

Die Notwendigkeit, Lücken in der Wissensbasis zu schließen, ergab sich in den untersuchten Fällen einerseits dadurch, dass zu Beginn des Projektes die Analyse des voraussichtlichen Wissensbedarfs bzw. die Einbindung relevanter Wissensträger nicht ausreichend erfolgt ist. Andererseits waren es Änderungen der Kundenanforderungen an das zu entwickelnde Produkt, Änderungen im Umfeld des Entwicklungsprojektes oder durch das Unternehmen initiierte funktionale Verbesserungen des Produktes, welche dazu führten, dass Lücken in der Wissensbasis während des laufenden Projektes geschlossen werden mussten. Durch die **lange Dauer von Entwicklungsvorhaben** in der militärischen Luftfahrtindustrie wird die Wahrscheinlichkeit solcher Änderungsforderungen noch zusätzlich erhöht. Zudem ist anzumerken, dass es aufgrund der **hohen technischen und organisatorischen Komplexität** von Entwicklungsprojekten in der militärischen Luftfahrt nicht möglich ist, den gesamten Wissensbedarf im Vorfeld zu planen (vgl. Abbildung 4.8).

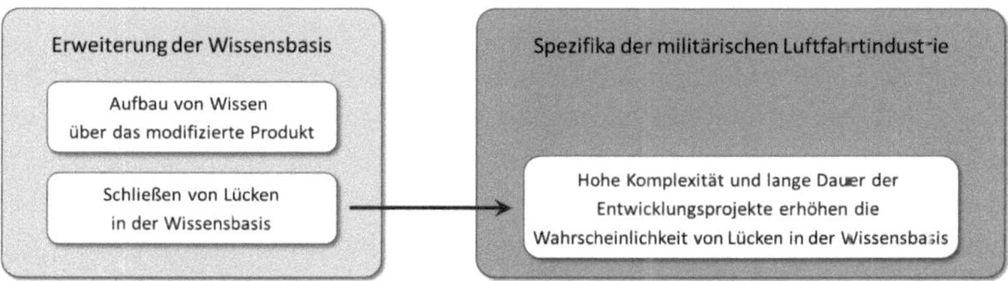

Abbildung 4.8: Spezifika der militärischen Luftfahrtindustrie bei der Erweiterung der Wissensbasis

Sicherung der Wissensbasis

Aufgrund der langen Nutzungsdauer wehrtechnischer Systeme ist es erforderlich, ihre Funktionalitäten an die jeweils aktuellen militärischen Erfordernisse anzupassen. Vor allem bei modernen Waffensystemen, in denen ein Großteil der Funktionalitäten durch hochgradig vernetzte, softwaregesteuerte Systeme realisiert wird, welche ohne große Änderungen an Struktur und Hardware modifiziert werden können, ist eine stufenweise Weiterentwicklung von Beginn an vorgesehen. Zudem werden vom nationalen Kunden beauftragte Neuentwicklungen in der Regel erst nach Abschluss von Entwicklung und Fertigung auf Exportmärkten angeboten, sodass zwischen Abschluss der Entwicklung des Systems und Modifikationen aufgrund spezieller Bedürfnisse von Exportkunden nicht selten mehrere Jahre liegen. Aus diesen Gründen kommt der **Sicherung von Wissen für die Weiterentwicklung der Produkte** eine besondere Bedeutung zu. Bereits während der Durchführung des Entwicklungsprojektes muss dementsprechend dafür Sorge getragen werden, dass die Sicherung der Wissensbasis auf diesen Anwendungszweck ausgerichtet wird.

Die **lange Dauer von Entwicklungsprojekten** in der militärischen Luftfahrtindustrie macht es zudem erforderlich, Wissen für das jeweilige Projekt selbst zu sichern. Im Fokus steht dabei die Sicherung der Wissensbasis des Entwicklungsprojektes und somit die Durchführung von Maßnahmen, welche auch über einen Zeitraum von mehreren Jahren die Bewahrung des für das Entwicklungsprojekt erforderlichen Wissensbestandes sicherstellen (vgl. Abbildung 4.9).

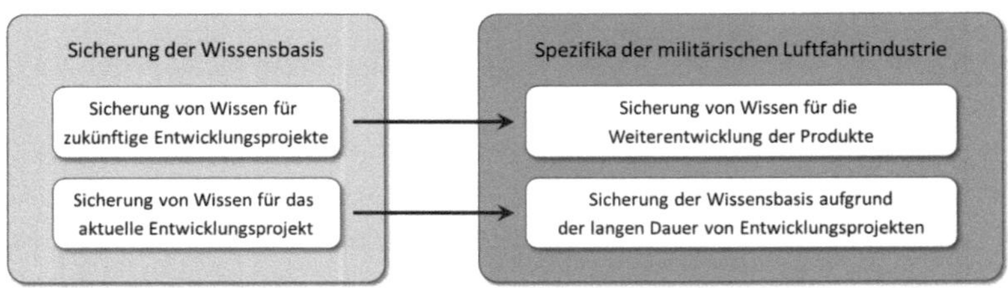

Abbildung 4.9: Spezifika der militärischen Luftfahrtindustrie bei der Sicherung der Wissensbasis

4.10 Identifizierter Handlungsbedarf

Auf Grundlage der einzelnen Fallbeschreibungen und der anschließenden fallübergreifenden Auswertung wird im Folgenden der Handlungsbedarf für die wissensorientierte Gestaltung der Produktentwicklung in der militärischen Luftfahrtindustrie identifiziert. Hierzu wird untersucht, inwieweit die in den Kapiteln 2.3 und 3.4 formulierten prozess- und wissensorientierten Herausforderungen bei der Gestaltung der Produktentwicklung umgesetzt wurden (vgl. Abbildung 4.10).

Ein besonderes Augenmerk wird zudem auf die Fragestellung gelegt, inwieweit den Spezifika der militärischen Luftfahrtindustrie, welche im Verlauf dieser Arbeit herausgearbeitet wurden, Rechnung getragen wird. Für die Ableitung des Handlungsbedarfs für die wissensorientierte Gestaltung der Produktentwicklung wurden zudem die in den untersuchten Entwicklungsvorhaben identifizierten Verbesserungsmöglichkeiten herangezogen.

Abbildung 4.10: Vorgehen zur Identifizierung des Handlungsbedarfs für die wissensorientierte Gestaltung der Produktentwicklung

4.10.1 Gestaltung des Produktentwicklungsprozesses

Stellt man die Ergebnisse der fallübergreifenden Auswertung den **prozessorientierten Herausforderungen für die Gestaltung der Produktentwicklung** gegenüber, so wird deutlich, dass diese in allen untersuchten Entwicklungsvorhaben, wenn auch auf unterschiedliche Art und Weise, umgesetzt wurden. In allen Fällen wurde ein Prozess für die Produktentwicklung gestaltet, der das Entwicklungsprojekt strukturierte und Ausgangspunkt für die Gestaltung von Schnittstellen zu unternehmensinternen und -externen Prozessen war. Darüber hinaus war allen untersuchten Fällen gemeinsam, dass das Vorgehen durch Prozessphasen und Synchronisations- bzw. Entscheidungspunkte strukturiert wurde. Auf diese Weise wurden einerseits die für die technische Problemlösung erforderlichen Handlungsspielräume gewährt und die für die Beurteilung des Projektfortschritts erforderliche Konformität gewährleistet.

Auch **branchenspezifische Besonderheiten** wurden in den untersuchten Fällen bei der Prozessgestaltung berücksichtigt. Dabei wirkte sich vor allem die Herkunft der Entwicklungsaufgabe auf die Gestaltung des Prozessablaufs und der für die Produktentwicklung erforderlichen Schnittstellen aus. Auch den hohen Anforderungen an Sicherheit und Zuverlässigkeit wurde in den untersuchten Fällen, u. a. in Form von umfangreichen Erprobungsaktivitäten, Rechnung getragen. Diese bildeten zudem die Grundlage für die militärische Musterzulassung der wehrtechnischen Systeme.

Aus Sicht der wissensorientierten Gestaltung der Produktentwicklung besteht an dieser Stelle daher **kein expliziter Handlungsbedarf**. Vielmehr kann der Prozess der Produktentwicklung, der ein Entwicklungsprojekt inhaltlich strukturiert, als Ausgangspunkt für die wissensorientierte Gestaltung der Produktentwicklung dienen.

4.10.2 Struktur der Wissensbasis

In der vergleichenden Auswertung der untersuchten Fälle wird deutlich, dass eine **inhaltliche Strukturierung der Wissensbasis**, also der Bezug zu **konkreten Wissensfeldern**, dabei hilft, eine verständliche und für die Praxis greifbare Grundlage für die wissensorientierte Gestaltung der Produktentwicklung zu schaffen. Auf diese Weise wird es möglich, die wissensorientierte Gestaltung auf die Wissensgebiete zu konzentrieren, welche für ein Entwicklungsprojekt von Bedeutung sind. Dabei sind für die Entwicklung wehrtechnischer Produkte der militärischen Luftfahrtindustrie **spezielle Wissensfelder** von Bedeutung. Dies sind sowohl technische Kenntnisse und Fähigkeiten als auch Wissen über organisatorische Besonderheiten, rechtliche Restriktionen, marktliche Spezifika und besondere Rahmenbedingungen der Kundenorganisation.

In den untersuchten Entwicklungsprojekten lag der **Schwerpunkt zumeist auf dem technischen Wissen**, welches für die Entwicklung der wehrtechnischen Systeme erforderlich war. Die inhaltliche Planung zu Beginn der Entwicklungsprojekte zielte dementsprechend in erster Linie darauf ab, die voraussichtlich erforderlichen technischen Kenntnisse und Fähigkeiten abzuschätzen und auf dieser Grundlage geeignete Wissensträger in das Entwicklungsprojekt einzubinden. Die Bedeutung von Wissen über organisatorische Spezifika, rechtliche Restriktionen oder besondere operationelle Anforderungen der militärischen Nutzer wurde oftmals erst im Verlauf des Entwicklungsprojektes deutlich und machte es erforderlich, diese Wissenslücken im laufenden Projekt zu schließen. Um die Zahl von zeit- und kostenintensiven Iterationen und Verzögerungen aufgrund von Lücken in der Wissensbasis zu verringern, besteht in Entwicklungsprojekten der militärischen Luftfahrtindustrie der Bedarf, das **Bewusstsein für die entwicklungsrelevanten Kenntnisse und Fähigkeiten** zu verbessern. Auf diese Weise kann zudem eine für die praktische Umsetzung geeignete Grundlage für wissensorientierte Gestaltungsmaßnahmen geschaffen werden.

> **Handlungsbedarf**
> *Verbesserung des Bewusstseins für die in Entwicklungsprojekten der militärischen Luftfahrtindustrie relevanten Kenntnisse und Fähigkeiten.*

Entsprechend der Feststellung, dass in den untersuchten Fällen bei der Abschätzung des voraussichtlichen Wissensbedarfs die erforderlichen technischen Kenntnissen und Fähigkeiten im Vordergrund standen, lag der Schwerpunkt der personellen Planung auf der **Einbindung technischer Experten**, also Entwicklungsingenieuren und Fachkräften unterstützender Disziplinen, wie beispielsweise dem Qualitäts-, Konfigurations- und Safety-Management. Auch bei der Einbindung materieller Wissensträger wurde der Fokus vor allem auf technische Inhalte gelegt und beispielsweise die technische Dokumentation des weiterzuentwickelnden Produktes, Software-Quellcode, Testskripte oder Modelle der zu modifizierenden Komponenten einbezogen.

Bei der vergleichenden Betrachtung der untersuchten Entwicklungsprojekte wurde darüber hinaus deutlich, dass bestimmtes Wissen, welches für die zielgerichtete Durchführung der Entwicklungsaktivitäten erforderlich ist, nicht oder nur unzureichend in den an der Entwicklung beteiligten Unternehmen vorhanden ist. In diesen Fällen ist es erforderlich, die **Gestaltung der Wissensbasis über die Unternehmensgrenze hinaus** vorzunehmen, also auch unternehmensexterne Wissensträger wie z. B. Kunden, Lieferanten oder Entwicklungspartner einzubeziehen. Dabei wurde in den untersuchten Fällen vor allem die Einbindung von **Experten der Kundenorganisation und der Zulassungsbehörde** als Verbesserungsbedarf identifiziert. Obwohl erkannt wurde, dass Experten des Bedarfsträgers, des Bedarfsdeckers oder der zuständigen Zulassungsbehörden über entwicklungsrelevantes Wissen verfügen, erfolgte deren Einbindung nur sehr zurückhaltend und wenig formalisiert.

Die Vertreter der Kundenorganisation und der Zulassungsbehörde wurden dabei weniger in der Rolle des externen Wissensgebers eingebunden als vielmehr in der Rolle des Empfängers von Informationen hinsichtlich des Entwicklungsprojektes. Als Grund wurde unter anderem die Befürchtung genannt, dass die Einbindung von Vertretern des Kunden in die Entwicklungsaktivitäten zu einer vermehrten Anzahl von Änderungswünschen und damit zu unnötigen Projektverzögerungen führt. Auch ein fehlendes Bewusstsein über die Relevanz der Kenntnisse und Fähigkeiten dieser externen Wissensträger für die Güte und den Verlauf der Entwicklung bewirkte eine Zurückhaltung bei der Einbindung. Daher besteht für die wissensorientierte Gestaltung der Produktentwicklung in der militärischen Luftfahrtindustrie der Bedarf, das **Bewusstsein für entwicklungsrelevantes Wissen von Experten der Kundenorganisation und der Zulassungsbehörde** zu verbessern und dadurch eine Grundlage für eine zielgerichtete Einbindung dieser Wissensträger in Entwicklungsprojekte der militärischen Luftfahrtindustrie zu schaffen.

Handlungsbedarf
Verbesserung des Bewusstseins für entwicklungsrelevantes Wissen von Experten der Kundenorganisation und der Zulassungsbehörde.

4.10.3 Elemente der wissensorientierten Gestaltung

Die Auswertung der Fallstudien zeigt, dass in den untersuchten Entwicklungsprojekten verschiedene Maßnahmen durchgeführt wurden, die den Gestaltungsfeldern Aufstellung, Nutzung, Erweiterung und Sicherung der Wissensbasis zugeordnet werden können. Allerdings wurden diese Maßnahmen nicht oder nur unzureichend aufeinander abgestimmt und erfolgten zumeist intuitiv und ad-hoc. Insgesamt wurde deutlich, dass sich die Projektverantwortlichen der Bedeutung des Umgangs mit Wissen innerhalb eines Entwicklungsprojektes bewusst waren, es jedoch an Ansätzen fehlte, die sie dabei unterstützen, wissensorientierte Gestaltungsmaßnahmen von Beginn an aufeinander abzustimmen und in die prozessorientierte Gestaltung der Produktentwicklung zu integrieren.

Handlungsbedarf
Hilfestellung bei der Einordnung und Koordinierung von wissensorientierten Gestaltungsmaßnahmen in Entwicklungsprojekten der militärischen Luftfahrtindustrie.

Die vergleichende Betrachtung der untersuchten Fälle zeigt, dass vielfach mit den Entwicklungsaktivitäten begonnen wurde, obwohl die für die Durchführung der Entwicklungsaktivitäten erforderliche Wissensbasis noch nicht vollständig aufgestellt war. Vor allem die Abschätzung der für das jeweilige Entwicklungsprojekt erforderlichen Kenntnisse und Fähigkeiten erfolgte zumeist erfahrungsbasiert und intuitiv. Zudem lag der Fokus in erster Linie auf den technischen Aspekten der Entwicklung. Diesbezüglich besteht im Rahmen der wissensorientierten Gestaltung der Produktentwicklung der Bedarf, die **Abschätzung des voraussichtlichen Wissensbedarfs** unter Berücksichtigung der individuellen Entwicklungssituation und branchenspezifischer Besonderheiten zu unterstützen.

Handlungsbedarf
Unterstützung bei der Abschätzung des voraussichtlichen Wissensbedarfs unter Berücksichtigung der individuellen Entwicklungssituation und branchenspezifischer Besonderheiten.

Nachdem die für ein Entwicklungsprojekt erforderliche Wissensbasis aufgestellt wurde, muss dafür Sorge getragen werden, dass das in der Wissensbasis prinzipiell vorhandene Wissen in die Aktivitäten der Produktentwicklung einfließen kann. Hierzu ist es erforderlich, die (Ver-)Teilung des Wissens zu gestalten und Hindernisse, die einer Nutzung der Wissensbasis entgegenstehen, soweit wie möglich abzubauen bzw. ihre hemmende Wirkung zu verringern. In der vergleichenden Auswertung der untersuchten Fälle wurde deutlich, dass in Entwicklungsprojekten der militärischen Luftfahrtindustrie eine besondere Herausforderung darin besteht, Experten der Kundenorganisation und der Zulassungsbehörde als Wissensträger in die Entwicklungsaktivitäten einzubinden. Dementsprechend besteht im Rahmen der wissensorientierten Gestaltung der Produktentwicklung der Bedarf die **(Ver-)Teilung des Wissens von Experten der Kundenorganisation und der Zulassungsbehörde** innerhalb eines Entwicklungsvorhabens zu unterstützen, damit dieses Expertenwissen auch zur Bearbeitung der Entwicklungsaufgaben angewendet werden kann.

Handlungsbedarf
Unterstützung bei der Gestaltung der (Ver-)Teilung entwicklungsrelevanten Wissens von Experten der Kundenorganisation und der Zulassungsbehörde.

In den untersuchten Entwicklungsprojekten wurde deutlich, dass für die militärische Luftfahrtindustrie spezifische Nutzungsbarrieren vor allem aus der **Schutzbedürftigkeit von Wissensbeständen** entstehen. Die Herausforderung im Rahmen der wissensorientierten Gestaltung der Produktentwicklung besteht dementsprechend darin, die hemmende Wirkung dieser Hindernisse zu verringern, um eine möglichst reibungslose (Ver-)Teilung und Anwendung von Wissen zu ermöglichen. Hierbei gilt es die Projektverantwortliche durch geeignete Gestaltungsempfehlungen zu unterstützen.

Handlungsbedarf
Unterstützung bei der Gestaltung von Maßnahmen zur Überwindung von Hindernissen, die sich aus der Schutzbedürftigkeit von Wissensbeständen ergeben

Die fallübergreifende Auswertung der untersuchten Entwicklungsprojekte zeigte zudem, dass eine **Erweiterung der Wissensbasis** nicht nur durch die Aktivitäten der technischen Problemlösung erfolgt, sondern auch durch das Schließen von Lücken in der Wissensbasis, welche im Laufe eines Entwicklungsprojektes identifiziert werden. Aufgrund der hohen technischen und organisatorischen Komplexität von Entwicklungsprojekten in der militärischen Luftfahrtindustrie ließ sich der Wissensbedarf häufig nicht komplett im Voraus planen, sodass zusätzliche Kenntnisse und Fähigkeiten im Entwicklungsprojekt notwendig wurden. Auch Änderungen der Kundenanforderungen an das zu entwickelnde Produkt, Änderungen im Umfeld der Entwicklungsprojekte oder durch das Unternehmen initiierte funktionale Verbesserungen führten dazu, dass Lücken in der Wissensbasis während des laufenden Projektes geschlossen werden mussten. Durch die lange Dauer von Entwicklungsvorhaben in der militärischen Luftfahrtindustrie wurde die Wahrscheinlichkeit solcher Änderungsforderungen noch zusätzlich erhöht.

Aus diesem Grund besteht in der militärischen Luftfahrtindustrie nicht nur der Bedarf die für ein Entwicklungsprojekt erforderliche Wissensbasis sorgfältig aufzustellen, sondern auch das **Schließen von Lücken in der Wissensbasis** effizient zu gestalten, um den Verlauf der Produktentwicklung nicht unnötig zu bremsen und die Erreichung der vereinbarten Entwicklungsziele nicht zu gefährden. Vor allem bei der Durchführung von Entwicklungsprojekten zur Deckung eines konkreten Einsatzbedarfs ist eine Auslieferung von Systemen mit reduziertem Funktionsumfang und die Durchführung von Nachrüstprogrammen zu einem späteren Zeitpunkt nicht praktikabel. Die Ergebnisse der untersuchten Fälle unterstreichen den Bedarf der Praxis, Hilfestellung zu erhalten, wie Lücken in der Wissensbasis unter **Berücksichtigung der branchenspezifischen Besonderheiten** möglichst rasch geschlossen werden können.

Handlungsbedarf
Unterstützung bei der effizienten Gestaltung des Schließens von Lücken in der Wissensbasis unter Berücksichtigung branchenspezifischer Besonderheiten.

Aufgrund der langen Dauer von Entwicklungsprojekten in der militärischen Luftfahrtindustrie ist es notwendig, Maßnahmen zur **Sicherung der Wissensbasis** durchzuführen, um den für die Durchführung der Entwicklungsaktivitäten erforderlichen Wissensbestand über die Dauer des Projektes zu bewahren. Aufgrund der langen Nutzungsdauer wehrtechnischer Systeme und der damit verbundenen Weiterentwicklungen, um die Funktionalitäten den aktuellen militärischen Erfordernissen anzupassen, ist es zudem erforderlich entwicklungsrelevantes **Wissen für die Weiterentwicklung der Systeme** zu sichern. Dementsprechend gilt es, die Sicherung von Wissen innerhalb des Entwicklungsprojektes und für die Weiterentwicklung der wehrtechnischen Systeme zu unterstützen und dabei ein Verständnis dafür zu schaffen, welche Sicherungsmaßnahmen sich für welchen Einsatzzweck eignen.

> **Handlungsbedarf**
> *Unterstützung bei der Sicherung von Wissen innerhalb des Entwicklungsprojektes und für die Weiterentwicklung der wehrtechnischen Systeme.*

Dieser in den Fallstudien identifizierte Handlungsbedarf, welcher in Abbildung 4.11 noch einmal zusammengefasst wird, dient schließlich als Grundlage für die im folgenden Kapitel beschriebene Entwicklung eines Ansatzes zur Unterstützung der wissensorientierten Gestaltung der Produktentwicklung in der militärischen Luftfahrtindustrie.

Abbildung 4.11: Handlungsbedarf für die wissensorientierte Gestaltung der Produktentwicklung in der militärischen Luftfahrtindustrie

5 Entwicklung des wissensorientierten Gestaltungsansatzes

Im Zentrum dieses Kapitels steht die Entwicklung eines wissensorientierten Ansatzes zur Unterstützung von Produktentwicklungsprojekten der militärischen Luftfahrtindustrie in Deutschland. Dabei werden zunächst die Anforderungen an einen solchen Ansatz dargestellt, bevor im nächsten Schritt ein Modell zur Beschreibung der wissensorientierten Gestaltung der Produktentwicklung abgeleitet wird. Auf dieser Grundlage werden die zentralen Elemente der wissensorientierten Gestaltung, also die Aufstellung, Nutzung, Erweiterung und Sicherung der Wissensbasis, beschrieben und ausgestaltet. Das Kapitel schließt mit der Erarbeitung einer Vorgehensbeschreibung, die Projektverantwortliche dabei unterstützt, die wissensorientierten Gestaltungselemente im Rahmen der vorhandenen Abläufe und Strukturen der Produktentwicklung anzuwenden.

5.1 Anforderungen an den Gestaltungsansatz

Ziel der Entwicklung des wissensorientierten Gestaltungsansatzes ist die Unterstützung von Produktentwicklungsprojekten in der militärischen Luftfahrtindustrie in Deutschland. Mit Hilfe dieses Ansatzes sollen die Projektverantwortlichen dabei unterstützt werden, das für die Produktentwicklung erforderliche Wissen frühzeitig zu identifizieren und den Umgang mit diesem Wissen auf geeignete Art und Weise zu gestalten. Die Entwicklung des wissensorientierten Gestaltungsansatzes baut dabei auf den Erkenntnissen der deskriptiven Studie auf, in der nicht nur die Besonderheiten der Produktentwicklung in der militärischen Luftfahrt, sondern auch grundlegende Aspekte der wissensorientierten Gestaltung der Produktentwicklung und der Stand der Praxis herausgearbeitet wurden. Ausgehend von den Ergebnissen der Fallstudien wurde zudem der **Handlungsbedarf für die wissensorientierte Gestaltung der Produktentwicklung** in der militärischen Luftfahrtindustrie identifiziert (siehe Kapitel 4.10). Auf dieser Basis gilt es einen Ansatz zu entwickeln, welcher die Projektverantwortlichen bei der wissensorientierten Gestaltung von Entwicklungsprojekten in der militärischen Luftfahrtindustrie unterstützt.

Eine Unterstützung kann nur erreicht werden, wenn der Gestaltungsansatz in der Praxis auch angewendet werden kann. Die Forderung der **praktischen Anwendbarkeit** resultiert aus der Feststellung, dass wissenschaftliche Konzepte und Methoden zur Unterstützung der Produktentwicklung in der Praxis häufig auf Ablehnung treffen oder nur bedingt umgesetzt werden (vgl. *Grabowski und Geiger 1997, S. 47; Kern 2005, S. 43*). Voraussetzung für die praktische Anwendung des Ansatzes ist, dass der Gestaltungsansatz von den potentiellen Anwendern als geeignetes Hilfsmittel akzeptiert wird. In den durchgeführten Fallstudien wurde deutlich, dass die Akzeptanz von wissensorientierten Gestaltungsmaßnahmen vor allem von dem Verhältnis zwischen dem verursachten Aufwand und dem generierten Nutzen abhängt. Auch das Verständnis der einzelnen Gestaltungselemente und deren Zusammenwirken ist an dieser Stelle von Bedeutung, weshalb eine anschauliche Aufbereitung und Erklärung der Gestaltungselemente eine wichtige Rolle spielen. Darüber hinaus ist es erforderlich, wissensorientierte Gestaltungselemente so in die vorhandenen Abläufe und Strukturen zu integrieren, dass für den Anwender ein möglichst geringer Aufwand entsteht.

Aus dem in den Fallstudien identifizierten Handlungsbedarf (vgl. Abbildung 4.11) und der Forderung nach praktischer Umsetzbarkeit des Gestaltungsansatzes ergeben sich an den zu entwickelnden wissensorientierten Gestaltungsansatz die in Abbildung 5.1 dargestellten Anforderungen. Diese Anforderungen dienen letztlich als Leitfaden für die Entwicklung des wissensorientierten Gestaltungsansatzes, welche in den nachfolgenden Abschnitten dargestellt wird.

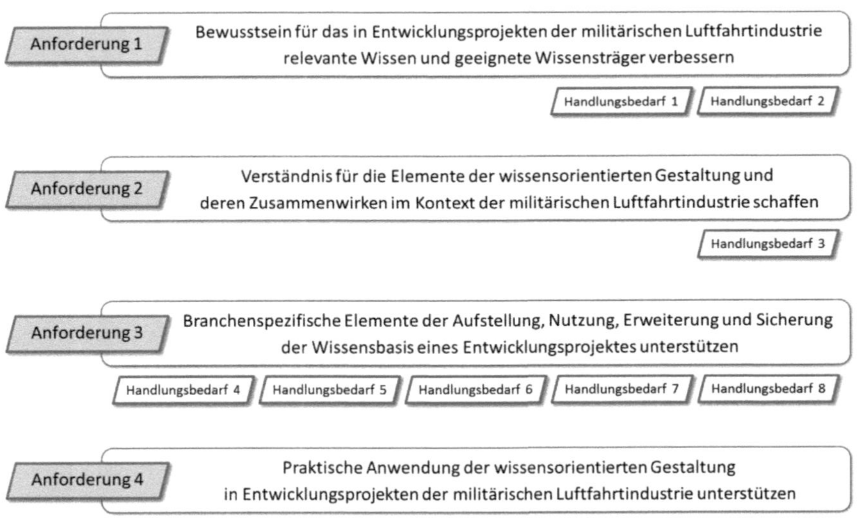

Abbildung 5.1: Anforderungen an den wissensorientierten Gestaltungsansatz

5.2 Modell zur Beschreibung der wissensorientierten Gestaltung der Produktentwicklung

Ein **Modell** ist ein vereinfachtes Abbild der Realität, in dem aus einer Vielzahl von Details wesentliche Zusammenhänge und Strukturen ausgewählt und aufgezeigt werden. Welche Aspekte der Realität im Modell abgebildet werden, wird durch den Verwendungszweck des Modells beeinflusst. Aufgrund dieser Abstraktion können Modelle ihre Ersetzungsfunktion nur für diesen spezifischen Verwendungszweck erfüllen und weisen daher immer einen konkreten Problembezug auf (vgl. *Krüger 2012, S. 211 ff.*).

Das in diesem Kapitel vorgestellte Modell stellt den Produktentwicklungsprozess und die für dessen Durchführung erforderliche Wissensbasis in den Mittelpunkt der Betrachtung und hat als Problembezug die situationsadäquate Gestaltung des Umgangs mit Wissen in Entwicklungsprojekten der militärischen Luftfahrtindustrie in Deutschland.

5.2.1 Produktentwicklungsprozess und Wissensbasis im Zentrum der wissensorientierten Gestaltung

Im Zentrum der wissensorientierten Gestaltung stehen der Prozess der Produktentwicklung, der die Aktivitäten eines Entwicklungsprojektes strukturiert, sowie die für dessen Durchführung erforderliche Wissensbasis. Zu Beginn eines Entwicklungsprojektes gilt es, einen Grundstock an Wissen zur Durchführung der Entwicklung aufzubauen, mit dem die Durchführung der Entwicklungsaktivitäten möglich wird. Auf dieser Grundlage wird im Rahmen der Entwicklungstätigkeiten Wissen über das neue bzw. das zu modifizierende Produkt aufgebaut. Darüber hinaus wird der Wissensbestand, der zur Durchführung der Entwicklungsaktivitäten erforderlich ist, im Laufe des Vorhabens bei Bedarf erweitert und kontinuierlich gesichert.

Prozess der Produktentwicklung

Der Prozess der Produktentwicklung, welcher die Aktivitäten des Entwicklungsprojektes strukturiert, beginnt im Verständnis der vorliegenden Arbeit nach Erteilung des Entwicklungsauftrages mit der Aufgabenplanung und endet mit der erfolgreichen Erprobung des Prototypen. Grundlage für die Produktentwicklung sind die Ergebnisse der Produktplanung, in der Produktideen ermittelt, bewertet und ausgewählt werden. Ziel des Produktentwicklungsprozesses ist dementsprechend die Umsetzung dieser Ideen in funktionsfähige, technisch herstellbare Produkte, welche die Anforderungen des Kunden erfüllen.

Aufgrund der unterschiedlichen Aktivitäten der Produktplanung und der Produktentwicklung sowie der unterschiedlichen organisatorischen Anforderungsprofile wird in der betriebswirtschaftlichen Literatur eine differenzierte organisatorische Gestaltung dieser Phasen der Produktentstehung empfohlen (vgl. u. a. *Specht et al. 2002, S. 147 ff.*; *Herstatt und Verworn 2007, S. 6 ff.*; *Gassmann und Sutter 2013, S. 39 ff.*). Für die Entwicklung neuer Produkte unterscheiden *Gassmann* und *Sutter* dementsprechend eine kreative, wenig strukturierte „Wolkenphase" und eine „Bausteinphase", in der zur konsequenten Umsetzung der Produktideen das Prozessmanagement und eine strukturierte Ablaufsegmentierung eine wichtige Rolle spielen (vgl. *Gassmann und Sutter 2013, S. 43 f.*). Der Prozess der Produktentwicklung im Verständnis der vorliegenden Arbeit ist dementsprechend Teil dieser Bausteinphase (vgl. Abbildung 5.2).

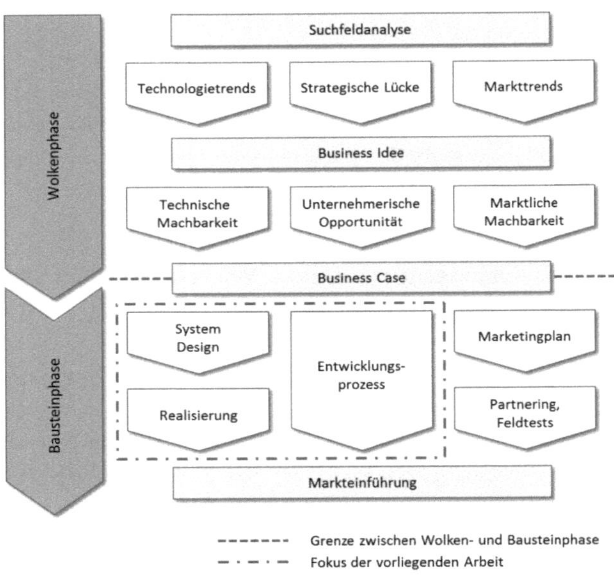

Abbildung 5.2: Der Prozess der Produktentwicklung im Kontext des Innovationsprozesses nach *Gassmann und Sutter (2013, S. 40)*

Zur Strukturierung des Entwicklungsprojektes wird der Prozess der Produktentwicklung in einzelne Phasen unterteilt. Diese Phasen sind sequentiell angelegt, sodass eine Freigabe der nächsten Phase erst erteilt wird, sobald in einem Review nachgewiesen wurde, dass die in dieser Phase erstellten Entwicklungsergebnisse vorab definierte Kriterien erfüllen. Eine solche Segmentierung des Prozessablaufs entspricht dem von *Cooper und Kleinschmidt (1990, S. 46)* vorgeschlagenen **Stage-Gate-Prozess**. Dabei werden in den einzelnen Phasen („Stages") der Projektfortschritt erzielt und an den Toren („Gates") mit einem Review die Ergebnisse überprüft und über die Fortführung des Projektes entschieden, weshalb diese Tore auch als Entscheidungspunkte im Prozess bezeichnet werden können. Gleichzeitig dienen die Tore als Synchronisationspunkte, an denen parallele Entwicklungsstränge zusammengeführt werden. Die Anzahl der Phasen und Entscheidungspunkte kann dabei je nach Entwicklungssituation variieren. Für die folgenden Darstellungen wird die in Kapitel 2.1.1 vorgestellte Segmentierung des Produktentwicklungsprozesses genutzt, welche sich an das Stufenmodell von *Specht et al. (2002, S. 148)* anlehnt (vgl. Abbildung 5.3).

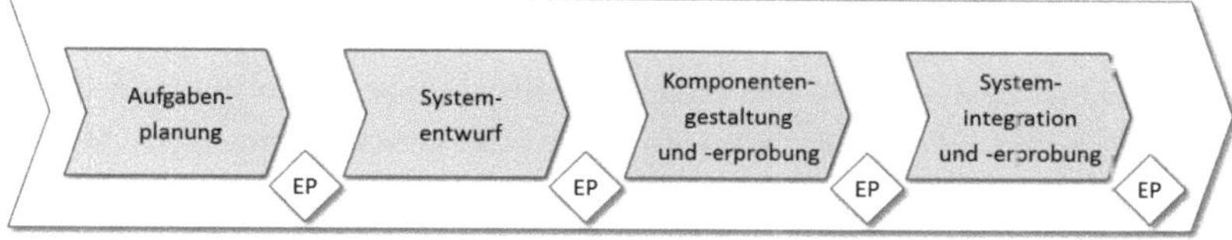

Abbildung 5.3: Unterteilung des Entwicklungsprozesses in Phasen und Entscheidungspunkte

Eine Unterteilung des Prozessablaufs in Phasen und Entscheidungspunkte (EP) bietet sich insbesondere für die Steuerung von Geschäftsprozessen mit Projektcharakter an, welche durch wenig planbare, kreative und zum Teil sogar ergebnisoffene Aktivitäten gekennzeichnet sind (vgl. *Gassmann 1997, S. 26; Pfeifer 2001, S. 62 ff.; Prefi 2007, S. 417 f.*). Durch eine solche Segmentierung kann einerseits ein guter Kompromiss zwischen dem für die Entwicklung erforderlichen Freiraum und notwendiger Konformität erreicht werden, andererseits ermöglichen die Entscheidungspunkte im Prozess ein frühzeitiges Erkennen und Abstellen von Fehlern und Fehlermöglichkeiten (vgl. *Ernst 2007, S. 424 f.; Prefi 2007, S. 418*).

Für die praktische Umsetzung ist anzumerken, dass das Phasenschema nicht in einer streng sequentiellen Form zu verstehen ist, da in der Realität Überlappungen, Parallelisierungen und Iterationen möglich sind. Diese hängen insbesondere von der individuellen Entwicklungssituation ab. Die Phasenvorstellung besitzt jedoch trotzdem eine konzeptionelle Bedeutung, da auf diese Weise Aktivitäten der Produktentwicklung und ihre Inhalte strukturiert und in Beziehung gesetzt werden können.

Wissensbasis des Entwicklungsprojektes

Die Wissensbasis eines Entwicklungsprojektes repräsentiert den Wissensbestand, auf den zu einem bestimmten Zeitpunkt im Projekt zur Lösung der Entwicklungsaufgaben zugegriffen werden kann. Die inhaltliche Strukturierung dieses Wissensbestandes erfolgt mit Hilfe von **Wissensfeldern**, welche die Beschreibung der relevanten Wissensgebiete ermöglichen. Unabhängig von branchenspezifischen Besonderheiten können die Wissensfelder drei Wissensklassen zugeordnet werden. Dabei umfasst die Wissensklasse „Technisches Wissen" all die Kenntnisse und Fähigkeiten, die benötigt werden, um technische Lösungen entwickeln, bewerten und im Hinblick auf vorgegebene Zielwerte bezüglich Funktionalität, Gewicht, Kosten und weiterer Anforderungen auswählen zu können. Die Wissensklasse „Organisationswissen" beinhaltet das Wissen, das erforderlich ist, um die Aktivitäten der Produktentwicklung im Rahmen der vorgegebenen Prozesse und Strukturen durchführen zu können. Mit den Kenntnissen, die der Wissensklasse „Umfeldwissen" zugeordnet werden können, wird es schließlich möglich, technische Lösungen zu entwickeln und auszuwählen, die rechtlichen Vorgaben genügen, die Bedürfnisse des Kunden erfüllen und im Marktumfeld bestehen können.

Eine weitere Strukturierung der Wissensbasis eines Entwicklungsprojektes erfolgt mit Hilfe der **Wissensträger**, an die das für das Entwicklungsprojekt relevante Wissen gebunden ist. Dabei können personelle und materielle Wissensträger voneinander unterschieden werden. **Materielle Wissensträger** im Verständnis dieses Modells sind zum einen **Dokumente**, welche beispielsweise Wissen über Entwicklungsmethoden, über relevante interne und externe Vorgaben und Regelungen, über Vertragsinhalte, über Abläufe und Strukturen der Produktentwicklung oder Wissen über die Gestalt und die Funktion von Produkten und deren Komponenten enthalten. Zum anderen umfasst die Gruppe der materiellen Wissensträger **Objekte**, wie z. B. Prototypen des Produktes, Systemkomponenten, Simulationen oder Software-Quellcode. In diesen Objekten ist beispielsweise Wissen über technische Grundlagen, über das Zusammenwirken von Komponenten innerhalb eines Systems oder über die Gestaltung von Schnittstellen gespeichert. **Personelle Wissensträger** sind in Anlehnung an die Darstellung der theoretischen Grundlagen (siehe Kapitel 3.1.3) nicht nur **Einzelpersonen**, welche über individuelles Wissen verfügen, sondern auch **Personengruppen**, welche über kollektives Wissen verfügen (vgl. Abbildung 5.4).

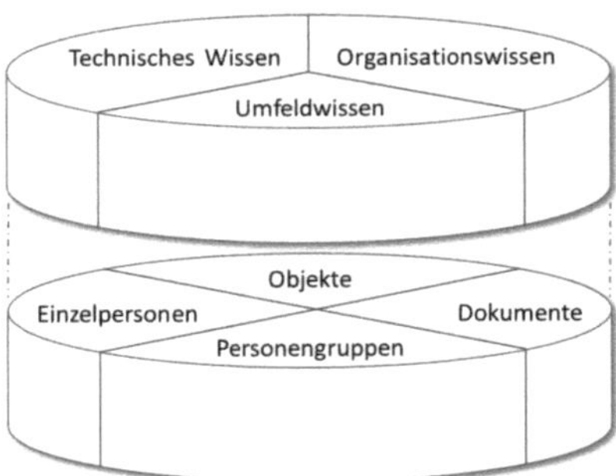

Abbildung 5.4: Strukturierung der Wissensbasis mit Hilfe von Wissensfeldern und Wissensträgern

Die Ergebnisse der Fallstudien legen nahe, die personellen Wissensträger zusätzlich entsprechend ihres Beitrags zum Entwicklungsprojekt zu gruppieren und auf diese Weise eine inhaltliche Grundlage für die personelle Gestaltung der Produktentwicklung zu schaffen (vgl. Abbildung 5.5). Eine erste Gruppe bilden die **entwickelnden Wissensträger**, welche die Hauptarbeit am Fortschritt der Entwicklungstätigkeiten, also die Konzeption, Gestaltung und Erprobung, durchführen und koordinieren. Hierzu gehören beispielsweise die für die Durchführung der Entwicklungsaufgaben erforderlichen Entwicklungs- und Erprobungsingenieure sowie Projekt- und Teilprojektleiter. Deren Aktivitäten werden unterstützt durch Experten querschnittlicher Disziplinen wie z. B. dem Qualitäts-, Konfigurations- und Safety-Management. Der Produktentwicklungsprozess steht zudem in intensiver Wechselwirkung mit verschiedenen unternehmensinternen Prozessen, wie z. B. der Fertigung, dem Einkauf oder dem Vertrieb. Mitarbeiter dieser Prozesse, die ihre Kenntnisse und Fähigkeiten in die Produktentwicklung einbringen, können daher ebenfalls der Gruppe der **unterstützenden Wissensträger** zugeordnet werden. Darüber hinaus sind für eine möglichst reibungslose Durchführung der Entwicklungsaktivitäten weitere Wissensträger erforderlich, deren Beitrag zur Produktentwicklung vor allem beratender Natur ist. Ihre Einbindung erfolgt lediglich temporär in einzelnen Entwicklungsphasen, zu bestimmten Reviews oder zur kurzfristigen Problemlösung. In die Gruppe der **beratenden Wissensträger** fallen beispielsweise Experten der Beschaffungsorganisation des Kunden, Vertreter der zukünftigen Nutzer oder Experten von Zulieferern und Entwicklungspartnern. Auch unternehmensinterne und -externe Berater sowie Experten von Universitäten und Forschungseinrichtungen können zu dieser Gruppe gezählt werden.

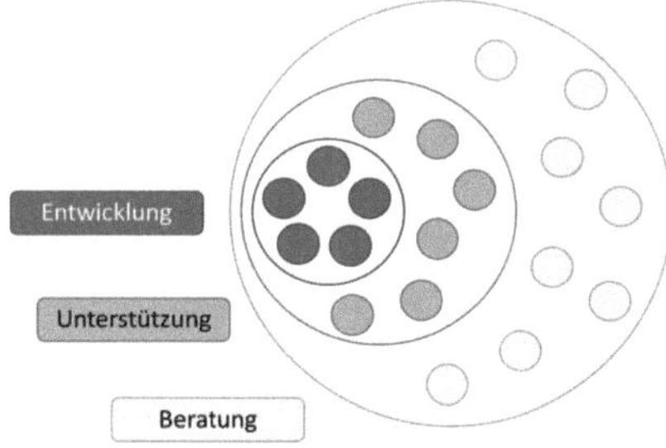

Abbildung 5.5: Gruppierung der personellen Wissensträger in einem Entwicklungsprojekt

5.2.2 Gestaltung der Wissensbasis eines Entwicklungsprojektes

Aus den bisherigen Ausführungen der vorliegenden Arbeit wird deutlich, dass für die Durchführung eines Entwicklungsprojektes ein Grundstock an Wissen erforderlich ist, welcher im Laufe der Projektes zur Lösung der Entwicklungsaufgaben genutzt und zielgerichtet erweitert wird. Zudem gilt es, diesen Wissensbestand innerhalb des Vorhabens und für zukünftige Vorhaben zu sichern. Dementsprechend werden in dem Modell zur Beschreibung der wissensorientierten Gestaltung der Produktentwicklung die Gestaltungsfelder Aufstellung, Nutzung, Erweiterung und Sicherung der Wissensbasis unterschieden. Aus Abbildung 5.6 wird ersichtlich, dass auf diese Weise die in der Literatur identifizierten Systematisierungen der Gestaltungsfelder (siehe Kapitel 3.2.3.3) inhaltlich abgedeckt werden. Darüber hinaus wird durch diese Art der Systematisierung verdeutlicht, dass die Gestaltung der Wissensbasis in der vorliegenden Arbeit aus der Perspektive eines Entwicklungsprojektes und nicht aus der Perspektive eines Unternehmens erfolgt. Im Folgenden werden diese vier Gestaltungsfelder als zentrale Elemente des Modells zur Beschreibung der wissensorientierten Gestaltung der Produktentwicklung vorgestellt und in den Ablauf eines Entwicklungsprojektes eingeordnet.

	Probst et al. (2010)	Völker et al. (2007)	North (2000)	Amelingmeyer (2004)
Aufstellung der Wissensbasis	Wissen identifizieren	Wissensidentifikation	Wissen identifizieren	
Erweiterung der Wissensbasis	Wissen erwerben Wissen entwickeln	Wissenserwerb und -entwicklung	Wissen beschaffen Wissen entwickeln	Erweiterung der Wissensbasis
Nutzung der Wissensbasis	Wissen nutzen Wissen (ver)teilen	Wissensverteilung und -nutzung		Nutzung der Wissensbasis
Sicherung der Wissensbasis	Wissen bewahren	Wissensbewahrung	Wissen absichern	Sicherung der Wissensbasis

VDI 5610 (2009)	Parikh (2001)	Peritsch (2000)	Gissler (1999)	
Wissen planen, identifizieren, bewerten				Aufstellung der Wissensbasis
Wissen erzeugen	Wissen erwerben Wissen entwickeln	Wissen entwickeln	Verbesserung der Wissensbasis Wissenserzeugung	Erweiterung der Wissensbasis
Wissen anwenden Wissen verteilen	Wissen nutzen Wissen verteilen	Wissen nutzen	Zielgerichteter Umgang mit Wissen	Nutzung der Wissensbasis
Wissen speichern	Wissen organisieren	Wissen handhaben		Sicherung der Wissensbasis

Abbildung 5.6: Systematisierung der Gestaltungsfelder in Gegenüberstellung zu ausgewählten Ansätzen der Literatur

Aufstellung der Wissensbasis

Um ein Entwicklungsprojekt durchführen und die gesteckten Ziele erreichen zu können, sind vielfältige Kenntnisse und Fähigkeiten erforderlich. Vor Beginn der eigentlichen Entwicklungstätigkeiten ist es daher erforderlich, einen Grundstock an Wissen zu schaffen, mit dem die Lösung der Entwicklungsaufgaben prinzipiell möglich ist. Welche Kenntnisse und Fähigkeiten benötigt werden, hängt letztlich von der Entwicklungsaufgabe und der individuellen Entwicklungssituation des Projektes ab und wird zudem durch branchenspezifische Besonderheiten beeinflusst. Dabei ist zu beachten, dass aufgrund des kreativen und zum Teil ergebnisoffenen Charakters von Entwicklungsaktivitäten nicht der gesamte Wissensbedarf vorausgeplant werden kann. Um jedoch die Anzahl zeit- und kostenintensiver Iterationen zu begrenzen, ist es erforderlich, bereits zu Beginn des Vorhabens eine sorgfältige **Abschätzung des voraussichtlichen Wissensbedarfs** durchzuführen und dadurch einen Überblick zu bekommen, welche Kenntnisse und Fähigkeiten aller Voraussicht nach zur Durchführung der Entwicklungsaufgaben erforderlich sind. Auf dieser Grundlage kann schließlich die **Einbindung relevanter Wissensträger** in das Entwicklungsprojekt erfolgen. Hierfür kommen sowohl personelle als auch materielle Wissensträger in Frage, welche vornehmlich aus dem eigenen Unternehmen aber auch aus dem Unternehmensumfeld, also beispielsweise aus der Beschaffungsorganisation des Kunden, aus einer Fachabteilung des Entwicklungspartners, aus einem technischen Beratungsunternehmen oder aus dem universitären Umfeld stammen können. Auf Grundlage des voraussichtlichen Wissensbedarfs gilt es relevante Wissensträger zu identifizieren und sicherzustellen, dass sowohl der Zugriff auf relevante Dokumente und Objekte als auch auf die Fähigkeiten und Kenntnisse von Einzelpersonen und Personengruppen möglichst reibungslos erfolgen kann (vgl. Abbildung 5.7).

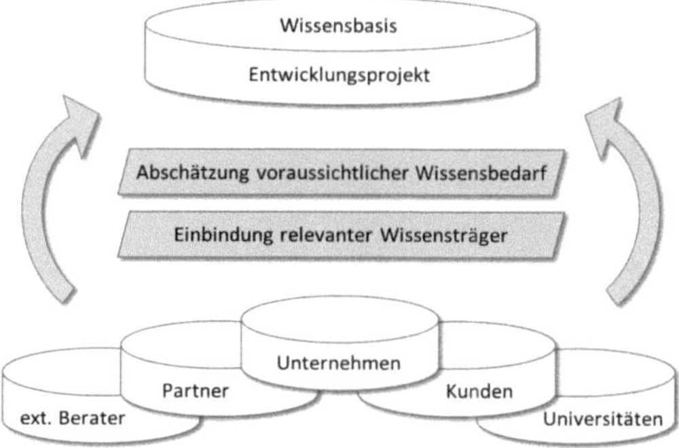

Abbildung 5.7: Aufstellung der Wissensbasis zu Beginn des Entwicklungsprojektes

Nutzung der Wissensbasis

Im Anschluss an die Aufstellung der für die Produktentwicklung erforderlichen Wissensbasis muss dafür Sorge getragen werden, dass das in der Wissensbasis prinzipiell vorhandene Wissen zur Bearbeitung der Entwicklungsaufgaben angewendet werden kann. Hierzu ist es erforderlich, die (Ver-)Teilung des Wissens zu gestalten und Hindernisse, die einer Nutzung der Wissensbasis entgegenstehen, soweit wie möglich abzubauen (vgl. Abbildung 5.8).

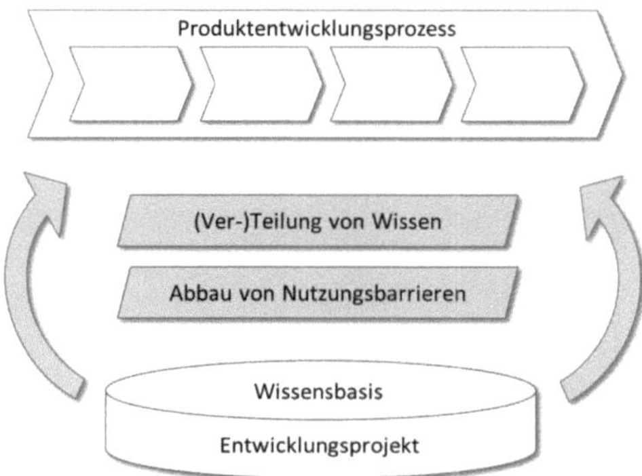

Abbildung 5.8: Nutzung der Wissensbasis zur Lösung der Entwicklungsaufgaben

Bei der Gestaltung der **(Ver-)Teilung von Wissen** stehen sowohl die Verteilung von Wissen in dokumentierter Form als auch die Teilung von Wissen im unmittelbaren Austausch zwischen

Einzelpersonen oder Personengruppen im Fokus der Gestaltung. Dabei wird das Wissen gezielt von einem Sender zu einem oder mehreren Empfängern übertragen, sodass bei der (Ver-)Teilung von Wissen von einer direkten Kommunikation gesprochen werden kann (vgl. *Gross und Koch 2007, S. 79*). Eine weiteres Gestaltungselement ist der **Abbau von Nutzungsbarrieren**. Hierbei gilt es Barrieren und Widerstände zu identifizieren, welche der (Ver-)Teilung und Anwendung von Wissen entgegenstehen, und Maßnahmen zu gestalten, um diese Barrieren zu überwinden bzw. ihre hemmende Wirkung zu verringern.

Erweiterung der Wissensbasis

Im Laufe des Entwicklungsprojektes wird die zu Beginn aufgestellte Wissensbasis gezielt erweitert. Dabei steht zunächst der **Aufbau von Produktwissen** im Vordergrund. Dabei wird auf Basis des verfügbaren Wissensbestandes neues Wissen über das Produkt aufgebaut bzw. in einem Weiterentwicklungsvorhaben bereits vorhandenes Produktwissen erweitert (vgl. Abbildung 5.9).

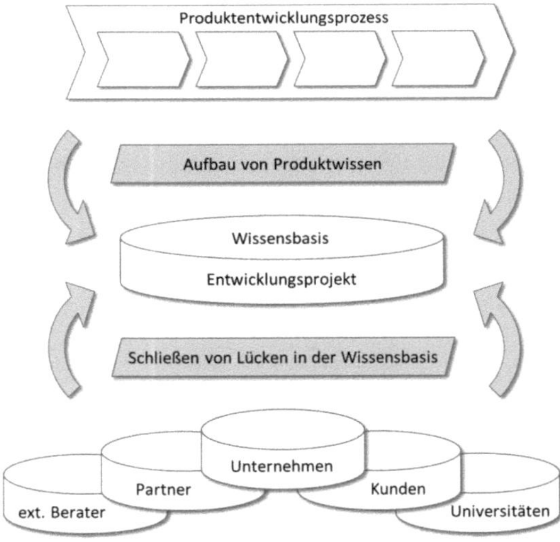

Abbildung 5.9: Erweiterung der Wissensbasis im Laufe des Entwicklungsprojektes

Eine Erweiterung der Wissensbasis des Entwicklungsprojektes erfolgt auch durch das **Schließen von Lücken in der Wissensbasis**. Solche Lücken können sich beispielsweise dadurch ergeben, dass zu Beginn des Projektes die Abschätzung des voraussichtlichen Wissensbedarfs bzw. die Einbindung relevanter Wissensträger unzureichend erfolgt ist. Dabei ist jedoch anzumerken, dass sich gerade bei technisch und organisatorisch komplexen Entwicklungsprojekten der Wissensbedarf in der Regel nicht komplett im Voraus planen lässt. Die Folge ist, dass trotz sorgfältiger Aufstellung der Wissensbasis zusätzliche Kenntnisse und Fähigkeiten zur technischen Problemlösung notwendig werden. Ursachen für Lücken in der Wissensbasis eines Entwicklungsprojektes können jedoch auch Änderungen der Kundenanforderungen an das zu entwickelnde Produkt, Änderungen im Umfeld des Entwicklungsprojektes oder durch das Unternehmen initiierte funktionale Verbesserungen des Produktes sein. Unabhängig von der Ursache von Wissenslücken, welche im Laufe des Projektes identifiziert werden, müssen diese unverzüglich geschlossen werden, um den Verlauf der Produktentwicklung nicht unnötig zu bremsen.

Sicherung der Wissensbasis

Die Wissensbasis eines Entwicklungsprojektes ist die Grundlage für die Ausführung der Entwicklungsaktivitäten und damit für den Aufbau neuen Wissens im Rahmen der Produktentwicklung. In ihr werden Erfahrungen gesammelt, auf die im Laufe des Entwicklungsvorhabens bei Bedarf zurückgegriffen werden kann.

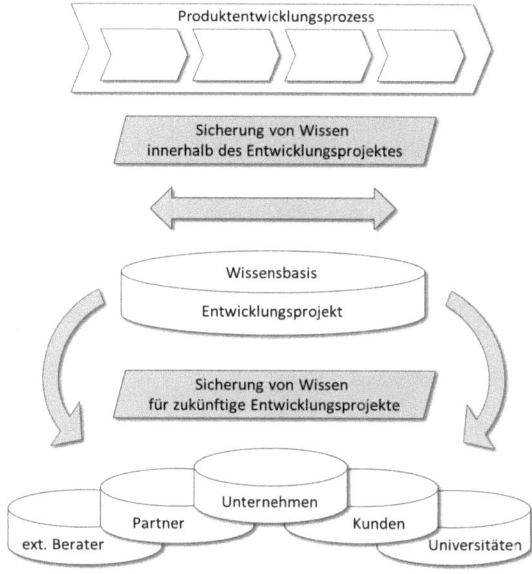

Abbildung 5.10: Sicherung der Wissensbasis des Entwicklungsprojektes

Um das im Projekt aufgebaute und erworbene Wissen auch in zukünftigen Entwicklungsprojekten nutzen zu können, ist es erforderlich, dieses Wissen in der Wissensbasis des Unternehmens zu verankern. Dementsprechend gilt es bereits im Verlauf des Projektes Maßnahmen zur **Sicherung von Wissen für zukünftige Entwicklungsprojekte** zu etablieren. Bei Entwicklungsprojekten, die sich über einen langen Zeitraum erstrecken, ist darüber hinaus die **Sicherung von Wissen innerhalb des Entwicklungsprojektes** von Bedeutung. Im Fokus steht dabei die Sicherung der

Wissensbasis des Entwicklungsprojektes und somit die Durchführung von Maßnahmen, welche auch über einen Zeitraum von mehreren Jahren die Bewahrung des für das Entwicklungsprojekt erforderlichen Wissensbestandes sicherstellen (vgl. Abbildung 5.10).

5.2.3 Situativer Rahmen der wissensorientierten Gestaltung

Aus den bisherigen Ausführungen der vorliegenden Arbeit wird deutlich, dass für die wissensorientierte Gestaltung der Produktentwicklung in der militärischen Luftfahrtindustrie sowohl branchenspezifische Besonderheiten als auch die individuelle Entwicklungssituation von Bedeutung sind. Diese wirken sich unmittelbar auf die für die Produktentwicklung erforderliche Wissensbasis, die Art der Prozessgestaltung und die Elemente der wissensorientierten Gestaltung eines Entwicklungsprojektes aus. Die branchenspezifischen Besonderheiten und die jeweilige Entwicklungssituation eines Produktentwicklungsprojektes bilden somit einen situativen Rahmen für die wissensorientierte Gestaltung der Produktentwicklung, der die Art und Weise der Gestaltung maßgeblich beeinflusst.

Im Folgenden wird zunächst ein Überblick über die branchenspezifischen Besonderheiten der militärischen Luftfahrtindustrie gegeben. Dabei wird auf die in Kapitel 2.2 herausgearbeiteten Produktmerkmale und Rahmenbedingungen zurückgegriffen, welche relevante Auswirkungen auf die Produktentwicklung in der militärischen Luftfahrtindustrie besitzen. Anschließend werden aus den Ergebnissen der durchgeführten Fallstudien Merkmale zur Unterscheidung von Entwicklungssituationen in der militärischen Luftfahrtindustrie abgeleitet, welche sich auf die Gestaltung des Entwicklungsprozesses und die für dessen Durchführung erforderliche Wissensbasis auswirken.

Branchenspezifische Besonderheiten

Um ein vertieftes Verständnis für die branchenspezifischen Besonderheiten der militärischen Luftfahrtindustrie in Deutschland zu bekommen, wurden bereits in Kapitel 2.2 Produktmerkmale und Rahmenbedingungen dargestellt, welche für die Entwicklung von Produkten in der militärischen Luftfahrtindustrie von Bedeutung sind. Die Ergebnisse der Fallstudien haben die Bedeutung dieser Besonderheiten für die wissensorientierte Gestaltung der Produktentwicklung in der militärischen Luftfahrtindustrie noch einmal unterstrichen. Diese haben unmittelbare Auswirkungen auf die Art der Prozessgestaltung, die relevanten Wissensfelder, die wissensorientierten Gestaltungsfelder und auch auf die jeweilige Entwicklungssituation eines Entwicklungsprojektes.

In Abbildung 5.11 werden die zu Beginn der Arbeit identifizierten branchenspezifischen Besonderheiten der militärischen Luftfahrtindustrie zusammenfassend dargestellt. Dies sind einerseits besondere Merkmale der Produkte, welche für die Gestaltung der Produktentwicklung in der militärischen Luftfahrtindustrie von Bedeutung sind. Andererseits sind es politische, bedarfsbezogene, finanzielle, technologische, rechtliche und marktwirtschaftliche Rahmenbedingungen, welche sich

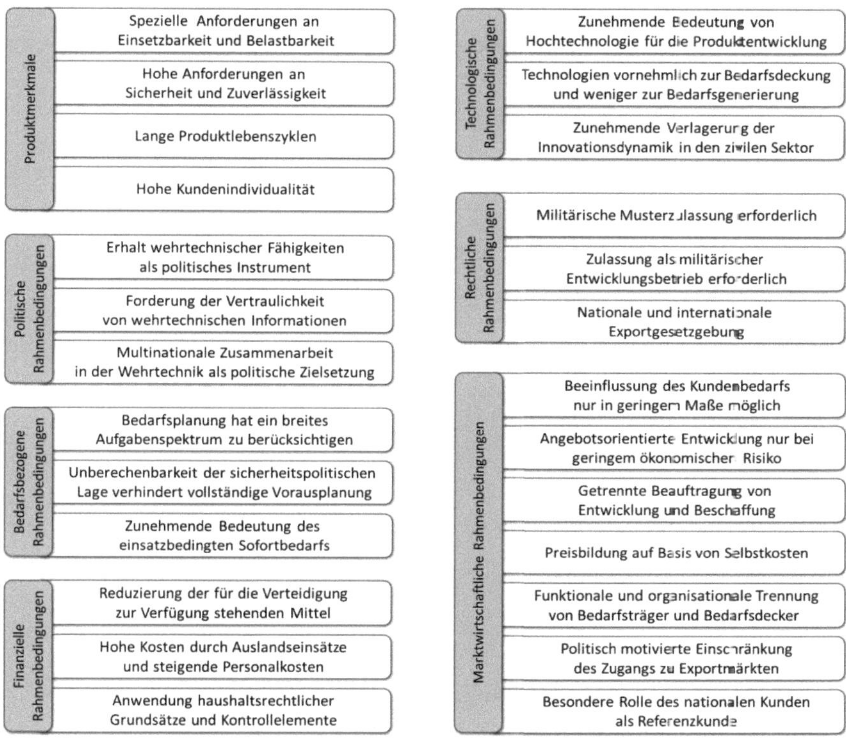

Abbildung 5.11: Branchenspezifische Besonderheiten in der militärischen Luftfahrtindustrie

auf die Gestaltung der Produktentwicklung in der militärischen Luftfahrtindustrie auswirken. Eine ausführliche Beschreibung der Besonderheiten der militärischen Luftfahrtindustrie in Deutschland findet sich in Kapitel 2.2.

Entwicklungssituationen

Bei der Gestaltung der Produktentwicklung in der militärischen Luftfahrtindustrie sind nicht nur branchenspezifische Besonderheiten zu berücksichtigen, sondern auch die Rahmenbedingungen des jeweiligen Anwendungsfalls, also die **individuelle Entwicklungssituation** des Produktentwicklungsprojektes. Diese beeinflusst einerseits die Gestaltung des Prozesses der Produktentwicklung und andererseits die für dessen Durchführung erforderliche Wissensbasis. In Kapitel 2.1.3 wurden bereits in der Literatur verbreitete Merkmale zur Unterscheidung von Entwicklungssituationen dargestellt. Bei der Auswertung der Fallstudien wurde jedoch deutlich, dass diese Merkmale für Entwicklungsprojekte in der militärischen Luftfahrtindustrie einer branchenspezifischen Ergänzung bzw. Konkretisierung bedürfen. In Abbildung 5.12 werden die für die militärische Luftfahrtindustrie identifizierten Merkmale zur Unterscheidung von Entwicklungssituationen dargestellt und im Folgenden erläutert.

Merkmal	Ausprägung				
Herkunft der Entwicklungsaufgabe	Entwicklungspartner	Nationaler Kunde	Einsatzbedingter Sofortbedarf	Exportkunde	Produktplanung
Art der Entwicklungsaufgabe	Produktpflege	Produktänderung	Produktverbesserung	Produktneuentwicklung	
Produktkomplexität	Baugruppe	System	Systemverbund		
Technische Disziplinen	Maschinenbau	Elektrotechnik	Softwaretechnik	etc.	
Art der Kooperation	Horizontale Kooperation	Vertikale Kooperation	Militärische Kooperation		
Priorisiertes Entwicklungsziel	Lieferzeitpunkt	Kosten	Funktionsumfang		
	Exportfähigkeit	Fähigkeitsaufbau	etc.		

Abbildung 5.12: Merkmale von Entwicklungssituationen in der militärischen Luftfahrtindustrie

Je nach **Herkunft der Entwicklungsaufgabe** ergeben sich für die Produktentwicklung unterschiedliche Abstimmungsaufwände und Gestaltungsspielräume. Erfolgt die Beauftragung der Entwicklung als Resultat einer unternehmensinternen Produktplanung, ist eine regelmäßige Abstimmung mit diesem Unternehmensbereich sowie dem Marketing und dem Vertrieb erforderlich (vgl. *Pahl et al. 2007, S. 94*). Bei einer Beauftragung der Entwicklung durch einen konkreten Kunden hingegen sind Schnittstellen zu dessen Ausrüstungs- und Nutzungsprozessen erforderlich. Dabei gilt es den Kunden regelmäßig über den aktuellen Stand der Entwicklung zu informieren und ihn bei Bedarf als Wissensquelle in die Entwicklungsaktivitäten einzubinden. Vor allem bei Produktentwicklungen mit einem hohen Individualisierungsgrad, wie sie in der Regel durch nationale Kunden beauftragt werden, ist es sinnvoll, Vertreter der Kundenorganisation zur aktiven Formulierung von Anforderungen und zur Absicherung von Konzepten und Entwicklungsergebnissen in den Prozess der Produktentwicklung einzubinden. Bei einer Unterbeauftragung zur Entwicklung eines Systems, einer Baugruppe oder Komponente, welche in das Endprodukt integriert werden, ergibt sich hingegen ein hoher Abstimmungsaufwand mit dem Auftraggeber sowie mit parallel arbeitenden Entwicklungsteams (vgl. *Pahl et al. 2007, S. 3*).

Eine Sonderstellung nimmt der einsatzbedingte Sofortbedarf ein, also ein im Rahmen der Vorbereitung oder Durchführung eines Militäreinsatzes identifizierter Bedarf zur Änderung oder Verbesserung eines bereits in Nutzung befindlichen wehrtechnischen Systems. In einem solchen Fall sind

Strukturen und Abläufe der Produktentwicklung erforderlich, die eine möglichst rasche Realisierung der Modifikationen ermöglichen ohne die erforderliche Sorgfalt bei der technischen Lösung und der Erprobung zu vernachlässigen.

Je konkreter die Vorgaben im Rahmen der Beauftragung sind, desto geringer sind die Gestaltungsfreiheiten der Entwickler (vgl. *Pahl et al. 2007, S. 2*). Dementsprechend ergibt sich der größtmögliche gestalterische Spielraum in der Regel bei Entwicklungsvorhaben, die aus einer unternehmensinternen Produktplanung hervorgegangen sind, während der engste Rahmen bei Unterbeauftragungen für die Entwicklung von Komponenten oder Baugruppen eines Gesamtsystems entstehen. Bei der Beauftragung durch den nationalen Kunden entstehen technische Lösungen, die auf die individuellen Anforderungen des Auftraggebers abgestimmt sind. Aufgrund des hohen Individualisierungsgrades sind die Freiheiten in der Gestaltung zumeist geringer als bei einer Entwicklung für einen Exportkunden, bei der in der Regel der Verkauf eines fertigen Produktes im Vordergrund steht und allenfalls kleinere Anpassungen an spezifische Kundenbedürfnisse vorgenommen werden.

Die Entwicklungssituation wird zudem geprägt von der **Art der Entwicklungsaufgabe**. Diese hat einen direkten Einfluss auf die Intensität, mit der die einzelnen Entwicklungsphasen durchlaufen werden (vgl. *Ehrlenspiel und Meerkamm 2013, S. 269 ff.*). Von der Art der Produktentwicklung ist es auch abhängig ob zur Lösung der Entwicklungsaufgaben Wissen über frühere Versionen des Produktes erforderlich ist. Im Kontext der militärischen Luftfahrtindustrie in Deutschland kann zwischen Produktpflege, Produktänderung, Produktverbesserung und Produktneuentwicklung unterschieden werden. Eine Neuentwicklung liegt vor, wenn ein neues wehrtechnisches System oder eine neue Komponente für ein System mit einem neuen Lösungsprinzip entsteht. Werden bei einem wehrtechnischen System nachträglich Fehler behoben ohne die Systemspezifikation zu ändern, handelt es sich um eine Produktpflege. Sobald Spezifikationen eines vorhandenen Systems geändert werden, liegt eine Produktänderung vor. Bei einer Produktverbesserung wiederum wird das Fähigkeitsspektrum eines wehrtechnischen Systems erweitert, um beispielsweise seine Einsatzbereitschaft in aktuellen und zukünftigen Einsatzszenarien gewährleisten zu können. Diese unterschiedlichen Entwicklungsaufgaben können durchaus auch alle im selben Entwicklungsprojekt auftreten. So beinhaltet ein Projekt zur Produktverbesserung unter Umständen auch Pflege- und Änderungsmaßnahmen oder die Neuentwicklung einer zu integrierenden Komponente.

Die **Komplexität des zu entwickelnden Produktes** hat direkte Auswirkungen auf die Komplexität der Entwicklungsaktivitäten und damit auf die Gestaltung des Entwicklungsprozesses. Mit steigender Komplexität des zu entwickelnden Produktes erhöht sich die Anzahl und Vielfalt der einzelnen Entwicklungsteilaufgaben und damit die Anzahl der beteiligten Personen, Abteilungen und externen Partner, deren Beiträge im Hinblick auf das Entwicklungsziel über einen langen Entwicklungszeitraum zu koordinieren und synchronisieren sind. Hierdurch vergrößert sich der Kommunikationsbedarf und es wird zunehmend schwieriger transparente Strukturen und Abläufe zu schaffen (vgl. *Nippa und Reichwald 1990, S. 69*).

Je höher die Komplexität des zu entwickelnden Produktes, desto höher ist die Wahrscheinlichkeit, dass für die Entwicklung unterschiedliche **technische Disziplinen** erforderlich sind. Ein entscheidendes Merkmal komplexer technischer Systeme ist nämlich, dass ihre Funktionen durch das Zusammenwirken von mechanischen, pneumatischen, elektronischen oder softwaretechnischen Komponenten erreicht werden. Im Rahmen der Entwicklung komplexer technischer Systeme ist es daher erforderlich, dass Spezialisten aus unterschiedlichen technische Disziplinen, wie zum Beispiel dem Maschinenbau, der Elektrotechnik oder der Softwaretechnik, zusammenwirken. Dies führt dazu, dass bereits während der Aufgabenplanung eine Aufteilung der Entwicklungsaufgabe entsprechend dieser Disziplinen erfolgt und organisatorische Schnittstellen zwischen den einzelnen Teilbereichen der Entwicklung festgelegt werden. Zudem haben die zur Bearbeitung der Entwicklungsaufgabe erforderlichen technischen Disziplinen einen großen Einfluss auf die für die Produktentwicklung erforderlichen technischen Kenntnisse und Fähigkeiten.

Bei der Entwicklung komplexer wehrtechnischer Systeme spielt zudem die Zusammenarbeit mehrerer Entwicklungspartner eine bedeutende Rolle. Die Entwicklungssituation wird daher geprägt durch die **Art der Kooperation** im Rahmen des Entwicklungsprojektes. Dabei kann im Kontext der militärischen Luftfahrtindustrie zwischen horizontaler, vertikaler und militärischer Kooperation unterschieden werden. Bei horizontalen Kooperationen sind die Entwicklungspartner auf derselben Wertschöpfungsebene einer Branche aktiv (vgl. *Morschett 2005, S. 392*). In der militärischen Luftfahrtindustrie ist dies z. B. bei multinationalen Entwicklungsprogrammen gegeben, in denen die erforderlichen Entwicklungsaktivitäten auf die einzelnen Nationen verteilt werden, welche wiederum ein heimisches Luft- und Raumfahrtunternehmen als verantwortlichen Entwicklungspartner auf Systemebene benennen. Vertikale Kooperationen sind dadurch gekennzeichnet, dass die kooperierenden Partner aus verschiedenen, aufeinander folgenden Wertschöpfungsebenen einer Branche stammen (vgl. *Morschett 2005, S. 393*). Eine solche Form der Kooperation ist beispielsweise bei der Unterbeauftragung von Entwicklungsaufgaben an zuliefernde Unternehmen gegeben.

Im Kontext der militärischen Luftfahrtindustrie kann es darüber hinaus auch zu Kooperationen mit militärischen Entwicklungseinrichtungen kommen, welche beispielsweise mit Aufgaben der Produktpflege und -änderung betraut sind. So unterhält die deutsche Luftwaffe mehrere Zentren zur Betreuung fliegender Waffensysteme, um eine möglichst umfassende Erkenntnis- und Beurteilungsfähigkeit zu erhalten und auf dringende Änderungsforderungen für bereits in Nutzung befindliche Waffensysteme rasch reagieren zu können. In diesem Sinne stellen die Kooperationen mit militärischen Entwicklungseinrichtungen einen Sonderfall der vertikalen Kooperation dar.

Schließlich wird die Entwicklungssituation geprägt durch die **Priorisierung der Entwicklungsziele**. Dabei kann innerhalb eines Entwicklungsprojektes der Schwerpunkt auf den Lieferzeitpunkt, die Einhaltung von Kostenvorgaben oder den Funktionsumfang gelegt werden. Zudem sind weitere Entwicklungsziele wie z. B. die Verbesserung der Exportfähigkeit eines wehrtechnischen Systems oder der Fähigkeitsaufbau im Unternehmen denkbar. Zum einen wird sich die Lösung der Entwicklungsaufgaben an diesen Entwicklungszielen orientieren. Zum anderen hat die Priorisierung der Entwicklungsziele direkte Auswirkungen auf die Art und Weise der wissensorientierten Gestaltung der Produktentwicklung, also sowohl auf die Gestaltung des Entwicklungsprozesses als auch auf die Gestaltung der dafür erforderlichen Wissensbasis.

5.2.4 Modellsynthese

Die einzelnen Elemente der wissensorientierten Gestaltung der Produktentwicklung lassen sich in ein Gesamtmodell zusammenführen, welches in Abbildung 5.13 dargestellt ist.

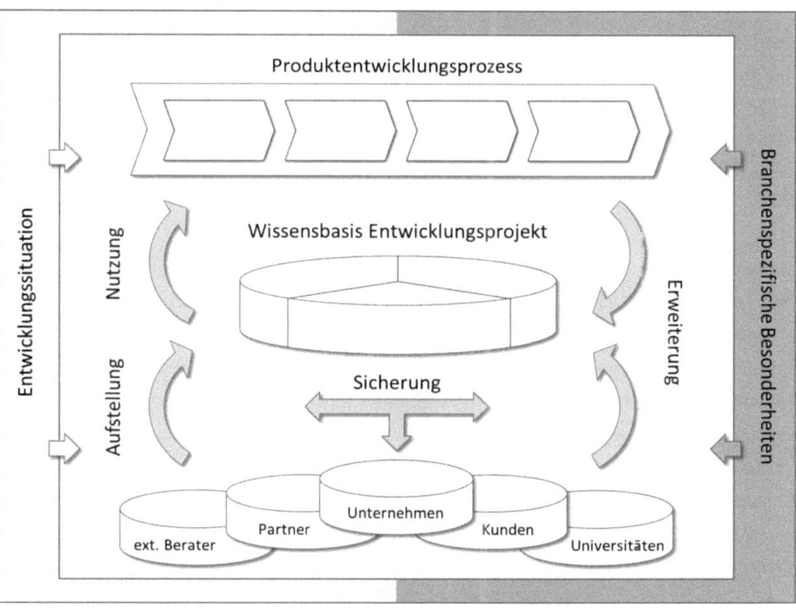

Abbildung 5.13: Modell zur Beschreibung der wissensorientierte Gestaltung der Produktentwicklung

Das Modell stellt den Prozess der Produktentwicklung und die für dessen Durchführung erforderliche Wissensbasis in den Mittelpunkt und verdeutlicht den Zusammenhang von Aufstellung, Nutzung, Erweiterung und Sicherung der Wissensbasis. Zu Beginn des Projektes gilt es einen Grundstock an Wissen zu schaffen, mit dem die Lösung der Entwicklungsaufgaben prinzipiell möglich ist. Damit dieses Wissen zur Bearbeitung der verschiedenen Aufgabenstellungen genutzt werden kann, ist es erforderlich, seine zielgerichtete (Ver-)Teilung zu gestalten und Hindernisse, die der Nutzung entgegenstehen, abzubauen. Auf dieser Grundlage wird die Wissensbasis erweitert, einerseits durch den Aufbau von Produktwissen, andererseits durch das Schließen von Lücken in der Wissensbasis, welche im Laufe der Entwicklung identifiziert wurden. Schließlich gilt es die Sicherung der Wissensbasis, sowohl innerhalb des Projektes als auch für zukünftige Vorhaben, sicherzustellen.

Die Gestaltung des Entwicklungsprozesses, die inhaltliche Strukturierung der erforderlichen Wissensbasis und die wissensorientierten Gestaltungsfelder werden dabei durch die branchenspezifischen Besonderheiten und die jeweilige Entwicklungssituation des Projektes beeinflusst. So sind für die Entwicklung komplexer wehrtechnischer Systeme nicht nur spezielle technische Kenntnisse und Fähigkeiten erforderlich, sondern auch Wissen über organisatorische Spezifika, rechtliche Restriktionen, marktliche Besonderheiten oder Kundenspezifika, deren konkreter Inhalt durch die individuelle Entwicklungssituation des Projektes und branchenspezifische Besonderheiten beeinflusst wird. Auch die Frage, welche unternehmensinternen und -externen Schnittstellen innerhalb eines Entwicklungsprojektes zu etablieren sind, hängt von der jeweiligen Entwicklungssituation, also z. B. der Herkunft der Entwicklungsaufgabe oder der Art der Kooperation, ab und wird durch rechtliche Vorgaben und marktwirtschaftliche Besonderheiten der militärischen Luftfahrtindustrie beeinflusst.

Darüber hinaus wirken sich die branchenspezifischen Besonderheiten unmittelbar auf die Gestaltung der Aufstellung, Nutzung, Erweiterung und Sicherung der Wissensbasis aus (siehe Kapitel 4.9.4). Aufgrund der funktionalen Trennung zwischen Bedarfsträger und Bedarfsdecker kommt es beispielsweise auf Seiten der Kundenorganisation zu einer mehr oder weniger heterogenen Struktur an relevanten Interessengruppe, welche jeweils einen unterschiedlichen Blickwinkel auf ein Entwicklungsprojekt haben und deren spezifische Kenntnisse und Fähigkeiten zu unterschiedlichen Zeitpunkten im Entwicklungsprojekt von Bedeutung sind. Dementsprechend gilt es in Entwicklungsprojekten der militärischen Luftfahrtindustrie die Einbindung von geeigneten Experten der Kundenorganisation zu gestalten und die (Ver-)Teilung ihres entwicklungsrelevanten Wissens zu ermöglichen. Ein anderes Beispiel ist die lange Dauer von Entwicklungsprojekten in der militärischen Luftfahrtindustrie, die bewirkt, dass die Wahrscheinlichkeit von Anforderungsänderungen steigt, welche auf Initiative der Kunden oder der Unternehmen in ein Entwicklungsprojekt eingebracht werden und das Schließen von Lücken in der Wissensbasis erforderlich machen. In Entwicklungsprojekten der militärischen Luftfahrtindustrie sind deshalb von vornherein Mechanismen zum effizienten Schließen von Lücken in der Wissensbasis zu gestalten.

Auf Grundlage des in den vorherigen Abschnitten beschriebenen Modells werden im Folgenden Empfehlungen zur wissensorientierten Gestaltung der Produktentwicklung ausgearbeitet und auf die Aspekte ausgerichtet, welche für die militärische Luftfahrtindustrie von besonderer Bedeutung sind.

5.3 Gestaltung der Aufstellung, Nutzung, Erweiterung und Sicherung der Wissensbasis

Nachdem im vorangegangenen Abschnitt der Schwerpunkt auf der allgemeinen Beschreibung der wissensorientierten Gestaltung der Produktentwicklung und des Zusammenwirkens der einzelnen Elemente lag, besteht das Ziel des folgenden Abschnitts in der differenzierten Ausgestaltung der Aufstellung, Nutzung, Erweiterung und Sicherung der Wissensbasis eines Entwicklungsprojektes. Dabei gilt es nicht nur die wissensorientierten Elemente dieser Gestaltungsfelder herauszuarbeiten, sondern auch Hilfestellungen und Empfehlungen zur Umsetzung der wissensorientierten Gestaltung der Produktentwicklung zu geben. Der Schwerpunkt liegt dabei auf der Gestaltung der für die militärische Luftfahrtindustrie spezifischen Aspekte der wissensorientierten Gestaltung, wie sie im Rahmen der vergleichenden Fallstudie als Handlungsbedarf für die Praxis identifiziert wurden (siehe Kapitel 4.10).

5.3.1 Gestaltungsfeld „Aufstellung der Wissensbasis“

Um ein Entwicklungsprojekt durchführen und die gesteckten Projektziele erreichen zu können, sind vielfältige Kenntnisse und Fähigkeiten erforderlich. Vor Beginn der eigentlichen Entwicklungstätigkeiten ist es daher erforderlich, einen Grundstock an Wissen zu schaffen, mit dem die Lösung der Entwicklungsaufgaben prinzipiell möglich ist.

Abschätzung des voraussichtlichen Wissensbedarfs

Erster Schritt der Aufstellung der für ein Entwicklungsprojekt erforderlichen Wissensbasis ist die Abschätzung des voraussichtlichen Wissensbedarfs. Ausgangspunkt ist dabei der Entwicklungsauftrag bzw. die Entwicklungsaufgabe, aus der sich die individuelle Entwicklungssituation des Projektes ergibt. Welche Kenntnisse und Fähigkeiten für die Durchführung der Entwicklungsaktivitäten benötigt werden, hängt somit von der individuellen Entwicklungssituation des Projektes ab und wird zudem durch branchenspezifische Besonderheiten beeinflusst.

Um das Bewusstsein für die in Entwicklungsprojekten der militärischen Luftfahrtindustrie relevanten Kenntnisse und Fähigkeiten zu verbessern und die Abschätzung des voraussichtlichen Wissensbedarfs zu unterstützen, wurde auf Grundlage der Ergebnisse der Literaturanalyse und der Fallstudien ein **Leitfaden zur Abschätzung des voraussichtlichen Wissensbedarfs** von Produktentwicklungsprojekten erarbeitet, welcher in Anhang A.2 ausführlich beschrieben wird. Inhaltliches Grundgerüst für diesen Leitfaden ist ein Klassifikationsschema der Wissensbasis von Produktentwicklungsprojekten, welches die in den Fallstudien identifizierten Wissensfelder, -kategorien und -klassen aufgreift (siehe Kapitel 4.9.2.1).

Die **inhaltliche Konkretisierung** der in diesem Schema dargestellten Wissensfelder erfolgt schließlich in Abhängigkeit von der jeweiligen Entwicklungssituation und den branchenspezifischen Besonderheiten. Zur Unterstützung der inhaltlichen Konkretisierung wurden auf Basis der Erkenntnisse der durchgeführten Fallstudien Steckbriefe der identifizierten Wissensfelder erarbeitet. Diese enthalten eine kurze Beschreibung der Wissensfelder, inhaltliche Beispiele aus den Fallstudien und verdeutlichen, von welchen Merkmalen der Entwicklungssituation bzw. welchen branchenspezifischen Besonderheiten die inhaltliche Konkretisierung abhängt. Außerdem werden Beispiele aus den Fallstudien für entsprechende Wissensträger dargestellt (vgl. Abbildung 5.14).

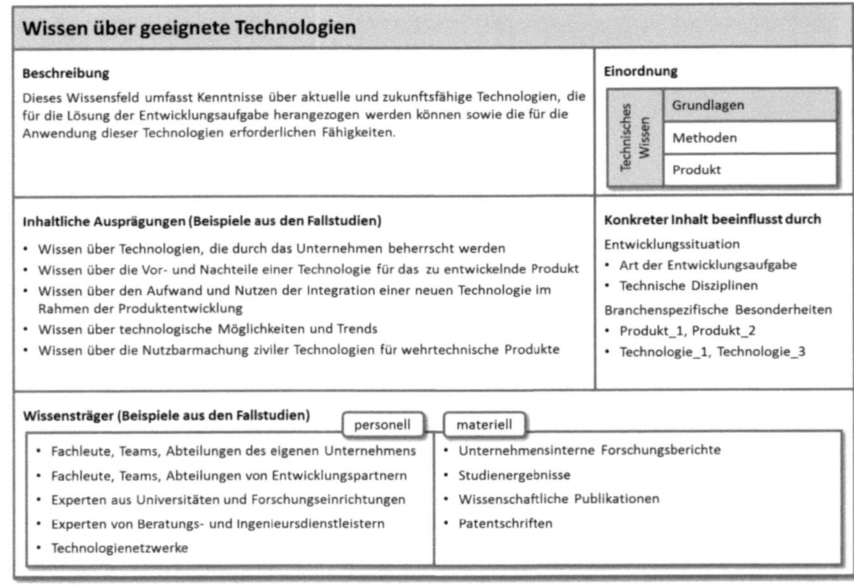

Abbildung 5.14: Auszug aus den Steckbriefen der identifizierten Wissensfelder

Bei der Abschätzung des voraussichtlichen Wissensbedarfs ist der Leitfaden als **Impulsgeber für die Abschätzung** zu verstehen. Werden aufgrund projekt- oder unternehmensspezifischer Besonderheiten Modifikationen erforderlich, können diese aufgrund des modulartigen Aufbaus des Klassifikationsschemas leicht vorgenommen werden. Die Identifikation zusätzlich relevanter Wissensfelder kann beispielsweise im Rahmen von Workshops oder gezielten Interviews mit relevanten Anspruchsgruppen oder erfahrenen Experten erfolgen. Vor allem bei einer hohen Verteiltheit und Interdisziplinarität der Produktentwicklung kann eine wissensorientierte Analyse des geplanten Vorgehens, also die Identifikation von Wissensquellen und -senken (vgl. *Berger 2002, S. 156*), zu einer Vervollständigung des voraussichtlichen Wissensbedarfs beitragen.

Einbindung geeigneter Wissensträger

Die Einbindung geeigneter Wissensträger erfolgt auf Grundlage der Ergebnisse der Abschätzung des voraussichtlichen Wissensbedarfs. Dabei gilt es Vorbereitungen zu treffen, dass sowohl der Zugriff auf entwicklungsrelevante Dokumente und Objekte als auch auf geeignete Einzelpersonen und Personengruppen, deren Kenntnisse und Fähigkeiten für das Entwicklungsprojekt von Bedeutung sind, möglichst reibungslos erfolgen kann.

Auch wenn in der militärischen Luftfahrtindustrie aufgrund gesetzlicher Vorgaben und spezieller Kundenforderungen die Dokumentation und damit Wissen in dokumentierter Form eine wichtige Rolle spielen, liegt der Schwerpunkt auf der Einbindung personeller Wissensträger, also Einzelpersonen und Gruppen von Personen. Diese bringen nicht nur ihre individuellen und kollektiven Fähigkeiten und Kenntnisse in das Entwicklungsvorhaben ein, sondern auch die Fähigkeit auf Basis des vorhandenen Wissens neues Wissen zu generieren und in Zusammenarbeit mit weiteren Wissensträgern das Entwicklungsvorhaben aktiv vorwärts zu treiben.

Die Art und Weise der Einbindung hängt dabei von der Art des Beitrags der Wissensträger zum Entwicklungsprojekt ab (siehe Kapitel 5.2.1). **Entwickelnde Wissensträger**, welche die Konzeption, Gestaltung und Erprobung durchführen und koordinieren, werden beispielsweise in Form von integrierten Projektteams oder durch die Zuteilung von Arbeitspaketen an unterschiedliche Abteilungen des Unternehmens in das Entwicklungsprojekt eingebunden. Auch die Einbindung **unterstützender Wissensträger**, welche zur Unterstützung der Entwicklungsaktivitäten Kenntnisse und Fähigkeiten aus querschnittlichen Disziplinen, wie z. B. dem Qualitäts-, Konfigurations- oder Safety-Management einbringen, erfolgt in der Regel in Form von Arbeitspaketen unter Koordination eines übergeordneten Projekt- oder Programmmanagements.

Anders verhält es sich bei der Einbindung **beratender Wissensträger**, welche oftmals über Kenntnisse und Fähigkeiten verfügen, die im Unternehmen nicht notwendigerweise vorhanden, für die Durchführung der Entwicklungsaktivitäten jedoch von großer Bedeutung sind. Damit im Laufe des Entwicklungsvorhabens auf ihre Kenntnisse und Fähigkeiten zugegriffen werden kann, gilt es diese in die Wissensbasis des Entwicklungsvorhabens aufzunehmen. Hierzu werden diese Wissensträger nicht als Teil eines Entwicklungsteams oder einer Entwicklungsabteilung in das Entwicklungsprojekt integriert, sondern als Dienstleister konsultiert und temporär in die Entwicklungsaktivitäten eingebunden. Damit diese Einbindung innerhalb des Entwicklungsprojektes möglichst reibungslos erfolgen kann, sind bereits im Rahmen der Aufgabenplanung die organisatorischen und vertraglichen Grundlagen hierfür zu legen. Zudem sind zusammen mit diesen Wissensträgern die Einbindungszeitpunkte in das Entwicklungsprojekt zu planen und die Art ihres Beitrags festzulegen. Darüber hinaus ist zu klären, auf welche Art und Weise bzw. in welcher Intensität die Einbindung erfolgen soll.

In Anlehnung an Überlegungen zur Integration von Kunden bzw. Nutzern in den Prozess der Produktentwicklung (vgl. *Reichart 2002, S. 26; Sarodnick und Brau 2011, S. 111*) können drei

Intensitäten der Einbindung beratender Wissensträger unterschieden werden:

- *Passive Mitwirkung*: Die Wissensträger sind lediglich Informationsgeber und haben keinen Einfluss darauf ob und wie diese Informationen bei der Produktentwicklung berücksichtigt werden.
- *Aktive Mitwirkung*: Die Wissensträger entscheiden zusammen mit den Entwicklungsingenieuren und Projektverantwortlichen über die zu realisierenden Produktmerkmale.
- *Aktive Partizipation*: Die Wissensträger wirken aktiv bei der Lösungsfindung mit und übernehmen Teilaufgaben innerhalb des Entwicklungsprozesses.

Als reine Informationsgeber werden beispielsweise juristische Experten zur Klärung rechtlicher Problemstellungen eingebunden. Bei Produkten mit einem hohen Individualisierungsgrad bietet es sich an, Vertreter des Kunden zur aktiven Mitwirkung bei der Formulierung von Anforderungen sowie zur Absicherung von Konzepten einzubinden. Auch die Einbindung von Mitarbeitern aus der Fertigung, dem Vertrieb oder dem Einkauf bei der Festlegung von Produktanforderungen, fällt in diesen Bereich. Eine aktive Partizipation ist z. B. das aktive Mitwirken von Experten aus dem universitären Umfeld an der Lösung spezieller technischer Problemstellungen, für die das in den Unternehmen vorhandene Wissen nicht ausreicht.

Als konkreter Handlungsbedarf für die wissensorientierte Gestaltung der Produktentwicklung in der militärischen Luftfahrtindustrie wurde die Gestaltung der **Einbindung von Experten der Kundenorganisation und der Zulassungsbehörde** in die Aktivitäten der Produktentwicklung identifiziert. Als entwicklungsrelevante Wissensträger wurden dabei in den Fallstudien Experten des Bedarfsträgers, also z. B. Vertreter der zukünftigen Nutzer und des Nutzungsmanagements, des Bedarfsdeckers, also beispielsweise Vertreter der Beschaffungsbehörde, sowie der militärischen Zulassungsbehörde identifiziert. Sie verfügen über spezielles Wissen, welches für den Verlauf und das Resultat der Produktentwicklung von besonderer Bedeutung, in den Unternehmen jedoch nicht oder nur lückenhaft vorhanden ist (vgl. Abbildung 5.15).

Im Verständnis der vorliegenden Arbeit handelt es sich bei den Experten der Kundenorganisation und der Zulassungsbehörde um **beratende Wissensträger**, welche nicht als Teil eines Entwicklungsteams oder einer Entwicklungsabteilung, sondern als externe Berater temporär in die Entwicklungsaktivitäten eingebunden werden. Damit diese Einbindung innerhalb des Entwicklungsprojektes möglichst reibungslos erfolgen kann, sind zusammen mit diesen Wissensträgern die Einbindungszeitpunkte in das Entwicklungsprojekt zu planen und die Art ihres Beitrags festzulegen. Darüber hinaus ist zu klären, in welcher Intensität die Einbindung erfolgen soll. Dabei hängen sowohl die Auswahl geeigneter Wissensträger der Kundenorganisation und der Zulassungsbehörde als auch der Zeitpunkt und die Intensität der Einbindung von der individuellen Entwicklungssituation ab. Bei der Beauftragung einer Produktentwicklung zur Deckung eines dringenden Einsatzbedarfes ist eine deutlich höhere Einbindungsfrequenz erforderlich als bei einer langfristig beauftragten Weiterentwicklung eines bereits in Nutzung befindlichen wehrtechnischen

Wer?	Was?	Wann?
Experten des Bedarfsträgers	• Wissen über die operative Nutzung der wehrtechnischen Systeme • Wissen über aktuelle militärische Einsatzszenarien • Wissen über sicherheitspolitische Entwicklungen	Aufgabenplanung ⇨ Konkretisierung von Anforderungen Systemintegration und -erprobung ⇨ Bewertung von Testszenarien und Entwicklungsergebnissen Alle Phasen der Produktentwicklung ⇨ Frühzeitiges Erkennen von Anforderungsänderungen
Experten des Bedarfsdeckers	• Wissen über die Abläufe und Strukturen der militärischen Bedarfsdeckung • Wissen über zuzuliefernde Ausrüstungsteile und Informationen	Alle Phasen der Produktentwicklung ⇨ Planung und Koordinierung der Entwicklungsaktivitäten
Experten der Zulassungsbehörde	• Wissen über (luft-)rechtliche und militärische Vorgaben der Zulassung • Wissen über Vorgaben und Erwartungen bezüglich der Nachweisführung • Wissen über die aktuelle Prioritäten und die Auslastung der Zulassungsbehörde	Aufgabenplanung ⇨ Planung der Zulassungsaktivitäten Systemintegration und -erprobung ⇨ Koordinierung der Zulassungsaktivitäten

Abbildung 5.15: Einbindung von Experten der Kundenorganisation und der Zulassungsbehörde als beratende Wissensträger

Systems des nationalen Kunden. Wird ein Entwicklungsprojekt hingegen unternehmensintern ohne konkreten Kundenauftrag beauftragt, spielen erfahrene Mitarbeiter der Vertriebsorganisation des Unternehmens und Vertreter potentieller Kunden eine wichtige Rolle als Wissensgeber für die Produktentwicklung. Auch erfordert die Neuentwicklung wehrtechnischer Systeme unter Umständen eine andere Expertise bezüglich der Abläufe und Strukturen der Bedarfsdeckung und Zulassung als die Weiterentwicklung bereits in Nutzung befindlicher Systeme.

Um bei den Experten der Kundenorganisation und der Zulassungsbehörde die Bereitschaft zu einer lösungsorientierten Teilung ihres Wissens zu fördern, gilt es zudem, ein **gemeinsames Zielverständnis** zu schaffen und ihnen die **Bedeutung ihres individuellen Beitrags** für das Gelingen des gesamten Vorhabens zu verdeutlichen. Zu einem gemeinsamen Verständnis über die Ziele und Inhalte des Entwicklungsprojektes trägt beispielsweise die Anforderungsliste bei, welche zu Beginn des Projektes in Abstimmung mit dem Auftraggeber erstellt und von diesem abschließend als Grundlage für die Entwicklungsaktivitäten freigegeben wird (vgl. *Hinsch 2013, S. 55*). Um auch bei langandauernden Entwicklungsprojekten der militärischen Luftfahrtindustrie die Wissensträger kontinuierlich auf das gemeinsame Projektziel auszurichten und sie dabei zu unterstützen, ihren individuellen Beitrag in das gesamte Vorhaben einzuordnen, kommt der Beschreibung des Entwicklungsprozesses und seiner Schnittstellen eine besondere Bedeutung zu. Diese muss jedoch so schlank wie möglich erfolgen, um Prozessbürokratie zu vermeiden und den Wissensträgern wirkliche Orientierung im Projekt geben zu können (vgl. *Gassmann und Sutter 2013, S. 5*). Auf diese Weise kann eine auf die Bearbeitung der Entwicklungsaufgaben ausgerichtete (Ver-)Teilung und Anwendung von Wissen ermöglicht werden.

5.3.2 Gestaltungsfeld „Nutzung der Wissensbasis“

Damit das in der Wissensbasis eines Entwicklungsprojektes prinzipiell vorhandene Wissen zur Bearbeitung der Entwicklungsaufgaben angewendet werden kann, gilt es die (Ver-)Teilung von Wissen und den Abbau von Hindernissen, welche der Nutzung der Wissensbasis entgegenstehen, zu gestalten.

(Ver-)Teilung von Wissen

Voraussetzung für die Gestaltung der (Ver-)Teilung von Wissen innerhalb eines Entwicklungsprojektes ist einerseits der Bedarf bestimmter Kenntnisse und Fähigkeiten für die Bearbeitung von Entwicklungsaufgaben und andererseits das Vorhandensein dieses Wissens in der Wissensbasis des Entwicklungsprojektes.

Im Rahmen der Fallstudien wurde als Handlungsbedarf die Einbindung von Experten der Kundenorganisation und der Zulassungsbehörde identifiziert. Im Zuge der Aufstellung der für das Entwicklungsprojekt erforderlichen Wissensbasis gilt es dementsprechend die inhaltlichen und organisatorischen Grundlagen, also die Art des Beitrags sowie die Zeitpunkte und Intensität der Einbindung, zu legen und dafür Sorge zu tragen, dass im Laufe der Produktentwicklung auf diese beratenden Wissensträger zugegriffen werden kann (siehe Kapitel 5.3.1).

Methode	Wer?	Wie?	Wann?
Informelle Gespräche	• Experten des Bedarfsträgers • Experten des Bedarfsdeckers • Experten der Zulassungsbehörde	Passive Mitwirkung	Zu spezifischen Anlässen im Entwicklungsprozess
Besprechungen	• Experten des Bedarfsträgers • Experten des Bedarfsdeckers • Experten der Zulassungsbehörde	Aktive Mitwirkung	Zu spezifischen Anlässen im Entwicklungsprozess
Reviews	• Experten des Bedarfsträgers • Experten des Bedarfsdeckers • Experten der Zulassungsbehörde	Aktive Mitwirkung	An den Entscheidungspunkten im Entwicklungsprozess
Workshops	• Experten des Bedarfsträgers • Experten des Bedarfsdeckers	Aktive Partizipation	Zu spezifischen Anlässen im Entwicklungsprozess
Pilotphase	• Experten des Bedarfsträgers	Aktive Mitwirkung	Zum Ende der Systemintegration und -erprobung

Abbildung 5.16: In der Literatur identifizierte Methoden zur Realisierung der (Ver-)Teilung des Wissens von Experten der Kundenorganisation und der Zulassungsbehörde

Damit ihre Kenntnisse und Fähigkeiten in die Lösung der Entwicklungsaufgaben einfließen können, ist es zudem erforderlich die gezielte (Ver-)Teilung dieses Wissens zu gestalten. Sowohl in der praktischen Anwendung (siehe Kapitel 4.9.3.2) als auch in der Literatur (vgl. z. B. *Pohl*

2003, S. 76 ff.; Schloen et al. 2004, S. 4 f.; Sarodnick und Brau 2011, S. 111 ff.) können unterschiedliche Methoden identifiziert werden, welche geeignet sind, innerhalb des Produktentwicklungsprozesses die **(Ver-)Teilung des Wissens von Experten der Kundenorganisation und der Zulassungsbehörde** in Abhängigkeit der geplanten Einbindungsintensität zu realisieren (vgl. Abbildung 5.16).

Der direkte Austausch mit Experten der Kundenorganisation und der Zulassungsbehörde in Form von informellen Gesprächen ermöglicht eine **passive Mitwirkung** der Experten an den Entwicklungsaktivitäten. Dies bedeutet, dass die unternehmensexternen Experten ihr Wissen z. B. mit Entwicklungsingenieuren oder Projektleitern teilen, jedoch keinen Einfluss darauf haben ob und wie dieses Wissen bei der Produktentwicklung berücksichtigt wird. Eine **aktive Mitwirkung** von Experten der Kundenorganisation und der Zulassungsbehörde wird beispielsweise im Rahmen von Besprechungen oder offiziellen Reviews, in denen an festgelegten Entscheidungspunkten im Prozess der Projektfortschritt bewertet und über den Übertritt in die nächste Prozessphase entschieden wird, ermöglicht. Hierbei entscheiden die unternehmensexternen Experten zusammen mit Entwicklungsingenieuren und Projektverantwortlichen über die zu realisierenden Produktmerkmale und erforderliche Aktivitäten zur Erreichung der Entwicklungsziele. Auch die Erprobung reifer Versionen der Systeme unter realen Bedingungen durch Vertreter der späteren Nutzer ermöglicht eine aktive Mitwirkung bei der Entwicklung wehrtechnischer Systeme. Im Rahmen von Workshops zur gemeinsamen Problemlösung kann beispielsweise Experten der Kundenorganisation die Möglichkeit gegeben werden, aktiv an der Entwicklung wehrtechnischer Systeme mitzuwirken, weshalb in diesem Fall von einer **aktiven Partizipation** der unternehmensexternen Experten gesprochen wird.

Basierend auf den Erkenntnissen der durchgeführten Fallstudien werden im Folgenden drei weitere Methoden zur Realisierung der (Ver-)Teilung des Wissens von Experten der Kundenorganisation und der Zulassungsbehörde vorgeschlagen: Die kooperative Anforderungspräzisierung, der Kundendialog und der Operational Walkthrough (vgl. Abbildung 5.17).

Methode	Wer?	Wie?	Wann?
Kooperative Anforderungspräzisierung	• Experten des Bedarfsträgers • Experten des Bedarfsdeckers • Experten der Zulassungsbehörde	Aktive Mitwirkung	In der Aufgabenplanung
Kundendialog	• Experten des Bedarfsträgers • Experten des Bedarfsdeckers	Aktive Mitwirkung	Über den gesamten Entwicklungsprozess
Operational Walkthrough	• Experten des Bedarfsträgers	Aktive Partizipation	In der Systemintegration und -erprobung

Abbildung 5.17: In dieser Arbeit vorgeschlagene Methoden zur Realisierung der (Ver-)Teilung des Wissens von Experten der Kundenorganisation und der Zulassungsbehörde

Wie bereits dargestellt, ist die Ermittlung und Bewertung von Anforderungen an das zu entwickelnde Produkt ein zentraler Aspekt der Phase der Aufgabenplanung. Dabei sind unterschiedliche Anforderungsquellen, wie z. B. ein Pflichtenheft des Kunden, Wünsche und Anforderungen verschiedener Interessengruppen auf Kundenseite, gesetzliche Anforderungen oder Informationen über marktverfügbare Komponenten und Technologien einzubeziehen. Vor allem bei technologieintensiven Systemen der militärischen Luftfahrt ist zu beachten, dass die Auftraggeber nicht immer in der Lage sind die funktionalen und technischen Anforderungen so umfassend und präzise zu formulieren, dass diese direkt als Grundlage für die technische Entwicklung verwendet werden können. Aus diesem Grund ist die reine Umformulierung eines Pflichtenhefts des Kunden in technische Anforderungen oftmals nicht ausreichend. Um im weiteren Projektverlauf zeit- und kostenintensive Iterationen vermeiden zu können, ist es daher erforderlich, gleich zu Beginn des Entwicklungsprojektes gemeinsam mit Vertretern des Kunden die Anforderungen zu präzisieren. Die **kooperative Anforderungspräzisierung** umfasst dabei nicht nur die Präzisierung von Anforderungen des Kunden, sondern auch eine gemeinsame Bewertung sowie eine abschließende gemeinsame Vereinbarung von Anforderung und Wünschen an das zu entwickelnde Produkt. Hierdurch wird bereits in der Phase der Aufgabenplanung ein gemeinsames Verständnis über die Entwicklungsaufgabe sowie die relevanten Rahmenbedingungen geschaffen. Aufgrund der funktionalen und organisatorischen Trennung von Bedarfsträger und Bedarfsdecker auf Seiten der Kundenorganisation und der großen Bedeutung des militärischen Zulassungswesens für den Verlauf des Entwicklungsprojektes sind sowohl Vertreter der zukünftigen Nutzer des zu entwickelnden Systems als auch Vertreter der militärischen Beschaffungs- und Nutzungsorganisation sowie der militärischen Zulassungsbehörde in die Präzisierung der Anforderungen einzubeziehen. Als Hilfsmittel zur gemeinsamen Präzisierung von Anforderungen können beispielsweise Simulatoren und Demonstratoren eingesetzt werden. Auch die gemeinsame Bewertung von Funktionen und Eigenschaften bereits in Nutzung befindlicher Systeme kann dabei helfen, ein gemeinsames Verständnis über die Anforderungen aufzubauen und auf dieser Grundlage eine in der Begriffswelt der Entwicklungsingenieure formulierte Anforderungsliste zu erstellen.

Aufgrund der funktionalen Trennung zwischen dem militärischen Bedarfsträger und dem Bedarfsdecker kommt es je nach beauftragender Nation zu einer mehr oder weniger heterogenen Struktur an relevanten Interessengruppen auf Seiten der Kunden. Diese haben jeweils einen unterschiedlichen Blickwinkel auf das Entwicklungsprojekt und ihre spezifischen Kenntnisse werden zu unterschiedlichen Zeitpunkten im Entwicklungsprojekt benötigt. Aus diesem Grund ist es erforderlich, mit diesen Interessengruppen in einen regelmäßigen gemeinsamen Dialog zu treten. Ziel eines solchen **Kundendialogs** ist es, die unterschiedlichen Interessengruppen nicht nur über den Projektfortschritt zu informieren, sondern auch ein gemeinsames Verständnis über die Vorgehensweise und die Prioritäten aufzubauen, dieses über den Projektverlauf kontinuierlich zu aktualisieren und sich über Veränderungen im Umfeld des Entwicklungsprojektes auszutauschen. Ob ein solcher Dialog in Verantwortung der entwickelnden Unternehmen oder des Auftraggebers durchgeführt wird, spielt dabei eine untergeordnete Rolle. Wichtig für den Verlauf und das Resultat eines Entwicklungsprojektes ist, dass solch ein Dialog stattfindet. So sieht beispielsweise der Ausrüstungs- und Nutzungsprozess der Bundeswehr die Einrichtung von sogenannten Integrierten Projektteams (IPT) vor, um in den unterschiedlichen Phasen des Produktlebenszyklus „einen größtmöglichen Erkenntnisgewinn, eine ununterbrochene Bereitstellung von Know-how und eine möglichst durchgängige und schnittstellenarme Zusammenarbeit aller am Ausrüstungs- und Nutzungsprozess Beteiligten zu fördern" (*BMVg 2012, S. 6*).

Wie bereits beschrieben, verfügen die zukünftigen Nutzer wehrtechnischer Systeme über vielfältiges Wissen zum operativen Einsatz und militärischen Szenarien, in denen die zu entwickelnden Systeme zum Einsatz kommen sollen. Dieses Wissen ist nicht nur für die Präzisierung der Anforderungen zu Beginn des Entwicklungsvorhabens von Bedeutung, sondern auch für die Entwicklung von einsatznahen Erprobungsszenarien und die Bewertung von Entwicklungsergebnissen bevor sie einer finalen Erprobung und Qualifikation unterzogen werden. Hierzu werden den zukünftigen Nutzern durch die verantwortlichen Entwicklungs- bzw. Erprobungsingenieure Prototypen, Demonstratoren, Simulationen oder Erprobungsszenarien vorgestellt. Die Nutzer bewerten diese hinsichtlich ihrer Eignung aus operationeller Sicht und geben bei Bedarf Rückmeldungen zur Verbesserung. In Anlehnung an die aus der Softwareentwicklung bekannte Methode des Code Walkthrough, in dem Softwareentwickler ein Programm Schritt für Schritt inspizieren, um sich die Abläufe bei der Ausführung des Quellcodes vorzustellen (vgl. *Herrmann 2012, S. 252*), wird für ein solches gedankliches Durchspielen der operationellen Nutzung der Produkte der Begriff **Operational Walkthrough** gewählt. Ziel dieser Methode ist es, Wissen über den operativen Einsatz der zu entwickelnden Systeme zur Bewertung von technischen Lösungen einzusetzen bevor erste Prototypen gefertigt und zur finalen Erprobung an den zukünftigen Nutzer übergeben werden. Auf diese Weise können operative Unzulänglichkeiten der Systeme frühzeitig erkannt und somit zeit- und kostenintensive Iterationen bzw. Produktänderungen nach Auslieferung der Systeme an den Kunden vermieden werden. Bei der Entwicklung von militärischen Luftfahrzeugen bietet sich ein Operational Walkthrough auch an, um die Kenntnisse und Fähigkeiten der Testpiloten des Unternehmens bereits vor der Erprobung des Systems in der Luft in die Entwicklungs- und Erprobungsaktivitäten einfließen lassen zu können. Auf diese Weise können beispielsweise fliegerische Unzulänglichkeiten in den Szenarien für die Bodentests frühzeitig erkannt und kostenintensive Wiederholungen von Erprobungsflügen vermieden werden.

Zudem können verschiedene **Hilfsmittel zur Unterstützung der (Ver-)Teilung von Wissen** eingesetzt werden, welche die Kommunikation zwischen Individuen und Gruppen unterstützen. Dies können Objekte sein, wie z. B. Prototypen, Funktionsmuster oder Simulationen, aber auch Dokumente in papiergebundener oder elektronischer Form. Diese materiellen Wissensträger beinhalten Teile des zu kommunizierenden Wissens und unterstützen dementsprechend die direkte Kommunikation zwischen einzelnen Personen oder Personengruppen. Wissen in dokumentierter Form eröffnet auch die Möglichkeit der Verteilung von Wissen, z. B. über den Ablauf und die

Inhalte des Entwicklungsprozesses, über Erprobungsergebnisse oder das Zusammenwirken von Komponenten innerhalb eines Systems. Prototypen, Funktionsmuster oder Simulationen hingegen können die Kommunikation dahingehend unterstützen, dass auf diese Weise Konzepte und Funktionsweisen konkretisiert und andere Wissensträger dadurch animiert werden ihre Ideen und Bewertungen diesbezüglich zu kommunizieren (vgl. *Rhinow et al. 2011, S. 22 ff.*). So werden beispielsweise beim Operational Walkthrough den zukünftigen Nutzern Prototypen, Demonstratoren, Simulationen oder Erprobungsszenarien vorgestellt, welche diese Schritt für Schritt inspizieren und auf ihre Eignung aus Nutzersicht bewerten und dadurch angeregt werden, ihr Wissen über den operationellen Einsatz der wehrtechnischen Systeme zu teilen.

Abbau von Nutzungsbarrieren

Die in der militärischen Luftfahrtindustrie durchgeführten Fallstudien haben verdeutlicht, dass der (Ver-)Teilung und Anwendung des in der Wissensbasis eines Entwicklungsprojektes prinzipiell vorhandenen Wissens individuelle, organisations- und infrastrukturbezogene Barrieren entgegenstehen können (siehe Kapitel 4.9.3.2). Von besonderer Bedeutung für die wissensorientierte Gestaltung der Produktentwicklung in der militärischen Luftfahrtindustrie ist dabei die Einschränkung der (Ver-)Teilung und Anwendung von Wissen aufgrund der **Schutzbedürftigkeit von Wissensbeständen**. Grundlage hierfür können beispielsweise **Geheimhaltungsvorgaben** des Auftraggebers sein, welche zum Ziel haben, die Vertraulichkeit bestimmter Wissensbestandteile zu wahren und daher bewirken, dass solche Wissensbestandteile nur Personen zugänglich gemacht werden dürfen, die diese für ihre Auftragserfüllung unbedingt benötigen und die vom Auftraggeber vorgeschriebenen Bedingungen erfüllen. Die Schutzbedürftigkeit von Wissensbeständen in der militärischen Luftfahrtindustrie schlägt sich auch in **exportrechtlichen Vorgaben** nieder, welche bewirken, dass der Export wehrtechnischer Güter und der zugehörigen technischen Dokumentation einer Genehmigungspflicht unterliegt. Vor allem bei multinationalen Entwicklungskooperationen wird die (Ver-)Teilung von Wissen hierdurch erschwert. Zudem kann der Fall eintreten, dass gewisse Wissensbestände für die technische Lösung nicht genutzt oder Experten aufgrund ihrer Nationalität oder Herkunft nicht in die Entwicklung eingebunden werden dürfen. Da die verschiedenen exportrechtlichen Vorgaben mitunter sehr komplex sind, kann sich bei den Mitarbeitern leicht eine Unsicherheit darüber einstellen, welche Informationen in die technische Lösung einfließen dürfen und mit welchen Wissensträgern außerhalb des Unternehmens Informationen geteilt werden dürfen.

Damit die (Ver-)Teilung und Anwendung von Wissen trotz der Einschränkungen durch Geheimhaltungsvorgaben und exportrechtliche Vorgaben möglichst reibungslos erfolgen kann, steht der **Aufbau von Handlungssicherheit** bei den Projektbeteiligten im Vordergrund. Hierzu gilt es, die Mitarbeiter für den Umgang mit kritischem Wissen zu sensibilisieren und ihnen Hilfestellungen für den Umgang mit Wissensbeständen zu geben, die der Geheimhaltung oder exportrechtlichen Einschränkungen unterliegen. Dies kann beispielsweise durch gezielte Schulungen der Mitarbeiter oder durch Checklisten und Verfahrensanweisungen geschehen. Hierbei ist der Fokus nicht nur auf die Regelung der Vorgehensweisen zu legen, sondern auch darauf, bei den Mitarbeitern ein Verständnis über die Gründe für diese Einschränkungen aufzubauen. Hierbei gilt es vor allem zu vermeiden, dass Mitarbeiter aufgrund von Unsicherheiten die (Ver-)Teilung von Wissen unnötig einschränken. Auch die Benennung von Experten, welche zur Klärung offener Fragestellungen und zum Abbau von Unsicherheiten kontaktiert werden können, und die Identifikation von Wissensbeständen, welche von diesen Einschränkungen betroffen sind, helfen beim Aufbau der nötigen Handlungssicherheit.

Innerhalb von kooperativ durchgeführten Entwicklungsprojekten kann sich eine restriktive Handhabung der (Ver-)Teilung von Wissen auch aus der **Gleichzeitigkeit von Kooperation und Wettbewerb** ergeben. Der Umstand, dass die kooperierenden Projektpartner gleichzeitig im direkten Wettbewerb zueinander stehen, kann ein Spannungsverhältnis erzeugen und die notwendige (Ver-)Teilung von Wissen behindern. Ein ähnlicher Effekt kann sich durch das Bestreben der militärischen Auftraggeber ergeben, die **Vertraulichkeit von Erkenntnissen aus dem operativen Einsatz** der Systeme zu wahren.

Um die Entwicklungsziele zu erreichen ist es jedoch erforderlich, Wissen von Experten der Entwicklungspartner sowie der Kundenorganisation und der Zulassungsbehörde im direkten Austausch zu teilen und in dokumentierter Form zu verteilen. Damit dieses möglich wird, kommt dem **Aufbau von Vertrauen**, sowohl auf zwischenmenschlicher als auch auf organisatorischer Ebene, eine besondere Bedeutung zu. Je höher das Vertrauen in einen bestimmten Akteur der Produktentwicklung, desto eher wird Wissen mit ihm geteilt werden (vgl. *Stocker und Tochtermann 2010, S. 39*). Je größer das Vertrauen in organisatorische Prinzipien und Regelungen, desto eher sind die beteiligten Wissensträger bereit, ihr Wissen auszutauschen und das Wissen externer Wissensquellen anzuwenden (vgl. *Probst et al. 2010, S. 161 f.*). Dementsprechend können prinzipiell zwei Arten von Vertrauen unterschieden werden: personales Vertrauen und Systemvertrauen. **Personales Vertrauen** bezieht sich ausschließlich auf Individuen, resultiert aus persönlichen Kontakten und drückt sich beispielsweise aus in dem Vertrauen in die fachliche Kompetenz, das Verhalten oder die Leistungsfähigkeit einer Person. Dementsprechend bezieht sich personales Vertrauen in erster Linie darauf, dass eine Person den Erwartungen entspricht, die sie geweckt hat (vgl. *Gilbert 2006, S. 115; Luhmann 2009, S. 48*).

Mit zunehmender Komplexität einer Organisation wächst die Bedeutung des **Systemvertrauens**, da viele Beziehungen zwischen den Akteuren räumlich und zeitlich entkoppelt sind und nicht immer auf persönliche Vertrauensverhältnisse zurückgegriffen werden kann (vgl. *Gilbert 2006, S. 115*). Diese Form des Vertrauens bezieht sich auf soziale Systeme, wie z. B. ein Entwicklungsprojekt oder ein Unternehmen. Es beschreibt die Erwartung, dass dieses System ein im Sinne seiner informellen Absprachen und formellen Regelungen verlässliches Systemverhalten zeigt und sich Personen, welche Teil dieses Systems sind, entsprechend dieser Regelungen verhalten (vgl. *Luhmann 2009, S. 48; Helfer et al. 2012, S. 11*).

Die Gestaltungsmöglichkeiten für die Schaffung von Vertrauen sind jedoch begrenzt, da Vertrauen sich nicht normativ vorschreiben lässt, sondern durch positive Beispiele langsam aufgebaut wird (vgl. *Luhmann 2009, S. 50; Probst et al. 2010, S. 162*). Eine wichtige Rolle beim Aufbau von Systemvertrauen in der militärischen Luftfahrtindustrie kann der **transparenten Gestaltung des Wissensschutzes** im Entwicklungsprojekt zugeschrieben werden. Indem die Entwicklungspartner schützenswertes Wissen identifizieren, mögliche Kanäle zum ungewünschten Abfluss dieses Wissens analysieren und darauf aufbauend geeignete Maßnahmen zum Wissensschutz definieren, können Befürchtungen abgebaut werden, dass der Partner die Kooperation auf Kosten des anderen ausnutzt. Dabei können technische, organisatorische und mitarbeiterbezogene Maßnahmen zur Anwendung kommen (für eine ausführliche Beschreibung möglicher Maßnahmen siehe z. B. *Lindemann et al. 2012, S. 42 ff.*). Eine Schlüsselposition nehmen dabei die Mitarbeiter der Entwicklungsprojekte ein, da diese bei der Bearbeitung der Entwicklungsaufgaben für den Austausch von Wissen, sowohl in persönlicher als auch in dokumentierter Form, zuständig sind. Da Wissensschutzfragen in der Praxis immer wieder eine Gratwanderung zwischen Vertrauen und Misstrauen darstellen, gilt es die Mitarbeiter für solche Fragestellungen zu sensibilisieren und Handlungssicherheit zu schaffen. Eine zusätzliche vertrauensbildende Maßnahme für die Kooperationspartner ist die gegenseitige Offenlegung getroffener Wissensschutzmaßnahmen. Dies gilt nicht nur für die Zusammenarbeit mit Entwicklungspartnern, sondern auch für die Einbindung von Experten der Kundenorganisation als beratende Wissensträger und Partner in der Entwicklung. Denn auch auf Seiten des Kunden existiert schützenswertes Wissen. Indem bereits in der Phase der Aufgabenplanung die jeweils getroffenen Wissensschutzmaßnahmen offen kommuniziert werden, kann ein gegenseitiges Verständnis für die jeweilige Wissenschutz-Situation aufgebaut werden, welches die Voraussetzung für die Bildung von Systemvertrauen ist.

In der Phase der Aufgabenplanung kann darüber hinaus eine **vertragliche Grundlage für die Vertrauensbildung** geschaffen werden, indem Schnittstellen definiert, Leistungserwartungen formuliert, Schutzbedürfnisse festgehalten und die Art sowie die Ziele der Zusammenarbeit bzw. der (Ver-)Teilung von Wissen schriftlich fixiert werden. Dabei stellt die vertragliche Fixierung der Rahmenbedingungen und Prinzipien der Zusammenarbeit keinen Widerspruch zum gegenseitigen Vertrauen dar, sondern bereitet eine Basis, auf der die Vertrauensbildung stattfinden kann. Dies gilt insbesondere dann, wenn die Partner gleichermaßen Synergien und den Zuwachs von Wissen erwarten können und es zu einer Win-Win-Situationen kommen kann (vgl. *Roth 2013, S. 59*). Eine solche Konstellation ist am ehesten in horizontalen Entwicklungskooperationen anzutreffen, kann jedoch auch in vertikalen oder militärischen Kooperationen und der Zusammenarbeit mit Experten der Kundenorganisation und der Zulassungsbehörde erreicht werden.

Auch die **Vereinbarung von Standards** bezüglich des gemeinsamen Vorgehens in der Produktentwicklung, also beispielsweise die Festlegung der Inhalte der Produktdokumentation, des Vorgehens zur Erprobung von Komponenten oder der Abläufe für die Qualifikation der Systeme, ist in diesem Zusammenhang für die Vertrauensbildung geeignet. Hierdurch können im Laufe des Entwicklungsvorhabens Missverständnisse vermieden und den Akteuren Handlungssicherheit vermittelt werden.

Da sich Vertrauen durch Gegenseitigkeit schrittweise entwickelt, stellt darüber hinaus der **Aufbau einer gemeinsamen Erfahrungsbasis** eine wichtige vertrauensbildende Maßnahme dar. Dabei spielen vor allem der regelmäßige persönliche Kontakt und die direkte Kommunikation mit den relevanten Wissensträgern, also der Aufbau personalen Vertrauens, eine bedeutende Rolle. An dieser Stelle kann beispielsweise der oben beschriebene Kundendialog, die kooperative Anforderungspräzisierung und der Operational Walkthrough durch die zukünftigen Nutzer gezielt zur Bildung und Festigung von Vertrauen eingesetzt werden. Auch die in Fall *Lfz C* beschriebene „No Surprise"-Strategie hilft dabei, gegenseitiges Vertrauen aufzubauen. Personales Vertrauen, also beispielsweise das Vertrauen in die fachliche Kompetenz der in ein Entwicklungsvorhaben eingebundenen externen Wissensträger ist zudem erforderlich, damit das von ihnen beigesteuerte Wissen bei der technischen Problemlösung und Entscheidungsfindung auch zur Anwendung kommt und das in den untersuchten Fällen zum Teil beobachtete „Not Invented Here"-Phänomen überwunden werden kann. Durch die Zusammenarbeit und den direkten Austausch von Wissen im Laufe des Entwicklungsprojektes werden zudem die gegenseitig vereinbarten informellen und formellen Regelungen zum Wissensschutz und zur Gestaltung der Zusammenarbeit bzw. der (Ver-)Teilung von Wissen praktisch angewendet und einer kontinuierlichen Bewährungsprobe unterzogen, sodass durch den Aufbau einer gemeinsamen Erfahrungsbasis nicht nur das personale sondern auch das Systemvertrauen Schritt für Schritt gefestigt werden kann.

5.3.3 Gestaltungsfeld „Erweiterung der Wissensbasis"

Die Erweiterung der Wissensbasis eines Entwicklungsprojektes findet zum einen im Rahmen der Entwicklungsaktivitäten durch den Aufbau von Wissen über das neue bzw. das zu modifizierende Produkt statt. Zum anderen erfolgt eine Erweiterung des Wissensbestandes durch das Schließen von Lücken in der Wissensbasis des Entwicklungsprojektes, welche im Laufe des Projektes identifiziert werden. Beide Aspekte gilt es im Rahmen der wissensorientierten Gestaltung der Produktentwicklung zu adressieren.

Aufbau von Produktwissen

Im Mittelpunkt dieses Gestaltungselementes steht der Aufbau von Wissen über das neue bzw. das zu modifizierende Produkt, welcher sowohl auf individueller als auch auf kollektiver Ebene, also in der Zusammenarbeit unterschiedlicher Wissensträger, vollzogen wird. Auf individueller Ebene gilt es, die Entwickler dabei zu unterstützen **Kreativität und systematisches Problemlösen** miteinander zu verbinden (vgl. *Probst et al. 2010, S. 118*). Auf kollektiver Ebene besteht die Herausforderung darin, die **Zusammenarbeit von Wissensträgern** auf den Aufbau von Produktwissen auszurichten und dafür zu sorgen, dass ein möglichst breites Spektrum an Wissen in die technische Problemlösung einfließen kann (vgl. *Lindemann 2009, S. 23 ff.; Engeln 2011, S. 93 f.*). Grundlage für den Aufbau von Produktwissen ist der in der Wissensbasis des Entwicklungsprojektes verfügbare Wissensbestand, auf den zur Lösung von Entwicklungsaufgaben zugegriffen wird. In diesem Sinne ist der Aufbau von Produktwissen eng mit den Aktivitäten der Aufstellung und Nutzung der Wissensbasis verknüpft.

Zur Unterstützung des Aufbaus von Produktwissen auf individueller Ebene wird in der Literatur die Anwendung spezifischer Entwicklungsmethoden empfohlen, während auf kollektiver Ebene die Gestaltung der Zusammenarbeit und Problemlösung in Entwicklungsteams und Arbeitsgruppen im Fokus steht. Da in den durchgeführten Fallstudien für diesen Bereich der wissensorientierten Gestaltung der Produktentwicklung keine Spezifika der militärischen Luftfahrtindustrie identifiziert wurden, wird an dieser Stelle lediglich auf die Darstellungen in der einschlägigen Literatur verwiesen (vgl. *Pahl et al. 2007; Lindemann 2009; Engeln 2011; Ehrlenspiel und Meerkamm 2013*).

Schließen von Lücken in der Wissensbasis

Sobald im Laufe eines Entwicklungsprojektes Lücken in der Wissensbasis identifiziert werden, ist es erforderlich zu entscheiden, auf welche Weise der zusätzliche Wissensbedarf gedeckt werden soll. Eine Möglichkeit besteht in der **Einbindung zusätzlicher Wissensträger** in das Entwicklungsprojekt. Dies können Fachkräfte aus dem eigenen Unternehmen, aber auch beratende Experten aus dem Umfeld des Entwicklungsvorhabens sein, mit deren Expertise die identifizierte Wissenslücke geschlossen werden kann. Dabei können diese zusätzlichen Wissensträger beispielsweise zur Schulung oder Beratung der bereits im Projekt mitwirkenden Wissensträger herangezogen werden, oder für einen gewissen Zeitraum selbst aktiv werden, z. B. im Rahmen von Workshops zur gemeinsamen Problembearbeitung oder als Teil interdisziplinärer Arbeitsgruppen, welche zur Lösung akuter technischer Probleme eingerichtet wurden.

Eine weitere Möglichkeit, die Lücken in der Wissensbasis des Entwicklungsprojektes zu schließen, ist der **Aufbau zusätzlichen Wissens zur Durchführung der Entwicklung**. Je nach Größe bzw. Komplexität der identifizierten Wissenslücke kann dies beispielsweise in Form von Workshops zur gemeinsamen Problembearbeitung erfolgen, aber auch im Rahmen von Arbeitsgruppen, welche zum gezielten Aufbau des erforderlichen Wissens zusammengestellt werden. Vor allem zum Schließen komplexer Wissenslücken, z. B. im Rahmen der Lösung umfangreicher technischer Problemstellungen bei der Konzeption oder Gestaltung, bietet sich die Ausleitung von eigenständigen Teilprojekten an. Dabei besteht die Herausforderung darin, die identifizierten Lücken in der Wissensbasis möglichst rasch zu schließen, um die Auswirkungen auf den Verlauf und das Resultat der Produktentwicklung gering zu halten. Hierzu ist es erforderlich, einen organisatorischen Rahmen zu schaffen, der nicht nur Raum für kreative Denkprozesse gewährt und eine enge Zusammenarbeit der beauftragten Wissensträger fördert, sondern auch eine regelmäßige Synchronisation mit dem Entwicklungsprozess bzw. eine kontinuierliche Abstimmung mit den Auftraggebern des Vorhabens ermöglicht.

Ein solcher organisatorischer Rahmen kann mit Hilfe **agiler Arbeitsformen** geschaffen werden, welche in den letzten Jahren vor allem in der Softwareentwicklung Verbreitung gefunden haben und sich prinzipiell auch auf andere Bereiche der Produktentwicklung übertragen lassen (vgl. *Buchholtz et al. 2011, S. 163; Glas und Seitz 2012*). Die grundlegenden Prinzipien agiler Arbeitsformen können dabei wie in Abbildung 5.18 dargestellt zusammengefasst werden.

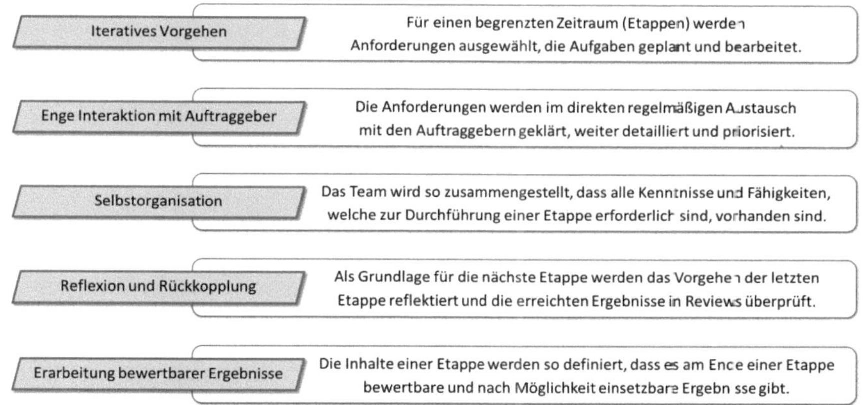

Abbildung 5.18: Grundprinzipien agiler Arbeitsformen (in Anlehnung an *Lakani und Matischok 2011, S. 175 f.*)

Damit die Stärken der agilen Arbeitsformen im Rahmen des Wissensaufbaus zum Tragen kommen können, ist zu empfehlen, die Aktivitäten zum Schließen der Wissenslücken aus dem plangesteuerten Prozess der Produktentwicklung herauszulösen und parallel zu den weiteren Entwicklungsaktivitäten durchzuführen. Die Planung der erforderlichen Aktivitäten erfolgt dabei adaptiv, d. h. die Durchführung des Projektes basiert nicht auf einem umfangreichen und detaillierten Plan, der zu Beginn des Projektes erstellt wird und als Grundlage für das weitere Vorgehen dient, sondern auf regelmäßigen Planungssitzungen jeweils zu Beginn einer Etappe. Vor Beginn der ersten Etappe werden in Abhängigkeit der Projektziele und des aufzubauenden Wissens die Dauer der Etappen festgelegt und das Kernteam zusammengestellt. Dabei ist darauf zu achten, dass die ausgewählten Wissensträger über geeignete Kenntnisse und Fähigkeiten verfügen, welche eine gute Grundlage für den Aufbau des erforderlichen Wissens bilden. Auch wenn die Teamzusammenstellung prinzipiell von Etappe zu Etappe variieren kann, ist zu empfehlen, das Kernteam über den Gesamtverlauf des Projektes stabil zu halten, um eine möglichst reibungslose (Ver-)Teilung von Wissen im Team gewährleisten zu können. Darüber hinaus wird noch vor Beginn der ersten Etappe definiert, in welcher Form die in einer Etappe erarbeiteten Ergebnisse dem Auftraggeber vorgestellt werden sollen. Während bei der Entwicklung von Software nach jeder Iteration ein lauffähiges Inkrement des Systems vorliegen kann, ist dies bei technischen Problemlösungen in der Hardwareentwicklung oder beim Wissensaufbau zur Anwendung einer neuen Technologie für die Produktentwicklung nicht immer möglich (vgl. *Buchholtz et al. 2011, S. 165 ff.*). Entscheidend ist jedoch, dass am Ende einer Iteration ein bewertbares (Zwischen-)Ergebnis vorliegt, sodass der Auftraggeber Rückmeldung zu den erzielten Ergebnissen geben kann. Diese Rückmeldungen fließen schließlich in die Planung und Durchführung der nächsten Etappe ein (vgl. Abbildung 5.19).

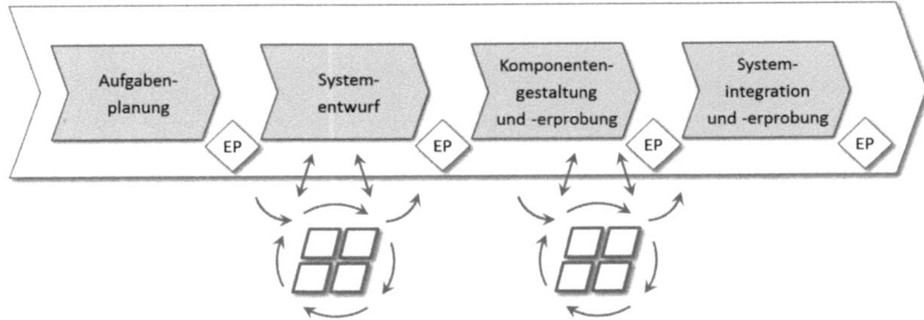

Abbildung 5.19: Agiles Schließen von Wissenslücken parallel zum Entwicklungsprozess

Bei der Anwendung agiler Arbeitsformen ist zu berücksichtigen, dass es sich bei der militärischen Luftfahrtindustrie um eine Branche handelt, in der vielfältige Normen und externe Regelungen die Produktentwicklung beeinflussen. Diese gilt es auch bei der Umsetzung agiler Formen der Projektdurchführung zu berücksichtigen. So bewirken beispielsweise luftrechtliche Vorgaben, dass aus Gründen der Nachweisführung für die militärische Zulassung sowie der Nachvollziehbarkeit im Schadensfall alle für die Lufttüchtigkeit der Systeme relevanten Entwicklungsaktivitäten und -ergebnisse dokumentiert werden müssen. Dies gilt natürlich auch für die im Rahmen des Entwicklungsprojektes zur Anwendung kommende Vorgehensweise des agilen Schließens von Wissenslücken sowie die in diesem Rahmen erarbeiteten Lösungen. Durch die Dokumentation von Entwicklungsergebnissen wird zudem die Bewertung von (Zwischen-)Ergebnissen am Ende einer Etappe ermöglicht und auch der Transfer des aufgebauten Wissens in das Entwicklungsprojekt unterstützt. Da die Dokumentation des aufgebauten Wissens zeit- und ressourcenintensiv ist, muss sorgfältig abgewogen werden, welche Wissensinhalte aufgrund regulatorischer Auflagen dokumentiert werden müssen und für welche Inhalte gezielt auf die beteiligten Mitarbeiter als Wissensträger gesetzt wird. Dadurch, dass diese Mitarbeiter nach Abschluss des Teilprojektes zum Wissensaufbau wieder in die Entwicklungsaktivitäten eingebunden werden, können sie die neu aufgebauten Kenntnisse und Fähigkeiten direkt in das Entwicklungsvorhaben einbringen.

5.3.4 Gestaltungsfeld „Sicherung der Wissensbasis“

Im Laufe eines Entwicklungsprojektes gilt es einerseits den für die Produktentwicklung verfügbaren Wissensbestand zu sichern, d. h. einem möglichen Verlust von Wissen innerhalb des Entwicklungsprojektes entgegenzuarbeiten. Andererseits sind bereits innerhalb des Entwicklungsprojektes Maßnahmen erforderlich, die auf die Verankerung des im Projekt aufgebauten Wissens in der Wissensbasis des Unternehmens abzielen, damit dieses Wissen auch für zukünftige Entwicklungsvorhaben genutzt werden kann.

Sicherung von Wissen innerhalb des Entwicklungsprojektes

Aufgrund der langen Dauer von Entwicklungsprojekten in der militärischen Luftfahrtindustrie ist es erforderlich, die Sicherung von Wissen nicht nur auf die Verankerung neuer Erkenntnisse in der Wissensbasis des Unternehmens, sondern auch auf die Bewahrung von Kenntnissen und Fähigkeiten in der Wissensbasis des Entwicklungsprojektes auszurichten. Je nach Art der verwendeten Speichermedien kann bei der Sicherung der Wissensbasis eines Entwicklungsprojektes zwischen der Personalisierungs- und der Kodifizierungsstrategie unterschieden werden (vgl. *Hasler Roumois 2007, S. 50 ff.; Lehner 2012, S. 291 f.*).

Die **Kodifizierungsstrategie** stellt materielle Wissensträger als Speichermedium in den Mittelpunkt der Gestaltung und zielt darauf ab, Wissen zu kodifizieren, in dokumentierter Form zu speichern und für die Anwendung im Entwicklungsprojekt bereit zu stellen. Zur Sicherung von **technischem Wissen** können beispielsweise Anforderungsdokumente, Spezifikationen, Konzeptbeschreibungen, Funktionsstrukturen oder Schnittstellenbeschreibungen zum Einsatz kommen. Diese enthalten technische Vereinbarungen und Lösungsprinzipien, welche die Grundlage für nachfolgende Entwicklungs- und Erprobungsaktivitäten bilden. Auch die Ergebnisse von Besprechungen, Workshops und Reviews werden dokumentiert mit dem Ziel Ergebnisse und Entscheidungen, z. B. bezüglich der Produktgestaltung oder -erprobung, für spätere Projektphasen nachvollziehbar zu machen. Die Sicherung und Bereitstellung von **Organisations- und Umfeldwissen** erfolgt beispielsweise in Form von Arbeitsanweisungen, Prozessdarstellungen oder Handbüchern, welche nicht nur Wissen über die Abläufe und Strukturen des Entwicklungsprojektes enthalten, sondern auch unternehmensinterne und rechtliche Vorgaben sowie zulassungsrelevante Aspekte berücksichtigen. Die Erstellung von technischen Dokumenten, Prozessbeschreibungen, Arbeitsanweisungen, Handbüchern und Besprechungsprotokollen zur Sicherung von Wissen im Projekt dient dementsprechend dazu, Gestaltungsentscheidungen, Prozessvorgaben und Erprobungsergebnisse auch zukünftig nachvollziehbar und für die Aktivitäten der Produktentwicklung nutzbar zu machen. Daher ist bei der Erstellung der Dokumente ein sorgfältiges Vorgehen erforderlich, das die spätere Nutzung des dokumentierten Wissens bereits in die Erstellung einbezieht. Zudem hängt die Güte des in Dokumenten gespeicherten Wissens vor allem von der ursprünglichen Wissensquelle bzw. dem Ersteller des Dokuments ab. Dementsprechend spielen beispielsweise bei der

Erstellung von Besprechungsprotokollen, welche die getroffenen Entscheidungen für den weiteren Verlauf des Projektes nachvollziehbar und als Grundlage für das weitere Vorgehen nutzbar machen sollen, die Protokollanten und ihre Kenntnisse und Fähigkeiten eine zentrale Rolle für die Güte und Nutzbarkeit des Dokuments (vgl. *Huet et al. 2007, S. 289 f.; Probst et al. 2010, S. 207*). Ob das dokumentierte Wissen in Papierform oder elektronisch abgelegt wird, spielt für den Vorgang der Sicherung des Wissens nur eine untergeordnete Rolle. Um die Bereitstellung des dokumentierten Wissens im weiteren Verlauf der Produktentwicklung zu vereinfachen, erfolgt die Speicherung des Wissens jedoch vermehrt in elektronischer Form. Dementsprechend können vielfältige Systeme, wie z. B. Projektlaufwerke, Expertensysteme, Produktdatenbanken, Konfigurationsmanagementsysteme oder Wiki-Systeme, als technische Hilfsmittel für die Sicherung und Bereitstellung von dokumentiertem Wissen zum Einsatz kommen.

Maßnahmen zur Sicherung der Wissensbasis, die der **Personalisierungsstrategie** zuzuordnen sind, stellen die personellen Wissensträger, also einzelne Personen und Personengruppen, in den Fokus der Sicherung von Wissen und werden in der betriebswirtschaftlichen Literatur vor allem in Bezug auf die Sicherung der Wissensbasis eines Unternehmens beschrieben. Im Kontext der militärischen Luftfahrtindustrie sind solche Maßnahmen aufgrund der langen Dauer von Entwicklungsprojekten auch zur Sicherung der Wissensbasis von Entwicklungsprojekten geeignet und zielen z. B. auf den **Aufbau von Austrittsbarrieren** ab, um die Wissensträger an das Entwicklungsprojekt zu binden. Dies kann beispielsweise die Schaffung eines vertrauensvollen und konstruktiven Arbeitsklimas sein und in begrenztem Maß auch die Installation sozialer und materieller Anreizsysteme, welche auf die individuellen Bedürfnisse der jeweiligen Wissensträger auszurichten sind (vgl. *Probst et al. 2010, S. 202*). Wie in den bisherigen Ausführungen dieser Arbeit deutlich wurde, spielen dabei vor allem ein von Vertrauen geprägtes Klima der Zusammenarbeit, ein gemeinsames Zielverständnis und das Verständnis eines jeden am Projekt beteiligten Wissensträgers über die Bedeutung seines Beitrags zur Zielerreichung eine wichtige Rolle.

Vor allem aufgrund der langen Dauer von Entwicklungsprojekten in der militärischen Luftfahrt sind solche Maßnahmen nicht immer ausreichend, z. B. wenn ein beratender Wissensträger der Kundenorganisation turnusmäßig versetzt wird oder notwendige Umorganisationen im eigenen Unternehmen eine Versetzung von entwickelnden und unterstützenden Wissensträgern in einen anderen Unternehmensbereich erforderlich machen. In diesem Fall ist zu versuchen, **flexible Mechanismen zur Einbindung der Wissensträger** zu vereinbaren (vgl. *Probst et al. 2010, S. 202 f.*), sodass ihre Kenntnisse und Fähigkeiten auch im weiteren Verlauf des Entwicklungsprojektes zur Verfügung stehen können. Experten aus den Bereichen „Entwicklung“ und „Unterstützung“ können dann beispielsweise als beratende Wissensträger temporär eingebunden werden und Wissensträger der Kundenorganisation, welche über vielfältige Erfahrungen im Projekt verfügen, können in Einzelfällen zu Kundendialogen hinzugezogen werden. Auf diese Weise bleiben diese Wissensträger in der Wissensbasis des Entwicklungsprojektes prinzipiell verfügbar, jedoch ändert sich die Art und Weise des Zugriffs auf ihre Kenntnisse und Fähigkeiten. Denkbar ist auch, dass Fachkräfte aus den Bereichen „Entwicklung“ oder „Unterstützung“ nach einer unternehmensinternen Umorganisation mit einem verringerten Wochenstundensatz dem Projekt zunächst erhalten bleiben, um einen Verlust wertvollen Wissens für das Projekt zu vermeiden.

Ein weiteres Element der Personalisierungsstrategie ist die **Schaffung eines organisationalen Gedächtnisses** innerhalb des Projektes. Grundidee ist, dass nicht nur materielle Wissensträger als externe Speichermedien verstanden werden können, sondern auch Personen, die an dem Entwicklungsprojekt beteiligt sind (vgl. *Lehner 2012, S. 129 f.*). Dabei treten die einzelnen Wissensträger wechselseitig als externer Speicher füreinander auf, sodass im Idealfall das entsteht, was *Wegner* als „Transactive Memory“ bezeichnet, also ein System von Wissensträgern, in dem spezifische Kenntnisse und Fähigkeiten verteilt sind und jeder weiß, über welche Kenntnisse und Fähigkeiten der andere verfügt (vgl. *Wegner 1996, S. 189 f.*). Je besser das Wissen des Einzelnen über die Kenntnisse und Fähigkeiten anderer am Projekt beteiligter Wissensträger ist, desto einfacher können zur Lösung technischer Probleme oder zur Beantwortung spezifischer Fragestellungen geeignete Experten identifiziert werden. Innerhalb eines Entwicklungsprojektes wird ein solches organisationales Gedächtnis durch die Zusammenarbeit in Arbeitsgruppen, Entwicklungsteams und Workshops, durch die Teilnahme an Besprechungen, Reviews und Kundendialogen sowie durch informelle Gespräche und den direkten Austausch von Informationen aufgebaut und erweitert.

Sicherung von Wissen für zukünftige Entwicklungsprojekte

Aufgrund der langen Nutzungsdauer spielt die Weiterentwicklung wehrtechnischer Systeme in der militärischen Luftfahrtindustrie eine besondere Rolle, um die Funktionalitäten der Systeme den jeweils aktuellen militärischen Erfordernissen anzupassen. Dementsprechend gilt es, entwicklungsrelevantes Wissen für die Weiterentwicklung der wehrtechnischen Systeme zu sichern. Eine Hilfestellung zur **Selektion von Wissen**, welches in zukünftigen Entwicklungsprojekten von Bedeutung ist, gibt das in Anhang A.2 dargestellte Klassifikationsschema zusammen mit den Steckbriefen der für Entwicklungsprojekte in der militärischen Luftfahrt relevanten Wissensfelder.

Im Rahmen der Fallstudien wurde deutlich, dass in den untersuchten Entwicklungsprojekten ein großer Teil der entwicklungsrelevanten Kenntnisse und Fähigkeiten an die Mitarbeiter der Entwicklungsprojekte gebunden ist. Aus diesem Grund war man in den untersuchten Unternehmen bemüht, die an einem Entwicklungsprojekt beteiligten Fachkräfte auch in nachfolgende Vorhaben zur Weiterentwicklung der wehrtechnischen Systeme einzubinden, um auf diese Weise ihr spezifisches Erfahrungswissen für die Weiterentwicklung nutzen zu können. Dies ist jedoch nicht immer möglich. Vor allem wenn zwischen dem Abschluss der Entwicklung einer Systemversion und dem Beginn der Weiterentwicklung mehrere Jahre liegen, kann der Fall eintreten, dass relevante Fachkräfte in anderen Entwicklungsvorhaben des Unternehmens gebunden oder gar nicht mehr Teil des Unternehmens sind. Aus diesem Grund gewinnt die Erfassung und Dokumentation entwicklungsrelevanten Wissens, welches in einem Projekt aufgebaut und erworben wurde, zunehmend an Bedeutung.

Dabei wird ein Großteil des **technischen Wissens**, welches für zukünftige Weiterentwicklungsvorhaben von Bedeutung ist, bereits im Laufe des Entwicklungsvorhabens dokumentiert. Zum einen ist der Auslöser hierfür die bereits beschriebene Sicherung und Bereitstellung von technischem Wissen für spätere Phasen des Entwicklungsprojektes. Zum anderen bewirken luftrechtliche Vorgaben, dass technisches Wissen während des laufenden Projektes dokumentiert wird. So müssen beispielsweise aus Gründen der Nachweisführung im Rahmen der militärischen Zulassung sowie der Nachvollziehbarkeit im Schadensfall alle für die Lufttüchtigkeit der Systeme relevanten Entwicklungsaktivitäten und -ergebnisse dokumentiert und archiviert werden.

Dokumentationsforderungen können auch von Seiten der Kunden kommen, da diese häufig nicht nur die Entwicklung wehrtechnischer Systeme beauftragen, sondern auch eine umfassende technische Dokumentation der entwickelten Komponenten und Systeme sowie der dazu erforderlichen Entwicklungsschritte. Diese Dokumentation bildet für den Kunden die Grundlage für den Aufbau einer Erkenntnis- und Beurteilungsfähigkeit für das in Nutzung befindliche wehrtechnische System. Damit diese Dokumente auch als Wissensspeicher für technisches Wissen, das für zukünftige Weiterentwicklungsvorhaben von Bedeutung ist, genutzt werden können, ist bereits bei der Dokumentation dafür Sorge zu tragen, dass die Dokumentation so aufbereitet wird, dass die Nutzung dieser Wissensträger in zukünftigen Weiterentwicklungsvorhaben möglich ist. Hierzu ist es erforderlich, die Dokumentation nicht nur als Pflichtübung zur Erfüllung luftrechtlicher Vorgaben und kundenspezifischer Forderungen zu verstehen, sondern als integralen Bestandteil des Produktlebenszyklus.

Zur systematischen Erfassung und Dokumentation von **Organisations- und Umfeldwissen**, welches für zukünftige Weiterentwicklungsvorhaben bewahrt werden soll, bieten sich unterschiedliche Methoden an, welche zum Ziel haben, Erfahrungswissen aus den Projekten vom eigentlichen Mitarbeiter unabhängig und anderen zugänglich zu machen. Eine Methode hierzu ist die systematische Dokumentation und Aufbereitung von **„Lessons Learned"**, wie sie unter anderem bei *Gerhards und Trauner (2007, S. 95 ff.)* und *Mittelmann (2011, S. 74 ff.)* ausführlich beschrieben wird. Diese Methode zielt darauf ab, Erfahrungen, die im Laufe des Projektes gemacht und als bewahrenswert bewertet wurden, zu erheben und in dokumentierter Form zu sichern. Dokumentiert werden dabei sowohl positive wie auch negative Aspekte und zugehörige Lösungen. Es wird empfohlen, die Erhebung und Dokumentation von „Lessons Learned" in vorhandene Abläufe zu integrieren. Dabei wird zumeist die Abschlussphase von Projekten gewählt, in der die Mitarbeiter noch einmal zur Selbstreflexion, z. B. im Rahmen von „Lessons Learned"-Workshops, über das bearbeitete Projekt angehalten werden (vgl. *Probst et al. 2010, S. 134*). Aufgrund der langen Dauer von Entwicklungsvorhaben fällt es den Mitarbeitern zu diesem Zeitpunkt jedoch schwer, sich umfassend an negative wie positive Aspekte des vergangenen Projektes zu erinnern. Daher empfiehlt es sich, diese Aspekte und zugehörige Lösungen bereits im Laufe eines Projektes zu dokumentieren und für zukünftige Entwicklungsprojekte relevante Erfahrungen bereits frühzeitig zu (ver-)teilen. Dies kann beispielsweise im Rahmen von Projektstatus-Besprechungen oder Reviews, die eine Phase des Entwicklungsprozesses abschließen, geschehen. Eine ähnliche Methoden zur Sicherung von Erfahrungen aus einem Entwicklungsprojekt ist das **„Best Practice Sharing“**, also die Erhebung, Bewertung und Dokumentation von Methoden und Vorgehensweisen, welche sich im Projekt besonders bewährt haben (für eine ausführliche Beschreibung der Methode siehe *Lehner 2012, S. 196*).

Die Methode des **„Story Telling“**, knüpft an die Tatsache an, dass bei der Sicherung von Erfahrungen aus einem Projekt häufig der Kontext, in dem diese Erfahrungen gemacht wurden, verloren geht. Daher wird mit der Formulierung von Erfahrungsgeschichten versucht, die Zusammenhänge und den spezifischen Kontext eines Projektes aus unterschiedlichen Perspektiven zu erfassen, um beispielsweise „Lessons Learned“ und „Best Practices“ besser einordnen zu können (für eine ausführliche Beschreibung der Methode siehe *Gerhards und Trauner 2007, S. 95 ff.*, *Mittelmann 2011, S. 80 ff.* und *Lehner 2012, S. 197 f.*).

Da die Erhebung und Dokumentation von Erfahrungswissen zeit- und ressourcenintensiv ist, muss sorgfältig abgewogen werden, welche Wissensinhalte dokumentiert werden sollen und für welche Inhalte gezielt auf das **organisationale Gedächtnis der am Projekt beteiligten Mitarbeiter** (siehe Kapitel 5.3.4) gesetzt wird. Um bei der Aufstellung der Wissensbasis den Zugriff auf dieses Netzwerk von Wissensträgern zu vereinfachen, bietet sich beispielsweise die Erstellung eines Verzeichnisses von Schlüsselpersonen des Entwicklungsprojektes an, also unternehmensinternen und -externen Wissensträgern mit einer zentralen Stellung im Projekt oder besonderen Kenntnissen bezüglich des Netzwerks von Wissensträgern im Projekt.

5.4 Vorgehensbeschreibung zur wissensorientierten Gestaltung der Produktentwicklung

Ausgangspunkt der wissensorientierten Gestaltung der Produktentwicklung ist der Prozess der Produktentwicklung, der ein Entwicklungsprojekt inhaltlich strukturiert und Grundlage für die Gestaltung von Schnittstellen zu unternehmensinternen und -externen Prozessen ist. Im Zentrum der wissensorientierten Gestaltung steht das Ziel, die Aufstellung, Nutzung, Erweiterung und Sicherung der hierfür erforderlichen Wissensbasis zu unterstützen. Nachdem in den vorherigen Abschnitten die zentralen Elemente der wissensorientierten Gestaltung beschrieben und ausgestaltet wurden, soll in diesem Abschnitt der Zusammenhang zwischen den einzelnen wissensorientierten Gestaltungselementen und dem Ablauf eines Entwicklungsprojektes geschaffen werden. Hierzu wird vorausgesetzt, dass für das zu gestaltende Entwicklungsprojekt ein Prozess der Produktentwicklung definiert wurde, welcher den Ablauf der Entwicklung in einzelne Prozessphasen und Entscheidungspunkte (EP) unterteilt. Für die folgenden Darstellungen werden die bereits im Modell zur Beschreibung der wissensorientierten Gestaltung der Produktentwicklung verwendeten Phasen der Produktentwicklung genutzt (siehe Kapitel 5.2.1).

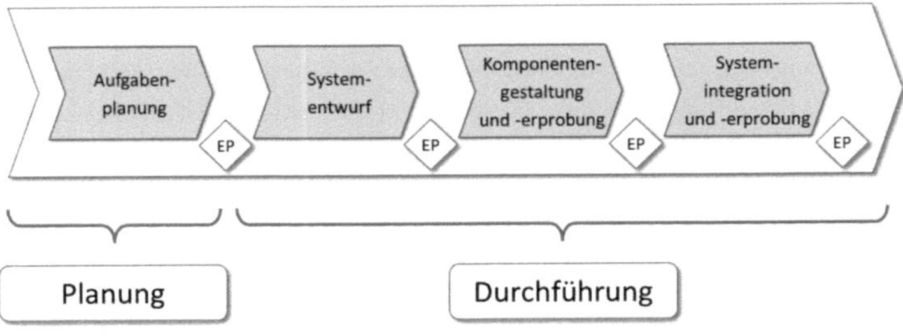

Abbildung 5.20: Planung und Durchführung der Produktentwicklung

Diese vier Phasen lassen sich thematisch zusammenfassen in die Planung und die Durchführung der Produktentwicklung, welche jeweils unterschiedliche Anforderungen an die wissensorientierte Gestaltung stellen (vgl. Abbildung 5.20).

Wissensorientierte Gestaltung der Planung des Entwicklungsprojektes

Der Schwerpunkt der wissensorientierten Gestaltung der Planung von Entwicklungsprojekten liegt auf der Aufstellung und Nutzbarmachung der für die Entwicklung erforderlichen Wissensbasis. Ausgangspunkt für die wissensorientierte Gestaltung ist die Klärung und Präzisierung der Entwicklungsaufgabe, welche nach Erteilung des Entwicklungsauftrages die Grundlage für die inhaltliche, personelle und zeitliche Planung der Produktentwicklung ist (siehe Kapitel 2.1.1). Die hierfür erforderlichen Aktivitäten werden in Abbildung 5.21 zusammenfassend dargestellt und im Folgenden mit Verweis auf die ausführliche Darstellung im Kapitel 5.3 beschrieben.

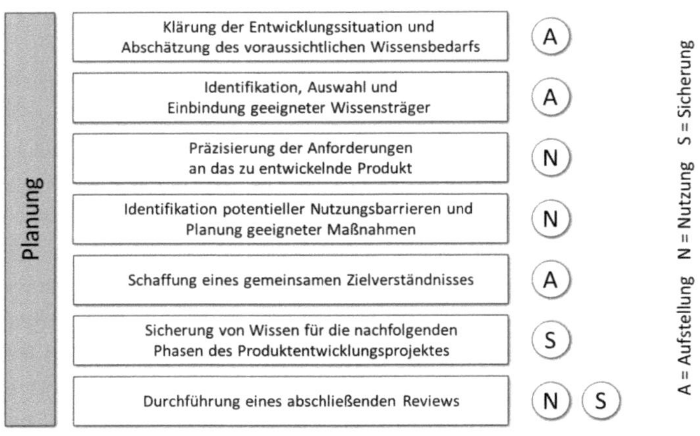

Abbildung 5.21: Wissensorientierte Gestaltung der Planung eines Entwicklungsprojektes

Nach Erteilung des Entwicklungsauftrages steht die inhaltliche, personelle und zeitliche Planung des Entwicklungsprojektes im Fokus der Gestaltung. Ausgangspunkt für diese Planung ist die **Klärung der Entwicklungsaufgabe**. Diese hat zum Ziel, den Kern der Entwicklungsaufgabe herauszuarbeiten sowie Informationen, die mit der Entwicklungsaufgabe in Zusammenhang stehen, zusammenzutragen, zu systematisieren und aufzubereiten (vgl. *Pahl et al. 2007, S. 213 ff.; Ehrlenspiel und Meerkamm 2013, S. 263*). Im Rahmen der Klärung der Entwicklungsaufgabe werden dementsprechend bereits viele für die Durchführung des Entwicklungsvorhabens erforderlichen Kenntnisse und Fähigkeiten identifiziert, sodass die **Abschätzung des voraussichtlichen Wissensbedarfs**, wie sie im Leitfaden im Anhang A.2 beschrieben wird, direkt mit der Klärung der Entwicklungsaufgabe verknüpft werden kann.

Auf dieser Grundlage können schließlich geeignete Wissensträger identifiziert und in das Entwicklungsprojekt eingebunden werden. Hilfestellung bei der **Identifikation und Auswahl geeigneter Wissensträger** geben die in Anhang A.2 dargestellten Steckbriefe der entwicklungsrelevanten Wissensfelder. In diesen Steckbriefen werden nicht nur die relevanten Wissensfelder erläutert und Hilfestellungen zur inhaltlichen Ausprägung gegeben, sondern auch Beispiele personeller und materieller Wissensträger, welche in den untersuchten Entwicklungsprojekten über das erforderliche Wissen verfügten. Eine wichtige Rolle bei der Identifikation und Auswahl geeigneter Wissensträger für das Entwicklungsprojekt spielt zudem das Wissen der Projektverantwortlichen, welche Mitarbeiter des Unternehmens und welche Experten aus dem Umfeld des Unternehmens über die erforderlichen Kenntnisse und Fähigkeiten verfügen. Dementsprechend ist bei der Aufstellung der Wissensbasis die individuelle Erfahrung der Projektverantwortlichen und ihr Wissen über geeignete Wissensträger aus dem Unternehmen und dem Unternehmensumfeld von großer Bedeutung.

Der nächste Schritt im Rahmen der Aufstellung der für ein Entwicklungsprojekt erforderlichen Wissensbasis ist die Gestaltung der **Einbindung geeigneter Wissensträger** in die Wissensbasis des Projektes. Damit wird das Ziel verfolgt, Vorbereitungen zu treffen, dass sowohl der Zugriff auf entwicklungsrelevante Dokumente und Objekte als auch auf geeignete Einzelpersonen und Personengruppen, deren Kenntnisse und Fähigkeiten für das Entwicklungsprojekt von Bedeutung sind, möglichst reibungslos erfolgen kann. Die Art der Zugriffsgestaltung hängt letztlich davon ab, ob es sich um materielle oder personelle Wissensträger handelt. So liegt beispielsweise ein Großteil der für die Entwicklung erforderlichen Dokumentation in elektronischer Form vor, sodass der Zugriff auf relevante Dokumentation vor allem mit Hilfe von Datenbanken, Netzaufwerken oder softwarebasierten Systemen zur Bereitstellung von Wissen erfolgt. Für die Einbindung personeller Wissensträger in das Entwicklungsvorhaben sind schließlich organisatorische Voraussetzungen zu schaffen, wobei die Art und Weise der Einbindung letztlich davon abhängt, ob diese Personen als entwickelnde, unterstützende oder beratende Wissensträger eingebunden werden sollen. Für die militärische Luftfahrtindustrie wurde dabei ein Schwerpunkt auf die organisatorische Gestaltung der Einbindung von Experten der Kundenorganisation und der Zulassungsbehörde als beratende Wissensträger gelegt (siehe Kapitel 5.3.1 für eine ausführliche Darstellung).

Eng verwoben mit der Klärung der Entwicklungsaufgabe ist die **Präzisierung der Anforderungen** an das zu entwickelnde Produkt. Die im Rahmen der Klärung der Entwicklungsaufgabe zusammengetragenen Informationen bilden zusammen mit dem Lastenheft des Kunden und gegebenenfalls dem Pflichtenheft des Vertriebs die Grundlage für die Erstellung einer Anforderungsliste. Diese enthält die Gesamtheit aller Anforderungen an das zu entwickelnde Produkt, formuliert in der Sprache der Abteilungen, die die Entwicklung durchzuführen haben (vgl. *Ehrlenspiel und Meerkamm 2013, S. 263*). Mit der Erstellung der Anforderungsliste wird das Ziel verfolgt, zwischen Auftraggeber und Auftragnehmer ein gemeinsames Verständnis über die Ziele und die Rahmenbedingungen des Entwicklungsvorhabens zu schaffen. Daher wird die Anforderungsliste in Abstimmung mit dem Auftraggeber erstellt und von diesem abschließend bestätigt und als Grundlage für die Entwicklungsaktivitäten freigegeben (siehe Kapitel 2.1.1). Im Rahmen der Gestaltung der Nutzung der Wissensbasis wurde diesbezüglich die kooperative Anforderungspräzisierung als Methode zur Realisierung der (Ver-)Teilung von entwicklungsrelevantem Wissen von Experten der Kundenorganisation und der Zulassungsbehörde eingeführt (siehe Kapitel 5.3.2 für eine ausführliche Darstellung).

In der Planungsphase eines Entwicklungsprojektes wird ein weiterer Gestaltungsschwerpunkt auf die Nutzbarmachung der Wissensbasis gelegt. Voraussetzung für die Nutzung von Wissen zur Lösung von Entwicklungsaufgaben ist nicht nur das Vorhandensein der erforderlichen Kenntnisse und Fähigkeiten in der Wissensbasis des Entwicklungsprojektes, sondern auch die Beseitigung von Barrieren, die der Anwendung und (Ver-)Teilung von Wissen entgegenstehen. Im Rahmen der Planungsphase des Entwicklungsprojektes gilt es daher potentielle Hindernisse zu identifizieren und den **Abbau von Nutzungsbarrieren** zu gestalten. Im Kontext der militärischen Luftfahrtindustrie besteht eine besondere Herausforderung darin, die Auswirkungen von Nutzungsbarrieren, die sich aus der Schutzbedürftigkeit von Wissensbeständen ergeben, auf die (Ver-)Teilung und Anwendung von Wissen innerhalb eines Entwicklungsprojektes einzugrenzen. Dabei liegt ein Schwerpunkt der Gestaltung zum einen auf der Schaffung von Handlungssicherheit für die an der Entwicklung beteiligten Mitarbeiter bezüglich des Umgangs mit Geheimhaltungsvorgaben und exportrechtlichen Regelungen. Zum anderen ist es das Ziel, Einschränkungen der (Ver-)Teilung und Anwendung von Wissen, welche sich durch die Koexistenz von Kooperation und Wettbewerb und die Wahrung der Vertraulichkeit von Erkenntnissen aus dem militärischen Einsatz ergeben, durch den gezielten Aufbau von Vertrauen abzumildern. In der Planungsphase eines Entwicklungsprojektes gilt es dementsprechend durch eine transparente Gestaltung des Wissensschutzes und die Schaffung vertraglicher Grundlagen eine Basis zu schaffen, um im Laufe des Projektes das Vertrauen Schritt für Schritt durch den Aufbau einer gemeinsamen Erfahrungsbasis weiterentwickeln und festigen zu können (siehe Kapitel 5.3.2 für eine ausführliche Darstellung).

In den untersuchten Fällen wurde zudem deutlich, dass eine wesentliche Voraussetzung für einen lösungsorientierten Aufbau und Austausch von Wissen im Rahmen der Produktentwicklung darin besteht, bei den beteiligten Personen ein **gemeinsames Zielverständnis** zu schaffen sowie den erforderlichen Wissensträgern die Bedeutung ihres individuellen Beitrags für das Gelingen des gesamten Vorhabens zu verdeutlichen. Dies gilt nicht nur für die Entwicklungsingenieure sowie die koordinierenden und unterstützenden Fachkräfte, sondern insbesondere auch für die beratenden Wissensträger, deren Beiträge nicht kontinuierlich sondern lediglich temporär im Projekt erforderlich sind. Die Grundlage für ein solches gemeinsames Verständnis kann zum Beispiel im Rahmen von Workshops geschaffen werden, in denen noch vor Beginn der eigentlichen Entwicklungsaktivitäten fachliche und organisatorische Grundlagen des Entwicklungsprojektes besprochen und gemeinsam verfeinert werden (vgl. *Köhler und Oswald 2009, S. 22 ff.*). Und auch die Darstellung und Beschreibung des Entwicklungsprozesses sowie die Erstellung einer Anforderungsliste in Abstimmung mit dem Auftraggeber tragen zu einem gemeinsamen Verständnis bei (siehe Kapitel 5.3.1 für eine ausführliche Darstellung).

Aktivitäten zur **Sicherung der Wissensbasis des Entwicklungsprojektes** beziehen sich in der Planungsphase des Projektes vor allem auf die Sicherung technischen und organisatorischen Wissens beispielsweise in Form von Ergebnisprotokollen, Projekthandbüchern, Prozessbeschreibungen, Arbeitsanweisungen oder Anforderungslisten, um dieses Wissen auch in späteren Phasen des Entwicklungsprozesses bereitstellen zu können. Neben diesen dokumentierenden Maßnahmen zur Sicherung von Wissen innerhalb des Entwicklungsprojektes gilt es jedoch auch personelle Maßnahmen zur Sicherung der Wissensbasis zu treffen, wie z. B. den Aufbau geeigneter Austrittsbarrieren, um die personellen Wissensträger an das Entwicklungsvorhaben zu binden oder die Grundlagen für die Schaffung eines organisationalen Gedächtnisses innerhalb des Entwicklungsprojektes zu legen (siehe Kapitel 5.3.4 für eine ausführliche Darstellung).

Bevor mit den eigentlichen Entwicklungsaktivitäten im Rahmen der Projektdurchführung begonnen wird, empfiehlt sich die **Durchführung eines Reviews** zur Überprüfung der Ergebnisse der Planungsphase. Aufgrund der Bedeutung der Wissensbasis für den Verlauf und das Resultat von Entwicklungsprojekten ist dabei insbesondere zu prüfen, ob die oben beschriebenen Aktivitäten zur Aufstellung und Nutzbarmachung der Wissensbasis durchgeführt wurden. Auf diese Weise kann sichergestellt werden, dass vor Beginn der eigentlichen Entwicklungstätigkeiten die Kenntnisse und Fähigkeiten im Projekt vorhanden und zugreifbar sind, welche aller Voraussicht nach für die Bearbeitung der Entwicklungsaufgaben erforderlich sind bzw. die benötigt werden, um kurzfristig auftretende Lücken in der Wissensbasis möglichst rasch zu schließen.

Wissensorientierte Gestaltung der Durchführung des Entwicklungsprojektes

Während in der Planungsphase eines Entwicklungsprojektes der Schwerpunkt der wissensorientierten Gestaltung auf der Aufstellung und Nutzbarmachung der für die Entwicklung erforderlichen Wissensbasis liegt, steht bei der wissensorientierten Gestaltung der Durchführung von Entwicklungsprojekten die Erweiterung und Sicherung dieser Wissensbasis im Vordergrund. Ausgangspunkt für die wissensorientierte Gestaltung sind die Aktivitäten zur Konzeption, Gestaltung und Erprobung technischer Lösungen, mit denen nach Abschluss der Projektplanung begonnen wird (siehe Kapitel 2.1.1). Die hierfür erforderlichen Aktivitäten werden in Abbildung 5.22 zusammenfassend dargestellt und im Folgenden mit Verweis auf die ausführliche Darstellung im Kapitel 5.3 beschrieben.

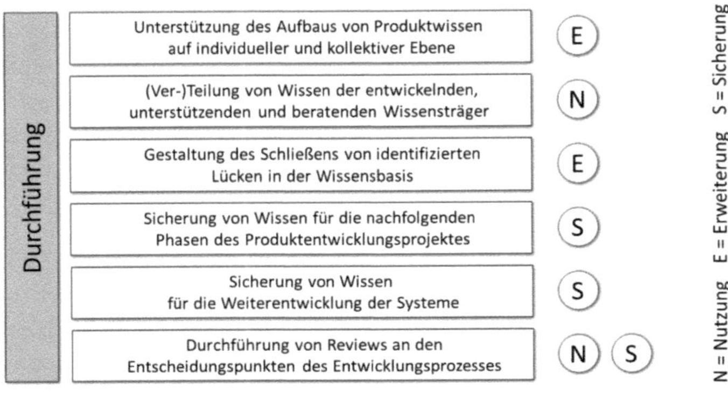

Abbildung 5.22: Wissensorientierte Gestaltung der Durchführung von Entwicklungsprojekten

Nach Abschluss der Projektplanung beginnen mit dem Systementwurf die eigentlichen Entwicklungsaktivitäten, zu deren Durchführung die im Rahmen der Planungsphase aufgestellte Wissensbasis erforderlich ist. Durch die Definition von Subsystemen und Komponenten im Systementwurf kann das Entwicklungsprojekt in Teilprojekte und diese wiederum in einzelne Arbeitspakete unterteilt werden. Nach der Entwicklung und Erprobung der einzelnen Komponenten werden diese schließlich schrittweise integriert und erprobt. Der Fokus der wissensorientierten Gestaltung liegt dabei zunächst auf der Erweiterung der Wissensbasis durch den **Aufbau von Produktwissen**. Dabei gilt es, die Entwickler sowohl auf individueller als auch auf kollektiver Ebene bei der technischen Problemlösung zu unterstützen. Hierzu eignen sich sowohl spezifische Entwicklungsmethoden, welche die Entwickler dabei unterstützen Kreativität und systematisches Problemlösen miteinander zu verbinden, als auch die organisatorische Gestaltung der Zusammenarbeit von Gruppen und Teams bei der technischen Problemlösung.

Zur Unterstützung des Wissensaufbaus ist es zudem erforderlich, die **(Ver-)Teilung von Wissen** zu gestalten. Dabei gilt es nicht nur Wissen der entwickelnden Wissensträger gezielt zu (ver-)teilen, sondern auch die Kenntnisse und Fähigkeiten unterstützender und beratender Wissensträger in die Entwicklungsaktivitäten einzubinden. Eine besondere Herausforderung stellt in der militärischen Luftfahrtindustrie die Gestaltung der (Ver-)Teilung des entwicklungsrelevanten Wissens von Experten der Kundenorganisation und der Zulassungsbehörde dar. In Abhängigkeit von der vereinbarten Einbindungsintensität und den geplanten Einbindungszeitpunkten bieten sich verschiedene Methoden zur Realisierung der Wissens(ver-)teilung an. Diese reichen von verbreiteten Methoden wie der Durchführung von Workshops oder Besprechungen bis zu speziell auf die Bedürfnisse der militärischen Luftfahrtindustrie ausgerichteten Methoden wie dem Kundendialog und dem Operational Walkthrough (siehe Kapitel 5.3.2 für eine ausführliche Darstellung).

Werden im Laufe der Entwicklungstätigkeiten Lücken in der Wissensbasis des Entwicklungsprojektes identifiziert, müssen diese unverzüglich geschlossen werden, um den Verlauf der Produktentwicklung nicht unnötig zu bremsen. Dabei ist zunächst zu entscheiden, auf welche Weise die Wissenslücken geschlossen werden sollen. Eine Möglichkeit zum **Schließen von Lücken in der Wissensbasis** besteht in der Einbindung zusätzlicher Wissensträger in das Entwicklungsprojekt. Dies können Experten aus dem eigenen Unternehmen, aber auch aus dem Unternehmensumfeld sein, welche geeignet sind die Lücke in der Wissensbasis z. B. durch Schulung, Beratung oder Mitarbeit in einer Arbeitsgruppe zu schließen. Eine weitere Möglichkeit besteht darin, fehlendes Wissen projektintern aufzubauen. Damit dieser Wissensaufbau möglichst rasch und zielgerichtet erfolgen kann, empfiehlt es sich, diese Aktivitäten aus dem plangesteuerten Prozess der Produktentwicklung herauszulösen. Dabei kann der Wissensaufbau im Form von Workshops zur gemeinsamen Problembearbeitung oder im Rahmen von speziell hierzu eingerichteten Arbeitsgruppen erfolgen. Vor allem zum Schließen komplexer Wissenslücken, z. B. im Rahmen der Lösung umfangreicher technischer Problemstellungen bei der Konzeption oder Gestaltung, empfiehlt sich die Ausleitung eigenständiger Teilprojekte. Um hierbei einen organisatorischen Rahmen zu schaffen, der nicht nur Raum für kreative Denkprozesse gewährt und eine enge Zusammenarbeit der beauftragten Wissensträger fördert, sondern auch eine regelmäßige Synchronisation mit dem Entwicklungsprozess ermöglicht, bietet sich die Anwendung agiler Arbeitsformen an, wie sie im Kapitel 5.3.3 näher beschrieben wird.

Aufgrund der langen Dauer von Entwicklungsprojekten in der militärischen Luftfahrt ist es erforderlich im Laufe des Projektes auf Maßnahmen zur **Sicherung von Wissen innerhalb des Entwicklungsprojektes** zurückzugreifen, welche in der betriebswirtschaftlichen Literatur vor allem in Bezug auf die Sicherung der Wissensbasis eines Unternehmens beschrieben werden. Je nach Art der verwendeten Speichermedien kann dabei zwischen Maßnahmen der Personalisierungs- und der Kodifizierungsstrategie unterschieden werden (siehe Kapitel 5.3.4 für eine ausführliche Beschreibung).

Die langen Lebenszyklen wehrtechnischer Produkte und die damit verbundenen Modifikationen, um die wehrtechnischen Systeme an die jeweils aktuellen militärischen Herausforderungen anpassen zu können, erfordern zudem die **Sicherung von Wissen für die Weiterentwicklung der Systeme**. Hierzu wird einerseits auf die im Rahmen des Entwicklungsprojektes erstellte technische Dokumentation zurückgegriffen. Das bedeutet, dass Dokumente, welche für nachfolgende Entwicklungsprojekte relevantes Wissen beinhalten, bereits bei der Erstellung derart aufbereitet werden müssen, dass eine Nutzung auch in Zukunft möglich ist. Andererseits besteht die Möglichkeit, bereits im Laufe der Entwicklung bzw. zum Ende des Projektes hin Erfahrungswissen zu erfassen und derart aufzubereiten, dass es in nachfolgenden Entwicklungsprojekten genutzt werden kann (siehe Kapitel 5.3.4 für eine Darstellung möglicher Erfassungsmethoden). Da die

Erhebung und Dokumentation von Erfahrungswissen zeit- und ressourcenintensiv ist, muss jedoch sorgfältig abgewogen werden, welche Wissensinhalte dokumentiert werden sollen und für welche Inhalte gezielt auf das organisationale Gedächtnis der am Projekt beteiligten Mitarbeiter gesetzt wird.

Darüber hinaus empfiehlt es sich, in den **Reviews an den Entscheidungspunkten** im Entwicklungsprozess nicht nur den Entwicklungsfortschritt anhand vorab definierter Kriterien zu bewerten, sondern auch die Durchführung der wissensorientierten Aktivitäten der Produktentwicklung einer regelmäßigen Überprüfung zu unterziehen. Auf diese Weise kann sichergestellt werden, dass die Elemente der wissensorientierten Gestaltung nicht nur in der Planungsphase eines Entwicklungsprojektes, sondern auch während der Projektdurchführung zur direkten Unterstützung der erforderlichen Entwicklungsaktivitäten zielgerichtet eingesetzt werden.

6 Evaluierung des wissensorientierten Gestaltungsansatzes

Dieses Kapitel zielt darauf ab, den in der vorliegenden Arbeit entwickelten Ansatz zur wissensorientierten Gestaltung der Produktentwicklung in der militärischen Luftfahrtindustrie zu evaluieren. Basierend auf dem in den Fallstudien identifizierten Handlungsbedarf für die wissensorientierte Gestaltung der Produktentwicklung wurden in Kapitel 5.1 Anforderungen an den Gestaltungsansatz formuliert (vgl. Abbildung 6.1).

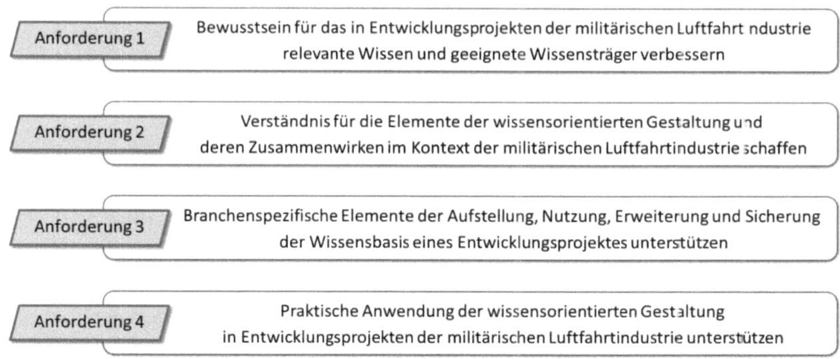

Abbildung 6.1: Anforderungen an den wissensorientierten Gestaltungsansatz

Diese bilden die Grundlage für die in diesem Kapitel beschriebene Evaluierung des Gestaltungsansatzes. Hierzu wird zunächst dargestellt, welche Elemente des wissensorientierten Gestaltungsansatzes zur Erfüllung der aufgestellten Anforderungen beitragen. Diese Elemente wurden schließlich durch Experten der militärischen Luftfahrtindustrie bezüglich ihrer praktischen Anwendbarkeit bewertet.

6.1 Umsetzung der Anforderungen

Im Folgenden wird dargestellt, auf welche Art und Weise die in Kapitel 5.1 formulierten Anforderungen an den wissensorientierten Gestaltungsansatz umgesetzt wurden.

Anforderung 1: Bewusstsein für relevantes Wissen und geeignete Wissensträger

Im Rahmen der Untersuchung ausgewählter Entwicklungsprojekte wurde deutlich, dass ein Handlungsbedarf für die wissensorientierte Gestaltung der Produktentwicklung darin besteht, das Bewusstsein für die zur Lösung der Entwicklungsaufgaben erforderliche Wissensbasis, also die für die Produktentwicklung relevanten Kenntnisse und Fähigkeiten sowie geeignete Wissensträger, zu verbessern. Um dieses Ziel zu erreichen, wurde auf Grundlage der fallübergreifenden Auswertung der Fallstudien ein Klassifikationsschema der Wissensbasis von Entwicklungsprojekten der militärischen Luftfahrt abgeleitet. Dieses umfasst die für die Produktentwicklung in der militärischen Luftfahrtindustrie relevanten Wissensfelder, welche unterschiedlichen Wissenskategorien und Wissensklassen zugeordnet sind. Darüber hinaus wurden Steckbriefe der identifizierten Wissensfelder erarbeitet, welche das Klassifikationsschema ergänzen. Die Steckbriefe enthalten eine kurze Beschreibung der Wissensfelder, inhaltliche Beispiele aus den Fallstudien und verdeutlichen, von welchen Merkmalen der Entwicklungssituation bzw. welchen branchenspezifischen Besonderheiten die inhaltliche Konkretisierung abhängt. Außerdem werden Beispiele aus den Fallstudien für entsprechende Wissensträger dargestellt (siehe Anhang A.2).

Anforderung 2: Verständnis für die Elemente der wissensorientierten Gestaltung

In den Fallstudien wurde deutlich, dass sich die Projektverantwortlichen der Bedeutung des Umgangs mit Wissen innerhalb eines Entwicklungsprojektes zwar bewusst sind, Gestaltungsmaßnahmen jedoch zumeist intuitiv und ad-hoc anwenden und nicht oder nur unzureichend aufeinander abstimmen. An den wissensorientierten Gestaltungsansatz wurde daher die Anforderung gestellt, die Elemente der wissensorientierten Gestaltung in einen Gesamtzusammenhang einzuordnen und dem Anwender die Zusammenhänge der einzelnen Elemente zu verdeutlichen. Hierzu wurde ein Modell zur Beschreibung der wissensorientierten Gestaltung aufgestellt, welches den Prozess der Produktentwicklung und die für dessen Durchführung erforderliche Wissensbasis ins Zentrum stellt und die Zusammenhänge zwischen den Gestaltungsfeldern Aufstellung, Nutzung, Erweiterung und Sicherung der Wissensbasis verdeutlicht.

Ein weiteres zentrales Element des beschreibenden Modells ist der situative Rahmen für die Gestaltung, also die branchenspezifischen Besonderheiten und die individuelle Entwicklungssituation, welche sich unmittelbar auf die Gestaltung des Entwicklungsprozesses, die inhaltliche Strukturierung der erforderlichen Wissensbasis und die wissensorientierten Gestaltungsfelder auswirken (siehe Kapitel 5.2).

Anforderung 3: Aufstellung, Nutzung, Erweiterung und Sicherung der Wissensbasis

Im Zuge der fallübergreifenden Auswertung der untersuchten Entwicklungsprojekte wurde deutlich, dass in der militärischen Luftfahrtindustrie spezifische Herausforderungen bei der Gestaltung der Aufstellung, Nutzung, Erweiterung und Sicherung der Wissensbasis existieren. Ausgehend von dieser Feststellung wurde an den zu entwickelnden Ansatz die Anforderung gestellt, diese branchenspezifischen Aspekte der wissensorientierten Gestaltung zu unterstützen. Um dieser Anforderung gerecht zu werden, wurde als Impulsgeber für die Abschätzung des voraussichtlichen Wissensbedarfs ein Leitfaden entwickelt, welcher auf den in den Fallstudien identifizierten

Wissensfeldern aufbaut und die inhaltliche Konkretisierung dieser Wissensfelder in Abhängigkeit der individuellen Entwicklungssituation und der branchenspezifischen Besonderheiten unterstützt (siehe Anhang A.2).

Um die Gestaltung der Einbindung von Experten der Kundenorganisation und der Zulassungsbehörde als beratende Wissensträger zu ermöglichen, wurde im Rahmen der Aufstellung der Wissensbasis aufgezeigt, welches Wissen diese Experten zu welchen Zeitpunkten in die Produktentwicklung einbringen können (siehe Kapitel 5.3.1). Darauf aufbauend wurden Methoden abgeleitet, die sich zur Realisierung der gezielten (Ver-)Teilung des Wissens dieser Experten eignen. Im Rahmen der Gestaltung der Nutzung der Wissensbasis wurde zudem aufgezeigt, wie die (Ver-)Teilung und Anwendung von Wissen trotz Einschränkungen, die sich durch die Schutzbedürftigkeit von Wissen ergeben, möglichst reibungslos erfolgen kann (siehe Kapitel 5.3.2).

Aufgrund der langen Dauer und der organisatorischen und technischen Komplexität von Entwicklungsvorhaben in der militärischen Luftfahrtindustrie ist es nicht möglich den gesamten Wissensbedarf im Vorfeld abzuschätzen. Aus diesem Grund wurde im Rahmen der Gestaltung der Erweiterung der Wissensbasis dargestellt, wie mit Hilfe agiler Arbeitsformen komplexe Lücken in der Wissensbasis zielgerichtet und möglichst rasch geschlossen werden können (siehe Kapitel 5.3.3).

Schlussendlich lag der Schwerpunkt der wissensorientierten Gestaltung auf der Darstellung von Maßnahmen zur Sicherung der Wissensbasis. Aufgrund der langen Dauer von Entwicklungsvorhaben stand dabei zunächst die Sicherung der Wissensbasis des Projektes für die laufende Entwicklung im Fokus, um darauf aufbauend darzustellen, welche Maßnahmen zur Sicherung von Wissen für die Weiterentwicklung der wehrtechnischen Systeme geeignet sind (siehe Kapitel 5.3.4).

Anforderung 4: Praktische Anwendung unterstützen

Eine Unterstützung bei der wissensorientierten Gestaltung der Produktentwicklung kann nur erreicht werden, wenn der Gestaltungsansatz in der Praxis auch angewendet werden kann. Um dieser Anforderung gerecht werden zu können, wurde zum einen Wert auf eine anschauliche Aufbereitung und Erklärung der Gestaltungselemente und ihrer Zusammenhänge im Rahmen der Modellierung der wissensorientierten Gestaltung der Produktentwicklung gelegt (vgl. Kapitel 5.2). Zum anderen wurden bei der Entwicklung des Ansatzes vielfältige Anknüpfungspunkte zu den Aktivitäten der Produktentwicklung geschaffen und eine Vorgehensbeschreibung entwickelt, die Projektverantwortliche dabei unterstützt, die wissensorientierten Gestaltungselemente im Rahmen der vorhandenen Abläufe und Strukturen der Produktentwicklung anzuwenden (siehe Kapitel 5.4).

Voraussetzung für die Anwendung des wissensorientierten Gestaltungsansatzes in der Praxis ist zudem, dass der Ansatz von den potentiellen Nutzern als geeignetes Hilfsmittel akzeptiert wird. Die Akzeptanz von wissensorientierten Gestaltungsmaßnahmen hängt dabei vor allem von dem

Verhältnis zwischen dem verursachten Aufwand und dem generierten Nutzen ab. Im Rahmen der Evaluierung des Gestaltungsansatzes wurde der Ansatz daher von Experten der militärischen Luftfahrtindustrie bezüglich seiner Anwendbarkeit in der Praxis bewertet. Die Ergebnisse dieser praxisorientierten Evaluierung werden im folgenden Abschnitt beschrieben.

6.2 Evaluierung der praktischen Anwendbarkeit

Zentraler Aspekt der Evaluierung des Gestaltungsansatzes ist die Bewertung der praktischen Anwendbarkeit des Gestaltungsansatzes. Aufgrund der langen Dauer von Entwicklungsprojekten in der militärischen Luftfahrtindustrie kann dies nicht durch die Umsetzung des Gestaltungsansatzes in einem Entwicklungsprojekt erfolgen. Zur Überprüfung der praktischen Anwendbarkeit des Ansatzes wird daher eine „initial evaluation“ nach *Blessing und Chakrabarti (2009, S. 195)* durchgeführt und die Anwendung des Gestaltungsansatzes von erfahrenen Experten aus der Zielgruppe des Ansatzes gedanklich durchgespielt. Dabei zielt die Evaluierung nicht nur auf Aussagen zur Anwendbarkeit des Ansatzes ab, sondern auch auf erste Einschätzungen zu Nutzen und Aufwand sowie auf Anregungen zur Verbesserung und Weiterentwicklung des Gestaltungsansatzes.

6.2.1 Vorgehensweise der Evaluierung

Die Evaluierung der praktischen Anwendbarkeit des wissensorientierten Gestaltungsansatzes wurde mit Hilfe von **Expertengesprächen** durchgeführt. Als Experten wurden hierzu Personen ausgewählt, die einerseits über langjährige Erfahrungen in der Produktentwicklung der militärischen Luftfahrtindustrie verfügen und andererseits zur **Zielgruppe des Gestaltungsansatzes** gezählt werden können. Die Zielgruppe umfasst sowohl Projektverantwortliche, welche die Entwicklungstätigkeiten in einem Projekt koordinieren, als auch Personen, welche ein Entwicklungsprojekt in Fragen des Wissensmanagements, des Qualitätsmanagements und des Projektmanagements unterstützen und beraten.

Wie auch in den Experteninterviews, welche zur Erhebung von Informationen im Rahmen der Fallstudien durchgeführt wurden (siehe Kapitel 4.2.3.2), war ein weiteres Kriterium bei der Auswahl der Experten, dass sie über eine Mischung aus Detailkenntnis und Übersichtswissen in Bezug auf die Produktentwicklung in der militärischen Luftfahrtindustrie verfügen. Tabelle 6.1 gibt einen Überblick über die an der Evaluierung beteiligten Experten.

Zur Überprüfung der Anforderung, das Bewusstsein für das in Entwicklungsprojekten der militärischen Luftfahrtindustrie relevante Wissen und geeignete Wissensträger zu verbessern (Anforderung 1), wurde den Experten der Leitfaden zur Abschätzung des voraussichtlichen Wissensbedarfs vorgestellt. Des weiteren wurden die Experten mit dem Modell zur Beschreibung der wissensorientierten Gestaltung der Produktentwicklung vertraut gemacht, um anschließend die Erfüllung

Experte	Funktion des Experten
Eval_1	Projektleiter Software-Entwicklung
Eval_2	Projektverantwortlicher Qualitätsmanager
Eval_3	Projektleiter Waffenintegration

Tabelle 6.1: An der Evaluierung des Gestaltungsansatzes beteiligte Experten

der Anforderung, ein Verständnis für die Elemente der wissensorientierten Gestaltung und deren Zusammenwirken im Kontext der militärischen Luftfahrtindustrie zu schaffen (Anforderung 2), zu überprüfen. Zur Erhebung der Informationen bezüglich der praktischen Anwendbarkeit des Leitfadens und des beschreibenden Modells wurden im Anschluss daran **offene Interviews** mit den Experten durchgeführt (für eine Beschreibung und Abgrenzung dieser Form des Interviews siehe Kapitel 2.2.1). Den thematischen Rahmen der Interviews bildeten die Fragen nach der **Verständlichkeit** der Darstellungen, der **Eignung** des Leitfadens und des Modells für die praktische Anwendung und dem **Mehrwert**, der durch ihre Anwendung für die Produktentwicklung generiert werden kann.

Im nächsten Schritt wurde den Experten die Ausgestaltung der vier Gestaltungsfelder und die Vorgehensbeschreibung zur Umsetzung der wissensorientierten Gestaltung im Rahmen eines Entwicklungsprojektes vorgestellt. Anhand dieser Vorgehensbeschreibung wurde die Anwendung der Elemente der wissensorientierten Gestaltung im Kontext eines Entwicklungsprojektes gedanklich durchgespielt und auf ihre Eignung in der praktischen Anwendung hin bewertet. Um den Erfüllungsgrad der Anforderung, die branchenspezifischen Elemente der Aufstellung, Nutzung, Erweiterung und Sicherung der Wissensbasis eines Entwicklungsprojektes zu unterstützen (Anforderung 3) und der Anforderung nach Unterstützung der praktischen Anwendung der wissensorientierten Gestaltung (Anforderung 4) bewerten zu können, wurden die Experten zunächst um eine Bewertung der **Verständlichkeit** der Darstellung, der **Eignung** der beschriebenen Maßnahmen für die praktische Anwendung und des generierten **Mehrwertes** für die Praxis gebeten. Darüber hinaus erfolgte durch die befragten Experten eine Einschätzung zum **Umsetzungsaufwand** für den wissensorientierten Gestaltungsansatz. Den Abschluss der Expertengespräche bildete die Frage nach **Vorschlägen zur Verbesserung und Weiterentwicklung** des Gestaltungsansatzes aus der Perspektive der praktischen Anwendung.

6.2.2 Ergebnisse der Evaluierung

Im Folgenden werden die Ergebnisse der Evaluierung des Gestaltungsansatzes dargestellt und in Bezug zu den in Kapitel 5.1 formulierten Anforderungen gesetzt.

Anforderung 1: Bewusstsein für relevantes Wissen und geeignete Wissensträger

Dem Schema zur inhaltliche Klassifikation von Wissensbasen und den jeweils zugeordneten Steckbriefen der identifizierten Wissensfelder, welche die inhaltliche Grundlage des Leitfadens zur Abschätzung des voraussichtlichen Wissensbedarfs darstellen, wurde insgesamt eine hohe Verständlichkeit attestiert. Die inhaltliche Strukturierung der Wissensfelder lässt sich der Einschätzung der Experten nach auf Entwicklungsprojekte des eigenen Unternehmens übertragen und spiegelt den Wissensbedarf für Entwicklungsprojekte in der militärischen Luftfahrt weitgehend wider. Aufgrund der modularen Gestaltung des Schemas wird eine Anpassung an projektspezifische Besonderheiten als einfach möglich angesehen.

Die strukturierte inhaltliche Aufschlüsselung ermöglicht es dem Anwender ein gutes Verständnis für die entwicklungsrelevanten Wissensgebiete zu bekommen und den für die Praxis häufig zu abstrakten Wissensbegriff greifbar zu machen. Die inhaltliche Aufschlüsselung des Wissensbegriffs eignet sich daher besonders für die Schaffung eines gemeinsamen Verständnisses innerhalb eines Entwicklungsprojektes.

> *„Durch die Konzentration auf Inhalte wird es möglich, diffuse Aussagen wie z. B. 'Wissen transferieren' oder 'Wissen konservieren' zu konkretisieren und ein gemeinsames Vokabular zu finden.“* (Eval_2)

Durch die inhaltliche Klassifikation und die Steckbriefe wird es nicht nur möglich, das Bewusstsein für relevante Kenntnisse und Fähigkeiten zu verbessern, sondern auch das Bewusstsein über die Bedeutung einzelner Wissensträger für das Projekt. Hierdurch ergibt sich eine gute Grundlage für die wissensorientierte Gestaltung, wie z. B. die gezielte Bewahrung von Expertenwissen oder die strukturierte Einarbeitung neuer Mitarbeiter im Projekt im Rahmen eines Mentoring-Programms.

Zudem wurde die Übersicht der Merkmale zur Unterscheidung von Entwicklungssituationen und die Übersicht der branchenspezifischen Besonderheiten als hilfreich und im Kontext der Entwicklungsprojekte unmittelbar anwendbar eingeschätzt.

> *„Jedes Projekt ist individuell und hat ganz eigene Bedürfnisse. Die Merkmale zur Unterscheidung von Entwicklungssituationen und die Zusammenstellung der branchenspezifischen Besonderheiten helfen dabei, sich dieses zu Beginn eines Projektes noch einmal vor Augen zu führen.“* (Eval_3)

Anforderung 2: Verständnis für die Elemente der wissensorientierten Gestaltung

Das Modell zur Beschreibung der wissensorientierten Gestaltung der Produktentwicklung wurde im Rahmen der Evaluierung durch die befragten Experten als gut verständlich und unmittelbar auf die Produktentwicklung in der militärischen Luftfahrindustrie anwendbar beurteilt. Durch die übersichtliche Darstellung des Zusammenwirkens der einzelnen Gestaltungsfelder ist eine einfache

Orientierung möglich. Insgesamt wurde das Modell als gutes Hilfsmittel für den Aufbau eines Verständnisses für die Herausforderungen der wissensorientierten Gestaltung innerhalb eines Entwicklungsprojektes bewertet.

> *„Das Modell gibt einen guten Überblick über die Zusammenhänge der einzelnen Elemente und ermöglicht so die Auswahl von Gestaltungselementen, die für mein Projekt besonders wichtig sind."* (Eval_1)

Zudem lassen sich die im jeweiligen Unternehmens bereits bekannten und in Entwicklungsprojekten eingesetzten Aktivitäten zum Umgang mit Wissen in dem Modell wiederfinden, wodurch der Zugang zu den Gestaltungsempfehlungen des Ansatzes erleichtert wird. Auf diese Weise wird es auch möglich eine Bestandsaufnahme der wissensorientierten Aktivitäten in einem Entwicklungsprojekt durchzuführen und Verbesserungspotentiale bezüglich der wissensorientierten Gestaltung zu identifizieren, woraus sich ein direkter Mehrwert für die Produktentwicklung ergibt. Ein weiterer Mehrwert für die Anwendung im Kontext der Produktentwicklung wurde darin gesehen, dass die einzelnen Elemente des Modells eine gut verständliche inhaltliche Strukturierung wissensorientierter Gestaltungsmaßnahmen ermöglichen. Auf diese Weise kann beispielsweise die Sicherung von Erfahrungen, die in einem Projekt mit der wissensorientierten Gestaltung gemacht werden, unterstützt werden.

Anforderung 3: Aufstellung, Nutzung, Erweiterung und Sicherung der Wissensbasis

Insgesamt wurden die Gestaltungsempfehlungen zur Aufstellung, Nutzung, Erweiterung und Sicherung der Wissensbasis als gut verständlich und für die praktische Anwendung geeignet beurteilt. Dabei wurde die Nutzung des Ansatzes als Impulsgeber für die wissensorientierte Gestaltung von Entwicklungsprojekten hervorgehoben. So wurde beispielsweise die strukturierte Herangehensweise bei der Aufstellung der Wissensbasis vor Beginn der Entwicklungstätigkeiten als hilfreicher Impuls für zukünftige Entwicklungsprojekte beschrieben.

> *„Wenn ich mir ein aktuelles Projekt anschaue, dann sind wir die Klärung der Entwicklungsaufgabe und der Entwicklungssituation recht strukturiert angegangen. Danach wurde es unstrukturierter. Durch eine strukturierte Herangehensweise wie sie in dem Gestaltungsansatz beschrieben wird, kann sicherlich Zeit eingespart werden."* (Eval_2)

In Bezug auf die Gestaltung der Einbindung von Experten der Kundenorganisation, insbesondere von Vertretern der zukünftigen Nutzer der Systeme, wurde angemerkt, dass dieses Element der wissensorientierten Gestaltung dann an Grenzen stößt, wenn über die Dauer eines Entwicklungsprojektes die eingebundenen Experten wechseln oder individuelle Prioritäten die Einschätzungen dominieren.

> *„Wichtig ist, dass man sich bei der Anwendung bewusst macht, dass jede Einschätzung eines Experten subjektiv und durch die persönlichen Erfahrungen geprägt ist."* (Eval_3)

Die Fokussierung auf den gezielten Aufbau und die Festigung von Vertrauen als Voraussetzung für die (Ver-)Teilung von Wissen trotz Einschränkungen, die sich durch die Schutzbedürftigkeit von Wissensbeständen ergeben, wurde insgesamt positiv bewertet:

> *„Aus eigener Erfahrung kann ich sagen, dass Transparenz und Vertrauen unbedingte Voraussetzungen für den Wissensaustausch in einem Projekt sind."* (Eval_1)

Zudem wurde der Vorschlag, agile Arbeitsformen zum Schließen von Lücken in der Wissensbasis einzusetzen, positiv aufgenommen. Da es sich bei der militärischen Luftfahrt um eine regulatorische Branche mit vielfältigen Vorgaben und hohen Ansprüchen an Sicherheit und Zuverlässigkeit der Produkte handelt, liegt der Schwerpunkt der Gestaltung auf plangesteuerten Prozessen. Die Ergänzung der plangesteuerten Vorgehensweise um agile Elemente, um ein rasches und bedarfsgerechtes Schließen von Wissenslücken zu ermöglichen, wird als gute Möglichkeit gesehen:

> *„Je größer die Wissenslücke ist, desto wichtiger ist die kontinuierliche Abstimmung mit den internen Kunden. (...) Regelmäßige Feedback-Schleifen können dabei helfen, dass der Wissensaufbau zielgerichtet und gemäß den tatsächlichen Bedürfnissen der Kunden erfolgt."* (Eval_1)

Gleichzeitig wurde jedoch betont, dass im Einzelfall zu prüfen ist, ob die agile Vorgehensweise mit den übergeordneten Vorgaben vereinbar ist und ob die beteiligten Wissensträger auch dazu in der Lage sind, sich im Sinne des agilen Ansatzes selbst zu organisieren.

Die Tatsache, dass einige der angeführten Maßnahmen in Ansätzen bereits in den Unternehmen angewendet werden, kann dabei helfen, mögliche Hemmnisse, die einer Anwendung der Gestaltungsempfehlungen entgegenstehen, abzubauen. Allerdings ist für die praktische Umsetzung zu beachten, dass diese Hemmnisse je nach Unternehmen und Entwicklungsprojekt variieren können. Dementsprechend kann der Aufwand zur Umsetzung der wissensorientierten Gestaltungsmaßnahmen unterschiedlich hoch sein. Wurde in einem Unternehmen beispielsweise die Einbindung von Kunden als beratende Experten noch gar nicht praktiziert, wird ein höherer Aufwand für die Schaffung des erforderlichen vertrauensvollen Klimas erforderlich sein als in Unternehmen, in denen bereits erste positive Erfahrungen mit der Einbindung von Kunden als Wissensgeber gemacht wurden.

Anforderung 4: Praktische Anwendung unterstützen

Mit der Entwicklung einer Vorgehensbeschreibung für die wissensorientierte Gestaltung eines Entwicklungsprojektes wurde das Ziel verfolgt, die praktische Anwendbarkeit des Gestaltungsansatzes zu verbessern. Die Erreichung dieses Ziels wurde im Rahmen der Evaluaierung insgesamt bestätigt.

> *„Die Verbindung von Prozess und wissensorientierten Aktivitäten ergibt einen Leitfaden, der einen leichten Einstieg in die wissensorientierte Gestaltung ermöglicht."* (Eval_2)

Die Vorgehensbeschreibung verbessert aus Sicht der Experten nicht nur das Verständnis für die Zusammenhänge der wissensorientierten Gestaltung der Produktentwicklung, sondern unterstützt auch den gezielten Einsatz wissensorientierter Gestaltungselemente. Mit Hilfe der Vorgehensbeschreibung können beispielsweise Projektleiter bei der Auswahl und Implementierung geeigneter wissensorientierter Maßnahmen unterstützt werden.

> *„Die Vorgehensbeschreibung ist ein guter Anhalt für Projektleiter, um sich einen ersten Überblick zu verschaffen und Impulse für die Projektplanung und -durchführung zu erhalten."* (Eval_1)

Auch die Unterteilung der Vorgehensbeschreibung in die Phase der Projektplanung und die Phase der Projektdurchführung wurde als geeignet beurteilt. Zum einen, da der wissensorientierte Gestaltungsansatz die Bedeutung der vorbereitenden Aktivitäten hervorhebt. Zum anderen, da die eigentlichen Entwicklungsaktivitäten je nach Entwicklungssituation unterschiedlich aufgeteilt werden.

Bezüglich des Umsetzungsaufwandes wurde betont, dass für jedes Entwicklungsprojekt ein individuelles Set an Maßnahmen erforderlich sein wird, mit dem ein sinnvolles Verhältnis zwischen Aufwand und Nutzen erreicht werden kann. Die pauschale Umsetzung aller vorgeschlagenen Maßnahmen würde in vielen Fällen einen zu hohen Aufwand im Verhältnis zum erreichten Nutzen bedeuten.

> *„Wie immer gilt: Finde für das Projekt die goldene Mitte."* (Eval_2)

Fazit der Evaluierung der praktischen Anwendbarkeit

Die durchgeführten Interviews mit Experten der Zielgruppe des Gestaltungsansatzes offenbarten insgesamt eine positive Bewertung bezüglich der praktischen Anwendbarkeit. Sowohl die Verständlichkeit der Ausführungen als auch die Eignung der wissensorientierten Gestaltungsmaßnahmen für die praktische Anwendung wurden insgesamt positiv beurteilt. Erste Einschätzungen zu Aufwand und Nutzen ergaben, dass die wissensorientierte Gestaltungsempfehlungen geeignet sind, bei vertretbarem Aufwand einen Mehrwert für die Produktentwicklung in der militärischen Luftfahrt, vor allem in Bezug auf ein strukturiertes Vorgehen und die Vermeidung bzw. Reduzierung zeit- und kostenintensiver Iterationen, zu leisten. Welches Verhältnis zwischen Aufwand und Nutzen der wissensorientierten Gestaltung geeignet ist, hängt dabei vor allem von der individuellen Projektsituation und insbesondere von den priorisierten Entwicklungszielen ab.

Im Rahmen der Evaluierung wurde von den interviewten Experten zudem angeregt, die mit diesem Gestaltungsansatz geschaffenen Grundlagen für die für die wissensorientierte Gestaltung der Produktentwicklung weiter auszuarbeiten und zu konkretisieren. Diese Anregung sowie weitere Vorschläge zur Verbesserung und Weiterentwicklung des Gestaltungsansatzes, die im Rahmen der Evaluierung eingebracht wurden, werden im Rahmen der Schlussbetrachtungen im nächsten Kapitel wieder aufgegriffen.

7 Schlussbetrachtung

Zum Abschluss der Arbeit werden in diesem Kapitel die erarbeiteten Ergebnisse zusammengefasst. Hierzu wird auf die Zielsetzung der Arbeit und die leitenden Fragestellungen Bezug genommen. Auf dieser Grundlage erfolgt eine kritische Würdigung der vorliegenden Arbeit, indem auf den Nutzen und die Grenzen des angewandten methodischen Vorgehens und der damit erreichten Ergebnisse eingegangen wird. Die Arbeit schließt mit einem Ausblick auf den weiteren Forschungsbedarf.

7.1 Zusammenfassung

Die Produktentwicklung ist ein zentraler Faktor für die Wettbewerbsfähigkeit von Unternehmen. In dieser Phase werden die für den Markt relevanten Eigenschaften des Produktes ausgestaltet und somit die Weichen für die Konkurrenzfähigkeit und den Erfolg des Produktes am Markt gestellt. Eine besondere Rolle spielt dabei das Umfeld, in dem die Produkte entwickelt, produziert und vertrieben werden, denn um anhaltend wettbewerbsfähig zu bleiben, müssen Unternehmen auf veränderte Rahmenbedingungen reagieren und ihre Produktentwicklung darauf abstimmen. In der militärischen Luftfahrtindustrie sind es unter anderem politische, militärische, technologische und besondere wirtschaftliche Rahmenbedingungen, die das Umfeld der Produktentwicklung ausmachen. Produkte werden entwickelt, um Streitkräfte gemäß ihrem militärischen Bedarf auszustatten. Dabei ist der Endkunde grundsätzlich ein Staat, was Entwicklung, Produktion und Verkauf von Rüstungsgütern zu einem politischen Geschäft macht, in dem Exporte staatlich kontrolliert werden und wehrtechnische Fähigkeiten besonderen nationalen Protektionismen unterliegen.

Während in der Vergangenheit insbesondere die Erreichung von vereinbarten Leistungsmerkmalen und die Qualität der Produkte im Vordergrund standen und die Effizienz der Leistungserbringung oftmals eine untergeordnete Rolle spielte, wächst unter den aktuellen Rahmenbedingungen die Bedeutung der Einhaltung von Zeit- und Kostenzielen bei Entwicklungsvorhaben. Wie gut diese Ziele im Produktentwicklungsprozess erreicht werden können, hängt maßgeblich vom Wissen der beteiligten Personen ab und damit von der Fähigkeit der Unternehmen, eine für die Produktentwicklung geeignete Wissensbasis aufzustellen und diese im Verlauf des Entwicklungsvorhabens zu nutzen, zu erweitern und zu sichern.

Die Auseinandersetzung mit der industriellen Praxis zeigt, dass Unternehmen der militärischen Luftfahrtindustrie sich zwar der Bedeutung von Wissen für den Produktentwicklungsprozess bewusst, jedoch oftmals nicht in der Lage sind, geeignete wissensspezifische Akzente bei der Gestaltung der Produktentwicklung zu setzen. Es existieren zwar Ansätze zur Gestaltung des Umgangs mit Wissen in der Produktentwicklung, jedoch wird deren Anwendung in der Praxis durch Besonderheiten der militärischen Luftfahrtindustrie erschwert. Zudem bleibt in den verfügbaren Ansätzen der Wissensbegriff oftmals zu abstrakt. Hierdurch wird es für die Unternehmen schwierig, Gestaltungsmaßnahmen auf die Wissensgebiete auszurichten, die für das jeweilige Entwicklungsvorhaben von besonderer Bedeutung sind. Folglich werden die verfügbaren Ansätze in der industriellen Praxis nur selten in ausreichendem Maß zur Unterstützung der Produktentwicklung eingesetzt. Es fehlt an Ansätzen, die Unternehmen der militärischen Luftfahrtindustrie bei der wissensorientierten Gestaltung von Entwicklungsprojekten unterstützen.

Hier setzt die vorliegende Arbeit an. Die **Zielsetzung** bestand darin, einen Ansatz zur wissensorientierten Gestaltung der Produktentwicklung in der militärischen Luftfahrtindustrie in Deutschland zu entwickeln. Dieser sollte die branchenspezifischen Besonderheiten berücksichtigen und dabei unterstützen, das für die Produktentwicklung erforderliche Wissen frühzeitig zu identifizieren und den Umgang mit diesem Wissen auf geeignete Art und Weise zu gestalten. Das Betrachtungsobjekt war dabei der Prozess der Produktentwicklung, welcher in einem Unternehmen der militärischen Luftfahrtindustrie die Aktivitäten eines Entwicklungsprojektes strukturiert.

Zur Erreichung dieser Zielsetzung wurde zunächst die Produktentwicklung als Teil des Produktentstehungsprozesses charakterisiert und anschließend die branchenspezifischen Besonderheiten der militärischen Luftfahrtindustrie in Deutschland herausgearbeitet. Auf diese Weise wurde **Fragestellung I** beantwortet: Welche Besonderheiten gilt es bei der Produktentwicklung in der militärischen Luftfahrtindustrie in Deutschland zu berücksichtigen? Um ein möglichst vollständiges Bild der branchenspezifischen Besonderheiten zu erhalten, wurden nicht nur wissenschaftliche Publikationen und Beiträge aus Fachzeitschriften analysiert, sondern auch offene Interviews mit Experten der militärischen Luftfahrtindustrie in Deutschland und der Bundeswehr als nationalem Auftraggeber geführt. Auf diese Weise konnte der Untersuchungsgegenstand der Arbeit konkretisiert und prozessorientierte Herausforderungen für die Gestaltung der Produktentwicklung in der militärischen Luftfahrtindustrie abgeleitet werden.

Im Anschluss daran wurde die Bedeutung von Wissen für die Produktentwicklung herausgearbeitet und im Rahmen einer Literaturanalyse ein Überblick über bestehende Ansätze zur wissensorientierten Gestaltung der Produktentwicklung gegeben. Auf dieser Grundlage konnte **Fragestellung II** beantwortet werden: Welche Aspekte müssen bei der wissensorientierten Gestaltung der Produktentwicklung beachtet werden? Wo besteht Forschungsbedarf? Als Forschungsbedarf wurde die Gestaltung der für die Produktentwicklung relevanten Wissensbasis aus der Perspektive eines Entwicklungsprojektes identifiziert. Während ein Großteil der verfügbaren Arbeiten die Gestaltung der für die Produktentwicklung relevanten Wissensbasis aus der Perspektive eines Unternehmens betrachtet, wird die Gestaltung der Wissensbasis für ein konkretes Entwicklungsprojekt in der Literatur nur in einzelnen Facetten beleuchtet. Es fehlt an Ansätzen, welche sich bei der wissensorientierten Gestaltung auf ein Entwicklungsprojekt konzentrieren und die Berücksichtigung branchenspezifischer Besonderheiten ermöglichen. Auf Basis der Ergebnisse der Literaturanalyse wurden zudem wissensorientierte Herausforderungen für die Gestaltung der Produktentwicklung in der militärischen Luftfahrtindustrie abgeleitet, welche zusammen mit den oben beschriebenen prozessorientierten Herausforderungen die inhaltliche Grundlage für die Untersuchung des Standes der Praxis bildeten.

Da es sich bei der Produktentwicklung in der militärischen Luftfahrtindustrie um einen komplexen Prozess handelt, der in einem besonderen Umfeld durchgeführt wird und durch einen sensiblen Umgang mit Informationen gekennzeichnet ist, wurden qualitative Methoden für die Erhebung und Auswertung des Standes der Praxis ausgewählt. Im Rahmen von sechs Fallstudien in der militärischen Luftfahrtindustrie in Deutschland wurde die **Fragestellung III** beantwortet: Wie gehen Unternehmen der militärischen Luftfahrtindustrie bei der wissensorientierten Gestaltung der Produktentwicklung vor? Wo besteht Handlungsbedarf? Die primäre Datenquelle waren leitfadengestützte Interviews mit Experten aus den für die Untersuchung ausgewählten Entwicklungsprojekten. Diese wurden transkribiert, anonymisiert und in Verbindung mit projektbezogenen Dokumenten qualitativ ausgewertet. Durch eine vergleichende Auswertung der sechs untersuchten Fälle konnten Erkenntnisse über die Struktur der für die Durchführung der Produktentwicklung erforderlichen Wissensbasis gewonnen, Elemente der wissensorientierten Gestaltung der Produktentwicklung identifiziert und Spezifika der militärischen Luftfahrtindustrie herausgestellt werden. Diese Ergebnisse wurden mit den zuvor abgeleiteten prozess- und wissensorientierten Herausforderungen abgeglichen und auf diese Weise ein Handlungsbedarf für die wissensorientierte Gestaltung der Produktentwicklung in der militärischen Luftfahrtindustrie abgeleitet.

Dieser in der Praxis identifizierte Handlungsbedarf war zusammen mit dem aus der Literatur abgeleiteten Forschungsbedarf der Ausgangspunkt für die Entwicklung eines Ansatzes für die wissensorientierte Gestaltung der Produktentwicklung. Auf diese Weise konnte **Fragestellung IV** beantwortet werden: Wie kann ein Ansatz für die wissensorientierte Gestaltung der Produktentwicklung in der militärischen Luftfahrtindustrie konzipiert werden? Grundlage für den wissensorientierten Gestaltungsansatz ist ein Modell zur Beschreibung der wissensorientierten Gestaltung der Produktentwicklung, welches das Zusammenwirken der wissensorientierten Gestaltungselemente unter Berücksichtigung der branchenspezifischen Besonderheiten der militärischen Luftfahrtindustrie und der individuellen Entwicklungssituation eines Projektes beschreibt. Ausgehend von diesem Modell wurde die Ausgestaltung der branchenspezifischen Elemente der Aufstellung, Nutzung, Erweiterung und Sicherung der Wissensbasis eines Entwicklungsprojektes vorgenommen. Um die praktische Umsetzung der wissensorientierten Gestaltung zu erleichtern, wurde zudem eine Vorgehensbeschreibung erarbeitet, welche die wissensorientierten Gestaltungselemente in die vorhandenen Abläufe und Strukturen der Produktentwicklung einordnet.

Zum Abschluss der Arbeit erfolgte die **Evaluierung des Gestaltungsansatzes**. Grundlage für diese Evaluierung waren die auf Basis des identifizierten Handlungsbedarfs aufgestellten Anforderungen an die wissensorientierte Gestaltung der Produktentwicklung. Nach der Darstellung auf welche Art und Weise diese Anforderungen umgesetzt wurden, erfolgte eine Bewertung des Gestaltungsansatzes durch Experten der militärischen Luftfahrtindustrie, welche ein insgesamt positives Ergebnis in Bezug auf die Anwendbarkeit in der Praxis ergab.

7.2 Kritische Würdigung der Arbeit und weiterer Forschungsbedarf

Der in der vorliegenden Arbeit entwickelte Ansatz zur wissensorientierten Gestaltung der Produktentwicklung stellt sowohl den Prozess der Produktentwicklung, der ein Entwicklungsprojekt inhaltlich strukturiert, als auch die für dessen Durchführung erforderliche Wissensbasis in den Mittelpunkt der Gestaltung. Die inhaltliche Strukturierung der Wissensbasis mit Hilfe von Wissensfeldern und Wissensträgern ermöglicht es, den abstrakten Wissensbegriff für die praktische Anwendung greifbar zu machen und die wissensorientierte Gestaltung auf die Wissensgebiete auszurichten, welche für die Durchführung von Entwicklungsaktivitäten in der militärischen Luftfahrtindustrie erforderlich sind. Durch die Ausrichtung der wissensorientierten Gestaltung auf die Aufstellung, Nutzung, Erweiterung und Sicherung der Wissensbasis eines Entwicklungsprojektes stellt der Gestaltungsansatz nicht nur einen Mehrwert für die Praxis dar, sondern leistet auch einen Beitrag zur Ergänzung des Forschungsstandes. Durch Anpassung des situativen Rahmens kann das Modell zudem zur Beschreibung der wissensorientierten Gestaltung der Produktentwicklung anderer Branchen nutzbar gemacht werden.

Ein weiterer Mehrwert liegt in der Ausarbeitung der Besonderheiten der militärischen Luftfahrtindustrie in Deutschland verbunden mit der Herausstellung, welche Elemente der wissensorientierten Gestaltung der Produktentwicklung branchenspezifische Herausforderungen beinhalten. Hierdurch wird es den Unternehmen der militärischen Luftfahrtindustrie möglich, geeignete wissensspezifische Akzente bei der Gestaltung der Produktentwicklung zu setzen. Zudem wird auf diese Weise eine Grundlage geschaffen, auf der weitere Forschungsvorhaben zur Unterstützung der Produktentwicklung im Kontext der militärischen Luftfahrtindustrie aufbauen können.

Dabei gründet sich der Gestaltungsansatz auf eine empirische Datenbasis, deren Auswertung die Schaffung eines differenzierten Bildes über die Besonderheiten der Produktentwicklung in der militärischen Luftfahrtindustrie und den spezifischen Erfordernissen bei der Gestaltung der Wissensbasis eines Entwicklungsprojektes ermöglichte. Sowohl die Erhebung der Informationen im Rahmen der Fallstudien als auch deren Auswertung wurde mit Hilfe qualitativer Methoden durchgeführt, um in dem komplexen Umfeld der militärischen Luftfahrtindustrie, in dem die Erhebung entwicklungsrelevanter Informationen eine sensible Angelegenheit darstellt, möglichst reichhaltige Ergebnisse zu erhalten. Auch wenn sich die Anwendung qualitativer Methoden zur Untersuchung komplexer Sachverhalte und Zusammenhänge in der Anwendung bewährt hat, sind damit Limitationen verbunden. Aufgrund der hohen Abhängigkeit vom spezifischen Kontext der untersuchten Sachverhalte und der relativ geringen Anzahl an Fällen, die in die Untersuchung einbezogen werden können, ist eine statistische Generalisierbarkeit der Ergebnisse nicht möglich. Eine weitere Einschränkung ergibt sich durch die Auswahl der zu untersuchenden Fälle, welche darauf abzielen eine Vergleichbarkeit zwischen den Fällen gewährleisten zu können. Aus diesem Grund wurden lediglich Produkte von Systemherstellern, also Luftfahrzeuge und Lenkflugkörper, in die Auswahl einbezogen. Da zum Zeitpunkt der Untersuchung in der militärischen Luftfahrtindustrie in Deutschland nur einzelne Neuentwicklungsvorhaben existierten, wurde der Fokus der Fallstudien auf Projekte zur Weiterentwicklung bereits in Nutzung befindlicher Systeme gelegt. Da es sich bei der Produktentwicklung in der militärischen Luftfahrtindustrie um einen hochsensiblen Unternehmensbereich handelt, konnten zudem nur Fälle einbezogen werden, in denen freier Zugang zu projektbezogenen Informationen gewährt werden konnte. Eine weitere Limitation ergibt sich aufgrund der Tatsache, dass die Evaluation des Gestaltungsansatzes aufgrund der langen Dauer von Entwicklungsvorhaben nur in Form einer „initial evaluation" stattfinden konnte und die Anwendung des Ansatzes von erfahrenen Experten aus der Zielgruppe des Ansatzes nur gedanklich durchgespielt werden konnte.

Aus der Zielsetzung der vorliegenden Arbeit, dem methodischen Vorgehen und den genannten Limitationen wird weiterer Forschungsbedarf ersichtlich. Die für die Evaluation des Gestaltungsansatzes befragten Experten brachten zudem Vorschläge zur Verbesserung und Weiterentwicklung der wissensorientierten Gestaltung der Produktentwicklung ein.

Aufbauend auf den in der vorliegenden Arbeit geschaffenen Grundlagen zur Gestaltung der Wissensbasis von Entwicklungsprojekten und der Herausstellung spezifischer Handlungsbedarfe für die militärische Luftfahrtindustrie bietet sich die vertiefende Erforschung einzelner Elemente der wissensorientierten Gestaltung an. Dies können beispielsweise die Erforschung der Bedeutung des Vertrauens für den Verlauf und die Resultate der Produktentwicklung im besonderen Umfeld der militärischen Luftfahrtindustrie, Untersuchungen zur Ausweitung der Anwendung agiler Arbeitsformen bei der Entwicklung komplexer wehrtechnischer Systeme oder die Verbesserung von Mechanismen zur Einbindung beratender Wissensträger aus dem Unternehmensumfeld sein. Solchen weiterführenden Überlegungen liegen vor allem zwei Fragestellungen zugrunde:

- Wie können bestehende Mechanismen der wissensorientierten Gestaltung verbessert werden?
- Wie können neue Mechanismen der wissensorientierten Gestaltung gefunden werden?

Hierbei können beispielsweise die Methoden der Aktionsforschung, in deren der Analyst aktiver Teil des zu beforschenden Systems ist, einen wertvollen Beitrag zur schrittweisen Verbesserung und Weiterentwicklung der bestehenden Mechanismen leisten. Aufbauend auf den qualitativ erarbeiteten Grundlagen dieser Arbeit bietet sich auch eine vertiefende Untersuchung einzelner Elemente der wissensorientierten Gestaltung mit Hilfe quantitativer Forschungsmethoden an. Interessant ist in diesem Zusammenhang beispielsweise die Beantwortung der Frage welche Auswirkungen die Einbindung beratender Wissensträger aus dem Umfeld eines Entwicklungsvorhabens auf den Verlauf und die Resultate der Produktentwicklung haben und welche Zeitpunkte und Intensitäten der Einbindung am besten geeignet sind.

Anregungen zur Verbesserung und Weiterentwicklung können sich auch aus dem Vergleich mit ähnlichen Branchen oder dem Vorgehen von Unternehmen der militärischen Luftfahrtindustrie in anderen Nationen ergeben. Vor allem letztgenannter Punkt wurde in den den durchgeführten Fallstudien und den Experteninterviews zur Evaluierung des Ansatzes immer wieder aufgebracht, so dass sich eine vertiefende Betrachtung der wissensorientierten Gestaltung von Entwicklungsprojekten in Unternehmen anderer Nationen zur Identifikation von Verbesserungspotentialen eignen kann.

Im Rahmen der Evaluierung des Gestaltungsansatzes wurde zudem deutlich, dass je nach Entwicklungssituation ein unterschiedlicher Bedarf an Unterstützung durch wissensorientierte Gestaltungsmaßnahmen besteht. In diesem Sinne kann ein zukünftiges Forschungsfeld darin bestehen, die mit dieser Arbeit geschaffenen Grundlagen mit den Erkenntnissen zum Wissensmanagementbedarf von Geschäftsprozessen (vgl. *Schmid 2013*) zu verknüpfen, um für Entwicklungsprojekte in der militärischen Luftfahrtindustrie eine auf die individuelle Entwicklungssituation angepasste Unterstützung bei der wissensorientierten Gestaltung zu ermöglichen.

A Anhang

A.1 Leitfaden für die Experteninterviews

Die im Folgenden dargestellte Sammlung an Fragen versteht sich als Leitfaden für die Experteninterviews. In den einzelnen Interviews wurden die Fragen je nach Unternehmen, Entwicklungsprojekt, Interviewpartner und Gesprächsverlauf ausgewählt und angepasst.

Allgemeines

Angaben zum Interviewpartner

Funktion innerhalb des Entwicklungsprojektes:

Erfahrungshintergrund:

Angaben zum Entwicklungsprojekt

Zielsetzung des Entwicklungsprojektes:
(z. B. Leistungsmerkmale, Produktänderung oder -verbesserung, Zeitvorgaben, Exportoption)

Art der Beauftragung / Aufgabenherkunft:
(z. B. unternehmensinterne Produktplanung, nationale oder multinationale Beauftragung)

Entwicklungspartner:

Strukturierung des Entwicklungsprozesses

Prozessablauf

Wie war der Prozess der Produktentwicklung strukturiert?
(z. B. Phasenunterteilung, Quality Gates, Meilensteine)

Welche Aktivitäten waren Teil der einzelnen Phasen?

Welche Informationen werden von einer Phase in die nächste übergeben? Auf welche Art und Weise erfolgte diese Übergabe?

Schnittstellen

Zu welchen Prozessen innerhalb / außerhalb des Unternehmens gab es Schnittstellen?

(z. B. Ausrüstungs- und Nutzungsprozess des Kunden, militärischer Zulassungsprozess, Produktentwicklungsprozess der Kooperationspartner)

An welchen Stellen im Produktentwicklungsprozess wurden diese Prozessschnittstellen realisiert?

Welche Informationen wurden an diesen Schnittstellen transferiert? Wer waren die Beteiligten?

Welche Probleme und Hindernisse ergaben sich an diesen Schnittstellen? Welche Maßnahmen wurden diesbezüglich ergriffen?

(z. B. Geheimschutzvorgaben, Exportgesetzgebung, organisationsbedingte Distanz, kulturelle Distanz)

Welche Feedback-Schleifen (innerhalb des Prozesses und darüber hinaus) wurden etabliert?

Elemente der wissensorientierten Gestaltung

Erforderliche Grundlagen

Auf welche Art und Weise wurde sichergestellt, dass alle für diese Aktivitäten erforderlichen Kenntnisse und Fähigkeiten vorhanden sind?

(z. B. Schulung, Einbindung von Experten, Beschaffung von Musterunterlagen)

Welche Probleme und Herausforderungen ergaben sich hierbei? Welche Maßnahmen wurden diesbezüglich ergriffen?

Einbindung von Erfahrungen

Auf welche Art und Weise wurden Erfahrungen aus der ursprünglichen Neuentwicklung, dem Betrieb und dem Einsatz des Systems in die Produktentwicklung eingebunden?

(z. B. „Lessons Learned", „Best Practices", Workshops mit dem Nutzer, Einbindung von Experten)

Um was für Themenfelder handelte es sich hierbei?

Welche Probleme und Hindernisse ergaben sich dabei? Welche Maßnahmen wurden diesbezüglich ergriffen?

Einbindung von Experten

Welche Experten wurden in der jeweiligen Phase eingebunden?

(z. B. Fachexperten aus dem Unternehmen, externe Berater, Musterprüfingenieure, zukünftige Nutzer)

Wie erfolgte die Einbindung?

(z. B. integriertes Entwicklungsteam, Arbeitspakte an Entwicklungsabteilungen, temporäre Einbindung)

Welche Probleme und Hindernisse ergaben sich dabei? Welche Maßnahmen wurden diesbezüglich ergriffen?

Wissenslücken

Haben sich im Laufe des Vorhabens Wissenslücken ergeben? Wenn ja, um was für Wissenslücken handelte es sich?

Wie wurde auf diese Wissenslücken reagiert?

Anforderungsänderungen

Hat sich während der Phasen bzw. zwischen den Phasen an den Entwicklungsanforderungen etwas geändert? Wenn ja, um was für Änderungen handelte es sich und was war hierfür der Auslöser?

Wie wurde auf diese Änderungen reagiert?

Sicherung von Wissen

In welcher Form wurde das Wissen, das im Entwicklungsvorhaben aufgebaut wurde, gesichert?

Welche Ziele wurden mit dieser Sicherung verfolgt?

Welche Probleme und Hindernisse ergaben sich dabei? Welche Maßnahmen wurden diesbezüglich ergriffen?

Weitere Aspekte

Herausforderungen der militärischen Luftfahrt

Welches waren innerhalb des Entwicklungsprojektes bedeutende Herausforderungen, die sich durch das besondere Umfeld der militärischen Luftfahrt ergeben haben?

Welche der für das Entwicklungsprojekt erforderlichen Kenntnisse und Fähigkeiten sind ihrer Meinung nach speziell für die militärische Luftfahrtindustrie?

Was waren in dem Entwicklungsprojekt Beispiele für besondere militärische Forderungen?

Erfolgsfaktoren für das Entwicklungsprojekt

Was waren Ihrer Meinung nach in diesem besonderen Umfeld Erfolgsfaktoren für das Projekt?

Abschluss

Möchten Sie Punkte ergänzen, die im bisherigen Gespräch nicht oder zu wenig berücksichtigt wurden?

A.2 Leitfaden zur Abschätzung des voraussichtlichen Wissensbedarfs von Produktentwicklungsprojekten

Ziel dieses Leitfadens ist es, Projektverantwortliche bei der Abschätzung des voraussichtlichen Wissensbedarfs für ein Entwicklungsprojekt in der militärischen Luftfahrtindustrie zu unterstützen. Inhaltliches Grundgerüst hierfür ist das in Abbildung A.1 dargestellte **Klassifikationsschema der Wissensbasis von Produktentwicklungsprojekten** in der militärischen Luftfahrtindustrie, welches die in den Fallstudien identifizierten Wissensfelder, Wissenskategorien und Wissensklassen aufgreift.

Wissensklasse	Wissenskategorie	Wissensfeld
Technisches Wissen	Grundlagen	Mathematisches, technisches und naturwissenschaftliches Hintergrundwissen
		Wissen über geeignete Technologien
	Methoden	Wissen über Methoden zur Durchführung der Entwicklungsaktivitäten
		Wissen über Methoden zur Unterstützung der Entwicklungsaktivitäten
	Produkt	Wissen über die Produktanforderungen
		Wissen über die Produktgestalt und -eigenschaften
		Wissen über die Produktfunktionen
		Wissen über die Gründe für Gestaltungsentscheidungen
Organisationswissen	Entwicklungsprojekt	Wissen über die Ziele und Inhalte des Projektes
		Wissen über die Strukturierung des Projektes
	Entwicklungsprozess	Wissen über den Ablauf des Prozesses
		Wissen über Schnittstellen und Synchronisationspunkte
		Wissen über prozessinterne Kunden-/Lieferantenbeziehungen
	Unternehmen	Wissen über die im Unternehmen vorhandenen Kenntnisse und Fähigkeiten
		Wissen über ähnliche Entwicklungsprojekte
		Wissen über offizielle Vorgaben und informelle Normen des Unternehmens
	Kooperation	Wissen über die organisatorische Gestaltung der Kooperation
		Wissen über die Kooperationspartner
Umfeldwissen	Kunde	Wissen über den Bedarf des Kunden
		Wissen über die Kundenorganisation
		Wissen über die Kundenbeziehung
		Wissen über die militärische Zulassung
	Marktumfeld	Wissen über Märkte und Wettbewerber
	Normen und Gesetze	Wissen über rechtliche Vorgaben für die Entwicklung

Abbildung A.1: Klassifikationsschema der Wissensbasis von Produktentwicklungsprojekten

Aufgrund der generischen Formulierung der Wissensfelder ist für jedes Entwicklungsvorhaben eine **inhaltliche Konkretisierung der Wissensfelder** erforderlich. Diese erfolgt in Abhängigkeit von der jeweiligen Entwicklungssituation des Projektes und den branchenspezifischen Besonderheiten.

So ist z. B. der voraussichtliche Bedarf an technischem Grundlagenwissen vor allem davon abhängig welche technischen Disziplinen zur Lösung der Entwicklungsaufgabe erforderlich sind und welche besonderen Anforderungen an die Einsetzbarkeit und Belastbarkeit der wehrtechnischen Systeme gestellt werden. Das Wissen darüber, welche offiziellen Vorgaben und inoffiziellen Normen des Unternehmens bei der Entwicklung zu berücksichtigen sind, hängt nicht nur von der Herkunft der Entwicklungsaufgabe und der Art der Kooperation im Entwicklungsvorhaben ab, sondern auch von den speziellen rechtlichen Rahmenbedingungen der militärischen Luftfahrt und beispielsweise Geheimhaltungsvorgaben der beauftragenden Nationen. Auch die Frage, ob und in welcher Tiefe technisches Produktwissen für die Durchführung der Entwicklungsaktivitäten erforderlich ist, hängt von der jeweiligen Entwicklungssituation ab. Während bei Neuentwicklungen das Wissen über die Gestalt und Funktion ähnlicher Produkte im Vordergrund steht, ist bei der Weiterentwicklung bereits vorhandener Produkte technisches Produktwissen in Bezug auf die zu modifizierende Version des Produktes erforderlich.

Zur **Klärung der individuellen Entwicklungssituation** eines Entwicklungsprojektes stehen die aus den Ergebnissen der Fallstudien abgeleiteten Merkmale zur Unterscheidung von Entwicklungssituationen in der militärischen Luftfahrtindustrie (vgl. Abbildung A.2) zur Verfügung. Mithilfe dieser Merkmale können Entwicklungsprojekte gleich zu Beginn der Planungsphase charakterisiert und beschrieben werden.

Merkmal	**Ausprägung**				
Herkunft der Entwicklungsaufgabe	Entwicklungs-partner	Nationaler Kunde	Einsatzbedingter Sofortbedarf	Exportkunde	Produktplanung
Art der Entwicklungsaufgabe	Produkt-pflege	Produkt-änderung	Produkt-verbesserung	Produkt-neuentwicklung	
Produktkomplexität	Baugruppe	System	Systemverbund		
Technische Disziplinen	Maschinenbau	Elektrotechnik	Softwaretechnik	etc.	
Art der Kooperation	Horizontale Kooperation	Vertikale Kooperation	Militärische Kooperation		
Priorisiertes Entwicklungsziel	Lieferzeitpunkt	Kosten	Funktionsumfang		
	Exportfähigkeit	Fähigkeitsaufbau	etc.		

Abbildung A.2: Merkmale von Entwicklungssituationen in der militärischen Luftfahrtindustrie

Der konkrete Inhalt der Wissensfelder wird zudem von den **branchenspezifischen Besonderheiten der militärischen Luftfahrtindustrie**, also den Produktmerkmalen und Rahmenbedingungen, welche zu Beginn der Arbeit herausgearbeitet wurden, beeinflusst (vgl. Abbildung A.3).

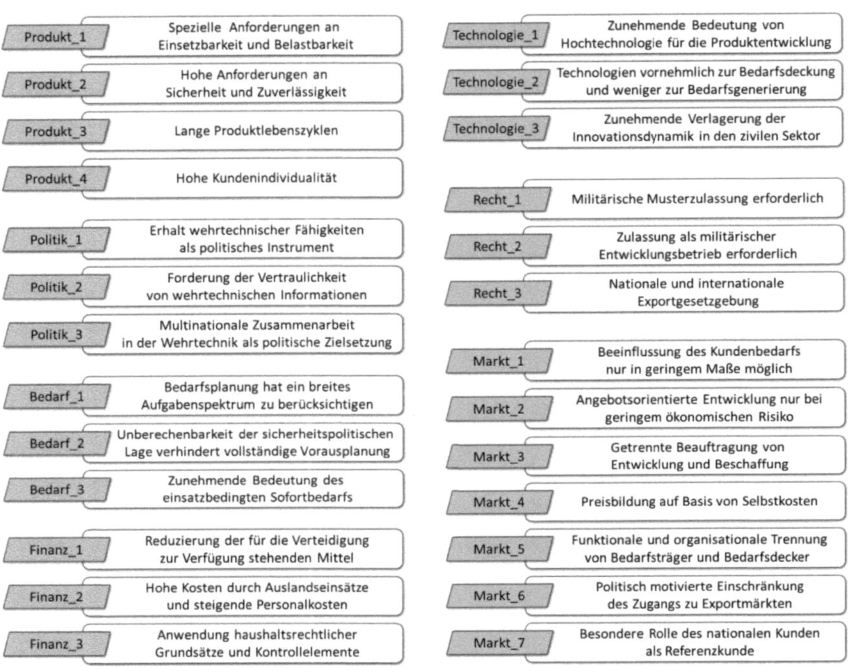

Abbildung A.3: Branchenspezifische Besonderheiten in der militärischen Luftfahrtindustrie

Um die inhaltliche Konkretisierung der Wissensfelder zu unterstützen, wurden auf Basis der Erkenntnisse der durchgeführten Fallstudien **Steckbriefe der identifizierten Wissensfelder** erarbeitet, welche im Folgenden dargestellt werden. Diese Steckbriefe enthalten eine kurze Beschreibung der Wissensfelder und verdeutlichen, von welchen Merkmalen der Entwicklungssituation bzw. welchen branchenspezifischen Besonderheiten der militärischen Luftfahrtindustrie die inhaltliche Konkretisierung abhängt. Darüber hinaus enthalten die Steckbriefe beispielhafte Ausprägungen der Wissensfelder, welche auf Ergebnissen der Fallstudien beruhen. Diese dienen als Impulsgeber bei der Abschätzung des voraussichtlichen Wissensbedarfs.

Mit Hilfe dieser Steckbriefe kann schließlich unter Berücksichtigung der individuellen Entwicklungssituation und der branchenspezifischen Besonderheiten der voraussichtliche Wissensbedarf für ein Entwicklungsprojekt abgeschätzt werden. Dieser bildet schließlich die inhaltliche Grundlage für die wissensorientierte Gestaltung der Produktentwicklung und ermöglicht es den Projektverantwortlichen, die Gestaltung auf die Wissensgebiete auszurichten, welche für das jeweilige Entwicklungsprojekt von Bedeutung sind.

Mathematisches, technisches und naturwissenschaftliches Hintergrundwissen

Beschreibung

Inhalt dieses Wissensfeld ist das Grundlagenwissen aus verschiedenen technischen und naturwissenschaftlichen Disziplinen, aber auch mathematisches Wissen, das erforderlich ist, um Entscheidungen bezüglich der Konzeption und Gestaltung des Produktes und seiner Komponenten zu treffen.

Einordnung

Technisches Wissen: **Grundlagen** | Methoden | Produkt

Inhaltliche Ausprägungen (Beispiele aus den Fallstudien)

- Wissen über die Grundlagen der Aerodynamik, der Strömungsmechanik, der Ballistik, der Sensorik, der Flugregelung, der Elektronik, der Optronik, der Werkstoffkunde, der Informatik, etc.
- Wissen über bewährte Lösungsmuster der Konstruktion und der Software-Programmierung

Konkreter Inhalt beeinflusst durch

Entwicklungssituation
- Art der Entwicklungsaufgabe
- Technische Disziplinen

Branchenspezifische Besonderheiten
- Produkt_1

Wissensträger (Beispiele aus den Fallstudien)

personell
- Fachleute des eigenen Unternehmens
- Spezialisten von Entwicklungspartnern
- Experten aus Universitäten und Forschungseinrichtungen
- Experten von Beratungs- und Ingenieursdienstleistern

materiell
- Lehrbücher
- Wissenschaftliche Publikationen
- Schulungsunterlagen
- Papiergebundene und digitale Nachschlagewerke

Wissen über geeignete Technologien

Beschreibung

Dieses Wissensfeld umfasst Kenntnisse über aktuelle und zukunftsfähige Technologien, die für die Lösung der Entwicklungsaufgabe herangezogen werden können sowie die für die Anwendung dieser Technologien erforderlichen Fähigkeiten.

Einordnung

Technisches Wissen: **Grundlagen** | Methoden | Produkt

Inhaltliche Ausprägungen (Beispiele aus den Fallstudien)

- Wissen über Technologien, die durch das Unternehmen beherrscht werden
- Wissen über die Vor- und Nachteile einer Technologie für das zu entwickelnde Produkt
- Wissen über den Aufwand und Nutzen der Integration einer neuen Technologie im Rahmen der Produktentwicklung
- Wissen über technologische Möglichkeiten und Trends
- Wissen über die Nutzbarmachung ziviler Technologien für wehrtechnische Produkte

Konkreter Inhalt beeinflusst durch

Entwicklungssituation
- Art der Entwicklungsaufgabe
- Technische Disziplinen

Branchenspezifische Besonderheiten
- Produkt_1, Produkt_2
- Technologie_1, Technologie_3

Wissensträger (Beispiele aus den Fallstudien)

personell
- Fachleute, Teams, Abteilungen des eigenen Unternehmens
- Fachleute, Teams, Abteilungen von Entwicklungspartnern
- Experten aus Universitäten und Forschungseinrichtungen
- Experten von Beratungs- und Ingenieursdienstleistern
- Technologienetzwerke

materiell
- Unternehmensinterne Forschungsberichte
- Studienergebnisse
- Wissenschaftliche Publikationen
- Patentschriften

Wissen über Methoden zur Durchführung der Entwicklungsaktivitäten

Beschreibung

Dieses Wissensfeld beinhaltet Kenntnisse und Fähigkeiten zur Anwendung von Methoden, die in den einzelnen Phasen des Entwicklungsprojektes zur Konzeption, Gestaltung und Erprobung des Produktes und seiner Komponenten herangezogen werden können bzw. deren Anwendung aufgrund von projektinternen Vorgaben verpflichtend ist.

Einordnung

Technisches Wissen	
	Grundlagen
	Methoden
	Produkt

Inhaltliche Ausprägungen (Beispiele aus den Fallstudien)

- Wissen darüber, welche Methoden für die einzelnen Phasen der Entwicklung zur Verfügung stehen
- Wissen darüber, auf welche Weise diese Methoden eingesetzt werden
- Wissen über projektinterne Vorgaben zum Einsatz von Entwicklungsmethoden
- Wissen über den Aufwand und Nutzen des Methodeneinsatzes
- Wissen über Hilfsmittel, die zur Durchführung der Methode zur Verfügung stehen

Konkreter Inhalt beeinflusst durch

Entwicklungssituation
- Art der Entwicklungsaufgabe
- Technische Disziplinen

Branchenspezifische Besonderheiten
- Produkt_1, Produkt_2, Produkt_4

Wissensträger (Beispiele aus den Fallstudien)

personell	materiell
• Fachleute, Teams, Abteilungen des eigenen Unternehmens • Fachleute, Teams, Abteilungen von Entwicklungspartnern • Experten aus Universitäten und Forschungseinrichtungen • Experten von Beratungs- und Ingenieursdienstleistern	• Lehrbücher, wissenschaftliche Publikationen • Schulungsunterlagen • Verfahrens- und Arbeitsanweisungen des Unternehmens • Projektspezifische Vorgaben für die Entwicklung

Wissen über Methoden zur Unterstützung der Entwicklungsaktivitäten

Beschreibung

Dieses Wissensfeld beinhaltet Kenntnisse und Fähigkeiten zur Anwendung von Methoden, die in dem Entwicklungsprojekt zur Unterstützung der Entwicklungsaktivitäten herangezogen werden können bzw. deren Anwendung aufgrund von projektspezifischen Vorgaben verpflichtend ist.

Einordnung

Technisches Wissen	
	Grundlagen
	Methoden
	Produkt

Inhaltliche Ausprägungen (Beispiele aus den Fallstudien)

- Wissen über Vorgaben zum Einsatz von Methoden des Qualitäts-, Konfigurations- und Projektmanagements
- Wissen darüber, auf welche Weise diese Methoden eingesetzt werden
- Wissen über den Aufwand und Nutzen des Methodeneinsatzes
- Wissen über Hilfsmittel, die zur Durchführung der Methode zur Verfügung stehen

Konkreter Inhalt beeinflusst durch

Entwicklungssituation
- Herkunft der Entwicklungsaufgabe
- Art der Entwicklungsaufgabe

Branchenspezifische Besonderheiten
- Produkt_1, Produkt_2
- Recht_1, Recht_2

Wissensträger (Beispiele aus den Fallstudien)

personell	materiell
• Fachleute, Teams, Abteilungen des eigenen Unternehmens • Fachleute, Teams, Abteilungen von Entwicklungspartnern • Experten von Beratungs- und Ingenieursdienstleistern	• Lehrbücher, wissenschaftliche Publikationen • Schulungsunterlagen • Verfahrens- und Arbeitsanweisungen des Unternehmens • Projektspezifische Entwicklungsstandards • Methodendatenbanken

Wissen über die Produktanforderungen

Beschreibung

Inhalt dieses Wissensfeldes ist das Wissen über die Gesamtheit der Anforderungen, welche an das neue bzw. zu modifizierende Produkt gestellt werden. Diese stellen letztlich die Grundlage für die Gestaltung, Bewertung und Auswahl von technischen Problemlösungen dar.

Einordnung

Technisches Wissen: Grundlagen | Methoden | **Produkt**

Inhaltliche Ausprägungen (Beispiele aus den Fallstudien)

- Wissen über die Forderungen und Wünsche des Auftraggebers an das neu zu entwickelnde bzw. zu modifizierende Produkt
- Wissen über gesetzliche Vorgaben der Kundennation zum Einsatz des Produktes
- Wissen über die technischen Anforderungen an das Gesamtprodukt sowie seine Systeme und Komponente
- Wissen über die Anforderungen des Auftraggebers an Sicherheit und Zuverlässigkeit

Konkreter Inhalt beeinflusst durch

Entwicklungssituation
- Herkunft der Entwicklungsaufgabe
- Art der Entwicklungsaufgabe
- Technische Disziplinen

Branchenspezifische Besonderheiten
- Produkt_1, ..., Produkt_4
- Bedarf_2

Wissensträger (Beispiele aus den Fallstudien)

personell	materiell
• Fachleute, Teams, Abteilungen des eigenen Unternehmens • Fachleute, Teams, Abteilungen von Entwicklungspartnern • Vertreter der Kundenorganisation (Bedarfsdecker) • Militärische Produktbegleitungsteams	• Lastenheft des Kunden, Pflichtenheft des Vertriebs • Anforderungsliste • Vertragsunterlagen

Wissen über die Gestalt und Eigenschaften des Produktes

Beschreibung

Dieses Wissensfeld beinhaltet Wissen über die Gestalt des Produktes, seiner Systeme und Komponenten (Hardware und Software) sowie der Schnittstellen zwischen diesen Komponenten. Zudem umfasst dieses Wissensfeld die werkstoff- und konstruktionsbedingten Eigenschaften des Produktes und seiner Komponenten.

Einordnung

Technisches Wissen: Grundlagen | Methoden | **Produkt**

Inhaltliche Ausprägungen (Beispiele aus den Fallstudien)

- Wissen über die Produktstruktur
- Wissen über die Bauform von Komponenten
- Wissen über die Architektur eines Softwaresystems
- Wissen über das Zusammenwirken und die Integration der Systeme und Komponenten
- Wissen über Eigenschaften von Materialien und Materialverbindungen

Konkreter Inhalt beeinflusst durch

Entwicklungssituation
- Art der Entwicklungsaufgabe
- Produktkomplexität
- Technische Disziplinen

Branchenspezifische Besonderheiten
- Produkt_1, Produkt_2

Wissensträger (Beispiele aus den Fallstudien)

personell	materiell
• Fachleute, Teams, Abteilungen des eigenen Unternehmens • Fachleute, Teams, Abteilungen von Entwicklungspartnern	• Skizzen, Entwürfe, Zeichnungen, Schnittstellenpläne • Bauunterlagen, Fertigungsanweisungen • Software-Quellcode, Berechnungs-Algorithmen • Erprobungsergebnisse, Simulationsergebnisse • Prototypen, Komponenten und Systeme des Produktes

Wissen über die Funktionen des Produktes

Beschreibung

Dieses Wissensfeld umfasst das Wissen über die Aufgaben und Funktionen, welche das Produkt bzw. seine Komponenten erfüllen. Zudem fällt das Wissen über die Leistungsfähigkeit und Grenzen der Einsetzbarkeit des Produktes und seiner Komponenten in dieses Wissensfeld.

Einordnung

Technisches Wissen	Grundlagen
	Methoden
	Produkt

Inhaltliche Ausprägungen (Beispiele aus den Fallstudien)

- Wissen über die Haupt- und Nebenfunktionen eines Produktes bzw. seiner Komponenten
- Wissen über die Leistungsfähigkeit von Komponenten und Systemen
- Wissen über die Grenzen der Einsetzbarkeit des Produktes
- Wissen über Fehlermöglichkeiten

Konkreter Inhalt beeinflusst durch

Entwicklungssituation
- Art der Entwicklungsaufgabe
- Produktkomplexität
- Technische Disziplinen

Branchenspezifische Besonderheiten
- Produkt_1, Produkt_2

Wissensträger (Beispiele aus den Fallstudien)

personell	materiell
• Fachleute, Teams, Abteilungen des eigenen Unternehmens • Fachleute, Teams, Abteilungen von Entwicklungspartnern • Vertreter der Kundenorganisation (Bedarfsträger) • Militärische Produktbegleitungsteams	• Funktionsstruktur, Wirkmodelle • Erprobungsergebnisse, Simulationsergebnisse • Prototypen, Labormuster, Funktionsmuster • Komponenten und Systeme des Produktes

Wissen über die Gründe für Gestaltungsentscheidungen

Beschreibung

Dieses Wissensfeld beinhaltet das Wissen über die Gründe für die Entscheidung für oder gegen bestimmte Gestaltungsalternativen bei der Entwicklung des Produktes bzw. seiner Komponenten.

Einordnung

Technisches Wissen	Grundlagen
	Methoden
	Produkt

Inhaltliche Ausprägungen (Beispiele aus den Fallstudien)

- Wissen über Erprobungsergebnisse
- Wissen über verworfene interne Entwürfe
- Wissen über die angewandte Gestaltungsphilosophie
- Wissen über spezielle militärische Forderungen (z.B. Vibrationsfestigkeit, Einsatz in extremen klimatischen Bedingungen)
- Wissen zu übergeordneten Vorgaben

Konkreter Inhalt beeinflusst durch

Entwicklungssituation
- Art der Entwicklungsaufgabe
- Technische Disziplinen

Branchenspezifische Besonderheiten
- Produkt_2, Produkt_3, Produkt_4
- Bedarf_1, Bedarf_2
- Recht_1, Recht_3

Wissensträger (Beispiele aus den Fallstudien)

personell	materiell
• Fachleute, Teams, Abteilungen des eigenen Unternehmens • Fachleute, Teams, Abteilungen von Entwicklungspartnern • Vertreter der Kundenorganisation (Bedarfsträger und Bedarfsdecker) • Militärische Produktbegleitungsteams	• CAD-Systeme, PDM-Systeme • Software-Quellcode • Erprobungsergebnisse, Simulationsergebnisse • Besprechungsprotokolle

Wissen über die Ziele und Inhalte des Entwicklungsprojektes

Beschreibung

Inhalt dieses Wissensfeldes ist das Wissen über die Ziele, die mit dem Entwicklungsprojekt verfolgt werden, deren Priorisierung sowie das Wissen über den inhaltliche Umfang des Projektes.

Einordnung

Organisations-wissen	
	Entwicklungsprojekt
	Entwicklungsprozess
	Unternehmen
	Kooperation

Inhaltliche Ausprägungen (Beispiele aus den Fallstudien)

- Wissen über den inhaltlichen Umfang des Entwicklungsprojektes
- Wissen über den zeitlichen Rahmen des Entwicklungsprojektes
- Wissen über den Kostenrahmen des Entwicklungsprojektes
- Wissen über die Priorisierung der Projektziele
- Wissen über die am Ende des Projektes erwarteten Leistungen und Ergebnisse

Konkreter Inhalt beeinflusst durch

Entwicklungssituation
- Herkunft der Entwicklungsaufgabe
- Priorisiertes Entwicklungsziel

Branchenspezifische Besonderheiten
- Politik_1, Bedarf_3
- Finanz_1, Markt_7

Wissensträger (Beispiele aus den Fallstudien)

personell	materiell
• Fachleute, Teams, Abteilungen des eigenen Unternehmens • Fachleute, Teams, Abteilungen von Entwicklungspartnern • Vertreter der Kundenorganisation (Bedarfsdecker) • Militärische Produktbegleitungsteams	• Projektauftrag • Projekthandbuch, Projekttagebuch • Projektpläne (Projektstrukturplan, Meilenstenplan, etc.) • Besprechungsprotokolle

Wissen über die Strukturierung des Entwicklungsprojektes

Beschreibung

Dieses Wissensfeld beinhaltet Wissen über die Struktur des Entwicklungsprojektes und das Zusammenwirken seiner einzelnen Teile.

Einordnung

Organisations-wissen	
	Entwicklungsprojekt
	Entwicklungsprozess
	Unternehmen
	Kooperation

Inhaltliche Ausprägungen (Beispiele aus den Fallstudien)

- Wissen über Teilprojekte, deren Inhalte und deren Zusammenwirken
- Wissen über die Unterteilung des Projektes in mehrere Entwicklungszyklen, deren Inhalte und Ziele sowie deren Zusammenwirken
- Wissen über geplante Parallelisierungen, Verschiebungen und Umgruppierungen von Phasen
- Wissen über die Aufteilung von Entwicklungsaktivitäten auf die Kooperationspartner
- Wissen über Kommunikationsstrukturen innerhalb des Projektes

Konkreter Inhalt beeinflusst durch

Entwicklungssituation
- Herkunft der Entwicklungsaufgabe
- Produktkomplexität
- Art der Kooperation

Branchenspezifische Besonderheiten
- Produkt_1, Produkt_2
- Markt_3, Markt_4

Wissensträger (Beispiele aus den Fallstudien)

personell	materiell
• Fachleute, Teams, Abteilungen des eigenen Unternehmens • Fachleute, Teams, Abteilungen von Entwicklungspartnern • Vertreter der Kundenorganisation (Bedarfsdecker) • Militärische Produktbegleitungsteams	• Projekthandbuch • Projektpläne (Projektstrukturplan, Netzplan, etc.) • Besprechungsprotokolle

Wissen über den Ablauf des Entwicklungsprozesses

Beschreibung

Inhalt dieses Wissensfeldes ist das Wissen über die Ablaufsegmentierung des Produktentwicklungsprozesses, also seine Phasen und Entscheidungspunkte sowie deren Inhalte. Auch das Wissen über das Zusammenwirken der einzelnen Phasen zur Erreichen der Projektziele ist Teil dieses Wissensfeldes.

Einordnung

Organisations-wissen	
	Entwicklungsprojekt
	Entwicklungsprozess
	Unternehmen
	Kooperation

Inhaltliche Ausprägungen (Beispiele aus den Fallstudien)

- Wissen über die Inhalte der vorhergehenden und nachfolgenden Phasen des Produktentwicklungsprozesses
- Wissen über die eigene Rolle im Gesamtprozess sowie deren Bedeutung für das Gesamtergebnis
- Wissen zu übergeordneten Prozessvorgaben
- Wissen über die an den Entscheidungspunkten durchzuführenden Reviews, deren Ziele und Inhalte sowie die zu beteiligenden Personen

Konkreter Inhalt beeinflusst durch

Entwicklungssituation
- Herkunft der Entwicklungsaufgabe
- Art der Entwicklungsaufgabe
- Technische Disziplinen
- Art der Kooperation

Branchenspezifische Besonderheiten
- Produkt_1, Produkt_2, Technologie_1

Wissensträger (Beispiele aus den Fallstudien)

personell	materiell
• Fachleute, Teams, Abteilungen des eigenen Unternehmens • Fachleute, Teams, Abteilungen von Entwicklungspartnern	• Prozessdokumentation, Verfahrens- und Arbeitsanweisungen • ERP-Systeme, BPM-Systeme • Projektspezifische Vorgaben für die Prozessgestaltung

Wissen über Schnittstellen und Synchronisationspunkte

Beschreibung

Dieses Wissensfeld beinhaltet das Wissen über die Gestaltung der Schnittstellen zu relevanten Prozessen innerhalb (z.B. Beschaffung, Fertigung, Vertrieb, Programm-management) und außerhalb des Unternehmens (z.B. militärische Zulassung, militärische Beschaffung und Nutzungssteuerung, Produktentwicklung der Kooperationspartner). Außerdem ist das Wissen über die Synchronisationspunkte, an denen parallele Teilprozesse zusammengeführt werden, Teil dieses Wissensfeldes.

Einordnung

Organisations-wissen	
	Entwicklungsprojekt
	Entwicklungsprozess
	Unternehmen
	Kooperation

Inhaltliche Ausprägungen (Beispiele aus den Fallstudien)

- Wissen über die Inhalte und Abläufe dieser Prozesse
- Wissen über die zentralen Ansprechpartner an diesen Schnittstellen
- Wissen darüber, welche Leistungen transferiert werden und welche Erwartungen an deren Inhalte und Güte gestellt werden
- Wissen über die Art und Weise der Kommunikation an diesen Schnittstellen

Konkreter Inhalt beeinflusst durch

Entwicklungssituation
- Herkunft der Entwicklungsaufgabe
- Technische Disziplinen
- Art der Kooperation

Branchenspezifische Besonderheiten
- Bedarf_2, Recht_1
- Markt_5

Wissensträger (Beispiele aus den Fallstudien)

personell	materiell
• Fachleute, Teams, Abteilungen des eigenen Unternehmens • Fachleute, Teams, Abteilungen von Entwicklungspartnern • Vertreter der Kundenorganisation (Bedarfsdecker) • Vertreter der Zulassungsbehörde	• Prozessdokumentation, Verfahrens- und Arbeitsanweisungen • ERP-Systeme, BPM-Systeme • Projektspezifische Vorgaben für die Prozessgestaltung • Besprechungsprotokolle • Vertragsdokumentation

Wissen über prozessinterne Kunden-/Lieferantenbeziehungen

Beschreibung

Dieses Wissensfeld umfasst das Wissen über die prozessinternen Kunden und Lieferanten, sowie deren Leistungserwartungen.

Einordnung

Organisations-wissen	
	Entwicklungsprojekt
	Entwicklungsprozess
	Unternehmen
	Kooperation

Inhaltliche Ausprägungen (Beispiele aus den Fallstudien)

- Wissen über die an die nachfolgende Phase zu liefernden Leistungen
- Wissen über zentrale Ansprechpartner der nachfolgenden Phase sowie deren Erwartungen an die zu liefernden Leistungen

Konkreter Inhalt beeinflusst durch

Entwicklungssituation

- Herkunft der Entwicklungsaufgabe
- Technische Disziplinen
- Art der Kooperation
- Priorisiertes Entwicklungsziel

Branchenspezifische Besonderheiten

- Produkt_2, Recht_1

Wissensträger (Beispiele aus den Fallstudien)

personell	materiell
• Fachleute, Teams, Abteilungen des eigenen Unternehmens	• Projekthandbuch, Projektpläne • Prozessdokumentation, Verfahrens- und Arbeitsanweisungen • ERP-Systeme, BPM-Systeme • Projektspezifische Vorgaben für die Prozessgestaltung • Besprechungsprotokolle

Wissen über die im Unternehmen vorhandenen Kenntnisse und Fähigkeiten

Beschreibung

Dieses Wissensfeld umfasst Kenntnisse über die im Unternehmen vorhandene Expertise zu verschiedenen Fachgebieten.

Einordnung

Organisations-wissen	
	Entwicklungsprojekt
	Entwicklungsprozess
	Unternehmen
	Kooperation

Inhaltliche Ausprägungen (Beispiele aus den Fallstudien)

- Wissen über Experten zu bestimmten Problemstellungen
- Wissen darüber, welche Expertise im Unternehmen (nicht) vorhanden ist
- Wissen über Mitarbeiter die bereits an früheren Projekten zur Weiterentwicklung des Produktes beteiligt waren

Konkreter Inhalt beeinflusst durch

Entwicklungssituation

- Art der Entwicklungsaufgabe
- Technische Disziplinen

Branchenspezifische Besonderheiten

- Politik_2

Wissensträger (Beispiele aus den Fallstudien)

personell	materiell
• Fachleute, Teams, Abteilungen des eigenen Unternehmens	• Organigramme • BPM-Systeme, Wiki-Systeme, Netzlaufwerke • Projektabschlussberichte • „Lessons Learned"-Berichte

Wissen über ähnliche Entwicklungsprojekte

Beschreibung

Dieses Wissensfeld umfasst das Wissen über vergangene oder parallel laufende Entwicklungsprojekte, welche dem aktuellen Projekt ähneln und sich daher für einen Austausch von Wissen und Erfahrungen eignen.

Einordnung

Organisations-wissen:
- Entwicklungsprojekt
- Entwicklungsprozess
- Unternehmen
- Kooperation

Inhaltliche Ausprägungen (Beispiele aus den Fallstudien)

- Wissen über die Inhalte, Ziele und Ergebnisse ähnlicher Projekte
- Wissen über die Projektverantwortlichen und Mitarbeiter dieser Projekte, deren Erfahrungswissen für das aktuelle Projekt von Bedeutung ist
- Wissen über Erfahrungen, welche in diesen Projekten gemacht wurden

Konkreter Inhalt beeinflusst durch

Entwicklungssituation
- Herkunft der Entwicklungsaufgabe
- Art der Entwicklungsaufgabe
- Produktkomplexität
- Technische Disziplinen
- Art der Kooperation

Branchenspezifische Besonderheiten
- Produkt_3

Wissensträger (Beispiele aus den Fallstudien)

personell	materiell
• Fachleute, Teams, Abteilungen des eigenen Unternehmens	• Projektabschlussberichte • „Lessons Learned"-Berichte • Intranet, Netzlaufwerke • Content Management Systeme, Wiki-Systeme

Wissen über offizielle Vorgaben und informelle Normen des Unternehmens

Beschreibung

Dieses Wissensfeld beinhaltet sowohl Kenntnisse über die im Unternehmen zu beachtenden offiziellen Vorgaben als auch über die informellen Normen und Regeln der Zusammenarbeit und Kommunikation.

Einordnung

Organisations-wissen:
- Entwicklungsprojekt
- Entwicklungsprozess
- Unternehmen
- Kooperation

Inhaltliche Ausprägungen (Beispiele aus den Fallstudien)

- Wissen über Prozess- und Verfahrensanweisungen des Unternehmens
- Wissen über ungeschriebene Gesetze im Unternehmen

Konkreter Inhalt beeinflusst durch

Entwicklungssituation
- Herkunft der Entwicklungsaufgabe
- Art der Kooperation

Branchenspezifische Besonderheiten
- Produkt_1, Produkt_2
- Politik_2
- Recht_1, Recht_2, Recht_3

Wissensträger (Beispiele aus den Fallstudien)

personell	materiell
• Fachleute, Teams, Abteilungen des eigenen Unternehmens	• BPM-Systeme • spezielle Datenbanken für Normen und Vorgaben • Intranet, Wiki-Systeme • Besprechungsprotokolle • Projekthandbücher

Wissen über die organisatorische Gestaltung der Kooperation

Beschreibung

Inhalt dieses Wissensfeldes sind die Kenntnisse über die unterschiedlichen organisatorischen Facetten der Kooperationsgestaltung.

Einordnung

Organisationswissen:
- Entwicklungsprojekt
- Entwicklungsprozess
- Unternehmen
- **Kooperation**

Inhaltliche Ausprägungen (Beispiele aus den Fallstudien)

- Wissen über die formale Steuerung der gemeinsamen Entwicklungsaktivitäten
- Wissen über Schnittstellen und zentrale Ansprechpartner
- Wissen über die vertraglichen Grundlagen der Zusammenarbeit
- Wissen über die Art und Weise der Beauftragung von Entwicklungspartnern
- Wissen über die Kommunikationswege innerhalb der Entwicklungskooperation

Konkreter Inhalt beeinflusst durch

Entwicklungssituation
- Herkunft der Entwicklungsaufgabe
- Art der Kooperation

Branchenspezifische Besonderheiten
- Politik_3
- Recht_1, Recht_2, Recht_3

Wissensträger (Beispiele aus den Fallstudien)

personell	materiell
• Fachleute, Teams, Abteilungen des eigenen Unternehmens • Fachleute, Teams, Abteilungen von Entwicklungspartnern • Fachleute, Teams, Abteilungen des die Zusammenarbeit koordinierenden Joint Ventures	• Vertragsunterlagen • Projekthandbücher, Kommunikationspläne • Besprechungsprotokolle

Wissen über die Kooperationspartner

Beschreibung

Dieses Wissensfeld umfasst das Wissen über die Kooperationspartner, mit denen zusammen die Entwicklungsaufgaben gelöst werden.

Einordnung

Organisationswissen:
- Entwicklungsprojekt
- Entwicklungsprozess
- Unternehmen
- **Kooperation**

Inhaltliche Ausprägungen (Beispiele aus den Fallstudien)

- Wissen über die Strategie des Entwicklungspartners und seine aktuellen Prioritäten
- Wissen über die Arbeitsweise und die Unternehmenskultur des Entwicklungspartners
- Wissen über das Zusammenwirken des Entwicklungspartners mit seinem nationalen Auftraggeber
- Wissen über das Produktportfolio und bisherige Entwicklungsschwerpunkte von Unterauftragnehmern
- Wissen über die beim Kooperationspartner vorhandenen Kenntnisse und Fähigkeiten

Konkreter Inhalt beeinflusst durch

Entwicklungssituation
- Herkunft der Entwicklungsaufgabe
- Art der Kooperation

Branchenspezifische Besonderheiten
- Recht_2

Wissensträger (Beispiele aus den Fallstudien)

personell	materiell
• Fachleute, Teams, Abteilungen des eigenen Unternehmens • Fachleute, Teams, Abteilungen des Kooperationspartners • Fachleute, Teams, Abteilungen des die Zusammenarbeit koordinierenden Joint Ventures • Fachleute des eigenen Unternehmens, welche in internationalen Teams bzw. beim Kooperationspartner tätig sind	• „Lessons Learned"-Berichte • Projektabschlussberichte • Content Management Systeme, Wiki-Systeme

Wissen über den Bedarf des Kunden

Beschreibung

Inhalt dieses Wissensfeldes sind die Kenntnisse über die Anforderungen und Wünsche der jeweiligen Kunden des Entwicklungsprojektes.

Einordnung

Umfeldwissen
- **Kunde**
- Marktumfeld
- Normen und Gesetze

Inhaltliche Ausprägungen (Beispiele aus den Fallstudien)

- Wissen über die militärischen Einsatzkonzepte für das zu entwickelnde Produkt
- Wissen über aktuelle militärische Einsatzszenarien
- Wissen über die konkreten Abnahmekriterien für die Entwicklungsergebnisse
- Wissen über aktuelle Erkenntnisse aus der Nutzung der Produkte
- Wissen über die Wahrnehmung der Produkteigenschaften und Verbesserungsvorschläge
- Wissen über die aktuellen Beschaffungsaktivitäten des Kunden

Konkreter Inhalt beeinflusst durch

Entwicklungssituation
- Herkunft der Entwicklungsaufgabe

Branchenspezifische Besonderheiten
- Produkt_1, Produkt_2, Produkt_4
- Politik_1
- Bedarf_1, Bedarf_2, Bedarf_3

Wissensträger (Beispiele aus den Fallstudien)

personell
- Fachleute, Teams, Abteilungen des eigenen Unternehmens
- Fachleute, Teams, Abteilungen des Kooperationspartners
- Vertreter der Kundenorganisation (Bedarfsträger und Bedarfsdecker)

materiell
- Lastenheft des Kunden, Anforderungslisten
- Vertragsunterlagen

Wissen über die Kundenorganisation

Beschreibung

Dieses Wissensfeld umfasst die Kenntnisse über organisatorische Struktur des Kunden, die internen Rahmenbedingungen sowie relevante Interessengruppen und deren Zusammenwirken.

Einordnung

Umfeldwissen
- **Kunde**
- Marktumfeld
- Normen und Gesetze

Inhaltliche Ausprägungen (Beispiele aus den Fallstudien)

- Wissen über den Aufbau der Kundenorganisation
- Wissen über Kommunikationsstrukturen innerhalb der Kundenorganisation
- Wissen über die für das Entwicklungsprojekt relevanten Anspruchsgruppen
- Wissen über zentrale Ansprechpartner und Entscheidungsträger
- Wissen über die für das Entwicklungsprojekt relevanten Wissensquellen
- Wissen darüber, in welchen Phasen der Entwicklung diese Vertreter der Kundenorganisation einzubinden sind und wie diese Einbindung erfolgen kann

Konkreter Inhalt beeinflusst durch

Entwicklungssituation
- Herkunft der Entwicklungsaufgabe

Branchenspezifische Besonderheiten
- Markt_3, Markt_5

Wissensträger (Beispiele aus den Fallstudien)

personell
- Fachleute, Teams, Abteilungen des eigenen Unternehmens
- Fachleute, Teams, Abteilungen des Kooperationspartners
- Vertreter der Kundenorganisation (Bedarfsträger und Bedarfsdecker)
- Vertreter des militärischen Entwicklungspartners

materiell
- Organigramme
- Broschüren, Berichte
- Vorgehensbeschreibungen, Besondere Anweisungen, militärische Verwaltungsvorschriften
- Projektabschlussberichte

Wissen über die Kundenbeziehung

Beschreibung

Dieses Wissensfeld umfasst die Kenntnisse über die Beziehung zu dem jeweiligen Kunden und die Erfahrungen, die bereits in früheren Entwicklungsprojekten mit diesem Kunden gemacht wurden.

Einordnung

Umfeldwissen
- Kunde
- Marktumfeld
- Normen und Gesetze

Inhaltliche Ausprägungen (Beispiele aus den Fallstudien)

- Wissen über das Auftraggeber-Auftragnehmer-Verhältnis
- Wissen über das gemeinsame Vorgehen in bereits abgeschlossenen Entwicklungsvorhaben
- Wissen über die finanziellen Möglichkeiten des Kunden

Konkreter Inhalt beeinflusst durch

Entwicklungssituation
- Herkunft der Entwicklungsaufgabe

Branchenspezifische Besonderheiten
- Politik_1
- Finanz_1, Finanz_2
- Markt_1, Markt_2, Markt_3
- Markt_4, Markt_7

Wissensträger (Beispiele aus den Fallstudien)

personell	materiell
• Fachleute, Teams, Abteilungen des eigenen Unternehmens • Fachleute, Teams, Abteilungen des Kooperationspartners • Vertreter der Kundenorganisation (Bedarfsträger und Bedarfsdecker) • Vertreter des militärischen Entwicklungspartners	• Projektabschlussberichte • „Lessons Learned"-Berichte

Wissen über die militärische Zulassung

Beschreibung

Inhalt dieses Wissensfeldes ist das Wissen über die Inhalte, Anforderungen und Verfahren der militärischen Zulassung des jeweiligen Kunden.

Einordnung

Umfeldwissen
- Kunde
- Marktumfeld
- Normen und Gesetze

Inhaltliche Ausprägungen (Beispiele aus den Fallstudien)

- Wissen über die Inhalte und Abläufe des militärischen Zulassungsprozesses
- Wissen über zentrale Ansprechpartner und Entscheidungsträger der militärischen Zulassungsbehörde
- Wissen über offizielle Vorgaben und informelle Regelungen zur Zusammenarbeit mit der militärischen Zulassung
- Wissen über die Auslastung und aktuelle Prioritäten der Zulassungsbehörde

Konkreter Inhalt beeinflusst durch

Entwicklungssituation
- Herkunft der Entwicklungsaufgabe

Branchenspezifische Besonderheiten
- Produkt_2
- Recht_1

Wissensträger (Beispiele aus den Fallstudien)

personell	materiell
• Fachleute, Teams, Abteilungen des eigenen Unternehmens • Fachleute, Teams, Abteilungen des Kooperationspartners • Fachleute, Teams, Abteilungen des Joint Ventures • Vertreter der Kundenorganisation (Bedarfsdecker) • Vertreter der Zulassungsbehörde	• Vertragsunterlagen • Prozessdokumentation, Verfahrens- und Arbeitsanweisungen • Vorgehensbeschreibungen, Besondere Anweisungen, militärische Verwaltungsvorschriften

Wissen über Markt und Wettbewerber

Beschreibung

Dieses Wissensfeld beinhaltet das Wissen über das Marktumfeld, in dem das Entwicklungsprojekt durchgeführt wird. Dabei stehen einerseits konkurrierende Unternehmen und ihre Produkte im Vordergrund und andererseits das Wissen über den Markt selbst.

Einordnung

Umfeldwissen
- Kunde
- **Marktumfeld**
- Normen und Gesetze

Inhaltliche Ausprägungen (Beispiele aus den Fallstudien)

- Wissen über ähnliche Produkte von Wettbewerbern
- Wissen über die Strategien, Prioritäten und Kompetenzen von zentralen Wettbewerbern
- Wissen über die Stellung des eigenen Unternehmens am Markt
- Wissen über Entwicklungen und aktuelle Trends im Markt

Konkreter Inhalt beeinflusst durch

Entwicklungssituation
- Herkunft der Entwicklungsaufgabe
- Art der Entwicklungsaufgabe

Branchenspezifische Besonderheiten
- Politik_3
- Technologie_3
- Markt_1, Markt_2, Markt_6, Markt_7

Wissensträger (Beispiele aus den Fallstudien)

personell	materiell
• Fachleute, Teams, Abteilungen des eigenen Unternehmens • Fachleute, Teams, Abteilungen des Kooperationspartners • Vertreter der Kundenorganisation (Bedarfsdecker) • Experten von Beratungsdienstleistern	• Studien und Berichte • Marktanalysen

Wissen über rechtliche Vorgaben für die Entwicklung

Beschreibung

Dieses Wissensfeld beinhaltet das Wissen über die für das Entwicklungsprojekt relevanten rechtlichen Anforderungen und Richtlinien, welche von außen auferlegt sind.

Einordnung

Umfeldwissen
- Kunde
- Marktumfeld
- **Normen und Gesetze**

Inhaltliche Ausprägungen (Beispiele aus den Fallstudien)

- Wissen über die Auswirkungen der Exportgesetzgebung auf die Aktivitäten der Produktentwicklung
- Wissen über gesetzlich geregelte Produktanforderungen (sowohl von ziviler als auch von militärischer Seite)
- Wissen über den Handlungsspielraum der Produktentwicklung innerhalb der luftrechtlichen Bestimmungen
- Wissen über Restriktionen des öffentlichen Haushaltsrechts

Konkreter Inhalt beeinflusst durch

Entwicklungssituation
- Art der Entwicklungsaufgabe

Branchenspezifische Besonderheiten
- Finanz_3
- Recht_1, Recht_2, Recht_3
- Markt_3, Markt_4, Markt_6

Wissensträger (Beispiele aus den Fallstudien)

personell	materiell
• Fachleute, Teams, Abteilungen des eigenen Unternehmens • Fachleute, Teams, Abteilungen des Kooperationspartners • Vertreter der Kundenorganisation (Bedarfsträger und Bedarfsdecker) • Experten von Beratungsdienstleistern	• Militärische und zivile Normen • Gesetzestexte • Intranet, Wiki-Systeme • BPM-Systeme

Literaturverzeichnis

Ahlert, M.; Spelsiek, J.; Blaich, G. (2006): *Vernetztes Wissen: Organisationale, motivationale, kognitive und technologische Aspekte des Wissensmanagements in Unternehmensnetzwerken.* Wiesbaden 2006.

Ahmed, S.; Blessing, L. T. M.; Wallace, K. M. (2003): *Understanding the Differences between how Novice and Experienced Designers Approach Design Tasks.* In: Research in Engineering Design, Vol. 14 (2003), No. 1, pp. 1–11.

Alavi, M.; Leidner, D. E. (2001): *Knowledge Management and Knowledge Management Systems. Conceptual Foundations and Research Issues.* In: MIS Quarterly, Vol. 25 (2001), No. 1, pp. 107–136.

Alwert, K. (2005): *Die integrierte Wissensbewertung – ein prozessorientierter Ansatz.* In: Mertins, K.; Alwert, K.; Heisig, P. (Hrsg.): Wissensbilanzen. Intellektuelles Kapital erfolgreich nutzen und entwickeln. Berlin 2005, S. 253–277.

Amelingmeyer, J. (2004): *Wissensmanagement. Analyse und Gestaltung der Wissensbasis von Unternehmen.* 3. Auflage, Wiesbaden 2004.

Augustin, S. (1990): *Information als Wettbewerbsfaktor: Informationslogistik – Herausforderung an das Management.* Köln 1990.

Badke-Schaub, P.; Frankenberger, E. (2004): *Management kritischer Situationen. Produktentwicklung erfolgreich gestalten.* Berlin 2004.

BAFA (2011): *Kurzdarstellung Exportkontrolle: Genehmigungspflichten, Antragsverfahren, Informationsquellen.* Bundesamt für Wirtschaft und Ausfuhrkontrolle. Eschborn 2011. Online verfügbar unter http://www.ausfuhrkontrolle.info/ausfuhrkontrolle/de/arbeitshilfen/merkblaetter/kurzdarstellung.pdf (Stand: 02.07.2013).

Bahemia, H.; Squire, B. (2007): *Integrating Knowledge Management into New Product Development.* Case Study – Executive Briefing. Manchester Business School 2007. Online verfügbar unter http://pdf.aminer.org/000/247/991/a_case_study_of_integrating_knowledge_management_into_the_supply.pdf (Stand: 02.05.2013).

Baudach, T.; Kirsch, M.; Kleiner, S. (2009): *Einführung des prozessorientierten Wissensmanagements in Produktentwicklungsprozessen.* In: Bentele, M.; Gronau, N.; Schütt, P.; Weber, M. (Hrsg.): 14. Kongress zum Wissensmanagement in Unternehmen und Organisationen. „Neue

Horizonte für das Unternehmenswissen - Social Media, Collaboration, Mobility". Berlin 2009, S. 453–461.

Bayer, S. (2013): *Der Einzelplan 14: Theoretische Bestimmungsgründe und praktische Ausgestaltung des Verteidigungshaushaltes.* In: Wiesner, I. (Hrsg.): Deutsche Verteidigungspolitik. Baden-Baden 2013, S. 239–262.

BDI (2009): *Qualitätssicherung bei Aufträgen der Bundeswehr.* Bundesverband der Deutschen Industrie. 6. Ausgabe. Berlin 2006. Online verfügbar unter http://www.bdi.eu/download_content/Marketing/BDI_Auftraege_Bundeswehr_Web.PDF (Stand: 02.07.2013).

Berger, S. (2002): *Wissensmanagement in der Produktentwicklung. Methoden und Instrumente des Wissensmanagements.* In: Westkämper, E.; Schraft, R. D.; Sihn, W. (Hrsg.): Zukunftssicherung und Risikooptimierung in der Produktentwicklung. Fraunhofer IPA-Tagung F81, 14. November 2002. Stuttgart 2002, S. 151–161.

Berndt, R.; Fantapié Altobelli, C.; Sander, M. (2010): *Internationales Marketing-Management.* Berlin 2010.

Bertges, F. (2009): *Der fragmentierte europäische Verteidigungsmarkt. Sektorenanalyse und Handlungsoptionen.* Frankfurt am Main 2009.

Bertoni, M.; Johansson, C.; Larsson, T. C. (2011): *Methods and Tools for Knowledge Sharing in Product Development.* In: Bordegoni, M.; Ricci, C. (Eds.): Innovation in Product Design. From CAD to Virtual Prototyping. London 2011, S. 37–53.

Blessing, L. T. M.; Chakrabarti, A. (2009): *DRM, a Design Research Methodology.* London 2009.

BMVg (2006): *Weißbuch 2006 zur Sicherheitspolitik Deutschlands und zur Zukunft der Bundeswehr.* Bundesministerium der Verteidigung. Berlin 2006.

BMVg (2011): *Verteidigungspolitische Richtlinien. Nationale Interessen wahren - Internationale Verantwortung übernehmen - Sicherheit gemeinsam gestalten.* Bundesministerium der Verteidigung. Berlin 2011.

BMVg (2012): *Customer Product Management (nov.). Verfahrensbestimmungen für die Bedarfsermittlung, Bedarfsdeckung und Nutzung in der Bundeswehr.* Bundesministerium der Verteidigung. Bonn 2012.

BMWi (2004): *Handbuch für den Geheimschutz in der Wirtschaft.* Bundesministerium für Wirtschaft und Arbeit. Berlin 2004. Online verfügbar unter https://bmwi-sicherheitsforum.de/handbuch (Stand: 05.07.2013).

BMWi (2011): *Bericht der Bundesregierung über ihre Exportpolitik für konventionelle Rüstungsgüter im Jahre 2010: Rüstungsexportbericht 2010.* Bundesministerium für Wirtschaft und Technologie. Berlin 2011. Online verfügbar unter http://www.bmwi.de/BMWi/Redaktion/PDF/Publikationen/ruestungsexportbericht-2010 (Stand: 02.07.2013).

Böer, J.; Groba, A.; Hohmann, H. (2008): *Praxis der US-(Re-)Exportkontrolle: EAR, ITAR, OFAC: US-Regelungen sicher beherrschen.* Köln 2008.

Börjesson, S.; Elmquist, M. (2008): *Aiming at Innovation in the Context of Disruptive Market Change. A Case Study from the Swedish Defence Industry.* Chalmers University of Technology. Center for Business Innovation Working Paper No 6. Göteborg 2008. Online verfügbar unter http://www2.warwick.ac.uk/fac/soc/wbs/conf/olkc/archive/olkc3/papers/contribution193.pdf (Stand: 05.07.2013).

Boppert, J. (2008): *Entwicklung eines wissensorientierten Konzeptes zur adaptiven Logistikplanung.* Technische Universität München 2008. Online verfügbar unter http://www.fml.mw.tum.de/fml/images/Publikationen/Boppert.pdf (Stand: 02.05.2013).

Borchardt, A.; Göthlich, S. E. (2007): *Erkenntnisgewinnung durch Fallstudien.* In: Albers, S.; Klapper, D.; Konradt, U.; Walter, A.; Wolf, J. (Hrsg.): Methodik der empirischen Forschung. 2., überarbeitete und erweiterte Auflage, Wiesbaden 2007, S. 33–48.

Borchert, H. (2004): *Potentiale statt Arsenale: Einleitung.* In: Borchert, H. (Hrsg.): Potentiale statt Arsenale. Hamburg 2004, S. 7–10.

Bortz, J.; Döring, N. (2006): *Forschungsmethoden und Evaluation für Human- und Sozialwissenschaftler.* 4., überarbeitete Auflage, Heidelberg 2006.

Bremer, W. (2012): *Neuer Ausrüstungs- und Nutzungsprozess schafft klare Verantwortlichkeiten. Interview mit Konteradmiral Wolfgang Bremer, stellvertretender Abteilungsleiter Ausrüstung, Informationstechnik und Nutzung (AIN) im Bundesministerium der Verteidigung.* In: Europäische Sicherheit & Technik, 1. Jg. (2012), Nr. 6, S. 55–56.

Brockhoff, K. (2011): *Management des Wissens als Hauptaufgabe des Technologie- und Innovationsmanagements.* In: Albers, S.; Gassmann, O. (Hrsg.): Handbuch Technologie- und Innovationsmanagement. 2. Auflage, Wiesbaden 2011, S. 39–60.

Buch, D. (2012): *Die Zukunft des Eurofighters: Multifunktionalität als entscheidender Vorzug.* SWP-Studie (3), Stiftung Wissenschaft und Politik. Berlin 2012. Online verfügbar unter http://www.swp-berlin.org/fileadmin/contents/products/studien/2012_S03_bch.pdf (Stand: 02.07.2013).

Buchholtz, G.; Buckow, J.; Denger, C.; Reuner, T.; Landgraf, K.; Rüttinger, A.; Schütz, O.; Weilkiens, T. (2011): *Agiles Projektmanagement für Systeme im regulatorischen Umfeld.*

In: Maurer, M.; Schulze, S.-O. (Hrsg.): Tag des Systems Engineering. Komplexe Herausforderungen meistern. Hamburg 9. - 11. November 2011. München 2011, S. 161–172.

Brune, S.-C.; Dickow, M.; Linnenkamp, H.; Mölling, C. (2010). *Die Bundeswehr in Zeiten der Finanzkrise: Nationale Restrukturierung und europäische Effizienzpotentiale nutzen.* SWP-Aktuell 2010 (5), Stiftung Wissenschaft und Politik, Berlin. Online verfügbar unter http://www.swp-berlin.org/de/publikationen/swp-studien-de/swp-studien-detail/article/bundeswehr_in_der_finanzkrise.html (Stand: 02.07.2013).

Cappuro, R. (2003): *Skeptisches Wissensmanagement.* In: Fischer, P.; Hubig, C.; Koslowski, P. (Hrsg.): Wirtschaftsethische Fragen der E-Economy. Heidelberg 2003, S. 67–85.

Clark, K. B.; Fujimoto, T. (1991): *Product Development Performance. Strategy, Organization, and Management in the World Auto Industry.* Boston, MA 1991.

Clark, K. B.; Wheelwright, S. C. (1993): *Managing New Product and Process Development. Text and Cases.* New York, NY 1993.

Cloonan, J.; Matheus, T.; Sellini, F. (2008): *The Impact of Trust and Power on Knowledge Sharing in Design Projects. Some Empirical Evidence from the Aerospace Industry.* In: Marjanovic, D. (Ed.): Proceedings of the 10th International Design Conference, Dubrovnik, Croatia, May 19 - 22, 2008. Online verfügbar unter http://nrl.northumbria.ac.uk/11920/1/Matheus_Trust_power_in_supply_chains.pdf (Stand: 12.06.2013).

Cooper, R. G.; Kleinschmidt, E. J. (1990): *New Products: The Key Success Factors in Success.* Chicago, IL 1990.

Deckert, C. (2002): *Wissensorientiertes Projektmanagement in der Produktentwicklung.* Aachen 2002.

Dickow, M. (2010): *Rüstungskooperation 2.0: Notwendige Lehren aus dem A400M-Projekt.* SWP-Aktuell 2010 (36), Stiftung Wissenschaft und Politik, Berlin. Online verfügbar unter http://www.swp-berlin.org/fileadmin/contents/products/aktuell/2010A36_dkw_ks.pdf (Stand: 14.07.2013).

Dickow, M.; Buch, D. (2012): *Europäische Rüstungsindustrie: Kein Heil im Export.* SWP-Aktuell 2012 (13), Stiftung Wissenschaft und Politik, Berlin. Online verfügbar unter http://www.swp-berlin.org/fileadmin/contents/products/aktuell/2012A13_dkw_bch.pdf (Stand: 02.07.2013).

Ehrlenspiel, K.; Meerkamm, H. (2013): *Integrierte Produktentwicklung: Denkabläufe, Methodeneinsatz, Zusammenarbeit.* 5., überarbeitete und erweiterte Auflage, München 2013.

Eisenhardt, K. M. (1989): *Building Theories from Case Study Research.* In: The Academy of Management Review, Vol. 14 (1989), No. 4, pp. 532–550.

Engeln, W. (2011): *Methoden der Produktentwicklung. Skripten Automatisierungstechnik.* 2. Auflage, München 2011.

Ernst, H. (2007): *Management der Neuproduktentwicklung.* In: Albers, S.; Herrmann, A. (Hrsg.): Handbuch Produktmanagement. Wiesbaden 2007, S. 422–444.

Expertengespräch 1: *Head of Sales Germany.* Systemhersteller für Luftfahrzeuge, Perspektive „Vertrieb".

Expertengespräch 2: *Process Manager Engineering.* Systemhersteller für Lenkflugkörper, Perspektive „Produktentwicklung".

Expertengespräch 3: *Process Manager.* Systemhersteller für Luftfahrzeuge, Perspektive „Prozessmanagement".

Expertengespräch 4: *Head of R&D Coordination.* Systemhersteller für Luftfahrzeuge, Perspektive „Forschung und Entwicklung".

Expertengespräch 5: *Leiter Ausbildungsgruppe.* Jagdgeschwader der Deutschen Luftwaffe, Perspektive „Operationelle Nutzung".

Expertengespräch 6: *Leiter Typenbegleitmannschaft.* Waffensystemkommando der Deutschen Luftwaffe, Perspektive „Operationelle Erprobung".

Expertengespräch 7: *Abteilungsleiter.* Projektabteilung Luft des BAAINBw, Perspektive „Beschaffung".

Expertengespräch 8: *Waffensystem-Referent.* Führungsstab der Luftwaffe im BMVg, Perspektive „Planung und Konzeption".

Fischer, J. O.; Götze, W.; Leidich, E.; Köhler, S. (2006): *Management von Kostenwissen im Konstruktionsprozess.* In: Verein Deutscher Ingenieure (Hrsg.): Ingenieurwissen effektiv managen. Tagung Berlin, 14. und 15. September 2006. Düsseldorf 2006, S. 275–296.

Fleischer, J.; Klinkel, S. (2003): *Kundenorientierte Innovation und Management von Kundenwissen.* In: Bungard, W.; Fleischer, J.; Nohr, H.; Spath, D.; Zahn, E. (Hrsg.): Customer Knowledge Management. Erste Ergebnisse des Projektes „Customer Knowledge Management – Integration und Nutzung von Kundenwissen zur Steigerung der Innovationskraft". Stuttgart 2003, S. 89–104. Online verfügbar unter http://www.customer-knowledge-management.de/Content/CKM_Bericht_neu.pdf (Stand: 15.06.2013).

Flick, U. (2011): *Triangulation. Eine Einführung.* 3., aktualisierte Auflage, Wiesbaden 2011.

Franken, R.; Franken, S. (2011): *Integriertes Wissens- und Innovationsmanagement.* Wiesbaden 2011.

Gareis, S. B. (2006): *Deutschlands Außen- und Sicherheitspolitik: Eine Einführung.* 2. Auflage, Opladen 2006.

Gassmann, O. (1997): *Kreativer Freiraum für Entwickler - Eine Zweiteilung des F&E-Prozesses steigert die Innovationsrate.* In: io management, 66. Jg. (2010), Nr. 7-8, S. 26–33.

Gassmann, O.; Sutter, P. (2013): *Innovationsprozesse.* In: Gassmann, O.; Sutter, P. (Hrsg.): Praxiswissen Innovationsmanagement. Von der Idee zum Markterfolg. 3., überarbeitete und erweiterte Auflage, München 2013, S. 37–51.

Geiger, W. (1995): *Die Entstehung, Erstellung und Weiterentwicklung der DIN ISO 9000-Familie.* In: Stauss, B. (Hrsg.): Qualitätsmanagement und Zertifizierung. Wiesbaden 1995, S. 27–62.

Gerhards, S.; Trauner, B. (2007): *Wissensmanagement. 7 Bausteine für die Umsetzung in der Praxis.* 3. Auflage, München 2007.

Gilbert, D. U. (2006): *Systemvertrauen in Unternehmensnetzwerken. Eine Positionsbestimmung aus strukturationstheoretischer Perspektive.* In: Götz, K. (Hrsg.) Vertrauen in Organisationen. München 2006, S. 113–134.

Gillham, B. (2000): *Case Study Research Methods.* London 2000.

Gissler, A. (1999): *Wissensmanagement: Steigerung der Entwicklungseffizienz durch eine modellbasierte Vorgehensweise zur Umsetzung von Wissensmanagement in der Produktentwicklung.* Kaiserslautern 1999.

Gläser, J.; Laudel, G. (2010): *Experteninterviews und qualitative Inhaltsanalyse.* 4. Auflage, Wiesbaden 2010.

Glas, M.; Seitz, A. (2012): *Application of Agile Methods in Conceptual Aircraft Design.* Deutscher Luft- und Raumfahrtkongress, 10. - 12. September 2012, Berlin. Online verfügbar unter http://www.dglr.de/publikationen/2012/281384.pdf (Stand: 10.06.2014).

Glahn, C. von (2009): *Wissensmanagement als Fundament der lernenden Organisation. Ein definitorischer Rundumschlag.* In: Keuper, F. (Hrsg.): Wissens- und Informationsmanagement. Wiesbaden 2009, S. 5–32.

Göpfert, J. (2009): *Modulare Produktentwicklung: Zur gemeinsamen Gestaltung von Technik und Organisation. Theorie, Methodik, Praxis.* 2. Auflage, Norderstedt 2009.

Grabowski, H.; Geiger, K. (1997): *Neue Wege zur Produktentwicklung.* Stuttgart 1997.

Grams, C. (2007): *Transatlantische Rüstungskooperation. Bedingungsfaktoren und Strukturen im Wandel (1990 - 2005).* Baden-Baden 2007.

Grams, C.; Schütz, F. (2006): *Die europäische Rüstung der Zukunft – Zwänge zwischen nationalem Rahmen und globalen Trends.* In: Krause, J. und Irlenkäuser, J. C. (Hrsg.) Bundeswehr – Die nächsten 50 Jahre. Anforderungen an deutsche Streitkräfte im 21. Jahrhundert. Opladen 2006, S. 291–311.

Gross, T.; Koch, M. (2007): *Computer-Supported Cooperative Work.* München 2007.

Grosser, H.; Neumann, S.; Kuhn, D. (2011): *Instandhaltungsgerechtes Konstruieren. Digitale Unterstützungspotenziale des Produktentwicklungsprozesses.* In: Zeitschrift für wirtschaftlichen Fabrikbetrieb, 106. Jg. (2010), Nr. 12, S. 979–983.

Häder, M. (2010): *Empirische Sozialforschung. Eine Einführung.* 2., überarbeitete Auflage, Wiesbaden 2010.

Hanel, D. (2003): *Die Bundeswehr und die deutsche Rüstungsindustrie.* Bonn 2003.

Hanel, D. (2012): *Streitkräfte und Rüstung. Die Panzerindustrie.* Bonn 2012.

Hanselmann, J. (2001): *Wissenstransfer zwischen Produktentwicklungsprozessen.* Heimsheim 2001.

Hasler Roumois, U. (2007): *Studienbuch Wissensmanagement: Grundlagen der Wissensarbeit in Wirtschafts-, Non-Profit- und Public-Organisationen.* Zürich 2007.

Heimann, B.; Gerth, W.; Popp, K. (2007): *Mechatronik. Komponenten, Methoden, Beispiele.* 3. Auflage, München 2007.

Heisig, P.; Orth, R. (2005): *Wissensmanagement Frameworks aus Forschung und Praxis. Eine inhaltliche Analyse.* Berlin 2005. Online verfügbar unter http://www.wissensmanagement.fraunhofer.de/images/stories/documents/publikationen/wm_frameworks_heisig_orth_final.pdf (Stand: 01.05.2013).

Heisig, P.; Caldwell, N. H. M.; Grebici, K.; Clarkson, P. J. (2010): *Exploring Knowledge and Information Needs in Engineering from the Past and for the Future. Results from a Survey.* In: Design Studies, Vol. 31 (2010), No. 5, pp. 499–532.

Helfer, M.; Kötter, W.; Kunze, M.; Seeling, T. (2012): *Interdisziplinäre Annäherung an den Vertrauensbegriff.* In: Longmuß, J.; Spanner-Ulmer, B.; Kullman, G.; Bullinger, A. C. (Hrsg.): Das Konzept Systemvertrauen. Vertrauen als Grundlage von Zusammenarbeit und wirtschaftlichem Erfolg. Chemnitz 2013, S. 11–20. Online verfügbar unter www.tu-chemnitz.de/mb/ArbeitsWiss/neu/stabiflex/sites/default/files/Dokumente/das_konzept_systemvertrauen.pdf (Stand: 01.06.2014).

Helmig, J.; Schörnig, N. (2008): *Die Transformation der Streitkräfte im 21. Jahrhundert - Eine kritische Bestandsaufnahme.* In: Helmig, J. und Schörnig, N. (Hrsg.): Die Transformation der Streitkräfte im 21. Jahrhundert. Militärische und politische Dimensionen der aktuellen 'Revolution in Military Affairs'. Frankfurt am Main 2008, S. 11–32.

Herrmann, T. (2012): *Kreatives Prozessdesign. Konzepte und Methoden zur Integration von Prozessorganisation, Technik und Arbeitsgestaltung.* Berlin 2012.

Herstatt, C.; Verworn, B. (2007): *Bedeutung und Charakteristika der frühen Phasen des Innovationsprozesses.* In: Herstatt, C.; Verworn, B. (Hrsg.): Management der Frühen Innovationsphasen. Grundlagen – Methoden – Neue Ansätze. 2., überarbeitete und erweiterte Auflage, Wiesbaden 2007, S. 4–23.

Heumann, H. (2013): *Der Rüstungsprozess – Wesen, Entwicklung, Herausforderungen.* In: Wiesner, I. (Hrsg.): Deutsche Verteidigungspolitik. Baden-Baden 2013, S. 263–291.

Heynen, C. (2001): *Wissensmanagement im Berechnungsprozess der Produktentwicklung.* Düsseldorf 2001.

Hinsch, M. (2013): *Industrielles Luftfahrtmanagement. Technik und Organisation luftfahrttechnischer Betriebe.* 2. überarbeitete und erweiterte Auflage, Berlin 2013.

Hohmann, H.; Ahmad, R. (2011): *US-Rüstungsgüterrecht ITAR erschwert Kooperation.* In: ExportManager, 2. Jg. (2011), Nr. 2, S. 18–19. Online verfügbar unter http://www.exportmanager-online.de/file_download/139/Mrz2011_US-Ruestungsgueterrecht+ITAR+erschwert+Kooperation.pdf (Stand: 02.07.2013).

Hong, P.; Doll, W. J.; Revilla, E.; Nahm, A. Y. (2011): *Knowledge Sharing and Strategic Fit in Integrated Product Development Projects. An Empirical Study.* In: International Journal of Production Economics, Vol. 132 (2011), No. 2, pp. 186–196.

Hooey, B. L.; Foyle, D. C. (2007): *Requirements for a Design Rationale Capture Tool to Support NASA's Complex Systems.* In: Proceedings of 3rd International Workshop on Managing Knowledge for Space Missions. Pasadena 2007. Online verfügbar unter http://human-factors.arc.nasa.gov/publications/Hooey_KM2007.pdf (Stand: 13.06.2013).

Hsuan, J. (1999): *Modularization in New Product Development. A Mathematical Modeling Approach.* Paper prepared for the DRUID Summer Conference on National Innovation Systems, Industrial Dynamics and Innovation Policy, June 9-12, 1999, Rebild, Denmark. Online verfügbar unter http://www.druid.dk/uploads/tx_picturedb/ds1999-60.pdf (Stand: 03.05.2013).

Hughes, G. D.; Chafin, D. C. (1996): *Turning New Product Development into a Continuous Learning Process.* In: Journal of Product Innovation Management, Vol. 13 (1996), No. 2, pp. 89–104.

Huet, G.; McMahon, C. A.; Sellini, F.; Culley, S. J.; Fortin, C. (2007): *Knowledge Loss in Design Reviews.* In: Tichkiewitch, S.; Tollenaere, M.; Ray, P. (Eds.): Advances in Integrated Design and Manufacturing in Mechanical Engineering II. Dordrecht 2007, S. 277–291.

Johansson, C.; Hicks, B.; Larsson, A. C.; Bertoni, M. (2011): *Knowledge Maturity as a Means to Support Decision Making During Product-Service Systems Development Projects in the Aerospace Sector.* In: Project Management Journal, Vol. 42 (2011), No. 2, pp. 32–50.

de Jong, T.; Ferguson-Hessler, M. G. M. (1996): *Types and Qualities of Knowledge.* In: Educational Psychologist, Vol. 31 (1996), No. 2, pp. 105–113. Online verfügbar unter http://doc.utwente.nl/26717/1/types.pdf (Stand: 02.05.2013).

Jürgens, U. (1999): *Die Rolle der Wissensarbeit bei der Produktentwicklung.* In: Konrad, W.; Schumm, W. (Hrsg.): Wissen und Arbeit. Neue Konturen von Wissensarbeit. Münster 2008, S. 58–76.

Katenkamp, O. (2011): *Implizites Wissen in Organisationen. Konzepte, Methoden und Ansätze im Wissensmanagement.* Wiesbaden 2011.

Kaiser, J.-M.; Conrad, J.; Köhler, C.; Wanke, S.; Weber, C. (2008): *Classification of Tools and Methods for Knowledge Management in Product Development.* In: Marjanovic, D. (Ed.): Proceedings of the 10th International Design Conference, Dubrovnik, Croatia, May 19 - 22, 2008. Online verfügbar unter http://scidok.sulb.uni-saarland.de/volltexte/2008/1709/pdf/Classification_of_tools_and_methods_for_knowledge_management_in_product_development.pdf (Stand: 12.06.2013).

Kern, E.-M. (2005): *Verteilte Produktentwicklung. Rahmenkonzept und Vorgehensweise zur organisatorischen Gestaltung.* Berlin 2005.

Kessler, E. H. (2003): *Leveraging e-R&D Processes: A Knowledge-based View.* In: Technovation, Vol. 23 (2003), No. 12, pp. 905–915.

Klabunde, S. (2003): *Wissensmanagement in der integrierten Produkt- und Prozessgestaltung. Best-Practice-Modelle zum Management von Meta-Wissen.* Wiesbaden 2003.

Klaua, U.; Kern, E.-M. (2007): *Beschleunigung von Entwicklungsprozessen durch die Verbesserung des Wissenstransfers – dargestellt am Beispiel der Diesellokentwicklung der Voith Turbo Lokomotivtechnik.* In: Gronau, N. (Hrsg.): 4. Konferenz Professionelles Wissensmanagement – Erfahrungen und Visionen, Band 1. Berlin 2007, S. 279–286.

Knudsen, M. P. (2007): *The Relative Importance of Interfirm Relationships and Knowledge Transfer for New Product Development Success.* In: Journal of Product Innovation Management, Vol. 24 (2007), No. 2, pp. 117–138.

Köhler, J.; Oswald, A. (2009): *Die Collective Mind Methode. Projekterfolge durch Soft Skills.* Berlin, Heidelberg 2009.

Kohlbacher, F. (2008): *Knowledge-based New Product Development: Fostering Innovation through Knowledge Co-creation.* In: International Journal of Technology Intelligence and Planning, Vol. 4 (2008), No. 3, pp. 326–346.

KOM-EG (2004): *Grünbuch. Beschaffung von Verteidigungsgütern.* Kommission der europäischen Gemeinschaften. Brüssel 2004. Online verfügbar unter http://eur-lex.europa.eu/LexUriServ/site/de/com/2004/com2004_0608de01.pdf (Stand: 05.07.2013).

Krcmar, H. (20005): *Informationsmanagement.* 4., überarbeitete und erweiterte Auflage, Berlin, Heidelberg 2005.

Krehmer, H.; Eckstein, R.; Lauer, W.; Roelofson, J.; Stöber, C.; Troll, A.; Zapf, J.; Weber, N.; Meerkamm, H.; Henrich, A.; Lindemann, U.; Rieg, F.; Wartzack, S. (2010): *Das FORFLOW-Prozessmodell zur Unterstützung der multidisziplinären Produktentwicklung.* In: Konstruktion, 12. Jg. (2010), Nr. 10, S. 59–67.

Kromrey, H. (2006): *Empirische Sozialforschung. Modelle und Methoden der standardisierten Datenerhebung und Datenauswertung.* 11., überarbeitete Auflage, Stuttgart 2006.

Krüger, J. (2012): *Kooperation und Wertschöpfung. Mit Beispielen aus der Produktentwicklung und unternehmensübergreifenden Logistik.* Berlin 2012.

Lakoni, S.; Matischok, L. (2011): *Expeditionsmitglieder gesucht! Agile Wege in hierarchischen Unternehmen.* In: Maurer, M.; Schulze, S.-O. (Hrsg.): Komplexe Herausforderungen meistern. Tag des Systems Engineering in Hamburg, 9. - 11. November 2011. München 2011, S. 173–182.

Lamnek, S. (2010): *Qualitative Sozialforschung.* 5., überarbeitete Auflage, Weinheim 2010.

Lange, S. (2009): *Der Airbus A400M vor dem Aus? Auswirkungen und Auswege für die Lufttransportfähigkeit der Bundeswehr.* SWP-Aktuell 2009 (7), Stiftung Wissenschaft und Politik, Berlin. Online verfügbar unter http://www.swp-berlin.org/fileadmin/contents/products/aktuell/2009A07_lgs_ks.pdf (Stand: 26.07.2013).

Langenberg, L. (2001): *Firmenspezifische Wissensportale für die Produktentwicklung.* Aachen 2001.

Lehner, F. (2012): *Wissensmanagement. Grundlagen, Methoden und technische Unterstützung.* 4., aktualisierte und erweiterte Auflage, München 2012.

Leutsch, M. (2002): *Unterstützung des Konstruktionsprozesses durch Integration von prozeduralem Wissen.* Aachen 2002.

Lindemann, U. (2009): *Methodische Entwicklung technischer Produkte. Methoden flexibel und situationsgerecht anwenden.* Berlin 2009.

Lindemann, U.; Meiwald, T.; Petermann, M.; Schenkl, S. (2012): *Know-how-Schutz im Wettbewerb. Gegen Produktpiraterie und unerwünschten Wissenstransfer.* Heidelberg 2012.

Linnenkamp, H. (2008): *Economic and Political Incentives for Armaments Cooperation.* In: Huber, R. K.; Lange, K.; McDonald, D. F.; Meimeth, M. (Eds.): European and Transatlantic Armaments Cooperation. München 2008, pp. 33–36.

Lüttgens, D.; Gross, U. (2008): *Open Innovation trifft Innovationsmanagement. Mit der Software WiPro wird externes Wissen in den Innovationsprozess integriert.* In: Wissenschaftsmanagement, 14. Jg. (2011), Nr. 4, S. 30–37.

Lüttgens, D. (2010): *Die Einbindung externen Wissens in den Innovationsprozess. Eine empirische Analyse.* Hamburg 2010.

Luhmann, N. (2009): *Vertrauen. Ein Mechanismus der Reduktion sozialer Komplexität.* 4. Auflage, Stuttgart 2009.

Lullies, V.; Bollinger, H.; Weltz, F. (1993): *Wissenslogistik. Über den betrieblichen Umgang mit Wissen bei Entwicklungsvorhaben.* Frankfurt a. M. 1993.

Mansour, M. (2006): *Informations- und Wissensbereitstellung für die lebenszyklusorientierte Produktentwicklung.* Essen 2006.

Mayring, P. (2002): *Einführung in die qualitative Sozialforschung. Eine Anleitung zu qualitativem Denken.* 5., überarbeitete und neu ausgestattete Auflage, Weinheim 2002.

Meerkamm, H.; Wartzack, S. (1998): *Verkürzung der Produktentwicklungszeiten durch Integration von Fertigungswissen in den Konstruktionsprozess.* In: Verein Deutscher Ingenieure (Hrsg.): Prozessketten für die virtuelle Produktentwicklung in verteilter Umgebung. Tagung München, 20. und 21. Oktober 1998. Düsseldorf 1998, S. 199–218.

Mertins, K.; Seidel, H. (2009): *Wissensmanagement im Mittelstand. Grundlagen - Lösungen - Praxisbeispiele.* Berlin, Heidelberg 2009.

Mertins, K.; Finke, I.; Orth, R. (2009): *Ein Referenzmodell für Wissensmanagement.* In: Mertins, K.; Seidel, H. (Hrsg.): Wissensmanagement im Mittelstand. Grundlagen – Lösungen – Praxisbeispiele. Berlin, Heidelberg 2009, S. 15–22.

Mertins, K.; Orth, R. (2009): *Wissensorientierte Analyse und Gestaltung von Geschäftsprozessen.* In: Mertins, K.; Seidel, H. (Hrsg.): Wissensmanagement im Mittelstand. Grundlagen – Lösungen – Praxisbeispiele. Berlin, Heidelberg 2009, S. 41–48.

Meßmer, U. (2011): *Quo vadis, Wehrtechnik?* In: Strategie & Technik, 54. Jg. (2011), Nr. 6, S. 9–11.

Minonne, C. (2010): *Wissensmanagement – Das Rückgrat des Innovationsprozesses.* In: io new management, 79. Jg. (2010), Nr. 1-2, S. 8–11.

Mittelmann, A. (2011): *Werkzeugkasten Wissensmanagement.* Norderstedt 2011.

Möller, M. (2001): *Beitrag zur Integration von Produktionswissen in die Produktentwicklung.* Düsseldorf 2001.

Mölling, C. (2012): *Deutsche Verteidigungspolitik: Eckpunkte für eine überfällige Debatte zur militärisch-konzeptionellen Ausrichtung der Bundeswehr.* SWP-Aktuell 2012 (18), Stiftung Wissenschaft und Politik, Berlin. Online verfügbar unter http://www.swp-berlin.org/de/publikationen/swp-aktuell-de/swp-aktuell-detail/article/deutsche_verteidigungspolitik.html (Stand: 02.07.2013).

Morschett, D. (2005): *Formen von Kooperationen, Allianzen und Netzwerken.* In: Zentes, J.; Swoboda, B.; Morschett, D. (Hrsg.): Kooperationen, Allianzen und Netzwerke. Grundlagen – Ansätze – Perspektiven. Wiesbaden 2005, S. 387–413.

Mühlfelder, M.; Kabel, D.; Hensel, T.; Schlick, C. (2001): *Werkzeuge für kooperatives Wissensmanagement in Forschung und Entwicklung.* In: wissensmanagement, 3. Jg. (2001), Nr. 4, S. 10–15.

Neumann, N. (2004): *Modellierung eines prozessorientierten Wissensmanagementkonzeptes im Innovationsprozess.* Berlin 2004.

Nikodemus, P. (2005): *Wissensmanagement und Innovation: Referenzmodellierung zur Prozessoptimierung im Business-to-Business-Marketing.* Göttingen 2005.

Nippa, M.; Reichwald, R. (1990): *Theoretische Grundüberlegungen zur Verkürzung der Durchlaufzeit in der industriellen Entwicklung.* In: Reichwald, R.; Dorbandt, J.; Schmelzer, H. J. (Hrsg.): Durchlaufzeiten in der Entwicklung. München 1990, S. 65–114.

Noelle, T.; Rogmans, J. (2002): *Öffentliches Auftragswesen: Leitfaden für die Vergabe und Abwicklung von öffentlichen Aufträgen (GWB und VO PR 30/53).* 3. Auflage, Berlin 2002.

Nonaka, I.; Takeuchi, H. (1995): *The Knowledge-creating Company: How Japanese Companies Create the Dynamics of Innovation.* New York 1995.

North, K. (2000): *Wissen schaffen in Forschung und Entwicklung.* In: Bürgel, H. D. (Hrsg.): Forschungs- und Entwicklungsmanagement 2000plus. Berlin 2000, S. 29–49.

North, K. (2011): *Wissensorientierte Unternehmensführung. Wertschöpfung durch Wissen.* 5., aktualisierte und erweiterte Auflage, Wiesbaden 2011.

North, K.; Golka, M. (2002): *Die wichtigsten Wissensquellen der Automobilhersteller. Wie DaimlerChrysler, Audi, BMW & Co. ihr Know-How weitergeben.* In: wissensmanagement, 4. Jg. (2002), Nr. 3, S. 10–15.

Obermeier, E.; Haslam, B. (1998): *Eurofighter Technology for the 21st Century.* Paper presented at 21st International Council of Aeronautical Sciences (ICAS) Congress, September 13-18, 1998, Melbourne, Australia. Online verfügbar unter http://www. cas.org/ICAS_ARCHIVE/ICAS1998/PAPERS/04.PDF (Stand: 11.07.2013).

Ohlhausen, P.; Rüger, M.; Schloen, T.; Korell, M. (2002): *Bessere Produkte durch wissensbasiertes Innovationsmanagement.* In: wissensmanagement, 4. Jg. (2002), Nr. 4, S. 36–39.

Pahl, G.; Beitz, W.; Feldhusen, J.; Grote, K.-H. (2007): *Konstruktionslehre: Grundlagen erfolgreicher Produktentwicklung.* 7. Auflage, Berlin 2007.

Parikh, M. (2001): *Knowledge Management Framework for High-tech Research and Development.* In: Engineering Management Journal, Vol. 13 (2001), No. 3, pp. 27–34.

Peritsch, M. (2000): *Wissensbasiertes Innovationsmanagement. Analyse – Gestaltung – Implementierung.* Wiesbaden 2000.

Petermann, M. A. (2011): *Schutz von Technologiewissen in der Investitionsgüterindustrie.* München 2011.

Picot, A.; Baumann, O. (2007): *Modularität in der verteilten Entwicklung komplexer Systeme: Chancen, Grenzen, Implikationen.* In: Journal für Betriebswirtschaft, 57. Jg. (2007), Nr. 3–4, S. 221–246.

Pfeifer, T. (2001): *Qualitätsmanagement.* 3. Auflage, München 2001.

Piesbergen, H. (2012): *EU-Vergaberecht. Neuerungen für den Beschaffungsprozess.* In: Europäische Sicherheit & Technik, 1. Jg. (2012), Nr. 6, S. 95–96.

Pohl, T. (2003): *Die Integration von Kundenwissen in den Innovationsprozess.* In: Nohr, H.; Roos, A. W. (Hrsg.): Customer Knowledge Management. Aspekte des Managements von Kundenwissen. Berlin 2003, S. 67–99.

Polanyi, M. (1966): *The Tacit Dimension.* Gloucester 1966.

Ponn, J.; Lindemann, U. (2011): *Konzeptentwicklung und Gestaltung technischer Produkte. Systematisch von Anforderungen zu Konzepten und Gestaltlösungen.* 2. Auflage, Heidelberg 2011.

Prefi, T. (2007): *Qualitätsmanagement in der Produktentwicklung.* In: Masing, W.; Pfeifer, T. (Hrsg.): Handbuch Qualitätsmanagement. 5., vollständig neu bearbeitete Auflage, München 2007, S. 405–439.

Probst, G.; Raub, S.; Romhardt, K. (2010): *Wissen managen: Wie Unternehmen ihre wertvollste Ressource optimal nutzen.* 6., überarbeitete und erweiterte Auflage, Wiesbaden 2010.

Rapreger, U. (2012): *Neuausrichtung der Luftwaffe. „Vom Einsatz her denken".* In: Europäische Sicherheit & Technik, 1. Jg. (2012), Nr. 1, S. 30–37.

Rath, V. (2008): *Kundennahe Institutionen als Träger innovationsrelevanten Kundenwissens.* Wiesbaden 2008.

Rehäuser, J.; Krcmar, H. (1996): *Wissensmanagement in Unternehmen.* In: Schreyögg, G.; Conrad, P. (Hrsg.): Wissensmanagement. Berlin 1996, S. 1–40.

Reichart, D. (2002): *Kundenorientierung im Innovationsprozess. Die erfolgreiche Integration von Kunden in den frühen Phasen der Produktentwicklung.* Wiesbaden 2002.

Reiner, D. (2004): *Strategisches Wissensmanagement in der Produktentwicklung. Methoden und Prozesse für kleine und mittlere Unternehmen.* Wiesbaden 2004.

Rhinow, H.; Lindberg, T.; Köppen, E.; Meinel, C. (2011): *Potenziale von Prototypen im Wissensmanagement von Entwicklungsprozessen.* In: Open Journal of Knowledge Management, o. Jg. (2011), Nr. IV, S. 21–26. Online verfügbar unter http://www.community-of-knowledge.de/fileadmin/user_upload/attachments/pb_OpenJournalOfKnowledgeManagement_CoK_AusgabeIV_r.pdf (Stand: 02.05.2013).

Riempp, G.; Smolnik, S. (2007): *Wissensunterstützung: Was bleibt nach dem Hype? Nur integriertes Wissensmanagement ist nachhaltig!* In: Deutsche Bank Research E-conomics, Nr. 64, 2007. Online verfügbar unter http://www.dbresearch.de/PROD/DBR_INTERNET_DE-PROD/PROD0000000000215491.PDF (Stand: 09.05.2013).

Romhardt, K. (1998): *Die Organisation aus der Wissensperspektive. Möglichkeiten und Grenzen der Intervention.* Wiesbaden 1998.

Rose, T. (2005): *Wissensmanagement - Nutzung und Management von Kernkompetenzen.* In: Schäppi, B.; Radermacher, F.-J.; Andreasen, M. M.; Kirchgeorg, M. (Hrsg.): Handbuch Produktentwicklung. München 2005, S. 104–119.

Roth, D. (2013): *Vertrag und Vertrauen. Die Regelungen von Entwicklungskooperationen in der Automobilindustrie.* Aachen 2013. Online verfügbar unter http://www.fastev-berlin.org/roth_vertrag_und_vertrauen_2013.pdf (Stand: 01.06.2014).

Rupak, R.; Doll, W. J.; Rawski, G.; Hong, P. (2008): *Shared Knowledge and Product Design Glitches in Integrated Product Development.* In: International Journal of Production Economics, Vol. 114 (2008), No. 2, pp. 723–736.

Ruy, M.; Alliprandini, D. H. (2008): *Organisational Learning in the New Product Development Process. Findings from Three Case Studies in Brazilian Manufacturing Companies.* In: International Journal of Technology Management, Vol. 44 (2008), Nos. 3/4, pp. 461–479.

Sarodnick, F.; Brau, H. (2011): *Methoden der Usability Evaluation. Wissenschaftliche Grundlagen und praktische Anwendung.* 2., überarbeitete und aktualisierte Auflage, Bern 2011.

Sattler, D. (2006): *Die Kosten der Bundeswehr und deren Finanzierung durch den Bundeshaushalt: Probleme, Perspektiven, Spielräume.* In: Krause, J.; Irlenkäuser, J. C. (Hrsg.): Bundeswehr – Die nächsten 50 Jahre. Opladen 2006, S. 277–289.

Schindler, M. (2002): *Wissensmanagement in der Projektabwicklung.* 3., durchgesehene Auflage. Lohmar, Köln 2002.

Schloen, T.; Aslanidis, S.; Korell, M. (2004): *Customer Knowledge Management: Kundenwissen in der Produktentwicklung gezielt nutzen.* Online verfügbar unter http://publica.fraunhofer.de/eprints/urn:nbn:de:0011-n-264055.pdf (Stand: 12.06.2013).

Schmid, W. (2013): *Wissensmanagementbedarf von Geschäftsprozessen. Operationalisierung, Einflussfaktoren und Managementimplikationen am Beispiel Operations.* Lohmar, Köln 2013.

Schörnig, N. (2008): *Macht und Opfervermeidung. Die aktuelle Hightech-Transformation des Militärs aus theoretischer Perspektive.* In: Helmig, J. und Schörnig, N. (Hrsg.): Die Transformation der Streitkräfte im 21. Jahrhundert. Militärische und politische Dimensionen der aktuellen 'Revolution in Military Affairs'. Frankfurt am Main 2008, S. 49–62.

Schröder, K. A. (2003): *Mitarbeiterorientierte Gestaltung des unternehmensinternen Wissenstransfers. Identifikation von Einflussfaktoren am Beispiel von Projektteams.* Wiesbaden 2003.

Schubert, S.; Knippel, J. (2012): *Quantifizierung der volkswirtschaftlichen Bedeutung der Sicherheits- und Verteidigungsindustrie für den deutschen Wirtschaftsstandort.* WifOR Studie. Berlin 2012. Online verfügbar unter http://www.wifor.de/tl_files/wifor/PressemeldungenPDF/121130__BDSV-StudieErgebnisbericht.pdf (Stand: 04.07.2013).

Schulze, A. (2004): *Management of Organizational Knowledge Creation in New Product Development Projects.* Bamberg 2004.

Simonsen, O.; Hucko, E. M. (Hrsg.) (2010): *Außenwirtschaftsrecht: Textsammlung mit Einführung für exportierende Unternehmen, Behörden und Berater.* 10. Auflage. Köln 2010.

Smallenburg, K.; Halman, J. I. M.; van Mal, H. H. (1996): *Towards Re-use of Knowledge in the Concept Stage of Development.* In: International Journal of Technology Management, Vol. 11 (1996), Nos. 3/4, pp. 343–353.

Specht, G.; Beckmann, C.; Amelingmeyer, J. (2002): *F&E-Management. Kompetenz im Innovationsmanagement.* 2., überarbeitete und erweiterte Auflage, Stuttgart 2002.

Specht, G.; dos Santos, A.; Bingemer, S. (2004): *Die Fallstudie im Erkenntnisprozess: Die Fallstudienmethode in den Wirtschaftswissenschaften.* In: Wiedmann, K.-P. (Hrsg.): Fundierung des Marketing. Verhaltenswissenschaftliche Erkenntnisse als Grundlage einer angewandten Marketingforschung. Wiesbaden 2004, S. 539–563.

Spur, G.; Krause, F.-L. (1997): *Das virtuelle Produkt: Management der CAD-Technik.* München 1997.

Staiger, M. ; Störmer, N. (2006): *Wissensmanagement in der Produktentwicklung von KMU. Ergebnisse der Expertenumfrage – Wissensbedarf und Wissensintensität in der Produktentwicklung.* Online verfügbar unter http://www.prowis.net/prowis/sites/default/files/pdf/Literatur/Artikel/studie_wissensmangement_produktentwicklung.pdf (Stand: 23.06.2013).

Stark, R.; Kind, C. (2010): *Prozessmanagement in der Produktentstehung.* In: Jochem, R.; Mertins, K.; Knothe, T. (Hrsg.): Prozessmanagement. Strategien, Methoden, Umsetzung. Düsseldorf 2010, S. 377–411.

Stocker, A.; Tochtermann, K. (2010): *Wissenstransfer mit Wikis und Weblogs. Fallstudien zum erfolgreichen Einsatz von Web 2.0 im Unternehmen.* Wiesbaden 2010.

Stöber, J. (2012): *Battlefield Contracting. Die USA, Großbritannien, Frankreich und Deutschland im Vergleich.* Wiesbaden 2012.

Theile, B.; Härle, N. (2004): *Streitkräftetransformation aus Sicht der Rüstungsindustrie.* In: Borchert, H. (Hrsg.): Potentiale statt Arsenale. Sicherheitspolitische Vernetzung und die Rolle von Wirtschaft, Wissenschaft und Technologie. Hamburg 2004, S. 55–73.

Thel, M. (2007): *Wissensstrukturierung und -repräsentation im Produktentwicklungsprozess.* Aachen 2007.

Thiel, M. (2002): *Wissenstransfer in komplexen Organisationen. Effizienz durch Wiederverwendung von Wissen und Best Practices.* Wiesbaden 2002.

Thiel, M. (2005): *One Size Doesn't Fit All. Gestaltungsoptionen im Wissensmanagement für Produktinnovationsprozesse in KMU der Mechatronik.* In: Gronau, N. (Hrsg.): Wissensmanagement – Motivation, Organisation, Integration. Tagungsband zur KnowTech 2005, 7. Konferenz zum Einsatz von Knowledge Management in Wirtschaft und Verwaltung in München, 24. - 25. Oktober 2005. München 2005, S. 309–316.

Thiele, R. (2004): *Transformation und die Notwendigkeit der systemischen Betrachtung.* In: Borchert, H. (Hrsg.): Potentiale statt Arsenale. Hamburg 2004, S. 34–54.

Ulrich, K. T.; Eppinger, S. D. (2012): *Product Design and Development.* 5th Edition, Boston, MA 2012.

Un, C. A.; Cuervo-Cazurra, A.; Asakawa, K. (2010): *R&D Collaborations and Product Innovation.* In: Journal of Product Innovation Management, Vol. 27 (2010), No. 5, pp. 673–689.

VDI 2220 (1980): *VDI-Richtlinie 2220: Produktplanung: Ablauf, Begriffe und Organisation.* Düsseldorf 1980.

VDI 2221 (1993): *VDI-Richtlinie 2221: Methodik zum Entwickeln und Konstruieren technischer Systeme und Produkte.* Düsseldorf 1993.

VDI 5610 (2009): *VDI-Richtlinie 5610: Wissensmanagement im Ingenieurwesen: Grundlagen, Konzepte, Vorgehen.* Berlin 2009.

Verworn, B. (2005): *Die frühen Phasen der Produktentwicklung. Eine empirische Analyse in der Mess-, Steuer- und Regelungstechnik.* Wiesbaden 2005.

Vetter, B.; Vetter, F. (2008): *Der Eurofighter.* Stuttgart 2008.

Vianello, G. (2011): *Transfer and Reuse of Knowledge from the Service Phase of Complex Products.* Technical University of Denmark, Lyngby 2008. Online verfügbar unter http://orbit.dtu.dk/services/downloadRegister/6350959/Giovanna.pdf (Stand: 02.06.2013).

Voigt, R.; Seybold, M. (2003): *Streitkräfte und Wehrverwaltung. Eine verfassungsrechtliche Analyse des Verhältnisses von Art. 87 a zu Art. 87 b GG.* Baden Baden 2003.

Vollmar, G. (2007): *Knowledge Gardening: Wissensarbeit in intelligenten Organisationen.* Bielefeld 2007.

Völker, R.; Sauer, S.; Simon, M. (2007): *Wissensmanagement im Innovationsprozess.* Heidelberg 2007.

Vroom, R. W.; Oliemann, A. M. (2011): *Sharing Relevant Knowledge within Product Development.* In: International Journal of Product Development, Vol. 14 (2011), Nos. 1/2, pp. 34–52.

Wade R. A. (2005): *A Case Study of Vehicle Cooling System Optimisation through System Engineering.* In: International Journal of Product Development, Vol. 1 (2005), Nos. 3/4, pp. 341–364.

Wagner, K.; Aslanidis, S. (2002): *Nutzung von Erfahrungswissen in den frühen Phasen der Produktentstehung.* In: Krause, F.-L.; Tang, T.; Ahle, U. (Hrsg.): Leitprojekt integrierte Virtuelle Produktentstehung. Abschlussbericht. Stuttgart 2002, S. 84–91.

Wagner, K. (2008): *Systematik zur Gestaltung und Optimierung von wissensintensiven, kooperativen Problemlösungsprozessen in der Produktentwicklung.* Heimsheim 2008. Online verfügbar unter http://elib.uni-stuttgart.de/opus/volltexte/2008/3565/pdf/Diss_Wagner_hs.pdf (Stand: 07.05.2013).

Wallace, K.; Ahmed, S.; Bracewell, R. (2005): *Engineering Knowledge Management.* In: Clarkson, J.; Eckert, C. (Eds.): Design Process Improvement. A Review of Current Practice. London 2005, pp. 326–343.

Walter, M. (2010): *Vertrags- und Preispolitik im Verteidigungssektor.* 2. Kölner Defence Roundtable. Köln 2010. Online verfügbar unter http://www.oppenhoff.eu/stepone/data/downloads/ff/00/00/Vertrags-undPreispolitik-MichaelWalter-EADS.pdf (Stand: 07.07.2013).

Wegner, D. M. (1996): *Transactive Memory. A Contemporary Analysis of the Group Mind* In: Mullen, B.; Goethals, G. R. (Eds.): Theories of Group Behavior. New York, NY 1996, pp. 185–208.

Weise, F.-J.; Driftmann, H. H.; Klose, H.-U.; Kluge, J.; Lather, K.-H.; von Wedel, H. (2010): *Bericht der Strukturkommission der Bundeswehr. Vom Einsatz her denken. Konzentration, Flexibilität, Effizienz.* Berlin 2010. Online verfügbar unter http://www.vbb.dbb.de/pdf/bericht_strukturkommission.pdf (Stand: 01.05.2013).

Wenzel, S.; Willmann, C. (2006): *Prozessbasiertes Wissensmanagement in der Produktentwicklung. Phasenübergreifender Wissenstransfer unterstützt den Produktentwicklungsprozess.* In: Industrie Management, 22. Jg. (2006), Nr. 5, S. 43–46.

Westkämper, E. (2006): *Einführung in die Organisation der Produktion.* Berlin, Heidelberg 2006.

Wrona, T. (2005): *Die Fallstudienanalyse als wissenschaftliche Forschungsmethode.* ESCP-EAP Working Paper Nr. 10. Europäische Wirtschaftshochschule Berlin 2005. Online verfügbar unter http://www.escpeurope.eu/uploads/media/TW_WP10_02.pdf (Stand: 02.08.2013).

Wunram, M. (2003): *Knowledge and Knowledge Management in CORMA.* In: Wunram, M. (Ed.): Practical Methods and Tools for Corporate Knowledge Management. Sharing and Capitalising Engineering Know-How in the Concurrent Enterprise. Aachen 2003, S. 16–27.

Wunram, M.; Pawar, K. S.; Reetz, U. (2003): *Barriers to Managing Knowledge in the Concurrent Enterprise.* In: Wunram, M. (Ed.): Practical Methods and Tools for Corporate Knowledge Management. Sharing and Capitalising Engineering Know-How in the Concurrent Enterprise. Aachen 2003, S. 28–32.

Yin, R. K. (2009): *Case Study Research. Design and Methods.* 4th Edition, Los Angeles, CF 2009.

Zack, M. (1998): *What Knowledge-Problems Can Information Technology Help to Solve?* In: Hoadly, E.; Benbasat, I. (Eds.): Proceedings of the Fourth Americas Conference on Information Systems. Baltimore, MD 1998, pp. 644–646.

Zahay, D.; Griffin, A.; Fredericks, E. (2004): *Sources, Uses, and Forms of Data in the New Product Development Process.* In: Industrial Marketing Management, Vol. 33 (2004), No. 7, pp. 657–666.

Zäpfel, G. (2000): *Strategisches Produktions-Management.* 2. Auflage, München 2000.

von Zedtwitz, M. (2002): *Organizational Learning through Post-project Reviews in R&D.* In: R&D Magazine, Vol. 32 (2002), No. 3, pp. 255–268.

WISSENS-, QUALITÄTS- UND PROZESSMANAGEMENT

Herausgegeben von Univ.-Prof. Dr.-Ing. habil. Dr. mont. Eva-Maria Kern, MBA, München

Band 1
Wendelin Schmid
Wissensmanagementbedarf von Geschäftsprozessen – Operationalisierung, Einflussfaktoren und Managementimplikationen am Beispiel Operations
Lohmar – Köln 2013 • 232 S. • € 56,- (D) • ISBN 978-3-8441-0296-3

Band 2
Roland Kallweit
Wissensorientierte Gestaltung der Produktentwicklung – Entwicklung eines Ansatzes für die militärische Luftfahrtindustrie in Deutschland
Lohmar – Köln 2015 • 276 S. • € 58,- (D) • ISBN 978-3-8441-0401-1

JOSEF EUL VERLAG